Handbuch Betrieblicher Gewässerschutz

Gabi Förtsch • Heinz Meinholz

Handbuch Betrieblicher Gewässerschutz

Springer Spektrum

Gabi Förtsch
Heinz Meinholz

Villingen-Schwenningen, Deutschland

ISBN 978-3-658-03323-1 ISBN 978-3-658-03324-8 (eBook)
DOI 10.1007/978-3-658-03324-8

Die Deutsche Nationalbibliothek verzeichnet diese Publikation in der Deutschen Nationalbibliografie; detaillierte bibliografische Daten sind im Internet über http://dnb.d-nb.de abrufbar.

Springer Spektrum

Gedruckt auf säurefreiem und chlorfrei gebleichtem Papier

Springer Spektrum ist eine Marke von Springer DE. Springer DE ist Teil der Fachverlagsgruppe Springer Science+Business Media.
www.springer-spektrum.de

Vorwort

In Zukunft wird das gesellschaftliche Umfeld verstärkt Anforderungen an eine umweltorientierte, nachhaltige Unternehmensführung stellen. Grundsätzlich muss dazu das Unternehmen jederzeit die Rechtsvorschriften zum Schutz von Mensch und Umwelt erfüllen. Verstärkt werden die Anforderungen durch spezifische Kundenvorgaben. Nur wenn sich die Unternehmen den entsprechenden Entwicklungen stellen können sie die sich daraus ergebenden Möglichkeiten als unternehmerische Chancen nutzen.

Die Anforderungen des Umfelds müssen vom Unternehmen aufgenommen und in Strategien umgesetzt werden. Die gesamte Unternehmensorganisation muss die sich daraus ergebenden Ziele nach intern und extern kommunizieren. Eine nachhaltige Zielerreichung ist nur mit gut ausgebildeten Mitarbeitern möglich, die sich ihrer arbeitsplatzspezifischen Verantwortung bewusst sind und dieser nachkommen. Dazu müssen sie in ihrem Aufgabenbereich die Umweltaspekte der eingesetzten Technologien erkennen und die resultierenden Umweltauswirkungen verstehen. Durch das Engagement der Mitarbeiter lassen sich Prozesse optimieren, Ressourcen einsparen und somit die Wirtschaftlichkeit des Unternehmens erhöhen, wodurch sich gleichzeitig die Umweltauswirkungen reduzieren.

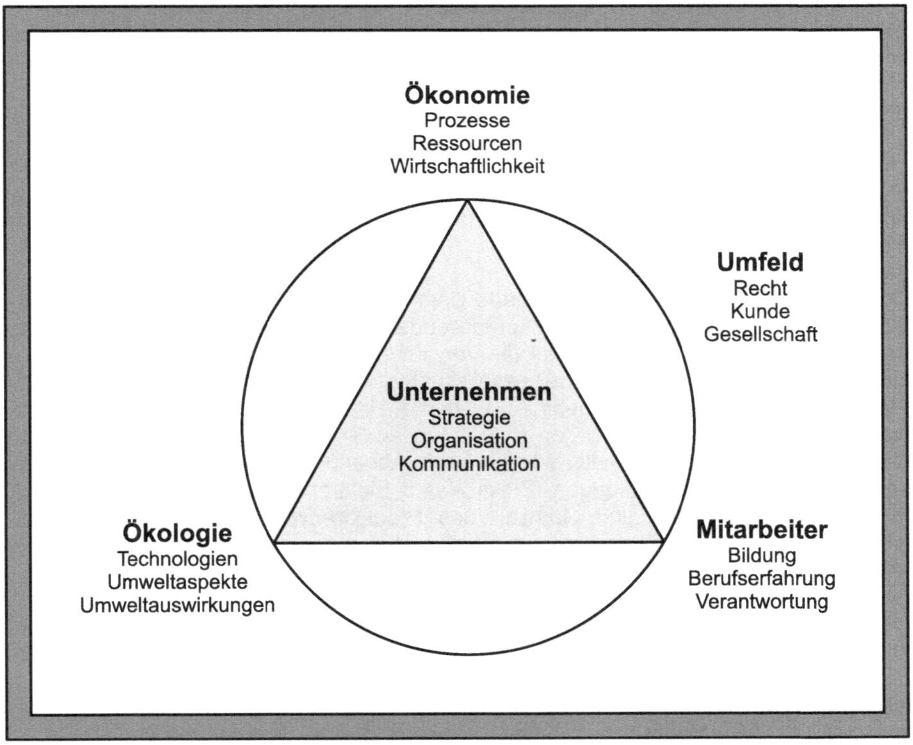

Aspekte einer umweltorientierten, nachhaltigen Unternehmensführung

Die Handbuchreihe zum betrieblichen Umweltschutz besteht aus insgesamt 5 Bänden. Das Basiswerk zum betrieblichen Umweltmanagement beschreibt die zielorientierte Realisierung eines Umweltmanagementsystems im Unternehmen. Als Organisationsprojekt durchleuchtet es alle Prozesse und Tätigkeiten unter rechtlichen, organisatorischen, technologischen und wirtschaftlichen Gesichtspunkten. Die Einführung eines Energiemanagement- und Arbeitsschutzmanagementsystems werden ebenfalls behandelt. Die Vorgehensweise ist identisch mit der Realisierung eines Umweltmanagementsystems, es setzt jedoch inhaltlich andere Schwerpunkte. Mit den weiteren vier Bänden zum betrieblichen Gefahrstoffmanagement, Immissionsschutz, Gewässerschutz und zur betrieblichen Kreislaufwirtschaft werden die einzelnen Bestandteile des unternehmerischen Umweltmanagements tiefergehend betrachtet.

Eine der größten Herausforderungen besteht im Schutz von Mensch und Umwelt beim sicheren Umgang mit gefährlichen Stoffen. Gefahrstoffe finden sich im Unternehmen an den verschiedensten Stellen. So kommen sie in vielen Prozessen zur Herstellung von Produkten zum Einsatz, fallen als gefährliche Abfälle an, werden als wassergefährdende Stoffe in allen Unternehmensbereichen eingesetzt oder als Schadstoffe in die Luft emittiert. Die potenziellen medienübergreifenden Auswirkungen (Luft, Klima, Wasser, Boden, Tiere, Pflanzen und Mikroorganismen) von Gefahrstoffen erfordern ein fundiertes Wissen bzgl. ihrer Verwendungen und Auswirkungen. Mensch und Umwelt sind unbedingt vor stoffbedingten Schädigungen zu schützen.

Die sich abzeichnenden Klimaveränderungen fordern verstärkte unternehmerische Anstrengungen im Energiebereich. Das Handbuch zum betrieblichen Immissionsschutz legt den Schwerpunkt auf das Umweltmedium Luft und beschreibt u.a. die Einführung eines Energiemanagementsystems im Unternehmen. Oberstes Ziel eines Energiemanagementsystems ist die Verbesserung der energiebezogenen Leistung eines Unternehmens, das so seinen spezifischen Beitrag zum Klimaschutz leisten kann. Ergänzend wird ein Überblick zu verschiedenen fossilen und regenerativen Energieträgern gegeben. Ausführlich beschreibt dieses Handbuch die Herkunft, die Auswirkungen, den Nachweis und die Senken der wichtigsten Luftverunreinigungen. Es werden Technologien zur Luftreinhaltung erläutert und die Auswirkungen von Lärm und Vibrationen auf den Menschen beschrieben.

Eine langfristige nachhaltige, umweltorientierte Unternehmentwicklung ist nur über eine Kreislaufwirtschaft möglich. Dies beginnt mit einer umfassenden Produktverantwortung des Unternehmens von der Entwicklung und Herstellung über die Verwendung bis hin zum Recycling und der endgültigen Entsorgung von Reststoffen. In der gesellschaftlichen Diskussion wird dieser Weg zukünftig einen noch höheren Stellenwert einnehmen als heute. Unternehmen und ihre Mitarbeiter müssen sich den entsprechenden Entwicklungen stellen, wobei der betriebliche Umweltschutz aber auch als unternehmerische Chance genutzt werden kann. Anhand ausgewählter Produktbeispiele (z.B. Batterien, Altfahrzeuge, Verpackungen, Elektro- und Elektronikgeräte, Kunststoffe und Metalle) werden Wege, Möglichkeiten und Grenzen des Produktrecyclings aufgezeigt. Stofflich nicht-recyclebare Produktanteile sind - soweit wie möglich - thermisch zu verwerten. In allen Prozessstufen anfallende Reststoffe sind langfristig sicher zu deponieren.

Im Bereich des betrieblichen Gewässerschutzes muss das Unternehmen die europäischen und nationalen Anforderungen des Wasserrechts jederzeit erfüllen. Auf europäischer Ebene ist besonders die Wasser-Rahmen-Richtlinie (Kap. 2) zu beachten. Wesentlich umfangreicher sind die Rechtsanforderungen auf nationaler Ebene (Kap. 3). Neben dem Wasserhaushaltsgesetz (WHG) sind grundsätzlich die Abwasserverordnung (AbwV), Indirekteinleiterverordnung (IndVO), Eigenkontrollverordnung (EKVO) und die Anlagenverordnung zum Umgang mit wassergefährdenden Stoffen (VAwS) vom Unternehmen zu beachten. Bei wassergefährdenden Stoffen handelt es sich letztlich um gefährliche Stoffe, womit eine Verknüpfung zum Handbuch Gefahrstoffe gegeben ist. Aufgrund der zahlreichen rechtlichen Anforderungen ist seitens des Unternehmens eine aktive Kommunikation mit Genehmigungsbehörden und Kläranlagenbetreibern zu pflegen.

Mitarbeiter, die prozess- und abwasserrelevante Anlagen entwickeln und betreiben, müssen über naturwissenschaftliche und technologische Kenntnisse verfügen. Kapitel 4 des Handbuches zum betrieblichen Gewässerschutz beschreibt daher einige naturwissenschaftliche Grundlagen, während Kapitel 5 summarische Belastungsgrößen erläutert. Zur Planung, Steuerung und Optimierung entsprechender Prozesse müssen Kenntnisse über analytische Nachweisverfahren vorhanden sein (Kap. 6). Dann sind in der Praxis z.B. Mengenreduzierungen bei Spülwasserkreisläufen und Standzeiterhöhungen bei Prozessbändern möglich.

Bevor Abwässer in die Vorfluter oder öffentliche Kanalisationen eingeleitet werden dürfen, sind sie unternehmensintern einer Abwasserbehandlung zu unterziehen (Kap. 7 und 8). Notwendige Kenntnisse über den Umgang mit Gefahrstoffen müssen unbedingt vorhanden sein. Die Abwasserbehandlung muss jederzeit die Einhaltung der rechtlichen Grenzwerte seitens des Unternehmens gewährleisten. So bieten sich hier auch Optimierungsmaßnahmen zur Rückgewinnung eingesetzter Chemikalien (z.B. Edelmetalle) an. Im abschließenden Kapitel 9 werden biologische Verfahren zur Abwasserbehandlung und Möglichkeiten zur Phosphatrückgewinnung erläutert.

Villingen-Schwenningen, Oktober 2013

Gabi Förtsch
Heinz Meinholz

Wichtige und hilfreiche Informationen finden sich z.B. unter folgenden Internetadressen:

- Berufsgenossenschaft Rohstoffe und chemische Industrie (BG RCI)
  www.bgrci.de
- Bundesanstalt für Arbeitsschutz und Arbeitsmedizin (BAuA)
  www.baua.de
- Bundesministerium für Umwelt, Naturschutz und Reaktorsicherheit (BMU)
  www.bmu.de
- Deutsche Bundesstiftung Umwelt (DBU)
  www.dbu.de
- Deutsche Gesetzliche Unfallversicherung (DGUV)
  www.dguv.de
- Deutsches Institut für Normung e.V.
  www.din.de
- Europäische Umweltagentur – European Environment Agency (EEA)
  www.eea.europa.eu/de
- European Chemicals Agency (ECHA)
  www.echa.europa.eu
- International Organization for Standardization (ISO)
  www.iso.org
- Organisation for Economic Co-operation and Development (OECD)
  www.oecd.org
- Bundesministerium der Justiz
  www.gesetze-im-internet.de
- Umweltbundesamt (UBA)
  www.umweltbundesamt.de
- United Nations Environment Programme (UNEP)
  www.unep.org
- Verband der chemischen Industrie (VCI)
  www.vci.de
- Verein Deutscher Ingenieure e.V.
  www.vdi.de
- Weiterbildung Umweltakademie
  www.foertsch-meinholz.de
  www.nordschwarzwald.ihk24.de

Ergänzend zu diesem Handbuch werden weitere Werke zum betrieblichen Umweltschutz publiziert:

- Meinholz, H.; Förtsch, G.*; Handbuch für Gefahrstoffbeauftragte,* Vieweg + Teubner, **2010,** 978-3-8348-0916-2
- Förtsch, G.; Meinholz, H.; *Handbuch Betriebliches Umweltmanagement,* Vieweg + Teubner, **2011,** 978-3-8348-1756-3
- Förtsch, G; Meinholz, H.; *Handbuch Betrieblicher Immissionsschutz,* Springer-Spektrum, **2013,** 978-3-658-00005-9
- Förtsch, G; Meinholz, H.; *Handbuch Betriebliche Kreislaufwirtschaft,* Springer-Spektrum, erscheint voraussichtlich **2014**

Inhalt

1. Einführung

1.1 Wasservorkommen und -verwendung

Etwa ⅔ der Erdoberfläche sind mit Wasser bedeckt. Das gesamte Wasservolumen beträgt ca. 1,37 • 10^9 km^3, was einem Würfel mit einer Kantenlänge von 1.111 km entspricht. 97,5 % des Wassers sind Salzwasser und nur 2,5 % sind Süßwasser. Das sind immerhin noch 35 • 10^6 km^3. Circa ⅔ des Süßwassers sind in Eis gespeichert (Antarktis, Arktis, Grönland, Gletscher); ca. 30 % liegen in tiefen geologischen Schichten verschlossen. Die für den Menschen als Trinkwasser nutzbare Menge beträgt nur ca. 3 % des gesamten Wasservorkommens (Abb. 1.1).

Art des Wassers	Menge
Gesamtwasser Salzwasser Süßwasser • Eis • Tiefenwasser • potenzielles Trinkwasser	1,37 • 10^9 km^3 1,34 • 10^9 km^3 35 • 10^6 km^3 66 % 30 % 3 %
Niederschläge • blaues Wasser • grünes Wasser	113.500 km^3/a 42.650 km^3/a 70.850 km^3/a
Trinkwasser Sanitärwasser Wasser für industrielle Zwecke Ernährung	3 - 5 L/d • Person 20 - 40 L/d • Person 130 - 380 L/d • Person 3.600 L/d • Person

Abb. 1.1: Wasservorkommen, -kreislauf und -bedarf [1.9]

Das Wasser der Erde unterliegt einem natürlichen Kreislauf, der durch die Sonneneinstrahlung aufrechterhalten wird. Von der Oberfläche der Ozeane verdunsten jährlich 425.000 km^3 Wasser, die dort größtenteils als Niederschläge (385.000 km^3) fallen. Rund 40.000 km^3 Wasser werden über die Atmosphäre in Richtung Land transportiert. Unter Berücksichtigung der Verdunstungsrate von 70.000 km^3/a fallen auf die Landoberfläche ca. 110.000 km^3 Niederschläge in Form von Regen, Schnee und Hagel. Vom Land fließen 40.000 km^3 Wasser zurück ins Meer, wodurch sich der globale Wasserkreislauf schließt (Abb. 1.2).

Die Niederschläge werden zu „blauem" und „grünem" Wasser. Blaues Wasser bildet Bäche, Flüsse, Seen und Grundwasser. Grünes Wasser verdunstet von der Erdoberfläche bzw. wird von Pflanzen aufgenommen und durch Verdunstung an die Atmosphäre abgegeben. Die pro Jahr auf die Landoberfläche fallenden Niederschläge bilden ca. 40.000 km^3 blaues und 70.000 km^3 grünes Wasser. Aus dem blauen Wasser deckt der Mensch seine Bedürfnisse für Trink- und Sanitärwasser bzw. den Wasserbedarf für Industrie und Landwirtschaft. Den grünen Wasserfluss benötigt die Vegetation (Wälder, Gräser, Feldfrüchte) zum Wachsen. Neben dem blauen Wasser ist der Mensch auch vom grünen Wasser abhängig, da er beide Wasserarten für die Erzeugung von Nahrungsmitteln benötigt. Für diese Zwecke verbraucht der Mensch 37.500 km^3/a an grünem Wasser.

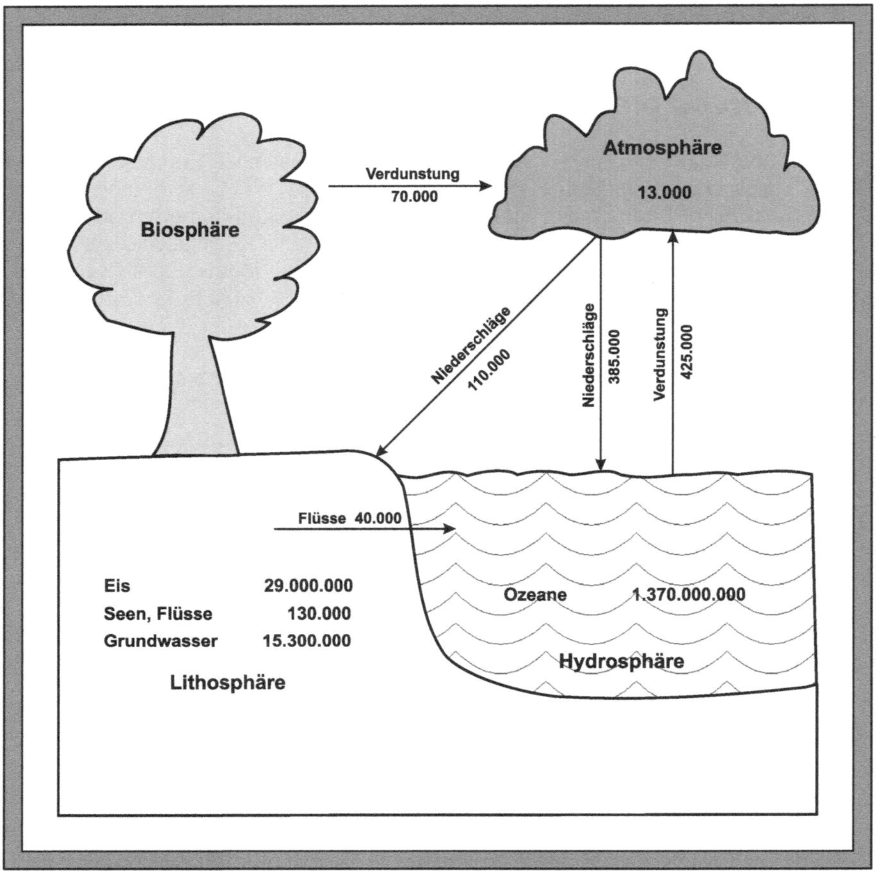

Abb. 1.2: Globaler Wasserkreislauf (km³/a bei den Austauschprozessen, km³ bei den Reservoiren) [1.1; 1.8; 1.9]

Für seine direkten Trinkwasserbedürfnisse braucht der Mensch 5 L/d zum direkten Überleben. Um vernünftige globale sanitäre Verhältnisse zu erzielen, werden weitere 20 - 40 L/d und Person für Sanitärwasser benötigt. Für industrielle Prozesse schwanken die benötigten Mengen sehr stark und liegen zwischen 130 - 380 L pro Person. Zur Ernährung werden für jeden Menschen weitere 3.600 Liter/Tag an Wasser benötigt. Damit ergibt sich für jeden Menschen ein durchschnittlicher globaler Wasserbedarf von 4.000 L/d oder 1.500 m^3/a.

In Deutschland belaufen sich die vorkommenden Süßwasserressourcen auf 188 • 10^9 m^3/a. Davon werden jährlich für die nichtöffentliche Wasserversorgung und Abwasserbeseitigung 27,2 • 10^9 m^3 und für die öffentliche Wasserversorgung 5,1 • 10^9 m^3 entnommen.

Der tägliche Wasserverbrauch pro Person beträgt in Deutschland ca. 120 L/Tag (Abb. 1.3). Dieser Verbrauch setzt sich hauptsächlich aus:

- 36 % Körperhygiene,
- 27 % Toilettenspülung,

- 12 % Wäsche waschen,
- 4 % Essen und Trinken und
- 21 % weitere Verbraucher

zusammen. Weitere Verbraucher im Haushalt sind z.B. Raumreinigung, Geschirrspüler, Garten.

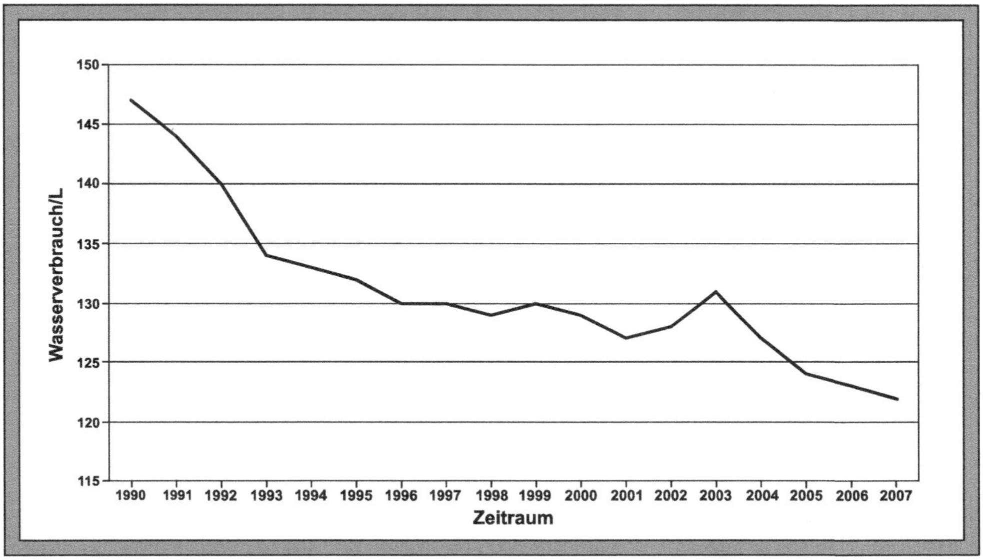

Abb. 1.3: Wasserverbrauch in Deutschland pro Einwohner und Tag [1.6]

Auf der Landoberfläche verdunsten die Niederschläge, fließen oberflächlich ab oder versickern im Boden. Je nach Beschaffenheit des Kompartiments kommt es zu unterschiedlichen Reinigungsvorgängen. Im Gewässer werden biologisch leicht abbaubare Stoffe durch Flora und Fauna relativ schnell mineralisiert. In Erd- und Gesteinsschichten kommt es je nach Beschaffenheit zu unterschiedlichen Filtrationsprozessen.

Dieser natürliche Wasserkreislauf mit seinen Reinigungsmechanismen ist an vielen Stellen durch den Menschen unterbrochen worden. Er greift an vielen Stellen direkt in den natürlichen Wasserkreislauf ein, indem Wasser für unterschiedliche Zwecke aus dem Kreislauf entnommen und nach Gebrauch - oft erwärmt und mit Schadstoffen belastet - wieder dem Kreislauf zuführt wird.

An einigen Stellen greift er indirekt in den Wasserkreislauf ein:

- Durch großflächige Bodenversiegelungen im Straßen- bzw. Städtebau wird die Menge an Wasser, die durch die Erdschichten durchsickern kann, stark vermindert.
- Luftverunreinigungen werden durch die Niederschläge wieder auf die Erdoberfläche verbracht. Die Schadstoffe gelangen über die Niederschläge ins Wasser und erhöhen so die Gewässerbelastung.
- Eingriffe in Systeme von fließenden Oberflächengewässern durch Flussbegradigungen oder Kanalisierungen verändern die Fließgeschwindigkeiten der Gewässer und verhindern so die natürliche Selbstreinigung des Wassers.

Die Hauptbelastung des Wassers entsteht jedoch durch den direkten Eintrag von schädlichen Substanzen. In Deutschland fallen täglich ca. 10 Mio. m^3 Abwasser aus privaten Haushalten, ca. 30 Mio. m^3 aus Industrie und Gewerbe sowie ca. 50 Mio. m^3 aus den Kühlanlagen der Kraftwerke an. Betrachtet man die Art der Wasserbelastung, so kann einerseits zwischen einer thermischen Belastung und andererseits einer stofflichen Belastung unterschieden werden.

Bei der thermischen Belastung wird das Wasser durch Einsatz in Kühlprozessen erwärmt und so den Fließgewässern zugeführt. Aufgrund der Temperaturerhöhung sinkt der Sauerstoffgehalt ab. Einige Organismen werden dadurch in ihrer Entwicklung gehemmt, wovon andere Organismen (z.B. Algen) profitieren. Somit wird das natürliche Gleichgewicht verschoben und das „Ökosystem Fluss" in seinen Funktionen beeinträchtigt.

Einige Substanzen wirken giftig auf Wasserorganismen und Wassertiere. Cyanide sind beispielsweise starke Gifte, die bei höheren Organismen das Atemzentrum lähmen und sehr schnell zum Tod führen. Niedere Organismen (z.B. Bakterien, Pilze, usw.) werden durch Cyanide nicht geschädigt. Aus diesem Grund können Cyanide unter Umständen unbemerkt durch die biologische Reinigungsstufe einer Kläranlage in die Vorfluter gelangen. Schwermetalle hingegen verursachen innerhalb kurzer Zeit das Absterben ganzer Bakterien- und Pilzkulturen.

Auch Mikroorganismen können durch die Einwirkung von Schadstoffen in ihrem Wachstum beeinflusst werden. So wirken chlorierte Kohlenwasserstoffe (CKW`s) hemmend auf den Stoffwechsel von Mikroorganismen indem sie deren Enzymhaushalt stören. Auch Mineralöle und Benzine haben hemmende bis giftige Wirkung, da sie den Stofftransport durch die Zellwände der Mikroorganismen und Wasserpflanzen verändern.

Durch Überdüngung, die sog. Eutrophierung, werden Nährstoffe in großen Mengen in die Gewässer eingetragen. Dazu zählen insbesondere Stickstoffverbindungen (Nitratsalze) und Phosphorverbindungen (Phosphatsalze). Die Nitratsalze lösen sich im Gewässer sehr schnell auf und stehen den Wasserorganismen als Nährstoff unmittelbar zur Verfügung. Die Stoffwechselrate der Organismen und dadurch auch der Sauerstoffverbrauch steigen stark an, wodurch der Sauerstoffgehalt im Gewässer absinkt. Durch das überreiche Nährstoffangebot und die Lichteinstrahlung wird insbesondere das Wachstum von Algen stark gefördert. Dadurch werden tiefere Gewässerschichten verdunkelt und Organismen sterben durch den Lichtmangel ab.

Auch der Eintrag von Säuren durch die Luftverschmutzung in Gewässer hat weitreichende Folgen. Eine Absenkung des pH-Wertes auf 4,5 hat beispielsweise den Tod aller Fische zur Folge. Durch eine Versauerung der Gewässer sinkt darüber hinaus auch der Sauerstoffgehalt ab. Ein weiterer Aspekt der Versauerung von Gewässern ist die Löslichkeit von Mineralstoffen. Wasserpflanzen benötigen Mineralstoffe im Boden für ihr Überleben. Durch die Absenkung des pH-Wertes werden die Mineralstoffe besser gelöst und im Wasser abgeschwemmt. Die Wasserpflanzen als wichtige Filter und Sauerstofflieferanten werden mit Nährstoffen unterversorgt und in ihrem Wachstum gehemmt. Im Extremfall sterben auch sie ab.

1.2 Wissensfragen

- Erläutern Sie Wasservorkommen, -kreislauf und -bedarf auf der Erde.
- Wodurch lässt sich der deutsche Wasserverbrauch pro Einwohner weiter verringern?

1.3 Weiterführende Literatur

1.1 Bliefert, C.; *Umweltchemie,* Wiley-VCH, **2002,** 3-527-30374-X

1.2 Fritsch, P. et al.; *Taschenbuch der Wasserversorgung,* Vieweg + Teubner, **2011,** 978-3-8348-0951-3

1.3 Grohmann, A. et al.; *Wasser-Chemie, Mikrobiologie und nachhaltige Nutzung,* de Gruyter, **2011,** 978-3-11-021308-9

1.4 Höll, K.; *Wasser,* de Gruyter, **2002,** 3-11-012931-0

1.5 Mauser, W.; *Wie lange reicht die Ressource Wasser?,* Fischer, **2007,** 978-3-596-17273-3

1.6 Karger, R.; Cord-Landwehr, K.; Hoffmann, F.; *Wasserversorgung,* Vieweg + Teubner, **2008,** 978-3-8351-0213-2

1.7 Organisation for Economic Co-operation and Development (OECD); *OECD Environmental Outlook to 2050 - The Consequences of Inaction,* OECD, **2012,** 978-92-64-12216-1

1.8 Schlesinger, W.; *Biogeochemistry - An Analysis of Global Change,* Academic Press, **1997,** 0-12-625-155-X

1.9 Sigg, L.; Stumm, W.; *Aquatische Chemie,* UTB, **2011,** 978-3-8252-8463-3

1.10 United Nations Environment Programme (UNEP); *Towards a Green Economy: Pathways to Sustainable Development and Poverty Eradication,* UNEP, **2011,** 978-92-807-3143-9

1.11 Black, M.; King, J.; *Der Wasseratlas - Ein Weltatlas zur wichtigsten Ressource des Lebens,* Europäische Verlagsanstalt, **2009,** 978-3-434-50628-7

2 Europäisches Wasserrecht

2.1 Wasser-Rahmen-Richtlinie (WRRL)

Wasser ist keine übliche Handelsware, sondern ein ererbtes Gut, das geschützt, verteidigt und entsprechend behandelt werden muss. Ziele der Wasser-Rahmen-Richtlinie (RL 2000/60/EG) sind die Erhaltung und die Verbesserung der aquatischen Umwelt in der Gemeinschaft, wobei der Schwerpunkt auf der Güte der betreffenden Gewässer liegt. Die mengenmäßige Überwachung spielt bei dem Versuch, eine angemessene Wassergüte zu gewährleisten, eine zusätzliche Rolle, so dass im Hinblick auf das Ziel einer angemessenen Güte auch Maßnahmen in Bezug auf die Wassermenge erlassen werden sollten.

Es werden allgemeine Grundsätze benötigt, um Maßnahmen der Mitgliedstaaten zur Verbesserung des Gewässerschutzes in der Gemeinschaft hinsichtlich der Wassermenge und -güte zu koordinieren, einen nachhaltigen Wassergebrauch zu fördern, einen Beitrag zur Lösung der grenzüberschreitenden Wasserprobleme zu leisten, aquatische Ökosysteme und die direkt von ihnen abhängenden Landökosysteme und Feuchtgebiete zu schützen und das Nutzungspotenzial der Gewässer der Gemeinschaft zu erhalten und zu entwickeln. Diese Richtlinie soll dazu beitragen, dass die Einleitung gefährlicher Stoffe in Wasser schrittweise verringert wird.

Es sollten gemeinsame Begriffsbestimmungen zur Beschreibung des Zustandes von Gewässern sowohl im Hinblick auf die Güte als auch - soweit für den Umweltschutz von Belang - auf die Menge festgelegt werden. Umweltziele sollen sicherstellen, dass sich die Oberflächengewässer und das Grundwasser in der gesamten Gemeinschaft in einem guten Zustand befinden und eine Verschlechterung des Zustands der Gewässer auf Gemeinschaftsebene verhindert wird. Eine gute Wasserqualität sichert die Versorgung der Bevölkerung mit Trinkwasser.

Die Mitgliedstaaten sollten bestrebt sein, einen zumindest guten Zustand ihrer Gewässer zu erreichen, indem sie unter Berücksichtigung vorhandener Anforderungen auf Gemeinschaftsebene die erforderlichen Maßnahmen im Rahmen integrierter Maßnahmenprogramme festlegen und in die Praxis umsetzen. Wenn sich ein Gewässer bereits in einem guten Zustand befindet, sollte dieser bewahrt bleiben. In Bezug auf Grundwasser sollten nicht nur die Anforderungen für einen guten Zustand erfüllt, sondern auch alle signifikanten und anhaltenden Trends einer Steigerung der Konzentration von Schadstoffen ermittelt und umgekehrt werden.

Oberflächengewässer und Grundwasserkörper sind prinzipiell erneuerbare natürliche Ressourcen. Aufgrund der natürlichen zeitlichen Verzögerung bei der Bildung und der Erneuerung von Grundwasserressourcen sind frühzeitige Maßnahmen und eine beständige langfristige Planung von Schutzmaßnahmen nötig, um einen guten Zustand des Grundwassers zu gewährleisten. Bei der Erstellung eines Zeitplans für Maßnahmen zur Erreichung eines guten Zustands des Grundwassers sowie zur Umkehrung aller signifikanten und anhaltenden Trends einer Steigerung der Konzentration von Schadstoffen im Grundwasser sollte dieser natürliche Verzögerungseffekt berücksichtigt werden.

Zum Zwecke des Umweltschutzes müssen die qualitativen und quantitativen Aspekte sowohl bei Oberflächengewässern als auch bei Grundwässern stärker integriert werden, wobei die natürlichen Fließbedingungen von Wasser innerhalb des hydrologischen Kreislaufs zu berücksichtigen sind.

Es ist erforderlich, eine Analyse der Merkmale eines Einzugsgebiets und der Auswirkungen menschlicher Tätigkeiten sowie eine wirtschaftliche Analyse des Wassergebrauchs zu erstellen. Die Entwicklung des Gewässerzustands in der gesamten Gemeinschaft sollte von den Mitgliedstaaten auf systematische und vergleichbare Weise überwacht werden. Die Mitgliedstaaten brauchen diese Informationen, um auf einer soliden Grundlage Maßnahmenprogramme entwickeln zu können. Die Mitgliedstaaten sollten die zur Trinkwasserentnahme genutzten Gewässer ausweisen und die Qualität von Wasser für den menschlichen Gebrauch sicherstellen.

Die Auswirkungen von Verschmutzungsunfällen müssen vermieden oder verringert werden. Das Maßnahmenprogramm sollte entsprechende Vorkehrungen umfassen. Zur Vermeidung und Verminderung der Verschmutzung sollte die gemeinschaftliche Wasserpolitik auf einem kombinierten Konzept beruhen, d.h. sowohl Begrenzung der Verschmutzung an der Quelle durch die Vorgabe von Emissionsgrenzwerten als auch Festlegung von Umweltqualitätsnormen.

Ferner sollten im Hinblick auf die Wassermenge allgemeine Prinzipien für die Wasserentnahme und die Aufstauung festgelegt werden, um die ökologische Nachhaltigkeit für die betroffenen Wassersysteme zu sichern.

Im Gemeinschaftsrecht sollten für bestimmte Schadstoffgruppen oder -familien gemeinsame Umweltqualitätsnormen und Emissionsgrenzwerte als Mindestanforderungen festgelegt werden. Für die Verabschiedung solcher Normen auf Gemeinschaftsebene sind entsprechende Bestimmungen zu erlassen.

Die Wasserverschmutzung durch Einleitungen, Emissionen oder Verluste prioritärer gefährlicher Stoffe muss beendet oder schrittweise eingestellt werden. Das Europäische Parlament und der Rat sollten auf Vorschlag der Kommission festlegen, für welche Stoffe prioritär Maßnahmen zu ergreifen sind und welche spezifischen Maßnahmen gegen die Wasserverschmutzung durch solche Stoffe getroffen werden müssen, wobei alle bedeutenden Verschmutzungsquellen zu berücksichtigen und das Niveau und die Kombination von Begrenzungen unter dem Gesichtspunkt der Kostenwirksamkeit und der Verhältnismäßigkeit zu ermitteln sind.

Die Bestimmung prioritärer gefährlicher Stoffe sollte dem Grundsatz der Vorsorge Rechnung tragen und sich insbesondere auf die Bestimmung von potenziell negativen Auswirkungen des Erzeugnisses und auf eine wissenschaftliche Bewertung des Risikos stützen. Die Mitgliedstaaten sollten Maßnahmen ergreifen, um die Verschmutzung von Oberflächenwasser durch prioritäre Stoffe zu beseitigen und die Verschmutzung durch andere Stoffe, die sonst das Erreichen der für die Oberflächenwasserkörper festgelegten Ziele durch die Mitgliedstaaten verhindern würden, schrittweise zu verringern.

Das Endziel dieser Richtlinie besteht darin, die Eliminierung prioritärer gefährlicher Stoffe zu erreichen und dazu beizutragen, dass in der Meeresumwelt für natürlich vorkommende Stoffe Konzentrationen in der Nähe der Hintergrundwerte erreicht werden.

Ziel (Art. 1)

Ziel dieser Richtlinie ist die Schaffung eines Ordnungsrahmens für den Schutz der Binnenoberflächengewässer, der Übergangsgewässer, der Küstengewässer und des Grundwassers zwecks:

- Vermeidung einer weiteren Verschlechterung sowie Schutz und Verbesserung des Zustands der aquatischen Ökosysteme und der direkt von ihnen abhängenden Landökosysteme und Feuchtgebiete im Hinblick auf deren Wasserhaushalt,
- Förderung einer nachhaltigen Wassernutzung auf der Grundlage eines langfristigen Schutzes der vorhandenen Ressourcen,
- Anstrebens eines stärkeren Schutzes und einer Verbesserung der aquatischen Umwelt, unter anderem durch spezifische Maßnahmen zur schrittweisen Reduzierung von Einleitungen, Emissionen und Verlusten von prioritären Stoffen und durch die Beendigung oder schrittweise Einstellung von Einleitungen, Emissionen und Verlusten von prioritären gefährlichen Stoffen,

- Sicherstellung einer schrittweisen Reduzierung der Verschmutzung des Grundwassers und Verhinderung seiner weiteren Verschmutzung und
- Beitrag zur Minderung der Auswirkungen von Überschwemmungen und Dürren,

womit beigetragen werden soll:

- zu einer ausreichenden Versorgung mit Oberflächen- und Grundwasser guter Qualität, wie es für eine nachhaltige, ausgewogene und gerechte Wassernutzung erforderlich ist,
- zu einer wesentlichen Reduzierung der Grundwasserverschmutzung,
- zum Schutz der Hoheitsgewässer und der Meeresgewässer,
- zur Verwirklichung der Ziele der einschlägigen internationalen Übereinkommen einschließlich derjenigen, die auf die Vermeidung und Beseitigung der Verschmutzung der Meeresumwelt abzielen, durch Gemeinschaftsmaßnahmen zur Beendigung oder schrittweisen Einstellung von Einleitungen, Emissionen oder Verlusten von prioritären gefährlichen Stoffen, und zwar mit dem Endziel, in der Meeresumwelt für natürlich anfallende Stoffe Konzentrationen in der Nähe der Hintergrundwerte und für anthropogene synthetische Stoffe Konzentrationen nahe Null zu erreichen.

Begriffsbestimmungen (Art. 2)

Im Sinne der Wasser-Rahmen-Richtlinie gelten folgende Begriffsbestimmungen:

- **„Oberflächengewässer":** die Binnengewässer mit Ausnahme des Grundwassers sowie die Übergangsgewässer und Küstengewässer, wobei im Hinblick auf den chemischen Zustand ausnahmsweise auch die Hoheitsgewässer eingeschlossen sind,

- **„Grundwasser":** alles unterirdische Wasser in der Sättigungszone, das in unmittelbarer Berührung mit dem Boden oder dem Untergrund steht,

- **„Binnengewässer":** alle an der Erdoberfläche stehenden oder fließenden Gewässer sowie alles Grundwasser auf der landwärtigen Seite der Basislinie, von der aus die Breite der Hoheitsgewässer gemessen wird,

- **„Fluss":** ein Binnengewässer, das größtenteils an der Erdoberfläche fließt, teilweise aber auch unterirdisch fließen kann,

- **„See":** ein stehendes Binnenoberflächengewässer,

- **„Übergangsgewässer":** die Oberflächenwasserkörper in der Nähe von Flussmündungen, die aufgrund ihrer Nähe zu den Küstengewässern einen gewissen Salzgehalt aufweisen, aber im Wesentlichen von Süßwasserströmungen beeinflusst werden,

- **„Küstengewässer":** die Oberflächengewässer auf der landwärtigen Seite einer Linie, auf der sich jeder Punkt eine Seemeile seewärts vom nächsten Punkt der Basislinie befindet, von der aus die Breite der Hoheitsgewässer gemessen wird, gegebenenfalls bis zur äußeren Grenze eines Übergangsgewässers,

- **„künstlicher Wasserkörper":** ein von Menschenhand geschaffener Oberflächenwasserkörper,

- **„erheblich veränderter Wasserkörper":** ein Oberflächenwasserkörper, der durch physikalische Veränderungen durch den Menschen in seinem Wesen erheblich verändert wurde,

- **„Oberflächenwasserkörper":** ein einheitlicher und bedeutender Abschnitt eines Oberflächengewässers, z.B. ein See, ein Speicherbecken, ein Strom, Fluss oder Kanal, ein Teil eines Stroms, Flusses oder Kanals, ein Übergangsgewässer oder ein Küstengewässerstreifen,

- **„Grundwasserleiter":** eine unter der Oberfläche liegende Schicht oder Schichten von Felsen oder anderen geologischen Formationen mit hinreichender Porosität und Permeabilität, so dass entweder ein nennenswerter Grundwasserstrom oder die Entnahme erheblicher Grundwassermengen möglich ist,

- **„Grundwasserkörper":** ein abgegrenztes Grundwasservolumen innerhalb eines oder mehrerer Grundwasserleiter,

- **„Einzugsgebiet":** ein Gebiet, aus welchem über Ströme, Flüsse und möglicherweise Seen der gesamte Oberflächenabfluss an einer einzigen Flussmündung, einem Ästuar oder Delta ins Meer gelangt,

- **„Teileinzugsgebiet":** ein Gebiet, aus welchem über Ströme, Flüsse und möglicherweise Seen der gesamte Oberflächenabfluss an einem bestimmten Punkt in einen Wasserlauf (normalerweise einen See oder einen Zusammenfluss von Flüssen) gelangt,

- **„Flussgebietseinheit":** ein als Haupteinheit für die Bewirtschaftung von Einzugsgebieten festgelegtes Land- oder Meeresgebiet, das aus einem oder mehreren benachbarten Einzugsgebieten und den ihnen zugeordneten Grundwässern und Küstengewässern besteht,

- **„Zustand des Oberflächengewässers":** die allgemeine Bezeichnung für den Zustand eines Oberflächenwasserkörpers auf der Grundlage des jeweils schlechteren Wertes für den ökologischen und den chemischen Zustand,

- **„guter Zustand des Oberflächengewässers":** der Zustand eines Oberflächenwasserkörpers, der sich in einem zumindest „guten" ökologischen und chemischen Zustand befindet,

- **„Zustand des Grundwassers":** die allgemeine Bezeichnung für den Zustand eines Grundwasserkörpers auf der Grundlage des jeweils schlechteren Wertes für den mengenmäßigen und den chemischen Zustand,

- **„guter Zustand des Grundwassers":** der Zustand eines Grundwasserkörpers, der sich in einem zumindest „guten“ mengenmäßigen und chemischen Zustand befindet,

- **„ökologischer Zustand":** die Qualität von Struktur und Funktionsfähigkeit aquatischer, in Verbindung mit Oberflächengewässern stehender Ökosysteme gemäß der Einstufung nach Anhang V der Wasser-Rahmen-Richtlinie,

- **„guter ökologischer Zustand":** der Zustand eines entsprechenden Oberflächenwasserkörpers gemäß der Einstufung nach Anhang V der Wasser-Rahmen-Richtlinie,

- **„gutes ökologisches Potenzial":** der Zustand eines erheblich veränderten oder künstlichen Wasserkörpers, der nach den einschlägigen Bestimmungen des Anhangs V entsprechend eingestuft wurde,

- **„guter chemischer Zustand eines Oberflächengewässers":** der chemische Zustand, der zur Erreichung der Umweltziele für Oberflächengewässer erforderlich ist, das heißt der chemische Zustand, den ein Oberflächenwasserkörper erreicht hat, in dem kein Schadstoff in einer höheren Konzentration als den Umweltqualitätsnormen vorkommt,

- **„guter chemischer Zustand des Grundwassers":** der chemische Zustand eines Grundwasserkörpers,

- **„verfügbare Grundwasserressource":** die langfristige mittlere jährliche Neubildung des Grundwasserkörpers abzüglich des langfristigen jährlichen Abflusses, der erforderlich ist, damit die genannten ökologischen Qualitätsziele für die mit ihm in Verbindung stehenden Oberflächengewässer erreicht werden und damit jede signifikante Verschlechterung des ökologischen Zustands dieser Gewässer und jede signifikante Schädigung der mit ihnen in Verbindung stehenden Landökosysteme vermieden wird,

- **„gefährliche Stoffe":** Stoffe oder Gruppen von Stoffen, die toxisch, persistent und bioakkumulierbar sind, und sonstige Stoffe oder Gruppen von Stoffen, die in ähnlichem Maße Anlass zu Besorgnis geben,

- **„prioritäre Stoffe":** Beispiele gemäß Anhang X:
  - Anthracen,
  - Atrazin,
  - Benzol,
  - bromierte Diphenylether,
  - Pentabromdiphenylether,
  - Cadmium und Cadmiumverbindungen,
  - 1,2-Dichlorethan,
  - Dichlormethan,
  - Bis(2-ethylhexyl)phthalat (DEHP),
  - Hexachlorbenzol,
  - Hexachlorbutadien,
  - Hexachlorcyclohexan,
  - Blei und Bleiverbindungen,
  - Quecksilber und Quecksilberverbindungen,
  - Naphthalin,
  - Nickel und Nickelverbindungen,
  - Nonylphenol,
  - Pentachlorbenzol,
  - Pentachlorphenol,
  - Polycyclische aromatische Kohlenwasserstoffe,
  - Tributylzinnverbindungen,
  - Trichlorbenzole,
  - Trichlormethan (Chloroform),

- **„Schadstoff":** jeder Stoff, der zu einer Verschmutzung führen kann, insbesondere folgende Stoffe:
  - organohalogene Verbindungen und Stoffe, die im Wasser derartige Verbindungen bilden können,
  - organische Phosphorverbindungen,
  - organische Zinnverbindungen,
  - Stoffe und Zubereitungen oder deren Abbauprodukte, deren karzinogene oder mutagene Eigenschaften bzw. steroidogene, thyreoide, reproduktive oder andere Funktionen des endokrinen Systems beeinträchtigenden Eigenschaften im oder durch das Wasser erwiesen sind,
  - persistente Kohlenwasserstoffe sowie persistente und bioakkumulierende organische toxische Stoffe,
  - Zyanide,
  - Metall und Metallverbindungen,
  - Arsen und Arsenverbindungen,

- Biozide und Pflanzenschutzmittel,
- Schwebstoffe,
- Stoffe, die zur Eutrophierung beitragen (insbesondere Nitrate und Phosphate),
- Stoffe mit nachhaltigem Einfluss auf die Sauerstoffbilanz (und die anhand von Parametern wie BSB, CSB, usw. gemessen werden können),

• **„Umweltqualitätsnorm":** die Konzentration eines bestimmten Schadstoffs oder einer bestimmten Schadstoffgruppe, die in Wasser, Sedimenten oder Biota aus Gründen des Gesundheits- und Umweltschutzes nicht überschritten werden darf,

• **„Wasserdienstleistungen":** alle Dienstleistungen, die für Haushalte, öffentliche Einrichtungen oder wirtschaftliche Tätigkeiten jeder Art Folgendes zur Verfügung stellen:
  - Entnahme, Aufstauung, Speicherung, Behandlung und Verteilung von Oberflächen- oder Grundwasser,
  - Anlagen für die Sammlung und Behandlung von Abwasser, die anschließend in Oberflächengewässer einleiten,

• **„Emissionsgrenzwert":** die im Verhältnis zu bestimmten spezifischen Parametern ausgedrückte Masse, die Konzentration und/oder das Niveau einer Emission, die in einem oder mehreren Zeiträumen nicht überschritten werden dürfen. Die Emissionsgrenzwerte können auch für bestimmte Gruppen, Familien oder Kategorien von Stoffen festgelegt werden. Die Emissionsgrenzwerte für Stoffe gelten normalerweise an dem Punkt, an dem die Emissionen die Anlage verlassen, wobei eine etwaige Verdünnung bei der Festsetzung der Grenzwerte nicht berücksichtigt wird. Bei der indirekten Einleitung in das Wasser kann die Wirkung einer Kläranlage bei der Festsetzung der Emissionsgrenzwerte der Anlage berücksichtigt werden, sofern ein insgesamt gleichwertiges Umweltschutzniveau sichergestellt wird und es nicht zu einer höheren Belastung der Umwelt kommt,

• **„Emissionsbegrenzung":** Begrenzungen, die auf eine spezifische Beschränkung von Emissionen, beispielsweise die Einhaltung von Emissionsgrenzwerten, oder auf sonstige Beschränkungen oder Auflagen hinsichtlich der Wirkung, der Natur oder sonstiger Merkmale von Emissionen oder emissionsbeeinflussenden Betriebsbedingungen abzielen.

Umweltziele (Art. 4)

In Bezug auf die Umsetzung der in den Bewirtschaftungsplänen für die Einzugsgebiete festgelegten Maßnahmenprogramme gilt Folgendes:

• bei Oberflächengewässern:
  - die Mitgliedstaaten führen die notwendigen Maßnahmen durch, um eine Verschlechterung des Zustands aller Oberflächenwasserkörper zu verhindern,
  - die Mitgliedstaaten schützen, verbessern und sanieren alle Oberflächenwasserkörper mit dem Ziel, einen guten Zustand der Oberflächengewässer zu erreichen,
  - die Mitgliedstaaten schützen und verbessern alle künstlichen und erheblich veränderten Wasserkörper mit dem Ziel, ein gutes ökologisches Potenzial und einen guten chemischen Zustand der Oberflächengewässer zu erreichen,
  - die Mitgliedstaaten führen die notwendigen Maßnahmen durch mit dem Ziel, die Verschmutzung durch prioritäre Stoffe schrittweise zu reduzieren und die Einleitungen, Emissionen und Verluste prioritärer gefährlicher Stoffe zu beenden oder schrittweise einzustellen,

- bei Grundwasser:
  - die Mitgliedstaaten führen die erforderlichen Maßnahmen durch, um die Einleitung von Schadstoffen in das Grundwasser zu verhindern oder zu begrenzen und eine Verschlechterung des Zustands aller Grundwasserkörper zu verhindern,
  - die Mitgliedstaaten schützen, verbessern und sanieren alle Grundwasserkörper und gewährleisten ein Gleichgewicht zwischen Grundwasserentnahme und -neubildung mit dem Ziel, einen guten Zustand des Grundwassers zu erreichen,
  - die Mitgliedstaaten führen die erforderlichen Maßnahmen durch, um alle signifikanten und anhaltenden Trends einer Steigerung der Konzentration von Schadstoffen aufgrund der Auswirkungen menschlicher Tätigkeiten umzukehren und so die Verschmutzung des Grundwassers schrittweise zu reduzieren.

Die Mitgliedstaaten können einen Oberflächenwasserkörper als künstlich oder erheblich verändert einstufen, wenn:

- die zum Erreichen eines guten ökologischen Zustands erforderlichen Änderungen der hydromorphologischen Merkmale dieses Körpers signifikante negative Auswirkungen hätten auf:
  - die Umwelt im weiteren Sinne,
  - die Schifffahrt, einschließlich Hafenanlagen, oder die Freizeitnutzung,
  - die Tätigkeiten, zu deren Zweck das Wasser gespeichert wird, wie Trinkwasserversorgung, Stromerzeugung oder Bewässerung,
  - die Wasserregulierung, den Schutz vor Überflutungen, die Landentwässerung, oder
  - andere ebenso wichtige nachhaltige Entwicklungstätigkeiten des Menschen,

- die nutzbringenden Ziele, denen die künstlichen oder veränderten Merkmale des Wasserkörpers dienen, aus Gründen der technischen Durchführbarkeit oder aufgrund unverhältnismäßiger Kosten nicht in sinnvoller Weise durch andere Mittel erreicht werden können, die eine wesentlich bessere Umweltoption darstellen. Diese Einstufung und deren Gründe sind im erforderlichen Bewirtschaftungsplan für das Einzugsgebiet im Einzelnen darzulegen und alle sechs Jahre zu überprüfen.

Die Mitgliedstaaten können sich für bestimmte Wasserkörper die Verwirklichung weniger strenger Umweltziele als gefordert vornehmen, wenn sie durch menschliche Tätigkeiten so beeinträchtigt sind oder ihre natürlichen Gegebenheiten so beschaffen sind, dass das Erreichen dieser Ziele in der Praxis nicht möglich oder unverhältnismäßig teuer wäre, und die folgenden Bedingungen alle erfüllt sind:

- Die ökologischen und sozioökonomischen Erfordernisse, denen solche menschlichen Tätigkeiten dienen, können nicht durch andere Mittel erreicht werden, die eine wesentlich bessere und nicht mit unverhältnismäßig hohen Kosten verbundene Umweltoption darstellen.

- Die Mitgliedstaaten tragen Sorge dafür, dass:
  - im Hinblick auf Oberflächengewässer unter Berücksichtigung der Auswirkungen, die infolge der Art der menschlichen Tätigkeiten oder der Verschmutzung nach vernünftigem Ermessen nicht hätten vermieden werden können, der bestmögliche ökologische und chemische Zustand erreicht wird,
  - im Hinblick auf das Grundwasser unter Berücksichtigung der Auswirkungen, die infolge der Art der menschlichen Tätigkeiten oder der Verschmutzung nach vernünftigem Ermessen nicht hätten vermieden werden können, die geringstmöglichen Veränderungen des guten Grundwasserzustands erfolgen.

- Es erfolgt keine weitere Verschlechterung des Zustands des betreffenden Wasserkörpers.

- Die weniger strengen Umweltziele und die Gründe hierfür werden im Bewirtschaftungsplan für das Einzugsgebiet im Einzelnen dargelegt, und diese Ziele werden alle sechs Jahre überprüft.

Eine vorübergehende Verschlechterung des Zustands von Wasserkörpern verstößt nicht gegen die Anforderungen dieser Richtlinie, wenn sie durch aus natürlichen Ursachen herrührende oder durch höhere Gewalt bedingte Umstände, die außergewöhnlich sind oder nach vernünftiger Einschätzung nicht vorhersehbar waren, insbesondere starke Überschwemmungen oder lang anhaltende Dürren, oder durch Umstände bedingt sind, die durch nach vernünftiger Einschätzung nicht vorhersehbare Unfälle entstanden sind, und wenn sämtliche nachstehenden Bedingungen erfüllt sind:

- Es werden alle praktikablen Vorkehrungen getroffen, um eine weitere Verschlechterung des Zustands zu verhindern und um die Verwirklichung der Ziele in anderen, nicht von diesen Umständen betroffenen Wasserkörpern nicht zu gefährden.
- In dem Bewirtschaftungsplan für das Einzugsgebiet wird festgehalten, unter welchen Bedingungen solche Umstände, die außergewöhnlich sind oder nach vernünftiger Einschätzung nicht vorhersehbar waren, geltend gemacht werden können und welche Indikatoren hierbei zu verwenden sind.
- Die Maßnahmen, die unter solchen außergewöhnlichen Umständen zu ergreifen sind, sind in dem Maßnahmenprogramm aufgeführt und gefährden nicht die Wiederherstellung des Zustands des Wasserkörpers, wenn die außergewöhnlichen Umstände vorüber sind.
- Die Auswirkungen von Umständen, die außergewöhnlich sind oder nach vernünftiger Einschätzung nicht vorhersehbar waren, werden jährlich überprüft, und es werden alle praktikablen Maßnahmen ergriffen, um den Zustand, den der Wasserkörper hatte, bevor er von solchen Umständen betroffen wurde, so bald wie nach vernünftiger Einschätzung möglich wiederherzustellen.

Die Mitgliedstaaten verstoßen nicht gegen diese Richtlinie, wenn:

- das Nichterreichen eines guten Grundwasserzustandes, eines guten ökologischen Zustands oder gegebenenfalls eines guten ökologischen Potenzials oder das Nichtverhindern einer Verschlechterung des Zustands eines Oberflächen- oder Grundwasserkörpers die Folge von neuen Änderungen der physischen Eigenschaften eines Oberflächenwasserkörpers oder von Änderungen des Pegels von Grundwasserkörpern ist, oder
- das Nichtverhindern einer Verschlechterung von einem sehr guten zu einem guten Zustand eines Oberflächenwasserkörpers die Folge einer neuen nachhaltigen Entwicklungstätigkeit des Menschen ist

und die folgenden Bedingungen alle erfüllt sind:

- es werden alle praktikablen Vorkehrungen getroffen, um die negativen Auswirkungen auf den Zustand des Wasserkörpers zu mindern,
- die Gründe für die Änderungen werden im Bewirtschaftungsplan für das Einzugsgebiet im Einzelnen dargelegt, und die Ziele werden alle sechs Jahre überprüft,
- die Gründe für die Änderungen sind von übergeordnetem öffentlichem Interesse und/oder der Nutzen, den die Verwirklichung der Ziele für die Umwelt und die Gesellschaft hat, wird übertroffen durch den Nutzen der neuen Änderungen für die menschliche Gesundheit, die Erhaltung der Sicherheit der Menschen oder die nachhaltige Entwicklung, und
- die nutzbringenden Ziele, denen diese Änderungen des Wasserkörpers dienen sollen, können aus Gründen der technischen Durchführbarkeit oder aufgrund unverhältnismäßiger Kosten nicht durch andere Mittel, die eine wesentlich bessere Umweltoption darstellen, erreicht werden.

Merkmale der Flussgebietseinheit, Überprüfung der Umweltauswirkungen menschlicher Tätigkeiten und wirtschaftliche Analyse der Wassernutzung (Art. 5)

Jeder Mitgliedstaat sorgt dafür, dass für jede Flussgebietseinheit oder für den in sein Hoheitsgebiet fallenden Teil einer internationalen Flussgebietseinheit:

- eine Analyse ihrer Merkmale,
- eine Überprüfung der Auswirkungen menschlicher Tätigkeiten auf den Zustand der Oberflächengewässer und des Grundwassers und
- eine wirtschaftliche Analyse der Wassernutzung

entsprechend den technischen Spezifikationen gemäß den Anhängen II und III der Wasser-Rahmen-Richtlinie durchgeführt und spätestens vier Jahre nach dem 22.12.2000 abgeschlossen werden. Die Analysen und Überprüfungen werden spätestens 13 Jahre nach dem 22.12.2000 und danach alle sechs Jahre überprüft und gegebenenfalls aktualisiert.

Verzeichnis der Schutzgebiete (Art. 6)

Die Mitgliedstaaten sorgen dafür, dass ein Verzeichnis oder mehrere Verzeichnisse aller Gebiete innerhalb der einzelnen Flussgebietseinheiten erstellt wird bzw. erstellt werden, für die gemäß den spezifischen gemeinschaftlichen Rechtsvorschriften zum Schutz der Oberflächengewässer und des Grundwassers oder zur Erhaltung von unmittelbar vom Wasser abhängigen Lebensräumen und Arten ein besonderer Schutzbedarf festgestellt wurde. Das Verzeichnis bzw. die Verzeichnisse der Schutzgebiete wird bzw. werden für jede Flussgebietseinheit regelmäßig überarbeitet und aktualisiert.

Gewässer für die Entnahme von Trinkwasser (Art. 7)

Die Mitgliedstaaten ermitteln in jeder Flussgebietseinheit:

- alle Wasserkörper, die für die Entnahme von Wasser für den menschlichen Verbrauch genutzt werden und die durchschnittlich mehr als 10 m³ täglich liefern oder mehr als 50 Personen bedienen, und
- die für eine solche künftige Nutzung bestimmten Wasserkörper.

Die Mitgliedstaaten überwachen die Wasserkörper, die durchschnittlich mehr als 100 m³ täglich liefern.

Die Mitgliedstaaten stellen sicher, dass jeder Wasserkörper die Anforderungen für Oberflächenwasserkörper, einschließlich der 16 auf Gemeinschaftsebene festgelegten Qualitätsnormen, erreicht, und dass das gewonnene Wasser unter Berücksichtigung des angewandten Wasseraufbereitungsverfahrens und gemäß dem Gemeinschaftsrecht auch die Anforderungen der Trinkwasser-Richtlinie erfüllt.

Die Mitgliedstaaten sorgen für den erforderlichen Schutz der ermittelten Wasserkörper, um eine Verschlechterung ihrer Qualität zu verhindern und so den für die Gewinnung von Trinkwasser erforderlichen Umfang der Aufbereitung zu verringern. Die Mitgliedstaaten können Schutzgebiete für diese Wasserkörper festlegen.

Überwachung des Zustands des Oberflächengewässers, des Zustands des Grundwassers und der Schutzgebiete (Art. 8)

Die Mitgliedstaaten sorgen dafür, dass Programme zur Überwachung des Zustands der Gewässer aufgestellt werden, damit ein zusammenhängender und umfassender Überblick über den Zustand der Gewässer in jeder Flussgebietseinheit gewonnen wird; dabei gilt Folgendes:

- bei Oberflächengewässern umfassen diese Programme:
  - die Menge und den Wasserstand oder die Durchflussgeschwindigkeit, soweit sie für den ökologischen und chemischen Zustand und das ökologische Potenzial von Bedeutung sind, sowie
  - den ökologischen und chemischen Zustand und das ökologische Potenzial,

- bei Grundwasserkörpern umfassen diese Programme die Überwachung des chemischen und des mengenmäßigen Zustands.

Kombinierter Ansatz für Punktquellen und diffuse Quellen (Art. 10)

Die Mitgliedstaaten sorgen dafür, dass alle Einleitungen in Oberflächengewässer begrenzt werden.

Die Mitgliedstaaten sorgen dafür, dass:

- die Emissionsbegrenzung auf der Grundlage der besten verfügbaren Technologien oder
- die einschlägigen Emissionsgrenzwerte oder
- bei diffusen Auswirkungen die Begrenzungen, die gegebenenfalls die beste verfügbare Umweltpraxis einschließen

festgelegt und/oder durchgeführt werden.

Maßnahmenprogramm (Art. 11)

Jedes Maßnahmenprogramm enthält die „grundlegenden" Maßnahmen und gegebenenfalls „ergänzende" Maßnahmen.

„Grundlegende Maßnahmen" sind die zu erfüllenden Mindestanforderungen und beinhalten:

- Begrenzungen der Entnahme von Oberflächensüßwasser und Grundwasser sowie der Aufstauung von Oberflächensüßwasser, einschließlich eines oder mehrerer Register der Wasserentnahmen und einer Vorschrift über die vorherige Genehmigung der Entnahme und der Aufstauung. Diese Begrenzungen werden regelmäßig überprüft und gegebenenfalls aktualisiert. Die Mitgliedstaaten können Entnahmen oder Aufstauungen, die keine signifikanten Auswirkungen auf den Wasserzustand haben, von diesen Begrenzungen freistellen,

- Begrenzungen, einschließlich des Erfordernisses einer vorherigen Genehmigung von künstlichen Anreicherungen oder Auffüllungen von Grundwasserkörpern. Das verwendete Wasser kann aus Oberflächengewässern oder Grundwasser stammen, sofern die Nutzung der Quelle nicht die Verwirklichung der Umweltziele gefährdet, die für die Quelle oder den angereicherten oder vergrößerten Grundwasserkörper festgesetzt wurden. Diese Begrenzungen sind regelmäßig zu überprüfen und gegebenenfalls zu aktualisieren,

- bei Einleitungen über Punktquellen, die Verschmutzungen verursachen können, das Erfordernis einer vorherigen Regelung, wie ein Verbot der Einleitung von Schadstoffen in das Wasser, oder eine vorherige Genehmigung oder eine Registrierung nach allgemein verbindlichen Regeln, die Emissionsbegrenzungen für die betreffenden Schadstoffe vorsehen. Diese Begrenzungen werden regelmäßig überprüft und gegebenenfalls aktualisiert,

- bei diffusen Quellen, die Verschmutzungen verursachen können, Maßnahmen zur Verhinderung oder Begrenzung der Einleitung von Schadstoffen. Die Begrenzungen können in Form einer Vorschrift erfolgen, wonach eine vorherige Regelung, wie etwa ein Verbot der Einleitung von Schadstoffen in das Wasser, eine vorherige Genehmigung oder eine Registrierung nach allgemein verbindlichen Regeln erforderlich ist. Die betreffenden Begrenzungen werden regelmäßig überprüft und gegebenenfalls aktualisiert,

- bei allen anderen ermittelten signifikanten nachteiligen Auswirkungen auf den Wasserzustand insbesondere Maßnahmen, die sicherstellen, dass die hydromorphologischen Bedingungen der Wasserkörper so beschaffen sind, dass der erforderliche ökologische Zustand oder das gute ökologische Potenzial bei Wasserkörpern, die als künstlich oder erheblich verändert eingestuft sind, erreicht werden kann. Die diesbezüglichen Begrenzungen können in Form einer Vorschrift erfolgen, wonach eine vorherige Genehmigung oder eine Registrierung nach allgemein verbindlichen Regeln erforderlich ist. Die betreffenden Begrenzungen werden regelmäßig überprüft und gegebenenfalls aktualisiert,

- das Verbot einer direkten Einleitung von Schadstoffen in das Grundwasser nach Maßgabe der nachstehenden Vorschriften. Die Mitgliedstaaten können gestatten, dass geothermisch genutztes Wasser in den Grundwasserleiter, aus dem es stammt, wieder eingeleitet wird. Sie können ferner unter Festlegung der entsprechenden Bedingungen Folgendes gestatten:
  - die Einleitung von Wasser, das Stoffe enthält, die bei der Exploration und Förderung von Kohlenwasserstoffen oder bei Bergbauarbeiten anfallen, sowie die Einleitung von Wasser zu technischen Zwecken in geologische Formationen, aus denen Kohlenwasserstoffe oder andere Stoffe gewonnen worden sind, oder in geologische Formationen, die aus natürlichen Gründen für andere Zwecke auf Dauer ungeeignet sind. Solche Einleitungen dürfen keine anderen Stoffe als solche enthalten, die bei den obengenannten Arbeitsvorgängen anfallen,
  - die Wiedereinleitung des aus Bergwerken oder Steinbrüchen abgepumpten Wassers oder deswegen Wartungs- und Bauarbeiten abgepumpten Wassers,
  - die Einleitung von Erdgas oder Flüssiggas (LPG) zu Speicherungszwecken in geologische Formationen, die aus natürlichen Gründen für andere Zwecke auf Dauer ungeeignet sind,
  - die Injektion von Kohlendioxidströmen zur Speicherung in geologische Formationen, die aus natürlichen Gründen für andere Zwecke auf Dauer ungeeignet sind,
  - Einleitung von Erdgas oder Flüssiggas (LPG) zu Speicherungszwecken in andere geologische Formationen, sofern die Sicherheit der Gasversorgung dringend gewährleistet werden muss und hierbei allen derzeit bestehenden oder künftigen Gefahren einer Verschlechterung der Qualität des aufnehmenden Grundwassers vorgebeugt wird,
  - Hoch- und Tiefbauarbeiten und ähnliche Arbeiten über oder unter der Erdoberfläche, bei denen ein Kontakt zum Grundwasser entsteht. Hier können die Mitgliedstaaten festlegen, dass solche Arbeiten als genehmigt betrachtet werden müssen, wenn sie im Einklang mit allgemein verbindlichen Regeln, die die Mitgliedstaaten für solche Arbeiten erstellt haben, durchgeführt werden,
  - die Einleitung geringfügiger Mengen von Stoffen für wissenschaftliche Zwecke zum Studium, zum Schutz oder zur Sanierung der Wasserkörper, wobei diese Mengen auf das zu diesen Zwecken unbedingt erforderliche Mindestmaß beschränkt bleiben müssen, sofern derartige Einleitungen das Erreichen der für den betreffenden Grundwasserkörper festgelegten Umweltziele nicht gefährden,

- Maßnahmen zur Beseitigung der Verschmutzung von Oberflächenwasser durch Stoffe, die in der vereinbarten Liste prioritärer Stoffe aufgeführt sind, und der schrittweisen Verringerung der Verschmutzung durch andere Stoffe, die sonst das Erreichen der für die betreffenden Oberflächenwasserkörper festgelegten Ziele durch die Mitgliedstaaten verhindern würden,

- alle erforderlichen Maßnahmen, um Freisetzungen von signifikanten Mengen an Schadstoffen aus technischen Anlagen zu verhindern und den Folgen unerwarteter Verschmutzungen, wie etwa bei Überschwemmungen, vorzubeugen und/oder diese zu mindern, auch mit Hilfe von Systemen zur frühzeitigen Entdeckung derartiger Vorkommnisse oder zur Frühwarnung und, im Falle von Unfällen, die nach vernünftiger Einschätzung nicht vorhersehbar waren, unter Einschluss aller geeigneter Maßnahmen zur Verringerung des Risikos für die aquatischen Ökosysteme.

„Ergänzende Maßnahmen" sind Maßnahmen, die zusätzlich zu den grundlegenden Maßnahmen geplant und ergriffen werden, um die festgelegten Ziele zu erreichen. Die Mitgliedstaaten können ergänzende Maßnahmen auch ergreifen, um für einen zusätzlichen Schutz der Gewässer oder eine Verbesserung ihres Zustands zu sorgen.

Geht aus den Überwachungsdaten oder sonstigen Daten hervor, dass die für den Wasserkörper festgelegten Ziele voraussichtlich nicht erreicht werden, so sorgt der betreffende Mitgliedstaat dafür, dass:

- den Gründen hierfür nachgegangen wird und
- die entsprechenden Zulassungen und Genehmigungen geprüft und gegebenenfalls revidiert werden,
- die Überwachungsprogramme überprüft und gegebenenfalls angepasst werden,
- die zur Erreichung dieser Ziele erforderlichen Zusatzmaßnahmen festgelegt werden, gegebenenfalls einschließlich der Erstellung strengerer Umweltqualitätsnormen.

Wenn diese Gründe auf Umständen natürlicher Art oder höherer Gewalt beruhen, die außergewöhnlich sind oder nach vernünftiger Einschätzung nicht vorhersehbar waren, wie insbesondere starke Überschwemmungen oder lang anhaltende Dürren, kann der Mitgliedstaat feststellen, dass Zusatzmaßnahmen in der Praxis nicht durchführbar sind.

Die Mitgliedstaaten treffen bei der Durchführung der Maßnahmen alle geeigneten Vorkehrungen, damit die Meeresgewässer nicht zusätzlich verschmutzt werden. Unbeschadet der bestehenden Rechtsvorschriften darf die Durchführung von Maßnahmen unter keinen Umständen direkt oder indirekt zu einer erhöhten Verschmutzung der Oberflächengewässer führen. Diese Anforderung gilt nicht, wenn sie eine stärkere Verschmutzung der Umwelt insgesamt bewirken würde.

Die Maßnahmenprogramme müssen spätestens neun Jahre nach dem 22.12.2000 aufgestellt sein, alle Maßnahmen müssen spätestens zwölf Jahre nach dem 22.12.2000 in die Praxis umgesetzt sein.

Die Maßnahmenprogramme werden spätestens 15 Jahre nach dem 22.12.2000 und danach alle sechs Jahre überprüft und nötigenfalls aktualisiert. Neue oder im Rahmen eines aktualisierten Programms geänderte Maßnahmen sind innerhalb von drei Jahren, nachdem sie beschlossen wurden, in die Praxis umzusetzen.

Information und Anhörung der Öffentlichkeit (Art. 14)

Die Mitgliedstaaten fördern die aktive Beteiligung aller interessierten Stellen an der Umsetzung dieser Richtlinie, insbesondere an der Aufstellung, Überprüfung und Aktualisierung der Bewirtschaftungspläne für die Einzugsgebiete. Die Mitgliedstaaten sorgen dafür, dass sie für jede Flussgebietseinheit Folgendes veröffentlichen und der Öffentlichkeit, einschließlich den Nutzern, zugänglich machen, damit diese Stellung nehmen kann:

- einen Zeitplan und ein Arbeitsprogramm für die Aufstellung des Plans, einschließlich einer Erklärung über die zu treffenden Anhörungsmaßnahmen, und zwar spätestens drei Jahre vor Beginn des Zeitraums, auf den sich der Plan bezieht,
- einen vorläufigen Überblick über die für das Einzugsgebiet festgestellten wichtigen Wasserbewirtschaftungsfragen, und zwar spätestens zwei Jahre vor Beginn des Zeitraums, auf den sich der Plan bezieht,
- Entwürfe des Bewirtschaftungsplans für die Einzugsgebiete, und zwar spätestens ein Jahr vor Beginn des Zeitraums, auf den sich der Bewirtschaftungsplan bezieht.

Auf Antrag wird auch Zugang zu Hintergrunddokumenten und -informationen gewährt, die bei der Erstellung des Bewirtschaftungsplanentwurfs herangezogen wurden. Um eine aktive Einbeziehung und Anhörung zu ermöglichen, räumen die Mitgliedstaaten für schriftliche Bemerkungen zu diesen Unterlagen eine Frist von mindestens sechs Monaten ein.

Strategien gegen die Wasserverschmutzung (Art. 16)

Das Europäische Parlament und der Rat verabschieden spezifische Maßnahmen zur Bekämpfung der Wasserverschmutzung durch einzelne Schadstoffe oder Schadstoffgruppen, die ein erhebliches Risiko für oder durch die aquatische Umwelt darstellen, einschließlich der entsprechenden Risiken für Gewässer, die zur Trinkwasserentnahme genutzt werden. In Bezug auf diese Schadstoffe zielen die Maßnahmen auf eine schrittweise Reduzierung ab und in Bezug auf prioritäre gefährliche Stoffe auf die Beendigung oder schrittweise Einstellung von Einleitungen, Emissionen und Verlusten.

Die Kommission legt einen Vorschlag für eine Liste prioritärer Stoffe vor, die unter den Stoffen ausgewählt werden, die ein erhebliches Risiko für bzw. durch die aquatische Umwelt darstellen. Die Kommission berücksichtigt bei Erstellung ihres Vorschlags Empfehlungen des Wissenschaftlichen Ausschusses - Toxizität, Ökotoxizität und Umwelt - sowie Empfehlungen der Mitgliedstaaten, des Europäischen Parlaments, der Europäischen Umweltagentur, der gemeinschaftlichen Forschungsprogramme, internationaler Organisationen, denen die Gemeinschaft angehört, europäischer Wirtschaftsverbände, einschließlich Organisationen, die die kleinen und mittleren Unternehmen vertreten, europäischer Umweltorganisationen sowie jegliche weiteren relevanten Informationen, von denen sie Kenntnis erlangt.

Die Kommission legt für die prioritären Stoffe Vorschläge für Begrenzungen vor zur:

- schrittweisen Verringerung von Einleitungen, Emissionen und Verlusten der betreffenden Stoffe und insbesondere,
- zur Beendigung oder schrittweisen Einstellung von Einleitungen, Emissionen und Verlusten der Stoffe, einschließlich eines entsprechenden Zeitplans. Der Zeitplan darf 20 Jahre nicht überschreiten. Sie ermittelt dabei sowohl für Punktquellen als auch für diffuse Quellen unter dem Gesichtspunkt der Kostenwirksamkeit und der Verhältnismäßigkeit das angemessene Niveau und die Kombination von Produkt- und Verfahrenseinschränkungen und berücksichtigt gemeinschaftsweite einheitliche Emissionsgrenzwerte für Verfahrenseinschränkungen. Gemein-

schaftliche Maßnahmen zwecks Begrenzung der Emissionen aus technischen Verfahren können gegebenenfalls nach Branchen geordnet werden. Bei jedem Vorschlag für Begrenzungsmaßnahmen sind spezifische Bestimmungen für deren Überprüfung und Aktualisierung sowie die Bewertung ihrer Wirksamkeit vorzusehen.

Die Kommission schlägt Qualitätsnormen für die Konzentrationen der prioritären Stoffe in Oberflächenwasser, Sedimenten oder Biota vor. Die Kommission unterbreitet die Vorschläge zumindest für die Emissionsbegrenzung von Punktquellen und für die Umweltqualitätsnormen binnen zwei Jahren nach Aufnahme des betreffenden Stoffs in die Liste prioritärer Stoffe. Kommt bei Stoffen, die in die erste Liste prioritärer Stoffe aufgenommen sind, sechs Jahre nach Inkrafttreten dieser Richtlinie keine Einigung auf Gemeinschaftsebene zustande, so legen die Mitgliedstaaten für alle Oberflächengewässer, die von Einleitungen dieser Stoffe betroffen sind - unter Erwägung aller technischen Möglichkeiten zu ihrer Verminderung - Umweltqualitätsnormen und Begrenzungsmaßnahmen für die Hauptquellen dieser Einleitungen fest. Kommt bei Stoffen, die später in die Liste prioritärer Stoffe aufgenommen werden, keine Einigung auf Gemeinschaftsebene zustande, so ergreifen die Mitgliedstaaten die entsprechenden Maßnahmen fünf Jahre nach Aufnahme in die Liste.

Strategien zur Verhinderung und Begrenzung der Grundwasserverschmutzung (Art. 17)

Das Europäische Parlament und der Rat erlassen spezielle Maßnahmen zur Verhinderung und Begrenzung der Grundwasserverschmutzung. Diese Maßnahmen dienen dazu, das Ziel eines guten chemischen Zustands des Grundwassers. Entsprechende Maßnahmen werden, sofern die Daten vorliegen, zu einem früheren Zeitpunkt vorgeschlagen und umfassen Folgendes:

- Kriterien für die Beurteilung eines guten chemischen Zustands des Grundwassers,
- Kriterien für die Ermittlung signifikanter und anhaltender steigender Trends sowie für die Festlegung der anzusetzenden Ausgangspunkte für die Trendumkehr.

2.2 Ableitung bestimmter gefährlicher Stoffe (RL 2006/11/EG)

Es ist notwendig, dass die Mitgliedstaaten eine umfassende und gleichzeitige Aktion zum Schutz der Gewässer der Gemeinschaft gegen Verschmutzung, insbesondere durch bestimmte langlebige, toxische und biologisch akkumulierbare Stoffe, durchführen.

Zur Gewährleistung eines wirksamen Schutzes der Gewässer der Gemeinschaft sollten eine erste Liste - die Liste I - bestimmter einzelner Stoffe, die hauptsächlich aufgrund ihrer Toxizität, ihrer Langlebigkeit und ihrer Bioakkumulation auszuwählen sind, mit Ausnahme von biologisch unschädlichen Stoffen und Stoffen, die sich rasch in biologisch unschädliche Stoffe umwandeln werden, sowie eine zweite Liste - die Liste II - erstellt werden, in der die für die Gewässer schädlichen Stoffe aufzuführen sind, wobei die schädliche Wirkung jedoch auf eine bestimmte Zone beschränkt sein kann und von den Merkmalen des aufnehmenden Gewässers und ihrer Lokalisierung abhängt. Die Ableitung dieser Stoffe sollte einer vorherigen Genehmigung unterliegen, die die Emissionsnormen festlegt.

Die Verschmutzung infolge der Ableitung verschiedener gefährlicher Stoffe der Liste I sollte beseitigt werden. Grenzwerte wurden durch die Richtlinien festgesetzt, die in Anhang IX der Richtlinie 2000/60/EG (Wasser-Rahmen-Richtlinie) des Europäischen Parlaments und des Rates vom 23. Oktober 2000 zur Schaffung eines Ordnungsrahmens für Maßnahmen der Gemeinschaft im Bereich der Wasserpolitik genannt werden.

Es ist notwendig, die Verschmutzung der Gewässer durch die Stoffe der Liste II zu verringern. Zu diesem Zweck sollten die Mitgliedstaaten Programme aufstellen, die Umweltqualitätsnormen für die Gewässer umfassen, die unter Beachtung etwaiger Richtlinien des Rates festgelegt werden. Die Emissionsnormen für diese Stoffe sollten auf der Grundlage dieser Umweltqualitätsnormen berechnet werden.

Es ist wichtig, dass ein Mitgliedstaat oder mehrere Mitgliedstaaten einzeln oder gemeinsam strengere als die in dieser Richtlinie vorgesehenen Bestimmungen festlegen können. Es ist wichtig, eine Bestandsaufnahme der Ableitungen besonders gefährlicher Stoffe in die Gewässer der Gemeinschaft vorzunehmen, um ihren Ursprung zu kennen.

Artikel 1

Diese Richtlinie findet Anwendung auf:

- die oberirdischen Binnengewässer,
- das Küstenmeer,
- die inneren Küstengewässer.

Artikel 2

Im Sinne dieser Richtlinie sind:

- **„oberirdische Binnengewässer":** alle stehenden oder fließenden oberirdischen Süßwasser, die im Hoheitsgebiet eines oder mehrerer Mitgliedstaaten gelegen sind,

- **„innere Küstengewässer":** die Gewässer auf der landwärtigen Seite der Basislinien, von denen aus die Breite des Küstenmeeres gemessen wird; sie erstrecken sich bei Wasserläufen bis zur Süßwassergrenze,

- **„Süßwassergrenze":** die Stelle in dem Wasserlauf, an der bei Ebbe und zu einer Zeit schwachen Süßwasserflusses aufgrund des Vorhandenseins von Meerwasser eine erhebliche Zunahme des Salzgehalts festzustellen ist,

- **„Ableitung":** jede Einleitung von Stoffen der Liste I oder der Liste II in die genannten Gewässer, mit Ausnahme:
  - der Ableitung von Baggergut,
  - der betriebsbedingten Ableitung von Schiffen aus in das Küstenmeer,
  - der Versenkung von Abfallstoffen von Schiffen aus in das Küstenmeer,

- **„Verschmutzung":** die unmittelbare oder mittelbare Ableitung von Stoffen oder Energie in die Gewässer durch den Menschen, wenn dadurch die menschliche Gesundheit gefährdet, die lebenden Bestände und das Ökosystem der Gewässer geschädigt, die Erholungsmöglichkeiten beeinträchtigt oder die sonstige rechtmäßige Nutzung der Gewässer behindert werden.

Artikel 3

Die Mitgliedstaaten ergreifen geeignete Maßnahmen, um im Einklang mit dieser Richtlinie die Verschmutzung der genannten Gewässer durch die gefährlichen Stoffe, der Stofffamilien und Stoffgruppen der Liste I zu beseitigen und um die Verschmutzung der genannten Gewässer durch die gefährlichen Stoffe der Stofffamilien und Stoffgruppen der Liste II zu verringern.

Liste I: Stofffamilien und Stoffgruppen

Die Liste I umfasst bestimmte einzelne Stoffe folgender Stofffamilien oder -gruppen, die hauptsächlich aufgrund ihrer Toxizität, ihrer Langlebigkeit und ihrer Bioakkumulation auszuwählen sind, mit Ausnahme von biologisch unschädlichen Stoffen und Stoffen, die rasch in biologisch unschädliche Stoffe umgewandelt werden:

- organische Halogenverbindungen und Stoffe, die im Wasser derartige Verbindungen bilden können,
- organische Phosphorverbindungen,
- organische Zinnverbindungen,
- Stoffe, deren kanzerogene Wirkung im oder durch das Wasser erwiesen ist,
- Quecksilber und Quecksilberverbindungen,
- Kadmium und Kadmiumverbindungen,
- beständige Mineralöle und aus Erdöl gewonnene beständige Kohlenwasserstoffe,
- langlebige Kunststoffe, die im Wasser treiben, schwimmen oder untergehen können und die jede Nutzung der Gewässer behindern können.

Liste II: Stofffamilien und Stoffgruppen

Die Liste II umfasst:

- diejenigen Stoffe der in der Liste I aufgeführten Stofffamilien und Stoffgruppen, für die Emissionsgrenzwerte, die in den in Anhang IX der Richtlinie 2000/60/EG genannten Richtlinien festgelegt wurden, durch jene Richtlinien nicht bestimmt worden sind,
- bestimmte einzelne Stoffe und bestimmte Stoffkategorien der nachstehend aufgeführten Stofffamilien und Stoffgruppen,

die für die Gewässer schädlich sind, wobei die schädlichen Auswirkungen jedoch auf eine bestimmte Zone beschränkt sein können und von den Merkmalen des aufnehmenden Gewässers und der Lokalisierung abhängen. Stofffamilien und Stoffgruppen des zweiten Gedankenstrichs sind:

- folgende Metalloide und Metalle und ihre Verbindungen:
  - Antimon,
  - Arsen,
  - Barium,
  - Beryllium,
  - Blei,
  - Bor,
  - Chrom,
  - Kobalt,
  - Kupfer,
  - Molybdän,
  - Nickel,
  - Selen,
  - Silber
  - Tellur,

- Thallium,
- Titan,
- Uran,
- Vanadium,
- Zink,
- Zinn.

- Biozide und davon abgeleitete Verbindungen, die nicht in Liste I aufgeführt sind,
- Stoffe, die eine abträgliche Wirkung auf den Geschmack und/oder den Geruch der Erzeugnisse haben, die aus den Gewässern für den menschlichen Verzehr gewonnen werden, sowie Verbindungen, die im Wasser zur Bildung solcher Stoffe führen können,
- giftige oder langlebige organische Siliziumverbindungen und Stoffe, die im Wasser zur Bildung solcher Verbindungen führen können, mit Ausnahme derjenigen, die biologisch unschädlich sind oder die sich im Wasser rasch in biologisch unschädliche Stoffe umwandeln,
- anorganische Phosphorverbindungen und reiner Phosphor,
- nichtbeständige Mineralöle und aus Erdöl gewonnene nichtbeständige Kohlenwasserstoffe,
- Zyanide,
- Fluoride,
- Stoffe, die sich auf die Sauerstoffbilanz ungünstig auswirken, insbesondere Ammoniak und Nitrite.

Artikel 4

Für die „Stoffe der Liste I" gilt Folgendes:

- jede Ableitung in die genannten Gewässer, die einen dieser Stoffe enthalten kann, bedarf einer vorherigen Genehmigung der zuständigen Behörde des betreffenden Mitgliedstaats,
- für Ableitungen dieser Stoffe in die genannten Gewässer und, sofern es für die Anwendung dieser Richtlinie erforderlich ist, die Ableitungen solcher Stoffe in die Kanalisation werden mit dieser Genehmigung Emissionsnormen festgesetzt,
- die Genehmigung darf nur für einen begrenzten Zeitraum erteilt werden. Sie kann unter Berücksichtigung etwaiger Änderungen der Emissionsgrenzwerte erneuert werden, die durch die in Anhang IX der Wasser-Rahmen-Richtlinie genannten Richtlinien festgesetzt wurden.

Artikel 5

Die in den Genehmigungen festgesetzten Emissionsnormen legen Folgendes fest:

- die in Ableitungen zulässige maximale Konzentration eines Stoffes,
- die in einem oder mehreren bestimmten Zeiträumen in Ableitungen zulässige Höchstmenge eines Stoffes. Diese Menge kann - falls erforderlich - darüber hinaus in Gewichtseinheit des Schadstoffes je Einheit des charakteristischen Elements der verunreinigenden Tätigkeit (z.B. Gewichtseinheit je Rohstoff oder je Produkteinheit) ausgedrückt werden.

Bei jeder Genehmigung kann die zuständige Behörde des betreffenden Mitgliedstaats, falls erforderlich, strengere Emissionsnormen als diejenigen festlegen, die sich aus der Anwendung der Emissionsgrenzwerte ergeben, die durch die in Anhang IX der Richtlinie 2000/60/EG genannten Richtlinien festgesetzt wurden, und zwar insbesondere unter Berücksichtigung der Toxizität, der Langlebigkeit und der Bioakkumulation des betreffenden Stoffes in dem Milieu, in das die Ableitung erfolgt.

Erklärt der Ableiter, dass er die vorgeschriebenen Emissionsnormen nicht einhalten kann, oder stellt die zuständige Behörde des betreffenden Mitgliedstaats dieses Unvermögen fest, so wird die Genehmigung verweigert.

Werden die Emissionsnormen nicht eingehalten, so unternimmt die zuständige Behörde des betreffenden Mitgliedstaats alle zweckdienlichen Schritte, um sicherzustellen, dass die Voraussetzungen für die Genehmigung erfüllt werden und dass die Ableitung - falls erforderlich - verboten wird.

Artikel 6

Jede Ableitung in die genannten Gewässer, die einen der Stoffe der Liste II enthalten kann, bedarf einer vorherigen Genehmigung durch die zuständige Behörde des betreffenden Mitgliedstaats, in der die Emissionsnormen festgesetzt werden. Diese sind an den festgelegten Umweltqualitätsnormen auszurichten.

Die Programme umfassen Umweltqualitätsnormen für die Gewässer, die unter Beachtung der Richtlinien des Rates, sofern solche existieren, festgelegt werden. Die Programme können auch spezielle Vorschriften für die Zusammensetzung und Verwendung von Stoffen oder Stoffgruppen sowie Produkten enthalten; sie berücksichtigen die neuesten wirtschaftlich umsetzbaren technischen Fortschritte. In den Programmen werden die Fristen für ihre Durchführung festgelegt.

2.3 Trinkwasser-Richtlinie (RL 98/83/EG)

Es sind Gemeinschaftsstandards für grundlegende und vorbeugende gesundheitsbezogene Qualitätsparameter für Wasser für den menschlichen Gebrauch erforderlich, damit Mindestziele für die Umweltqualität festgelegt werden, die im Zusammenwirken mit anderen Maßnahmen der Gemeinschaft erreicht werden sollen, um die dauerhafte Nutzung von Wasser für den menschlichen Gebrauch sicherzustellen und zu fördern.

Angesichts der Bedeutung, die die Qualität des für den menschlichen Gebrauch bestimmten Wassers für die menschliche Gesundheit hat, sind auf Gemeinschaftsebene die wesentlichen Qualitätsstandards festzulegen, denen das für diesen Zweck bestimmte Wasser entsprechen muss.

Dabei ist auch das zur Verwendung in der Lebensmittelindustrie bestimmte Wasser einzubeziehen, es sei denn, dass die Verwendung solchen Wassers die Genusstauglichkeit des Enderzeugnisses nachweislich nicht beeinflusst.

Damit die Qualitätsnormen für Trinkwasser durch die Versorgungsunternehmen eingehalten werden können, sollte durch geeignete Gewässerschutzmaßnahmen die Reinhaltung von Oberflächen- und Grundwasser sichergestellt werden. Dasselbe Ziel kann durch geeignete Aufbereitungsmaßnahmen erreicht werden, die vor der Bereitstellung des Wassers angewandt werden.

Für Stoffe, die in der gesamten Gemeinschaft von Bedeutung sind, sind einzelne Parameterwerte auf einem Niveau festzusetzen, mit dem sichergestellt wird, dass der Zweck der Trinkwasser-Richtlinie erreicht werden kann.

Die Parameterwerte beruhen auf den verfügbaren wissenschaftlichen Erkenntnissen und berücksichtigen auch das Vorsorgeprinzip. Sie sind so gewählt worden, dass Wasser für den menschlichen Gebrauch ein Leben lang unbedenklich verwendet werden kann, und bieten daher ein hohes Gesundheitsschutzniveau.

Zur Verhütung sowohl mikrobiologischer als auch chemischer Risiken sollte Bilanz gezogen werden. Zu diesem Zweck und in Anbetracht einer künftigen Überprüfung der Parameterwerte sollte die Festlegung von Parameterwerten für Wasser für den menschlichen Gebrauch auf gesundheitspolitischen Überlegungen und auf einer Methode zur Risikobewertung beruhen.

Zur Zeit gibt es keine ausreichend gesicherte Grundlage, auf der gemeinschaftsweit geltende Parameterwerte für die Chemikalien beruhen könnten, die endokrine Funktionen beeinträchtigen; jedoch bieten die möglichen Auswirkungen gesundheitsschädigender Stoffe auf Mensch und Natur zunehmend Anlass zur Sorge.

Die Parameterwerte sind an dem Punkt einzuhalten, an dem Wasser für den menschlichen Gebrauch dem jeweiligen Abnehmer zur Verfügung gestellt wird. Die Qualität von Wasser für den menschlichen Gebrauch kann vom Zustand der Hausinstallation beeinflusst werden.

Da die Aufbereitung oder Verteilung von Wasser für den menschlichen Gebrauch die Verwendung bestimmter Stoffe oder Materialien bedingen kann, muss deren Verwendung geregelt werden, um eventuelle nachteilige Einflüsse auf die menschliche Gesundheit zu vermeiden.

Die Verbraucher sind in angemessener und geeigneter Weise über die Qualität des Wassers für den menschlichen Gebrauch, über alle von den Mitgliedstaaten zugelassenen Abweichungen und über alle von den zuständigen Behörden getroffenen Abhilfemaßnahmen zu unterrichten.

Zielsetzung (Art. 1)

Ziel der Trinkwasser-Richtlinie ist es, die menschliche Gesundheit vor den nachteiligen Einflüssen, die sich aus der Verunreinigung von für den menschlichen Gebrauch bestimmtem Wasser ergeben, durch Gewährleistung seiner Genusstauglichkeit und Reinheit zu schützen.

Begriffsbestimmungen (Art. 2)

Im Sinne dieser Richtlinie bedeutet:

„Wasser für den menschlichen Gebrauch":

- alles Wasser, sei es im ursprünglichen Zustand oder nach Aufbereitung, das zum Trinken, zum Kochen, zur Zubereitung von Speisen oder zu anderen häuslichen Zwecken bestimmt ist, und zwar ungeachtet seiner Herkunft und ungeachtet dessen, ob es aus einem Verteilungsnetz, in Tankfahrzeugen, in Flaschen oder anderen Behältern bereitgestellt wird,
- alles Wasser, das in einem Lebensmittelbetrieb für die Herstellung, Behandlung, Konservierung oder zum Inverkehrbringen von für den menschlichen Gebrauch bestimmten Erzeugnissen oder Substanzen verwendet wird.

„Hausinstallation":
Rohrleitungen, Armaturen und Geräte, die sich zwischen den Entnahmestellen, die normalerweise für die Entnahme von Wasser für den menschlichen Gebrauch verwendet werden, und dem Verteilungsnetz befinden, sofern diese nach den einschlägigen einzelstaatlichen Rechtsvorschriften nicht in die Zuständigkeit des Versorgungsunternehmens in seiner Eigenschaft als Wasserlieferant fallen.

Allgemeine Verpflichtungen (Art. 4)

Die Mitgliedstaaten ergreifen unbeschadet ihrer aufgrund anderer Rechtsvorschriften der Gemeinschaft bestehenden Verpflichtungen alle erforderlichen Maßnahmen, um die Genusstauglichkeit und Reinheit des für den menschlichen Gebrauch bestimmten Wassers sicherzustellen. Im Sinne der Mindestanforderungen dieser Richtlinie ist Wasser für den menschlichen Gebrauch genusstauglich und rein, wenn es:

- Mikroorganismen, Parasiten und Stoffe jedweder Art nicht in einer Anzahl oder Konzentration enthält, die eine potenzielle Gefährdung der menschlichen Gesundheit darstellt, und
- den in Anhang I Teile A und B der Trinkwasser-Richtlinie festgelegten Mindestanforderungen entspricht.

Die Mitgliedstaaten sorgen dafür, dass die Maßnahmen zur Durchführung dieser Richtlinie weder direkt noch indirekt zur Folge haben, dass sich die derzeitige Qualität des Wassers für den menschlichen Gebrauch in irgendeiner Weise verschlechtert, soweit dies für den Schutz der menschlichen Gesundheit von Belang ist, oder sich die Verschmutzung der für die Trinkwassergewinnung bestimmten Gewässer erhöht.

Qualitätsstandards (Art. 5)

Die Mitgliedstaaten setzen die für Wasser für den menschlichen Gebrauch geltenden Werte für die Parameter in Abbildung 2.1 fest. Die Mitgliedstaaten setzen Werte für zusätzliche, in den Abbildungen 2.1 - 2.3 nicht enthaltene Parameter fest, wenn der Schutz der menschlichen Gesundheit in ihrem Hoheitsgebiet oder in einem Teil davon dies erfordert.

Parameter	**Parameterwert (Anzahl/100 mL)**
Escherichia coli (E. coli)	0
Enterokokken	0

Abb. 2.1: Mikrobiologische Parameter für Trinkwasser

Parameter	Parameterwert/ $\mu g L^{-1}$
Acrylamid	0,10
Antimon	5,0
Arsen	10
Benzol	1,0
Benzo-(a)-pyren	0,010
Bor	1.000
Bromat	10
Cadmium	5,0
Chrom	50
Kupfer	2.000
Cyanid	50
1,2-Dichlorethan	3,0
Epichlorhydrin	0,10
Fluorid	1.500
Blei	10
Quecksilber	1,0
Nickel	20
Nitrat	50.000
Nitrit	500
Pestizide	0,10
Pestizide insgesamt	0,50
Polyzyklische aromatische Kohlenwasserstoffe	0,10
Selen	10
Tetrachlorethen und Trichlorethen	10
Trihalomethane (gesamt)	100
Vinylchlorid	0,50

Abb. 2.2: Chemische Parameter für Trinkwasser

Parameter	Parameterwert	Einheit
Aluminium	200	$\mu g L^{-1}$
Ammonium	0,50	$mg L^{-1}$
Chlorid	250	$mg L^{-1}$
Clostridium perfringens (einschließlich Sporen)	0	Anzahl/100 mL
Färbung	für den Verbraucher annehmbar und ohne anormale Veränderung	
Leitfähigkeit	2.500	$\mu S\ cm^{-1}$ bei 20 °C
Wasserstoffionen-Konzentration	$\geq$ 6,5 und $\leq$ 9,5	pH-Einheiten
Eisen	200	$\mu g L^{-1}$
Mangan	50	$\mu g L^{-1}$
Geruch	für den Verbraucher annehmbar und ohne anormale Veränderung	
Oxidierbarkeit	5,0	$mg L^{-1}\ O_2$
Sulfat	250	$mg L^{-1}$
Natrium	200	$mg L^{-1}$
Geschmack	für den Verbraucher annehmbar und ohne anormale Veränderung	
Koloniezahl bei 22 °C	ohne anormale Veränderung	
Coliforme Bakterien	0	Anzahl/100 mL
organisch gebundener Kohlenstoff (TOC)	ohne anormale Veränderung	
Trübung	für den Verbraucher annehmbar und ohne anormale Veränderung	
Tritium	100	$Bq L^{-1}$
Gesamtrichtdosis	0,10	$mSv a^{-1}$

Abb. 2.3: Indikatorparameter für Trinkwasser

Stelle der Einhaltung (Art. 6)

Die festgesetzten Parameterwerte sind einzuhalten:

- bei Wasser, das aus einem Verteilungsnetz stammt, am Austritt aus denjenigen Zapfstellen auf Grundstücken oder in Gebäuden und Einrichtungen, die normalerweise der Entnahme von Wasser für den menschlichen Gebrauch dienen,
- bei Wasser aus Tankfahrzeugen an der Entnahmestelle am Tankfahrzeug,
- bei Wasser, das in Flaschen oder andere Behältnisse abgefüllt und zum Verkauf bestimmt ist, am Punkt der Abfüllung,
- bei in einem Lebensmittelbetrieb verwendetem Wasser an der Stelle der Verwendung des Wassers im Betrieb.

Überwachung (Art. 7)

Die Mitgliedstaaten treffen alle erforderlichen Maßnahmen zur Sicherstellung einer regelmäßigen Überwachung der Qualität des Wassers für den menschlichen Gebrauch, bei der geprüft wird, ob das dem Verbraucher zur Verfügung stehende Wasser den Anforderungen entspricht. Die Probenahme sollte so erfolgen, dass die Proben für die Qualität des im Laufe des gesamten Jahres verbrauchten Wassers repräsentativ sind.

Darüber hinaus treffen die Mitgliedstaaten alle erforderlichen Maßnahmen, um sicherzustellen, dass in den Fällen, in denen die Aufbereitung oder Verteilung von Wasser für den menschlichen Gebrauch eine Desinfektion einschließt, die Wirksamkeit des angewendeten Desinfektionsverfahrens überprüft wird und dass jegliche Kontamination durch Desinfektionsnebenprodukte möglichst gering gehalten wird, ohne jedoch die Desinfektion zu beeinträchtigen.

Zur Erfüllung der Verpflichtungen werden von den zuständigen Behörden für alles für den menschlichen Gebrauch bestimmte Wasser geeignete Überwachungsprogramme eingerichtet. Die Probenahmestellen werden von den zuständigen Behörden bestimmt.

Abhilfemaßnahmen und Verwendungseinschränkungen (Art. 8)

Die Mitgliedstaaten stellen sicher, dass jede Nichteinhaltung der festgesetzten Parameterwerte unverzüglich untersucht wird, um ihre Ursache zu ermitteln.

Entspricht für den menschlichen Gebrauch bestimmtes Wasser trotz der zur Erfüllung der Verpflichtungen getroffenen Maßnahmen nicht den festgesetzten Parameterwerten, so stellt der betreffende Mitgliedstaat sicher, dass so bald wie möglich die notwendigen Abhilfemaßnahmen zur Wiederherstellung der Wasserqualität getroffen werden und dass deren Durchführung Priorität erhält, wobei unter anderem das Ausmaß der Überschreitung der entsprechenden Parameterwerte und die potenzielle Gefährdung der menschlichen Gesundheit berücksichtigt werden.

Unabhängig davon, ob es zu einer Nichteinhaltung der Parameterwerte gekommen ist, stellen die Mitgliedstaaten sicher, dass die Bereitstellung von Wasser für den menschlichen Gebrauch, das eine potenzielle Gefährdung der menschlichen Gesundheit darstellt, untersagt oder dessen Verwendung eingeschränkt wird oder dass sonstige zum Schutz der menschlichen Gesundheit erforderliche Maßnahmen getroffen werden. In diesen Fällen erhalten die Verbraucher unverzüglich entsprechende Informationen und Ratschläge.

Die zuständigen Behörden oder sonstigen maßgeblichen Stellen entscheiden, welche Maßnahmen getroffen werden sollen, wobei auch die Risiken zu berücksichtigen sind, die für die menschliche Gesundheit durch eine Unterbrechung der Bereitstellung oder durch eine Einschränkung der Verwendung von Wasser für den menschlichen Gebrauch verursacht würden.

Die Mitgliedstaaten stellen sicher, dass die Verbraucher bei Abhilfemaßnahmen unterrichtet werden, sofern die zuständigen Behörden die Nichteinhaltung der Parameterwerte nicht als unerheblich erachten.

Qualitätssicherung in Bezug auf Aufbereitung, Anlagen und Materialien (Art. 10)

Die Mitgliedstaaten treffen alle erforderlichen Maßnahmen, um sicherzustellen, dass die bei der Aufbereitung oder der Verteilung von Wasser für den menschlichen Gebrauch verwendeten Stoffe oder Materialien für Neuanlagen und die mit solchen Stoffen und Materialien für Neuanlagen verbundenen Verunreinigungen in Wasser für den menschlichen Gebrauch nicht in Konzentrationen zurückbleiben, die höher sind als für ihren Verwendungszweck erforderlich, und den im Rahmen dieser Richtlinie vorgesehenen Schutz der menschlichen Gesundheit nicht direkt oder indirekt mindern.

2.4 Kommunales Abwasser

Die Einleitung von Industrieabwasser in die Kanalisation sowie die Einleitung von Abwasser und die Entsorgung von Klärschlamm aus kommunalen Abwasserbehandlungsanlagen sollte allgemeinen Vorschriften oder Regelungen und/oder speziellen Genehmigungen unterliegen.

Für biologisch abbaubares Industrieabwasser aus bestimmten Industriebranchen, das vor der Einleitung in die Gewässer nicht in kommunalen Abwasserbehandlungsanlagen gereinigt wird, sollten angemessene Auflagen gelten.

Es ist sicherzustellen, dass die Öffentlichkeit über die Entsorgung von kommunalem Abwasser und die Entsorgung von Klärschlamm durch regelmäßige Berichte informiert wird.

Artikel 1

Die Richtlinie 91/271/EWG betrifft das Sammeln, Behandeln und Einleiten von kommunalem Abwasser und das Behandeln und Einleiten von Abwasser bestimmter Industriebranchen. Ziel dieser Richtlinie ist es, die Umwelt vor den schädlichen Auswirkungen dieses Abwassers zu schützen.

Artikel 2

Im Sinne dieser Richtlinie bedeuten:

- **„kommunales Abwasser":** häusliches Abwasser oder Gemisch aus häuslichem und industriellem Abwasser und/oder Niederschlagswasser,
- **„häusliches Abwasser":** Abwasser aus Wohngebieten und den dazugehörigen Einrichtungen, vorwiegend menschlichen Ursprungs und der Tätigkeiten in Haushaltungen,

- **„industrielles Abwasser":** Abwasser aus Anlagen für gewerbliche oder industrielle Zwecke, soweit es sich nicht um häusliches Abwasser und Niederschlagswasser handelt,

- **„Kanalisation":** Leitungssystem, in dem kommunales Abwasser gesammelt und transportiert wird,

- **„1 EW (Einwohnerwert)":** organisch-biologisch abbaubare Belastung mit einem biochemischen Sauerstoffbedarf in 5 Tagen (BSB_5) von 60 g Sauerstoff pro Tag,

- **„Erstbehandlung":** physikalische und/oder chemische Behandlung des kommunalen Abwassers mit Hilfe eines Verfahrens, bei dem sich die suspendierten Stoffe absetzen, oder anderer Verfahren, bei denen - bezogen auf die Werte im Zulauf - der BSB_5 um mindestens 20 % und die suspendierten Stoffe um mindestens 50 % verringert werden,

- **„Zweitbehandlung":** Abwasserbehandlung durch eine biologische Stufe mit einem Nachklärbecken oder ein anderes Verfahren, bei dem die Anforderungen eingehalten werden,

- **„geeignete Behandlung":** Behandlung von kommunalem Abwasser durch ein Verfahren und/oder Entsorgungssystem, welches sicherstellt, dass die aufnehmenden Gewässer den maßgeblichen Qualitätszielen sowie den Bestimmungen dieser und jeder anderen einschlägigen Richtlinie der Gemeinschaft entsprechen,

- **„Klärschlamm":** behandelter oder unbehandelter Schlamm aus kommunalen Abwasserbehandlungsanlagen,

- **„Eutrophierung":** Anreicherung des Wassers mit Nährstoffen, insbesondere mit Stickstoff- und/oder Phosphorverbindungen, die zu einem vermehrten Wachstum von Algen und höheren Formen des pflanzlichen Lebens und damit zu einer unerwünschten Beeinträchtigung des biologischen Gleichgewichts und der Qualität des betroffenen Gewässers führt,

- **„Ästuar":** das Übergangsgebiet zwischen Süßwasser und den Küstengewässern der Mündung eines Flusses. Die Mitgliedstaaten legen die äußeren (seewärtigen) Grenzen von Ästuaren fest,

- **„Küstengewässer":** die Gewässer jenseits der Niedrigwasserlinie bzw. der äußeren Grenze eines Ästuars.

Artikel 3

Die Mitgliedstaaten tragen dafür Sorge, dass alle Gemeinden bis zu folgenden Zeitpunkten mit einer Kanalisation ausgestattet werden:

- bis zum 31. Dezember 2000 in Gemeinden mit mehr als 15.000 Einwohnerwerten (EW),
- bis zum 31. Dezember 2005 in Gemeinden von 2000 bis 15.000 EW.

Ist die Einrichtung einer Kanalisation nicht gerechtfertigt, weil sie entweder keinen Nutzen für die Umwelt mit sich bringen würde oder mit übermäßigen Kosten verbunden wäre, so sind individuelle Systeme oder andere geeignete Maßnahmen erforderlich, die das gleiche Umweltschutzniveau gewährleisten.

Artikel 4

Die Mitgliedstaaten stellen sicher, dass in Kanalisationen eingeleitetes kommunales Abwasser vor dem Einleiten in Gewässer bis zu folgenden Zeitpunkten einer Zweitbehandlung oder einer gleichwertigen Behandlung unterzogen wird:

- bis zum 31. Dezember 2000 in Gemeinden mit mehr als 15.000 EW,
- bis zum 31. Dezember 2005 in Gemeinden von 10.000 bis 15.000 EW,
- bis zum 31. Dezember 2005 in Gemeinden von 2.000 bis 10.000 EW, welche in Binnengewässer und Ästuare einleiten.

Kommunales Abwasser in Hochgebirgsregionen (höher als 1.500 m über dem Meeresspiegel), bei dem aufgrund niedriger Temperaturen eine wirksame biologische Behandlung schwierig ist, kann einer weniger gründlichen als der beschriebenen Behandlung unterzogen werden, sofern anhand eingehender Untersuchungen nachgewiesen wird, dass die Umwelt durch das Einleiten dieses Abwassers nicht geschädigt wird.

Abwasser im Ablauf kommunaler Behandlungsanlagen muss den einschlägigen Anforderungen der Abbildung 2.4 entsprechen.

Parameter	**Konzentration**	**prozentuale Mindestverringerung**
Biochemischer Sauerstoffbedarf (BSB_5 bei 20 °C) ohne Nitrifikation	25 mgL^{-1} O_2	70 - 90 %
Chemischer Sauerstoffbedarf (CSB)	125 mgL^{-1} O_2	75 %
Suspentierte Schwebstoffe insgesamt	35 mgL^{-1}	90 %
	60 mgL^{-1} (2.000 - 10.000 EW)	70 % (2.000 - 10.000 EW)

Abb. 2.4: Anforderungen an Einleitungen aus kommunalen Abwasserbehandlungsanlagen

Die in Einwohnerwerten (EW) ausgedrückte Belastung wird auf der Grundlage der höchsten wöchentlichen Durchschnittslast im Zulauf der Behandlungsanlage während eines Jahres berechnet; Ausnahmesituationen wie nach Starkniederschlägen bleiben dabei unberücksichtigt.

Artikel 10

Die Mitgliedstaaten tragen dafür Sorge, dass zur Erfüllung der Anforderungen Abwasserbehandlungsanlagen so geplant, ausgeführt, betrieben und gewartet werden, dass sie unter allen normalen örtlichen Klimabedingungen ordnungsgemäß arbeiten. Bei der Planung der Anlagen sind saisonale Schwankungen der Belastung zu berücksichtigen.

Artikel 11

Die Mitgliedstaaten tragen dafür Sorge, dass das Einleiten von industriellem Abwasser in Kanalisationen und in kommunale Abwasserbehandlungsanlagen einer vorherigen Regelung und/oder Erlaubnis durch die zuständige Behörde oder Stelle unterzogen wird. Die Regelungen und/oder Erlaubnisse müssen folgenden Anforderungen entsprechen.

Industrielles Abwasser, das in Kanalisationen und kommunale Abwasserbehandlungsanlagen eingeleitet wird, muss so vorbehandelt werden, dass es folgende Anforderungen erfüllt:

- die Gesundheit des Personals, das in Kanalisationen und Behandlungsanlagen tätig ist, darf nicht gefährdet werden,
- Kanalisation, Abwasserbehandlungsanlagen und die zugehörigen Ausrüstung dürfen nicht beschädigt werden,
- der Betrieb der Abwasserbehandlungsanlage und die Behandlung des Klärschlamms dürfen nicht beeinträchtigt werden,
- Ableitungen aus den Abwasserbehandlungsanlagen dürfen die Umwelt nicht schädigen oder dazu führen, dass die aufnehmenden Gewässer nicht mehr den Bestimmungen anderer Gemeinschaftsrichtlinien entsprechen,
- es muss sichergestellt sein, dass der Klärschlamm in umweltverträglicher Weise sicher beseitigt werden kann.

Die Regelungen und Erlaubnisse sind regelmäßig zu überprüfen und nötigenfalls anzupassen.

Artikel 12

Gereinigtes Abwasser soll nach Möglichkeit wiederverwendet werden. Im Verlauf dieser Wiederverwendung sind Belastungen der Umwelt auf ein Minimum zu begrenzen. Die zuständigen Behörden oder Stellen tragen dafür Sorge, dass das Einleiten von Abwasser aus kommunalen Abwasserbehandlungsanlagen in Gewässer einer vorherigen Regelung und/oder Erlaubnis unterzogen wird.

Artikel 13

Die Mitgliedstaaten tragen dafür Sorge, dass biologisch abbaubares Industrieabwasser aus den Industriebranchen:

- Milchverarbeitung,
- Herstellung von Obst- und Gemüseprodukten,
- Herstellung von Erfrischungsgetränken und Getränkeabfüllung,
- Kartoffelverarbeitung,
- Fleischwarenindustrie,
- Brauereien,
- Herstellung von Alkohol und alkoholischen Getränken,
- Herstellung von Tierfutter aus Pflanzenerzeugnissen,
- Herstellung von Hautleim, Gelatine und Knochenleim,
- Mälzereien,
- Fischverarbeitungsindustrie

das nicht in kommunalen Abwasserbehandlungsanlagen behandelt wird, vor dem Einleiten in Gewässer bestimmten Voraussetzungen entspricht, die die zuständige Behörde oder Stelle in einer vorherigen Regelung und/oder Erlaubnis festgelegt hat. Dies gilt für alle Einleitungen aus Betrieben mit mehr als 4.000 EW.

Artikel 14

Klärschlamm aus der Abwasserbehandlung ist nach Möglichkeit wiederzuverwenden. Im Verlauf dieser Wiederverwendung sind Belastungen der Umwelt auf ein Minimum zu begrenzen.

2.5 Wissensfragen

- Welche Umweltziele verfolgt die Wasser-Rahmen-Richtlinie (WRRL)?
- Welche grundlegenden und ergänzenden Maßnahmen sind zum Schutz des Wassers zu ergreifen?
- Schlagen Sie weitergehende Strategien gegen die Wasserverschmutzung vor.
- Welche gefährlichen Stofffamilien und -gruppen unterliegen einer Einleitungsgenehmigung?
- Welche dieser gefährlichen Stofffamilien und -gruppen setzt ihr Unternehmen ein?
- Welche Qualitätsstandards gelten EU-weit für Trinkwasser?
- Welche grundsätzlichen Anforderungen werden EU-weit an die Behandlung von Abwasser gestellt?

2.6 Weiterführende Literatur

2.1 *Richtlinie 91/271/EWG des Rates vom 21. Mai 1991 über die Behandlung von kommunalem Abwasser,* **21.11.2008**

2.2 *Richtlinie 98/83/EG des Rates vom 3. November 1998 über die Qualität von Wasser für den menschlichen Gebrauch - Trinkwasser-Richtlinie,* **18.07.2009**

2.3 *Richtlinie 2000/60/EG des Europäischen Parlaments und des Rates vom 23. Oktober 2000 zur Schaffung eines Ordnungsrahmens für Maßnahmen der Gemeinschaft im Bereich der Wasserpolitik - Wasser-Rahmen-Richtlinie (WRRL),* **23.04.2009**

2.4 *Richtlinie 2006/11/EG des Europäischen Parlaments und des Rates vom 15. Februar 2006 betreffend die Verschmutzung infolge der Ableitung bestimmter gefährlicher Stoffe in die Gewässer der Gemeinschaft,* **04.03.2006**

3 Nationales Wasserrecht

3.1 Wasserhaushaltsgesetz (WHG)

3.1.1 Allgemeine Bestimmungen

Zweck (§ 1)

Zweck des Wasserhaushaltsgesetzes ist es, durch eine nachhaltige Gewässerbewirtschaftung die Gewässer als Bestandteil des Naturhaushalts, als Lebensgrundlage des Menschen, als Lebensraum für Tiere und Pflanzen sowie als nutzbares Gut zu schützen.

Anwendungsbereich (§ 2)

Das Wasserhaushaltsgesetz gilt für folgende Gewässer:

- oberirdische Gewässer,
- Küstengewässer,
- Grundwasser.

Es gilt auch für Teile dieser Gewässer.

Kriterien zur Bestimmung des Standes der Technik (Anlage 1)

Bei der Bestimmung des Standes der Technik sind unter Berücksichtigung der Verhältnismäßigkeit zwischen Aufwand und Nutzen möglicher Maßnahmen sowie des Grundsatzes der Vorsorge und der Vorbeugung, jeweils bezogen auf Anlagen einer bestimmten Art, insbesondere folgende Kriterien zu berücksichtigen:

- Einsatz abfallarmer Technologie,
- Einsatz weniger gefährlicher Stoffe,
- Förderung der Rückgewinnung und Wiederverwertung der bei den einzelnen Verfahren erzeugten und verwendeten Stoffe und gegebenenfalls der Abfälle,
- vergleichbare Verfahren, Vorrichtungen und Betriebsmethoden, die mit Erfolg im Betrieb erprobt wurden,
- Fortschritte in der Technologie und in den wissenschaftlichen Erkenntnissen,
- Art, Auswirkungen und Menge der jeweiligen Emissionen,
- Zeitpunkte der Inbetriebnahme der neuen oder der bestehenden Anlagen,
- die für die Einführung einer besseren verfügbaren Technik erforderliche Zeit,
- Verbrauch an Rohstoffen und Art der bei den einzelnen Verfahren verwendeten Rohstoffe (einschließlich Wasser) sowie Energieeffizienz,
- Notwendigkeit, die Gesamtwirkung der Emissionen und die Gefahren für den Menschen und die Umwelt so weit wie möglich zu vermeiden oder zu verringern,
- Notwendigkeit, Unfällen vorzubeugen und deren Folgen für den Menschen und die Umwelt zu verringern,
- Informationen, die von der Kommission der Europäischen Gemeinschaften oder von internationalen Organisationen veröffentlicht werden.

Allgemeine Sorgfaltspflichten (§ 5)

Jede Person ist verpflichtet, bei Maßnahmen, mit denen Einwirkungen auf ein Gewässer verbunden sein können, die nach den Umständen erforderliche Sorgfalt anzuwenden, um:

- eine nachteilige Veränderung der Gewässereigenschaften zu vermeiden,
- eine mit Rücksicht auf den Wasserhaushalt gebotene sparsame Verwendung des Wassers sicherzustellen,
- die Leistungsfähigkeit des Wasserhaushalts zu erhalten und
- eine Vergrößerung und Beschleunigung des Wasserabflusses zu vermeiden.

Jede Person, die durch Hochwasser betroffen sein kann, ist im Rahmen des ihr Möglichen und Zumutbaren verpflichtet, geeignete Vorsorgemaßnahmen zum Schutz vor nachteiligen Hochwasserfolgen und zur Schadensminderung zu treffen, insbesondere die Nutzung von Grundstücken den möglichen nachteiligen Folgen für Mensch, Umwelt oder Sachwerte durch Hochwasser anzupassen.

3.1.2 Bewirtschaftung von Gewässern

Allgemeine Grundsätze der Gewässerbewirtschaftung (§ 6)

Die Gewässer sind nachhaltig zu bewirtschaften, insbesondere mit dem Ziel:

- ihre Funktions- und Leistungsfähigkeit als Bestandteil des Naturhaushalts und als Lebensraum für Tiere und Pflanzen zu erhalten und zu verbessern, insbesondere durch Schutz vor nachteiligen Veränderungen von Gewässereigenschaften,
- Beeinträchtigungen auch im Hinblick auf den Wasserhaushalt der direkt von den Gewässern abhängenden Landökosysteme und Feuchtgebiete zu vermeiden und unvermeidbare, nicht nur geringfügige Beeinträchtigungen so weit wie möglich auszugleichen,
- sie zum Wohl der Allgemeinheit und im Einklang damit, auch im Interesse Einzelner zu nutzen,
- bestehende oder künftige Nutzungsmöglichkeiten insbesondere für die öffentliche Wasserversorgung zu erhalten oder zu schaffen,
- möglichen Folgen des Klimawandels vorzubeugen,
- an oberirdischen Gewässern so weit wie möglich natürliche und schadlose Abflussverhältnisse zu gewährleisten und insbesondere durch Rückhaltung des Wassers in der Fläche der Entstehung von nachteiligen Hochwasserfolgen vorzubeugen,
- zum Schutz der Meeresumwelt beizutragen.

Die nachhaltige Gewässerbewirtschaftung hat ein hohes Schutzniveau für die Umwelt insgesamt zu gewährleisten. Dabei sind mögliche Verlagerungen nachteiliger Auswirkungen von einem Schutzgut auf ein anderes sowie die Erfordernisse des Klimaschutzes zu berücksichtigen.

Gewässer, die sich in einem natürlichen oder naturnahen Zustand befinden, sollen in diesem Zustand erhalten bleiben und nicht naturnah ausgebaute natürliche Gewässer sollen so weit wie möglich wieder in einen naturnahen Zustand zurückgeführt werden, wenn überwiegende Gründe des Wohls der Allgemeinheit dem nicht entgegenstehen.

Erlaubnis, Bewilligung (§ 8)

Die Benutzung eines Gewässers bedarf der Erlaubnis oder der Bewilligung, soweit nicht durch das WHG oder aufgrund dieses Gesetzes erlassener Vorschriften etwas anderes bestimmt ist.

Keiner Erlaubnis oder Bewilligung bedürfen Gewässerbenutzungen, die der Abwehr einer gegenwärtigen Gefahr für die öffentliche Sicherheit dienen, sofern der drohende Schaden schwerer wiegt als die mit der Benutzung verbundenen nachteiligen Veränderungen von Gewässereigenschaften. Die zuständige Behörde ist unverzüglich über die Benutzung zu unterrichten.

Keiner Erlaubnis oder Bewilligung bedürfen ferner bei Übungen und Erprobungen für Zwecke der Verteidigung oder der Abwehr von Gefahren für die öffentliche Sicherheit:

- das vorübergehende Entnehmen von Wasser aus einem Gewässer,
- das Wiedereinleiten des Wassers in ein Gewässer mittels beweglicher Anlagen und
- das vorübergehende Einbringen von Stoffen in ein Gewässer,

wenn durch diese Benutzungen andere nicht oder nur geringfügig beeinträchtigt werden und keine nachteilige Veränderung der Gewässereigenschaften zu erwarten ist. Die Gewässerbenutzung ist der zuständigen Behörde rechtzeitig vor Beginn der Übung oder der Erprobung anzuzeigen.

Ist bei der Erteilung der Erlaubnis oder der Bewilligung nichts anderes bestimmt worden, geht die Erlaubnis oder die Bewilligung mit der Wasserbenutzungsanlage oder, wenn sie für ein Grundstück erteilt worden ist, mit diesem auf den Rechtsnachfolger über.

Benutzungen (§ 9)

Benutzungen sind:

- das Entnehmen und Ableiten von Wasser aus oberirdischen Gewässern,
- das Aufstauen und Absenken von oberirdischen Gewässern,
- das Entnehmen fester Stoffe aus oberirdischen Gewässern, soweit sich dies auf die Gewässereigenschaften auswirkt,
- das Einbringen und Einleiten von Stoffen in Gewässer,
- das Entnehmen, Zutagefördern, Zutageleiten und Ableiten von Grundwasser.

Als Benutzungen gelten auch:

- das Aufstauen, Absenken und Umleiten von Grundwasser durch Anlagen, die hierfür bestimmt oder geeignet sind,
- Maßnahmen, die geeignet sind, dauernd oder in einem nicht nur unerheblichen Ausmaß nachteilige Veränderungen der Wasserbeschaffenheit herbeizuführen.

Inhalt der Erlaubnis und der Bewilligung (§ 10)

Die Erlaubnis gewährt die Befugnis, die Bewilligung das Recht, ein Gewässer zu einem bestimmten Zweck in einer nach Art und Maß bestimmten Weise zu benutzen. Erlaubnis und Bewilligung geben keinen Anspruch auf Zufluss von Wasser in einer bestimmten Menge und Beschaffenheit.

Erlaubnis-, Bewilligungsverfahren (§ 11)

Erlaubnis und Bewilligung können für ein Vorhaben, das nach dem Gesetz über die Umweltverträglichkeitsprüfung einer Umweltverträglichkeitsprüfung unterliegt, nur in einem Verfahren erteilt werden, das den Anforderungen des genannten Gesetzes entspricht. Die Bewilligung kann nur in einem Verfahren erteilt werden, in dem die Betroffenen und die beteiligten Behörden Einwendungen geltend machen können.

Voraussetzungen für die Erteilung der Erlaubnis und der Bewilligung (§ 12)

Die Erlaubnis und die Bewilligung sind zu versagen, wenn:

- schädliche, auch durch Nebenbestimmungen nicht vermeidbare oder nicht ausgleichbare Gewässerveränderungen zu erwarten sind oder
- andere Anforderungen nach öffentlich-rechtlichen Vorschriften nicht erfüllt werden.

Im Übrigen steht die Erteilung der Erlaubnis und der Bewilligung im pflichtgemäßen Ermessen (Bewirtschaftungsermessen) der zuständigen Behörde.

Inhalts- und Nebenbestimmungen der Erlaubnis und der Bewilligung (§ 13)

Inhalts- und Nebenbestimmungen sind auch nachträglich sowie auch zu dem Zweck zulässig, nachteilige Wirkungen für andere zu vermeiden oder auszugleichen. Die zuständige Behörde kann durch Inhalts- und Nebenbestimmungen insbesondere:

- Anforderungen an die Beschaffenheit einzubringender oder einzuleitender Stoffe stellen,

- Maßnahmen anordnen, die:
  - in einem Maßnahmenprogramm nach § 82 WHG enthalten oder zu seiner Durchführung erforderlich sind,
  - geboten sind, damit das Wasser mit Rücksicht auf den Wasserhaushalt sparsam verwendet wird,
  - der Feststellung der Gewässereigenschaften vor der Benutzung oder der Beobachtung der Gewässerbenutzung und ihrer Auswirkungen dienen,
  - zum Ausgleich einer auf die Benutzung zurückzuführenden nachteiligen Veränderung der Gewässereigenschaften erforderlich sind,

- die Bestellung verantwortlicher Betriebsbeauftragter vorschreiben, soweit nicht die Bestellung eines Gewässerschutzbeauftragten nach § 64 WHG vorgeschrieben ist oder angeordnet werden kann,

- dem Benutzer angemessene Beiträge zu den Kosten von Maßnahmen auferlegen, die eine Körperschaft des öffentlichen Rechts getroffen hat oder treffen wird, um eine mit der Benutzung verbundene Beeinträchtigung des Wohls der Allgemeinheit zu vermeiden oder auszugleichen.

Besondere Vorschriften für die Erteilung der Bewilligung (§ 14)

Die Bewilligung darf nur erteilt werden, wenn die Gewässerbenutzung:

- dem Benutzer ohne eine gesicherte Rechtsstellung nicht zugemutet werden kann,
- einem bestimmten Zweck dient, der nach einem bestimmten Plan verfolgt wird, und
- keine Benutzung im Sinne des § 9 WHG ist, ausgenommen das Wiedereinleiten von nicht nachteilig verändertem Triebwasser bei Ausleitungskraftwerken.

Die Bewilligung wird für eine bestimmte angemessene Frist erteilt, die in besonderen Fällen 30 Jahre überschreiten darf.

Ist zu erwarten, dass die Gewässerbenutzung auf das Recht eines Dritten nachteilig einwirkt und erhebt dieser Einwendungen, so darf die Bewilligung nur erteilt werden, wenn die nachteiligen Wirkungen durch Inhalts- oder Nebenbestimmungen vermieden oder ausgeglichen werden. Ist dies nicht möglich, so darf die Bewilligung gleichwohl erteilt werden, wenn Gründe des Wohls der Allgemeinheit dies erfordern.

Dies gilt auch, wenn ein Dritter ohne Beeinträchtigung eines Rechts nachteilige Wirkungen dadurch zu erwarten hat, dass:

- der Wasserabfluss, der Wasserstand oder die Wasserbeschaffenheit verändert,
- die bisherige Nutzung seines Grundstücks beeinträchtigt,
- seiner Wassergewinnungsanlage Wasser entzogen oder
- die ihm obliegende Gewässerunterhaltung erschwert

wird. Geringfügige und solche nachteiligen Wirkungen, die vermieden worden wären, wenn der Betroffene die ihm obliegende Gewässerunterhaltung ordnungsgemäß durchgeführt hätte, bleiben außer Betracht. Die Bewilligung darf auch dann erteilt werden, wenn der aus der beabsichtigten Gewässerbenutzung zu erwartende Nutzen den für den Betroffenen zu erwartenden Nachteil erheblich übersteigt.

Hat der Betroffene gegen die Erteilung der Bewilligung Einwendungen erhoben und lässt sich zur Zeit der Entscheidung nicht feststellen, ob und in welchem Maße nachteilige Wirkungen eintreten werden, so ist die Entscheidung über die deswegen festzusetzenden Inhalts- oder Nebenbestimmungen und Entschädigungen einem späteren Verfahren vorzubehalten.

Konnte der Betroffene nachteilige Wirkungen bis zum Ablauf der Frist zur Geltendmachung von Einwendungen nicht voraussehen, so kann er verlangen, dass dem Gewässerbenutzer nachträglich Inhalts- oder Nebenbestimmungen auferlegt werden. Können die nachteiligen Wirkungen durch nachträgliche Inhalts- oder Nebenbestimmungen nicht vermieden oder ausgeglichen werden, so ist der Betroffene zu entschädigen. Der Antrag ist nur innerhalb einer Frist von drei Jahren nach dem Zeitpunkt zulässig, zu dem der Betroffene von den nachteiligen Wirkungen der Bewilligung Kenntnis erhalten hat. Er ist ausgeschlossen, wenn nach der Herstellung des der Bewilligung entsprechenden Zustands 30 Jahre vergangen sind.

Gehobene Erlaubnis (§ 15)

Die Erlaubnis kann als gehobene Erlaubnis erteilt werden, wenn hierfür ein öffentliches Interesse oder ein berechtigtes Interesse des Gewässerbenutzers besteht. Für die gehobene Erlaubnis gelten § 11 und § 14 WHG entsprechend.

Zulassung vorzeitigen Beginns (§ 17)

In einem Erlaubnis- oder Bewilligungsverfahren kann die zuständige Behörde auf Antrag zulassen, dass bereits vor Erteilung der Erlaubnis oder der Bewilligung mit der Gewässerbenutzung begonnen wird, wenn:

- mit einer Entscheidung zugunsten des Benutzers gerechnet werden kann,
- an dem vorzeitigen Beginn ein öffentliches Interesse oder ein berechtigtes Interesse des Benutzers besteht und
- der Benutzer sich verpflichtet, alle bis zur Entscheidung durch die Benutzung verursachten Schäden zu ersetzen und, falls die Benutzung nicht erlaubt oder bewilligt wird, den früheren Zustand wiederherzustellen.

Die Zulassung des vorzeitigen Beginns kann jederzeit widerrufen werden.

Widerruf der Erlaubnis und der Bewilligung (§ 18)

Die Erlaubnis ist widerruflich. Die Bewilligung darf aus den in § 49 des Verwaltungsverfahrensgesetzes genannten Gründen widerrufen werden. Die Bewilligung kann ferner ohne Entschädigung ganz oder teilweise widerrufen werden, wenn der Inhaber der Bewilligung:

- die Benutzung drei Jahre ununterbrochen nicht ausgeübt oder ihrem Umfang nach erheblich unterschritten hat,
- den Zweck der Benutzung so geändert hat, dass er mit dem Plan nicht mehr übereinstimmt.

Anmeldung alter Rechte und alter Befugnisse (§ 21)

Alte Rechte und alte Befugnisse, die bis zum 28. Februar 2010 noch nicht im Wasserbuch eingetragen oder zur Eintragung in das Wasserbuch angemeldet worden sind, können bis zum 1. März 2013 bei der zuständigen Behörde zur Eintragung in das Wasserbuch angemeldet werden. Alte Rechte und alte Befugnisse, die nicht angemeldet worden sind, erlöschen am 1. März 2020, soweit das alte Recht oder die alte Befugnis nicht bereits zuvor aus anderen Gründen erloschen ist.

Rechtsverordnungen zur Gewässerbewirtschaftung (§ 23)

Die Bundesregierung wird ermächtigt, nach Anhörung der beteiligten Kreise durch Rechtsverordnung mit Zustimmung des Bundesrates, auch zur Umsetzung bindender Rechtsakte der Europäischen Gemeinschaften oder der Europäischen Union und zwischenstaatlicher Vereinbarungen, Vorschriften zum Schutz und zur Bewirtschaftung der Gewässer zu erlassen, insbesondere nähere Regelungen über:

- Anforderungen an die Gewässereigenschaften,
- die Ermittlung, Beschreibung, Festlegung und Einstufung sowie Darstellung des Zustands von Gewässern,
- Anforderungen an die Benutzung von Gewässern, insbesondere an das Einbringen und Einleiten von Stoffen,
- Anforderungen an die Erfüllung der Abwasserbeseitigungspflicht,
- Anforderungen an die Errichtung, den Betrieb und die Benutzung von Abwasseranlagen und sonstigen in diesem Gesetz geregelten Anlagen,
- den Schutz der Gewässer gegen nachteilige Veränderungen ihrer Eigenschaften durch den Umgang mit wassergefährdenden Stoffen,
- die Festsetzung von Schutzgebieten sowie Anforderungen, Gebote und Verbote, die in den festgesetzten Gebieten zu beachten sind,
- die Überwachung der Gewässereigenschaften und die Überwachung der Einhaltung der Anforderungen, die durch das WHG oder aufgrund des WHG erlassener Rechtsvorschriften festgelegt worden sind,
- Messmethoden und Messverfahren einschließlich Verfahren zur Gewährleistung der Vergleichbarkeit von Bewertungen der Gewässereigenschaften im Rahmen der flussgebietsbezogenen Gewässerbewirtschaftung (Interkalibrierung) sowie die Qualitätssicherung analytischer Daten,
- die durchzuführenden behördlichen Verfahren,
- die Beschaffung, Bereitstellung und Übermittlung von Informationen sowie Berichtspflichten.

Erleichterungen für EMAS-Standorte (§ 24)

Die Bundesregierung wird ermächtigt, zur Förderung der privaten Eigenverantwortung für EMAS-Standorte durch Rechtsverordnung mit Zustimmung des Bundesrates Erleichterungen zum Inhalt der Antragsunterlagen in wasserrechtlichen Verfahren sowie überwachungsrechtliche Erleichterungen vorzusehen, soweit die entsprechenden Anforderungen der Verordnung (EG) Nr. 761/2001 des Europäischen Parlaments und des Rates vom 19. März 2001 über die freiwillige Beteiligung von Organisationen an einem Gemeinschaftssystem für das Umweltmanagement und die Umweltbetriebsprüfung (EMAS), gleichwertig mit den Anforderungen sind, die zur Überwachung und zu den Antragsunterlagen nach den wasserrechtlichen Vorschriften vorgesehen sind. Dabei können insbesondere Erleichterungen zu:

- Kalibrierungen, Ermittlungen, Prüfungen und Messungen,
- Messberichten sowie sonstigen Berichten und Mitteilungen von Ermittlungsergebnissen,
- Aufgaben von Gewässerschutzbeauftragten und
- zur Häufigkeit der behördlichen Überwachung vorgesehen werden.

Gemeingebrauch (§ 25)

Jede Person darf oberirdische Gewässer in einer Weise und in einem Umfang benutzen, wie dies nach Landesrecht als Gemeingebrauch zulässig ist, soweit nicht Rechte anderer dem entgegenstehen und soweit Befugnisse oder der Eigentümer- oder Anliegergebrauch anderer nicht beeinträchtigt werden. Der Gemeingebrauch umfasst nicht das Einbringen und Einleiten von Stoffen in oberirdische Gewässer. Die Länder können den Gemeingebrauch erstrecken auf:

- das schadlose Einleiten von Niederschlagswasser,
- das Einbringen von Stoffen in oberirdische Gewässer für Zwecke der Fischerei, wenn dadurch keine signifikanten nachteiligen Auswirkungen auf den Gewässerzustand zu erwarten sind.

Eigentümer- und Anliegergebrauch (§ 26)

Eine Erlaubnis oder eine Bewilligung ist, soweit durch Landesrecht nicht etwas anderes bestimmt ist, nicht erforderlich für die Benutzung eines oberirdischen Gewässers durch den Eigentümer oder die durch ihn berechtigte Person für den eigenen Bedarf, wenn dadurch andere nicht beeinträchtigt werden und keine nachteilige Veränderung der Wasserbeschaffenheit, keine wesentliche Verminderung der Wasserführung sowie keine andere Beeinträchtigung des Wasserhaushalts zu erwarten sind. Der Eigentümergebrauch umfasst nicht das Einbringen und Einleiten von Stoffen in oberirdische Gewässer.

Erlaubnisfreie Benutzungen des Grundwassers (§ 46)

Keiner Erlaubnis oder Bewilligung bedarf das Entnehmen, Zutagefördern, Zutageleiten oder Ableiten von Grundwasser:

- für den Haushalt, für den landwirtschaftlichen Hofbetrieb, für das Tränken von Vieh außerhalb des Hofbetriebs oder in geringen Mengen zu einem vorübergehenden Zweck,
- für Zwecke der gewöhnlichen Bodenentwässerung landwirtschaftlich, forstwirtschaftlich oder gärtnerisch genutzter Grundstücke,

soweit keine signifikanten nachteiligen Auswirkungen auf den Wasserhaushalt zu besorgen sind. Keiner Erlaubnis bedarf ferner das Einleiten von Niederschlagswasser in das Grundwasser durch schadlose Versickerung.

Bewirtschaftungsziele für das Grundwasser (§ 47)

Das Grundwasser ist so zu bewirtschaften, dass:

- eine Verschlechterung seines mengenmäßigen und seines chemischen Zustands vermieden wird,
- alle signifikanten und anhaltenden Trends ansteigender Schadstoffkonzentrationen aufgrund der Auswirkungen menschlicher Tätigkeiten umgekehrt werden,
- ein guter mengenmäßiger und ein guter chemischer Zustand erhalten oder erreicht werden. Zu einem guten mengenmäßigen Zustand gehört insbesondere ein Gleichgewicht zwischen Grundwasserentnahme und Grundwasserneubildung.

Die Bewirtschaftungsziele sind bis zum 22. Dezember 2015 zu erreichen. Fristverlängerungen sind zulässig.

Reinhaltung des Grundwassers (§ 48)

Eine Erlaubnis für das Einbringen und Einleiten von Stoffen in das Grundwasser darf nur erteilt werden, wenn eine nachteilige Veränderung der Wasserbeschaffenheit nicht zu besorgen ist. Durch Rechtsverordnung kann auch festgelegt werden, unter welchen Voraussetzungen die Anforderung, insbesondere im Hinblick auf die Begrenzung des Eintrags von Schadstoffen, als erfüllt gilt. Stoffe dürfen nur so gelagert oder abgelagert werden, dass eine nachteilige Veränderung der Grundwasserbeschaffenheit nicht zu besorgen ist. Das Gleiche gilt für das Befördern von Flüssigkeiten und Gasen durch Rohrleitungen.

3.1.3 Abwasserbeseitigung

Abwasser, Abwasserbeseitigung (§ 54)

Abwasser ist:

- das durch häuslichen, gewerblichen, landwirtschaftlichen oder sonstigen Gebrauch in seinen Eigenschaften veränderte Wasser und das bei Trockenwetter damit zusammen abfließende Wasser (Schmutzwasser) sowie
- das von Niederschlägen aus dem Bereich von bebauten oder befestigten Flächen gesammelt abfließende Wasser (Niederschlagswasser).

Als Schmutzwasser gelten auch die aus Anlagen zum Behandeln, Lagern und Ablagern von Abfällen austretenden und gesammelten Flüssigkeiten. Abwasserbeseitigung umfasst das Sammeln, Fortleiten, Behandeln, Einleiten, Versickern, Verregnen und Verrieseln von Abwasser sowie das Entwässern von Klärschlamm in Zusammenhang mit der Abwasserbeseitigung. Zur Abwasserbeseitigung gehört auch die Beseitigung des in Kleinkläranlagen anfallenden Schlamms.

Grundsätze der Abwasserbeseitigung (§ 55)

Abwasser ist so zu beseitigen, dass das Wohl der Allgemeinheit nicht beeinträchtigt wird. Dem Wohl der Allgemeinheit kann auch die Beseitigung von häuslichem Abwasser durch dezentrale Anlagen entsprechen. Niederschlagswasser soll ortsnah versickert, verrieselt oder direkt oder über eine Kanalisation ohne Vermischung mit Schmutzwasser in ein Gewässer eingeleitet werden, soweit dem weder wasserrechtliche noch sonstige öffentlich-rechtliche Vorschriften noch wasserwirtschaftliche Belange entgegenstehen.

Flüssige Stoffe, die kein Abwasser sind, können mit Abwasser beseitigt werden, wenn eine solche Entsorgung der Stoffe umweltverträglicher ist als eine Entsorgung als Abfall und wasserwirtschaftliche Belange nicht entgegenstehen.

Pflicht zur Abwasserbeseitigung (§ 56)

Abwasser ist von den juristischen Personen des öffentlichen Rechts zu beseitigen, die nach Landesrecht hierzu verpflichtet sind (Abwasserbeseitigungspflichtige). Die Länder können bestimmen, unter welchen Voraussetzungen die Abwasserbeseitigung anderen als den genannten Abwasserbeseitigungspflichtigen obliegt. Die zur Abwasserbeseitigung Verpflichteten können sich zur Erfüllung ihrer Pflichten Dritter bedienen.

Einleiten von Abwasser in Gewässer (§ 57)

Eine Erlaubnis für das Einleiten von Abwasser in Gewässer (Direkteinleitung) darf nur erteilt werden, wenn:

- die Menge und Schädlichkeit des Abwassers so gering gehalten wird, wie dies bei Einhaltung der jeweils in Betracht kommenden Verfahren nach dem Stand der Technik möglich ist,
- die Einleitung mit den Anforderungen an die Gewässereigenschaften und sonstigen rechtlichen Anforderungen vereinbar ist und
- Abwasseranlagen oder sonstige Einrichtungen errichtet und betrieben werden, die erforderlich sind, um die Einhaltung der Anforderungen sicherzustellen.

Durch Rechtsverordnung können an das Einleiten von Abwasser in Gewässer Anforderungen festgelegt werden, die dem Stand der Technik entsprechen. Die Anforderungen können auch für den Ort des Anfalls des Abwassers oder vor seiner Vermischung festgelegt werden. Für vorhandene Einleitungen legt die Rechtsverordnung abweichende Anforderungen fest, soweit die danach erforderlichen Anpassungsmaßnahmen unverhältnismäßig wären. Entsprechen vorhandene Abwassereinleitungen nicht den Anforderungen oder entsprechenden Anforderungen der Abwasserverordnung, so sind die erforderlichen Anpassungsmaßnahmen innerhalb angemessener Fristen durchzuführen.

Einleiten von Abwasser in öffentliche Abwasseranlagen (§ 58)

Das Einleiten von Abwasser in öffentliche Abwasseranlagen (Indirekteinleitung) bedarf der Genehmigung durch die zuständige Behörde, soweit an das Abwasser in der Abwasserverordnung Anforderungen für den Ort des Anfalls des Abwassers oder vor seiner Vermischung festgelegt sind. Durch Rechtsverordnung kann bestimmt werden:

- unter welchen Voraussetzungen die Indirekteinleitung anstelle einer Genehmigung nur einer Anzeige bedarf,

- dass die Einhaltung der Anforderungen auch durch Sachverständige überwacht wird.

Weitergehende Rechtsvorschriften der Länder bleiben unberührt. Ebenfalls unberührt bleiben Rechtsvorschriften der Länder, nach denen die Genehmigung der zuständigen Behörde durch eine Genehmigung des Betreibers einer öffentlichen Abwasseranlage ersetzt wird. Eine Genehmigung für eine Indirekteinleitung darf nur erteilt werden, wenn:

- die nach der Abwasserverordnung für die Einleitung maßgebenden Anforderungen einschließlich der allgemeinen Anforderungen eingehalten werden,
- die Erfüllung der Anforderungen an die Direkteinleitung nicht gefährdet wird und
- Abwasseranlagen oder sonstige Einrichtungen errichtet und betrieben werden, die erforderlich sind, um die Einhaltung der Anforderungen sicherzustellen.

Entsprechen vorhandene Indirekteinleitungen nicht den Anforderungen, so sind die erforderlichen Maßnahmen innerhalb angemessener Fristen durchzuführen. Eine Genehmigung kann auch unter dem Vorbehalt des Widerrufs erteilt werden.

Einleiten von Abwasser in private Abwasseranlagen (§ 59)

Dem Einleiten von Abwasser in öffentliche Abwasseranlagen stehen Abwassereinleitungen Dritter in private Abwasseranlagen, die der Beseitigung von gewerblichem Abwasser dienen, gleich. Die zuständige Behörde kann Abwassereinleitungen von der Genehmigungsbedürftigkeit freistellen, wenn durch vertragliche Regelungen zwischen dem Betreiber der privaten Abwasseranlage und dem Einleiter die Einhaltung der Anforderungen sichergestellt ist.

Abwasseranlagen (§ 60)

Abwasseranlagen sind so zu errichten, zu betreiben und zu unterhalten, dass die Anforderungen an die Abwasserbeseitigung eingehalten werden. Im Übrigen dürfen Abwasseranlagen nur nach den allgemein anerkannten Regeln der Technik errichtet, betrieben und unterhalten werden. Entsprechen vorhandene Abwasseranlagen nicht den Anforderungen, so sind die erforderlichen Maßnahmen innerhalb angemessener Fristen durchzuführen.

Die Errichtung, der Betrieb und die wesentliche Änderung einer Abwasserbehandlungsanlage, für die nach dem Gesetz über die Umweltverträglichkeitsprüfung eine Verpflichtung zur Durchführung einer Umweltverträglichkeitsprüfung besteht, bedürfen einer Genehmigung. Die Genehmigung ist zu versagen oder mit den notwendigen Nebenbestimmungen zu versehen, wenn die Anlage den Anforderungen nicht entspricht oder sonstige öffentlich-rechtliche Vorschriften dies erfordern.

Die Länder können regeln, dass die Errichtung, der Betrieb und die wesentliche Änderung von Abwasseranlagen einer Anzeige oder Genehmigung bedürfen. Genehmigungserfordernisse nach anderen öffentlich-rechtlichen Vorschriften bleiben unberührt.

Selbstüberwachung bei Abwassereinleitungen und Abwasseranlagen (§ 61)

Wer Abwasser in ein Gewässer oder in eine Abwasseranlage einleitet, ist verpflichtet, das Abwasser nach Maßgabe einer Rechtsverordnung oder der die Abwassereinleitung zulassenden behördlichen Entscheidung durch fachkundiges Personal zu untersuchen oder durch eine geeignete Stelle untersuchen zu lassen (Selbstüberwachung).

Wer eine Abwasseranlage betreibt, ist verpflichtet, ihren Zustand, ihre Funktionsfähigkeit, ihre Unterhaltung und ihren Betrieb sowie Art und Menge des Abwassers und der Abwasserinhaltsstoffe selbst zu überwachen. Er hat nach Maßgabe einer Rechtsverordnung hierüber Aufzeichnungen anzufertigen, aufzubewahren und auf Verlangen der zuständigen Behörde vorzulegen.

Durch Rechtsverordnung können insbesondere Regelungen über die Ermittlung der Abwassermenge, die Häufigkeit und die Durchführung von Probenahmen, Messungen und Analysen einschließlich der Qualitätssicherung, Aufzeichnungs- und Aufbewahrungspflichten sowie die Voraussetzungen getroffen werden, nach denen keine Pflicht zur Selbstüberwachung besteht.

3.1.4 Umgang mit wassergefährdenden Stoffen

Anforderungen an den Umgang mit wassergefährdenden Stoffen (§ 62)

Anlagen zum Lagern, Abfüllen, Herstellen und Behandeln wassergefährdender Stoffe sowie Anlagen zum Verwenden wassergefährdender Stoffe im Bereich der gewerblichen Wirtschaft und im Bereich öffentlicher Einrichtungen müssen so beschaffen sein und so errichtet, unterhalten, betrieben und stillgelegt werden, dass eine nachteilige Veränderung der Eigenschaften von Gewässern nicht zu besorgen ist. Das Gleiche gilt für Rohrleitungsanlagen, die:

- den Bereich eines Werksgeländes nicht überschreiten,
- Zubehör einer Anlage zum Umgang mit wassergefährdenden Stoffen sind oder
- Anlagen verbinden, die in engem räumlichen und betrieblichen Zusammenhang miteinander stehen.

Für Anlagen zum Umschlagen wassergefährdender Stoffe sowie zum Lagern und Abfüllen von Jauche, Gülle und Silagesickersäften sowie von vergleichbaren in der Landwirtschaft anfallenden Stoffen gilt entsprechendes mit der Maßgabe, dass der bestmögliche Schutz der Gewässer vor nachteiligen Veränderungen ihrer Eigenschaften erreicht wird. Anlagen dürfen nur entsprechend den allgemein anerkannten Regeln der Technik beschaffen sein sowie errichtet, unterhalten, betrieben und stillgelegt werden.

Wassergefährdende Stoffe sind feste, flüssige und gasförmige Stoffe, die geeignet sind, dauernd oder in einem nicht nur unerheblichen Ausmaß nachteilige Veränderungen der Wasserbeschaffenheit herbeizuführen.

Durch Rechtsverordnung können nähere Regelungen erlassen werden über:

- die Bestimmung der wassergefährdenden Stoffe und ihre Einstufung entsprechend ihrer Gefährlichkeit sowie über eine hierbei erforderliche Mitwirkung des Umweltbundesamtes und anderer Stellen,
- Anforderungen an die Beschaffenheit von Anlagen,
- Pflichten bei der Errichtung, der Unterhaltung, dem Betrieb, einschließlich des Befüllens und Entleerens durch Dritte, und der Stilllegung von Anlagen, insbesondere Anzeigepflichten sowie Pflichten zur Überwachung und zur Beauftragung von Sachverständigen und Fachbetrieben mit der Durchführung bestimmter Tätigkeiten,
- Anforderungen an Sachverständige und Sachverständigenorganisationen sowie an Fachbetriebe und Güte- und Überwachungsgemeinschaften.

Weitergehende landesrechtliche Vorschriften für besonders schutzbedürftige Gebiete bleiben unberührt.

Eignungsfeststellung (§ 63)

Anlagen zum Lagern, Abfüllen oder Umschlagen wassergefährdender Stoffe dürfen nur errichtet und betrieben werden, wenn ihre Eignung von der zuständigen Behörde festgestellt worden ist. Eine Eignungsfeststellung kann auch für Anlagenteile oder technische Schutzvorkehrungen erteilt werden. Für die Errichtung von Anlagen, Anlagenteilen und technischen Schutzvorkehrungen gilt Entsprechendes. Vorstehendes gilt nicht:

- für Anlagen zum Lagern und Abfüllen von Jauche, Gülle und Silagesickersäften sowie von vergleichbaren in der Landwirtschaft anfallenden Stoffen,

- wenn wassergefährdende Stoffe:
  - kurzzeitig in Verbindung mit dem Transport bereitgestellt oder aufbewahrt werden und die Behälter oder Verpackungen den Vorschriften und Anforderungen für den Transport im öffentlichen Verkehr genügen,
  - in Laboratorien in der für den Handgebrauch erforderlichen Menge bereitgehalten werden.

Durch Rechtsverordnung kann bestimmt werden, unter welchen Voraussetzungen darüber hinaus keine Eignungsfeststellung erforderlich ist. Die Eignungsfeststellung entfällt für Anlagen, Anlagenteile oder technische Schutzvorkehrungen:

- die nach den Vorschriften des Bauproduktegesetzes oder anderen Rechtsvorschriften zur Umsetzung von Richtlinien der Europäischen Gemeinschaften oder der Europäischen Union, deren Regelungen über die Brauchbarkeit auch Anforderungen zum Schutz der Gewässer umfassen, in Verkehr gebracht werden dürfen und das Kennzeichen der Europäischen Gemeinschaften (CE-Kennzeichen), das sie tragen, nach diesen Vorschriften zulässige Klassen und Leistungsstufen nach Maßgabe landesrechtlicher Vorschriften aufweist,
- bei denen nach den bauordnungsrechtlichen Vorschriften über die Verwendung von Bauprodukten, Bauarten oder Bausätzen auch die Einhaltung der wasserrechtlichen Anforderungen sichergestellt wird,
- die nach immissionsschutzrechtlichen Vorschriften unter Berücksichtigung der wasserrechtlichen Anforderungen der Bauart nach zugelassen sind oder einer Bauartzulassung bedürfen oder
- für die eine Genehmigung nach baurechtlichen Vorschriften erteilt worden ist, sofern bei Erteilung der Genehmigung die wasserrechtlichen Anforderungen zu berücksichtigen sind.

3.1.5 Gewässerschutzbeauftragter

Bestellung von Gewässerschutzbeauftragten (§ 64)

Gewässerbenutzer, die an einem Tag mehr als 750 Kubikmeter Abwasser einleiten dürfen, haben unverzüglich einen oder mehrere Betriebsbeauftragte für Gewässerschutz (Gewässerschutzbeauftragte) zu bestellen (Abb. 3.1). Die zuständige Behörde kann anordnen, dass:

- die Einleiter von Abwasser in Gewässer, für die eine Pflicht zur Bestellung von Gewässerschutzbeauftragten nicht besteht,
- die Einleiter von Abwasser in Abwasseranlagen,
- die Betreiber von Anlagen,
- die Betreiber von Rohrleitungsanlagen

einen oder mehrere Gewässerschutzbeauftragte zu bestellen haben. Ist nach § 53 des Bundes-Immissionsschutzgesetzes ein Immissionsschutzbeauftragter oder nach § 54 des Kreislaufwirtschaftsgesetzes ein Abfallbeauftragter zu bestellen, so kann dieser auch die Aufgaben und Pflichten eines Gewässerschutzbeauftragten nach diesem Gesetz wahrnehmen.

Aufgaben von Gewässerschutzbeauftragten (§ 65)

Gewässerschutzbeauftragte beraten den Gewässerbenutzer und die Betriebsangehörigen in Angelegenheiten, die für den Gewässerschutz bedeutsam sein können. Sie sind berechtigt und verpflichtet:

- die Einhaltung von Vorschriften, Nebenbestimmungen und Anordnungen im Interesse des Gewässerschutzes zu überwachen, insbesondere durch regelmäßige Kontrolle der Abwasseranlagen im Hinblick auf die Funktionsfähigkeit, den ordnungsgemäßen Betrieb sowie die Wartung, durch Messungen des Abwassers nach Menge und Eigenschaften, sowie durch Aufzeichnungen der Kontroll- und Messergebnisse. Sie haben dem Gewässerbenutzer festgestellte Mängel mitzuteilen und Maßnahmen zu ihrer Beseitigung vorzuschlagen,

- auf die Anwendung geeigneter Abwasserbehandlungsverfahren einschließlich der Verfahren zur ordnungsgemäßen Verwertung oder Beseitigung der bei der Abwasserbehandlung entstehenden Reststoffe hinzuwirken,

- auf die Entwicklung und Einführung von:
    - innerbetrieblichen Verfahren zur Vermeidung oder Verminderung des Abwasseranfalls nach Art und Menge,
    - umweltfreundlichen Produktionen hinzuwirken,

- die Betriebsangehörigen über die in dem Betrieb verursachten Gewässerbelastungen sowie über die Einrichtungen und Maßnahmen zu ihrer Verhinderung unter Berücksichtigung der wasserrechtlichen Vorschriften aufzuklären.

Gewässerschutzbeauftragte erstatten dem Gewässerbenutzer jährlich einen schriftlichen Bericht über die getroffenen und beabsichtigten Maßnahmen. Bei EMAS-Standorten ist ein jährlicher Bericht nicht erforderlich, soweit sich gleichwertige Angaben aus dem Bericht über die Umweltbetriebsprüfung ergeben und die Gewässerschutzbeauftragten den Bericht mitgezeichnet haben und mit dem Verzicht auf die Erstellung eines gesonderten jährlichen Berichts einverstanden sind.

Die zuständige Behörde kann im Einzelfall die aufgeführten Aufgaben der Gewässerschutzbeauftragten:

- näher regeln,
- erweitern, soweit es die Belange des Gewässerschutzes erfordern,
- einschränken, wenn dadurch die ordnungsgemäße Selbstüberwachung nicht beeinträchtigt wird.

Weitere anwendbare Vorschriften (§ 66)

Auf das Verhältnis zwischen dem Gewässerbenutzer und den Gewässerschutzbeauftragten finden die §§ 55 bis 58 des Bundes-Immissionsschutzgesetzes entsprechende Anwendung.

Betriebsbeauftragter für Gewässerschutz

Herr/Frau (Name, Vorname) ____________________

wird mit Wirkung vom ____________________

für das Unternehmen (Name, Sitz, Werk) ____________________

____

zum/zur Betriebsbeauftragten für Gewässerschutz gemäß § 64 Wasserhaushaltsgesetz (WHG) bestellt.

Er/Sie nimmt gemäß § 65 WHG folgende Aufgaben wahr:

- Die Einhaltung von Vorschriften, Nebenbestimmungen und Anforderungen im Interesse des Gewässerschutzes zu überwachen, insbesondere durch regelmäßige Kontrollen der Abwasseranlage sowie dem Benutzer festgestellte Mängel mitzuteilen und Maßnahmen zu ihrer Beseitigung vorzuschlagen.
- Auf die Anwendung geeigneter Abwasserbehandlungsverfahren einschließlich der Verfahren zur ordnungsgemäßen Verwertung oder Beseitigung der bei der Abwasserbehandlung entstehenden Reststoffe hinzuwirken.
- Auf die Entwicklung und Einführung von innerbetrieblichen Verfahren zur Vermeidung und Verminderung des Abwasseranfalls nach Art und Menge sowie umweltfreundlichen Produkten hinzuwirken.
- Den Benutzer und die Betriebsangehörigen in Angelegenheiten, die für den Gewässerschutz bedeutsam sein können, zu beraten.
- Dem Benutzer jährlich einen Bericht über die getroffenen und beabsichtigten Maßnahmen zu erstatten.

Der/Die Betriebsbeauftragte für Gewässerschutz berichtet Herrn/Frau

____

als Verantwortliche(m) der Geschäftsleitung.

Je eine Kopie dieser Bestellurkunde erhalten die zuständige Behörde, der Betriebsrat und die Personalabteilung unseres Unternehmens.

____________________	____________________
Datum, Ort	Unternehmer/Bevollmächtigter
____________________	____________________
Gewässerschutzbeauftragte(r)	Betriebsrat

Abb. 3.1: Ernennungsschreiben für den Gewässerschutzbeauftragten

3.1.6 Hochwasserschutz

Hochwasser (§ 72)

Hochwasser ist eine zeitlich beschränkte Überschwemmung von normalerweise nicht mit Wasser bedecktem Land, insbesondere durch oberirdische Gewässer oder durch in Küstengebiete eindringendes Meerwasser. Davon ausgenommen sind Überschwemmungen aus Abwasseranlagen.

Bewertung von Hochwasserrisiken, Risikogebiete (§ 73)

Die zuständigen Behörden bewerten das Hochwasserrisiko und bestimmen danach die Gebiete mit signifikantem Hochwasserrisiko (Risikogebiete). Hochwasserrisiko ist die Kombination der Wahrscheinlichkeit des Eintritts eines Hochwasserereignisses mit den möglichen nachteiligen Hochwasserfolgen für die menschliche Gesundheit, die Umwelt, das Kulturerbe, wirtschaftliche Tätigkeiten und erhebliche Sachwerte.

Gefahrenkarten und Risikokarten (§ 74)

Die zuständigen Behörden erstellen für die Risikogebiete Gefahrenkarten und Risikokarten in dem Maßstab, der hierfür am besten geeignet ist. Gefahrenkarten erfassen die Gebiete, die bei folgenden Hochwasserereignissen überflutet werden:

- Hochwasser mit niedriger Wahrscheinlichkeit oder bei Extremereignissen,
- Hochwasser mit mittlerer Wahrscheinlichkeit (voraussichtliches Wiederkehrintervall mindestens 100 Jahre),
- soweit erforderlich, Hochwasser mit hoher Wahrscheinlichkeit.

Gefahrenkarten müssen jeweils Angaben enthalten:

- zum Ausmaß der Überflutung,
- zur Wassertiefe oder, soweit erforderlich, zum Wasserstand,
- soweit erforderlich, zur Fließgeschwindigkeit oder zum für die Risikobewertung bedeutsamen Wasserabfluss.

Überschwemmungsgebiete an oberirdischen Gewässern (§ 76)

Überschwemmungsgebiete sind Gebiete zwischen oberirdischen Gewässern und Deichen oder Hochufern und sonstige Gebiete, die bei Hochwasser eines oberirdischen Gewässers überschwemmt oder durchflossen oder die für Hochwasserentlastung oder Rückhaltung beansprucht werden. Die Landesregierung setzt durch Rechtsverordnung:

- innerhalb der Risikogebiete mindestens die Gebiete, in denen ein Hochwasserereignis statistisch einmal in 100 Jahren zu erwarten ist, und
- die zur Hochwasserentlastung und Rückhaltung beanspruchten Gebiete

als Überschwemmungsgebiete fest. Die Festsetzungen sind an neue Erkenntnisse anzupassen.

Besondere Schutzvorschriften für festgesetzte Überschwemmungsgebiete (§ 78)

In einer Rechtsverordnung sind weitere Maßnahmen zu bestimmen oder Vorschriften zu erlassen, soweit dies erforderlich ist:

- zum Erhalt oder zur Verbesserung der ökologischen Strukturen der Gewässer und ihrer Überflutungsflächen,
- zur Vermeidung oder Verringerung von Erosion oder von erheblich nachteiligen Auswirkungen auf Gewässer, die insbesondere von landwirtschaftlich genutzten Flächen ausgehen,
- zum Erhalt oder zur Gewinnung, insbesondere Rückgewinnung von Rückhalteflächen,
- zur Regelung des Hochwasserabflusses,
- zum hochwasserangepassten Umgang mit wassergefährdenden Stoffen, einschließlich der hochwassersicheren Errichtung neuer und Nachrüstung vorhandener Heizölverbraucheranlagen sowie des Verbots der Errichtung neuer Heizölverbraucheranlagen,
- zur Vermeidung von Störungen der Wasserversorgung und der Abwasserbeseitigung.

3.1.7 Wasserwirtschaftliche Planung und Dokumentation

Wasserbuch (§ 87)

Über die Gewässer sind Wasserbücher zu führen. In das Wasserbuch sind insbesondere einzutragen:

- erteilte Erlaubnisse, die nicht nur vorübergehenden Zwecken dienen, und Bewilligungen sowie alte Rechte und alte Befugnisse, Planfeststellungsbeschlüsse und Plangenehmigungen,
- Wasserschutzgebiete,
- Risikogebiete und festgesetzte Überschwemmungsgebiete.

Von der Eintragung von Zulassungen kann in Fällen von untergeordneter wasserwirtschaftlicher Bedeutung abgesehen werden. Unrichtige Eintragungen sind zu berichtigen. Unzulässige Eintragungen und Eintragungen zu nicht mehr bestehenden Rechtsverhältnissen sind zu löschen. Eintragungen im Wasserbuch haben keine rechtsbegründende oder rechtsändernde Wirkung.

3.1.8 Haftung für Gewässerveränderungen

Haftung für Änderungen der Wasserbeschaffenheit (§ 89)

Wer in ein Gewässer Stoffe einbringt oder einleitet oder wer in anderer Weise auf ein Gewässer einwirkt und dadurch die Wasserbeschaffenheit nachteilig verändert, ist zum Ersatz des daraus einem anderen entstehenden Schadens verpflichtet. Haben mehrere auf das Gewässer eingewirkt, so haften sie als Gesamtschuldner.

Gelangen aus einer Anlage, die bestimmt ist, Stoffe herzustellen, zu verarbeiten, zu lagern, abzulagern, zu befördern oder wegzuleiten, derartige Stoffe in ein Gewässer, ohne in dieses eingebracht oder eingeleitet zu sein, und wird dadurch die Wasserbeschaffenheit nachteilig verändert, so ist der Betreiber der Anlage zum Ersatz des daraus einem anderen entstehenden Schadens verpflichtet. Die Ersatzpflicht tritt nicht ein, wenn der Schaden durch höhere Gewalt verursacht wird.

Sanierung von Gewässerschäden (§ 90)

Eine Schädigung eines Gewässers im Sinne des Umweltschadensgesetzes ist jeder Schaden mit erheblichen nachteiligen Auswirkungen auf:

- den ökologischen oder chemischen Zustand eines oberirdischen Gewässers oder Küstengewässers,
- das ökologische Potenzial oder den chemischen Zustand eines künstlichen oder erheblich veränderten oberirdischen Gewässers oder Küstengewässers oder
- den chemischen oder mengenmäßigen Zustand des Grundwassers.

Hat eine verantwortliche Person nach dem Umweltschadensgesetz eine Schädigung eines Gewässers verursacht, so trifft sie die erforderlichen Sanierungsmaßnahmen. Weitergehende Vorschriften über Schädigungen oder sonstige Beeinträchtigungen von Gewässern und deren Sanierung bleiben unberührt.

3.2 Grundwasserverordnung (GrwV)

Begriffsbestimmungen (§ 1)

Für die Grundwasserverordnung gelten die folgenden Begriffsbestimmungen:

- **„Schwellenwert“:** die Konzentration eines Schadstoffes, einer Schadstoffgruppe oder der Wert eines Verschmutzungsindikators im Grundwasser, die zum Schutz der menschlichen Gesundheit und der Umwelt festgelegt werden,
- **„Hintergrundwert“:** der in einem Grundwasserkörper nicht oder nur unwesentlich durch menschliche Tätigkeit beeinflusste Konzentrationswert eines Stoffes oder der Wert eines Verschmutzungsindikators,
- **„signifikanter und anhaltender steigender Trend“:** jede statistisch signifikante, ökologisch bedeutsame und auf menschliche Tätigkeiten zurückzuführende Zunahme der Konzentration eines Schadstoffes oder einer Schadstoffgruppe oder eine nachteilige Veränderung eines Verschmutzungsindikators im Grundwasser.

Gefährdete Grundwasserkörper (§ 3)

Grundwasserkörper, bei denen das Risiko besteht, dass sie die Bewirtschaftungsziele nach § 47 des Wasserhaushaltsgesetzes nicht erreichen, werden von der zuständigen Behörde als gefährdet eingestuft. Von einem solchen Risiko ist insbesondere auszugehen, wenn zu erwarten ist, dass die in Abbildung 3.2 aufgeführten festgelegten Schwellenwerte überschritten werden oder dass die mittlere jährliche Grundwasserentnahme das nutzbare Grundwasserdargebot übersteigt.

Substanzname	Schwellenwert
Nitrat (NO_3^-)	50 mgL^{-1}
Wirkstoffe in Pflanzenschutzmitteln und Biozidprodukten einschließlich relevanter Stoffwechsel-, Abbau- und Reaktionsprodukte	jeweils 0,1 μgL^{-1} insgesamt 0,5 μgL^{-1}
Arsen (As)	10 μgL^{-1}
Cadmium (Cd)	0,5 μgL^{-1}
Blei (Pb)	10 μgL^{-1}
Quecksilber (Hg)	0,2 μgL^{-1}
Ammonium (NH_4^+)	0,5 mgL^{-1}
Chlorid (Cl^-)	250 mgL^{-1}
Sulfat (SO_4^{2-})	240 mgL^{-1}
Summe aus Tri- und Tetrachlorethen	10 μgL^{-1}

Abb. 3.2: Schwellenwerte für Grundwasser

Kriterien für die Beurteilung des chemischen Grundwasserzustands (§ 5)

Grundlage für die Beurteilung des chemischen Grundwasserzustands sind die aufgeführten Schwellenwerte. Geht von einem nicht in der Abbildung 3.2 aufgeführten Schadstoff oder einer Schadstoffgruppe das Risiko aus, dass die Bewirtschaftungsziele nach § 47 des Wasserhaushaltsgesetzes nicht erreicht werden, legt die zuständige Behörde einen Schwellenwert fest.

Ist der in Abbildung 3.2 angegebene Schwellenwert für einen Schadstoff oder eine Schadstoffgruppe niedriger als der entsprechende Hintergrundwert im Grundwasserkörper, legt die zuständige Behörde einen abweichenden Schwellenwert unter Berücksichtigung des Hintergrundwertes für diesen Grundwasserkörper fest.

Bei Grundwasserkörpern, die sich auch auf das Hoheitsgebiet eines anderen oder mehrerer anderer Mitgliedstaaten der Europäischen Union erstrecken, stimmt sich die zuständige Behörde bei der Festlegung der Schwellenwerte mit den zuständigen Behörden der Nachbarstaaten ab. Gehört der Nachbarstaat nicht der Europäischen Union an, bemüht sich die zuständige Behörde um eine Abstimmung der Werte für die grenzüberschreitenden Grundwasserkörper.

Die zuständige Behörde nimmt in den Bewirtschaftungsplan nach § 83 des Wasserhaushaltsgesetzes eine Zusammenfassung folgender Informationen auf:

- Anzahl und Größe der als gefährdet eingestuften Grundwasserkörper,
- Schadstoffe, Schadstoffgruppen und Verschmutzungsindikatoren, die zu dieser Einstufung geführt haben,
- Parameter und Konzentration der Schwellenwerte sowie der Hintergrundwerte im gefährdeten Grundwasserkörper,
- Ableitungsverfahren für die Schwellenwerte, einschließlich Informationen über Toxikologie, Ökotoxikologie, Persistenz, Bioakkumulationspotenzial und Dispersionsneigung, sowie
- Wechselwirkungen zwischen den gefährdeten Grundwasserkörpern, den verbundenen Oberflächengewässern und den abhängigen Landökosystemen.

Einstufung des chemischen Grundwasserzustands (§ 7)

Die zuständige Behörde stuft den chemischen Grundwasserzustand als gut oder schlecht ein. Der chemische Grundwasserzustand ist gut, wenn:

- die in Abbildung 3.2 enthaltenen oder die festgelegten Schwellenwerte an keiner Messstelle im Grundwasserkörper überschritten werden oder,

- durch die Überwachung festgestellt wird, dass:
  - es keine Anzeichen für Einträge von Schadstoffen aufgrund menschlicher Tätigkeiten gibt, wobei Änderungen der elektrischen Leitfähigkeit bei Salzen allein keinen ausreichenden Hinweis auf derartige Einträge geben,
  - die Grundwasserbeschaffenheit keine signifikante Verschlechterung des ökologischen oder chemischen Zustands der Oberflächengewässer zur Folge hat und dementsprechend nicht zu einem Verfehlen der Bewirtschaftungsziele in den mit dem Grundwasser in hydraulischer Verbindung stehender Oberflächengewässern führt und
  - die Grundwasserbeschaffenheit nicht zu einer signifikanten Schädigung unmittelbar von dem Grundwasserkörper abhängender Landökosysteme führt.

Messstellen, an denen die Überschreitung eines Schwellenwertes auf natürliche, nicht durch menschliche Tätigkeiten verursachte Gründe zurückzuführen ist, werden wie Messstellen behandelt, an denen die Schwellenwerte eingehalten werden.

Maßnahmen zur Verhinderung oder Begrenzung von Schadstoffeinträgen in das Grundwasser (§ 13)

Zur Erreichung der in § 47 des Wasserhaushaltsgesetzes genannten Ziele sind in den Maßnahmenprogrammen nach § 82 des Wasserhaushaltsgesetzes Maßnahmen aufzunehmen, die den Eintrag der in der „Liste gefährlicher Schadstoffe und Schadstoffgruppen" genannten Schadstoffe und Schadstoffgruppen in das Grundwasser verhindern. Im Rahmen der Umsetzung dieser Maßnahmenprogramme dürfen Einträge solcher Schadstoffe nicht zugelassen werden. Dies gilt nicht, wenn die Schadstoffe in so geringer Menge und Konzentration in das Grundwasser eingetragen werden, dass eine nachteilige Veränderung der Grundwasserbeschaffenheit ausgeschlossen ist. Die zuständige Behörde führt ein Bestandsverzeichnis über die zugelassenen Einträge. Sind Einträge zugelassen, ist das betroffene Grundwasser in geeigneter Weise zu überwachen.

Liste gefährlicher Schadstoffe und Schadstoffgruppen:

- organohalogene Verbindungen und Stoffe, die im Wasser derartige Verbindungen bilden können,

- organische Phosphorverbindungen,
- organische Zinnverbindungen,
- Stoffe und Zubereitungen sowie ihre Abbauprodukte, deren karzinogene oder mutagene Eigenschaften oder deren steroidogene, thyreoide, reproduktive oder andere Funktionen des endokrinen Systems beeinträchtigenden Eigenschaften im oder durch das Wasser erwiesen sind,
- persistente Kohlenwasserstoffe sowie persistente und bioakkumulierende organische toxische Stoffe,
- Zyanid,
- Metalle und Metallverbindungen:
  - Blei,
  - Cadmium,
  - Nickel,
  - Quecksilber,
  - Thallium,
- Arsen und Arsenverbindungen.

Zur Erreichung der in § 47 des Wasserhaushaltsgesetzes genannten Ziele sind in den Maßnahmenprogrammen nach § 82 des Wasserhaushaltsgesetzes Maßnahmen aufzunehmen, die den Eintrag von Schadstoffen und Schadstoffgruppen der „Liste sonstiger Schadstoffe und Schadstoffgruppen“ 1 in das Grundwasser begrenzen.

Liste sonstiger Schadstoffe und Schadstoffgruppen:

- Metalle und Metallverbindungen:
  - Antimon,
  - Barium,
  - Bor,
  - Chrom,
  - Kobalt,
  - Kupfer,
  - Molybdän,
  - Selen,
  - Vanadium,
  - Zink,
- Pflanzenschutzmittel sowie Biozide,
- Schwebstoffe,
- Stoffe, die zur Eutrophierung beitragen (insbesondere Nitrat und Phosphate),
- Stoffe, die die Sauerstoffbilanz nachhaltig beeinflussen und die anhand von Parametern wie biologischer Sauerstoffbedarf, chemischer Sauerstoffbedarf und so weiter gemessen werden können,
- Fluoride,
- Ammonium und Nitrit,
- Mineralöle und Kohlenwasserstoffe.

Abbildung 3.3. zeigt den chemischen Status für das Grundwasser für die Mitgliedsnationen der Europäischen Union auf. Bzgl. der Grundwasserqualität rangiert Deutschland im unteren Drittel. Hauptverursacher für die Belastungen sind Nitratbelastungen aus der Landwirtschaft. In den nächsten Jahrzehnten muss sich die Qualität des Grundwassers deutlich verbessern.

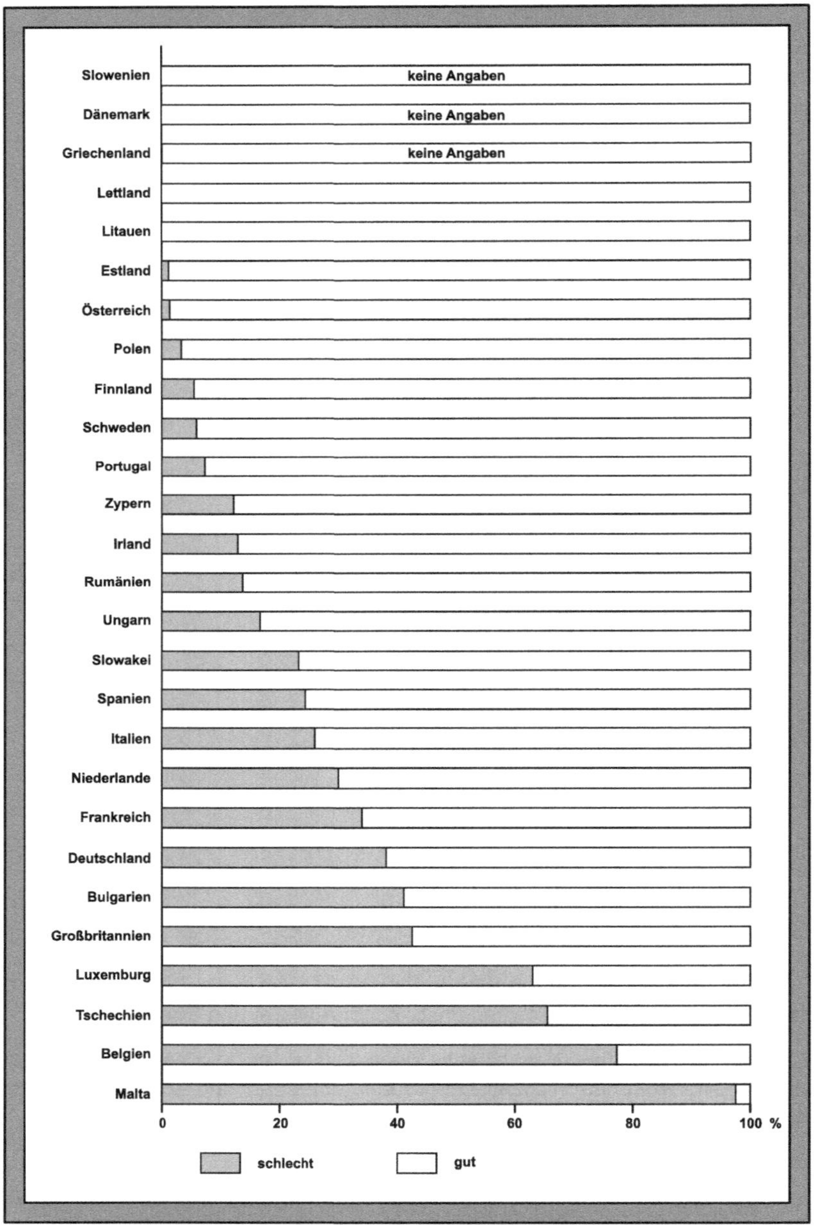

Abb. 3.3: Chemischer Status für das Grundwasser in der Europäischen Union [3.10]

3.3 Trinkwasserverordnung (TrinkwV)

Zweck der Verordnung (§ 1)

Zweck der Verordnung ist es, die menschliche Gesundheit vor den nachteiligen Einflüssen, die sich aus der Verunreinigung von Wasser ergeben, das für den menschlichen Gebrauch bestimmt ist, durch Gewährleistung seiner Genusstauglichkeit und Reinheit zu schützen.

Allgemeine Anforderungen (§ 4)

Trinkwasser muss so beschaffen sein, dass durch seinen Genuss oder Gebrauch eine Schädigung der menschlichen Gesundheit insbesondere durch Krankheitserreger nicht zu besorgen ist. Es muss rein und genusstauglich sein. Diese Anforderung gilt als erfüllt, wenn bei der Wasseraufbereitung und der Wasserverteilung mindestens die allgemein anerkannten Regeln der Technik eingehalten werden.

Mikrobiologische Anforderungen (§ 5)

Im Trinkwasser dürfen die in Abbildung 3.4 festgelegten Grenzwerte für mikrobiologische Parameter nicht überschritten werden.

Parameter	Grenzwert
Escherichia coli (E. coli)	0/100 mL
Enterokokken	0/100 mL

Abb. 3.4: Mikrobiologische Anforderungen an Trinkwasser

Konzentrationen von Mikroorganismen, die das Trinkwasser verunreinigen oder seine Beschaffenheit nachteilig beeinflussen können, sollen so niedrig gehalten werden, wie dies nach den allgemein anerkannten Regeln der Technik mit vertretbarem Aufwand unter Berücksichtigung von Einzelfällen möglich ist.

Chemische Anforderungen (§ 6)

Im Trinkwasser dürfen chemische Stoffe nicht in Konzentrationen enthalten sein, die eine Schädigung der menschlichen Gesundheit besorgen lassen.

Im Trinkwasser dürfen die in Abbildung 3.5 festgesetzten Grenzwerte für chemische Parameter nicht überschritten werden.

Parameter	Grenzwert/mgL^{-1}
Chemische Parameter, deren Konzentration sich im Verteilungsnetz einschließlich der Trinkwasser-Installation in der Regel nicht mehr erhöht	
Benzol	0,0010
Chrom	0,050
Fluorid	1,5
Nitrat	50
Quecksilber	0,0010
Tetrachlorethen und Trichlorethen	0,010
Uran	0,010
Chemische Parameter, deren Konzentration im Verteilungsnetz einschließlich der Trinkwasser-Installation ansteigen kann	
Blei	0,010
Kupfer	2,0
Nickel	0,020
Polyzyklische aromatische Kohlenwasserstoffe	0,00010
Trihalogenmethane	0,050

Abb. 3.5: Chemische Parameter für Trinkwasser (Auswahl)

Konzentrationen von chemischen Stoffen, die das Trinkwasser verunreinigen oder seine Beschaffenheit nachteilig beeinflussen können, sollen so niedrig gehalten werden, wie dies nach den allgemein anerkannten Regeln der Technik mit vertretbarem Aufwand unter Berücksichtigung von Einzelfällen möglich ist.

Indikatorparameter (§ 7)

Im Trinkwasser müssen die in Abbildung 3.6 festgelegten Grenzwerte und Anforderungen für Indikatorparameter eingehalten sein.

Parameter	Grenzwert/Anforderung	Einheit
Aluminium	0,200	mgL^{-1}
Chlorid	250	mgL^{-1}
Eisen	0,200	mgL^{-1}
elektrische Leitfähigkeit	2.790 bei 25 °C	μScm^{-1}
Natrium	200	mgL^{-1}
Sulfat	250	mgL^{-1}
Wasserstoffionen-Konzentration	$\geq$ 6,5 und $\leq$ 9,5	pH-Einheiten

Abb. 3.6: Indikatorparameter für Trinkwasser (Auszug)

Aufbereitungsstoffe und Desinfektionsverfahren (§ 11)

Während der Gewinnung, Aufbereitung und Verteilung des Trinkwassers dürfen nur Aufbereitungsstoffe verwendet werden, die in einer Liste des Bundesministeriums für Gesundheit enthalten sind. Die Liste hat bezüglich der Verwendung dieser Stoffe Anforderungen zu enthalten über die:

- Reinheit,
- Verwendungszwecke, für die sie ausschließlich eingesetzt werden dürfen,
- zulässige Zugabe,
- zulässigen Höchstkonzentrationen von im Trinkwasser verbleibenden Restmengen und Reaktionsprodukten,
- sonstigen Einsatzbedingungen.

Sie enthält ferner die Mindestkonzentration an freiem Chlor, Chlordioxid oder anderer Aufbereitungsstoffe zur Desinfektion nach Abschluss der Desinfektion. In der Liste wird auch der erforderliche Untersuchungsumfang für die Aufbereitungsstoffe spezifiziert. Zur Desinfektion von Trinkwasser dürfen nur Verfahren zur Anwendung kommen, die einschließlich der Einsatzbedingungen, die ihre hinreichende Wirksamkeit sicherstellen, in die Liste aufgenommen wurden. Die Liste wird vom Umweltbundesamt geführt und im Bundesanzeiger sowie im Internet veröffentlicht.

Untersuchungspflichten (§ 14)

Der Unternehmer und der sonstige Inhaber einer Wasserversorgungsanlage haben folgende Untersuchungen des Trinkwassers durchzuführen oder durchführen zu lassen, um sicherzustellen, dass das Trinkwasser an der Stelle, an der es in die Trinkwasser-Installation übergeben wird, den Anforderungen entspricht:

- mikrobiologische Untersuchungen zur Feststellung, ob die in Anlage 1 TrinkwV festgelegten Grenzwerte eingehalten werden,

- chemische Untersuchungen zur Feststellung, ob die in Anlage 2 TrinkwV festgelegten Grenzwerte eingehalten werden,
- Untersuchungen zur Feststellung, ob die in Anlage 3 TrinkwV festgelegten Indikatorparameter eingehalten oder die Anforderungen erfüllt werden,
- Untersuchungen zur Feststellung, ob die geduldeten und zugelassenen Abweichungen eingehalten werden,
- Untersuchungen zur Feststellung, ob die Anforderungen des § 11 (Aufbereitungsstoffe und Desinfektionsverfahren) eingehalten werden.

Umfang und Häufigkeit der Untersuchungen bestimmen sich sinngemäß nach Anlage 4 TrinkwV. Die Proben müssen nach den allgemein anerkannten Regeln der Technik entnommen werden.

Der Unternehmer und der sonstige Inhaber einer Wasserversorgungsanlage haben regelmäßig, mindestens jedoch jährlich, Besichtigungen der zur Wasserversorgungsanlage gehörenden Schutzzonen vorzunehmen oder vornehmen zu lassen, um etwaige Veränderungen zu erkennen, die Auswirkungen auf die Beschaffenheit des Trinkwassers haben können. Sind keine Schutzzonen festgelegt, haben sie Besichtigungen der Umgebung der Wasserfassungsanlage vorzunehmen oder vornehmen zu lassen. Das Ergebnis der Ortsbegehung ist zu dokumentieren und dem Gesundheitsamt auf Verlangen vorzulegen. Die Dokumentation ist zehn Jahre verfügbar zu halten. Soweit nach dem Ergebnis der Besichtigungen erforderlich, sind entsprechende Untersuchungen des Rohwassers vorzunehmen oder vornehmen zu lassen.

Information der Verbraucher und Berichtspflichten (§ 21)

Der Unternehmer und der sonstige Inhaber einer Wasserversorgungsanlage haben den betroffenen Verbrauchern mindestens jährlich geeignetes und aktuelles Informationsmaterial über die Qualität des bereitgestellten Trinkwassers auf der Grundlage der Untersuchungsergebnisse zu übermitteln. Dazu gehören auch Angaben über die Aufbereitungsstoffe, die bei der Aufbereitung und Verteilung verwendet werden, sowie Angaben, die für die Auswahl geeigneter Materialien für die Trinkwasser-Installation nach den allgemein anerkannten Regeln der Technik erforderlich sind.

3.4 Abwasserverordnung (AbwV)

3.4.1 Anforderungen

Anwendungsbereich (§ 1)

Die Abwasserverordnung bestimmt die Mindestanforderungen für das Einleiten von Abwasser in Gewässer aus den in den Anhängen bestimmten Herkunftsbereichen. Die allgemeinen Anforderung der Abwasserverordnung und die in den Anhängen gekennzeichneten Emissionsgrenzwerte sind vom Einleiter einzuhalten, soweit nicht weitergehende Anforderungen in der wasserrechtlichen Zulassung für das Einleiten von Abwasser festgelegt sind. Die übrigen Anforderungen der Anhänge der Abwasserverordnung sind bei der Erteilung einer wasserrechtlichen Zulassung für das Einleiten von Abwasser festzusetzen. Anforderungen sind in die wasserrechtliche Zulassung nur für diejenigen Parameter aufzunehmen, die im Abwasser zu erwarten sind.

Allgemeine Anforderungen (§ 3)

Soweit in den Anhängen der Abwasserverordnung nichts anderes bestimmt ist, darf Abwasser in eine Gewässer nur eingeleitet werden, wenn die Schadstofffracht nach Prüfung der Verhältnisse im Einzelfall so gering gehalten wird, wie dies durch Einsatz wassersparender Verfahren bei Wasch- und Reinigungsvorgängen, Indirektkühlung und dem Einsatz von schadstoffarmen Betriebs- und Hilfsstoffen möglich ist. Die Anforderungen der Verordnung dürfen nicht durch Verfahren erreicht werden, bei denen Umweltbelastungen in andere Umweltmedien wie Luft oder Boden entgegen dem Stand der Technik verlagert werden. Als Konzentrationswerte festgelegte Anforderungen dürfen nicht entgegen dem Stand der Technik durch Verdünnung erreicht werden.

Sind Anforderungen vor der Vermischung festgelegt, ist eine Vermischung zum Zwecke der gemeinsamen Behandlung zulässig, wenn insgesamt mindestens die gleiche Verminderung der Schadstofffracht je Parameter wie bei getrennter Einhaltung der jeweiligen Anforderungen erreicht wird.

Sind Anforderungen für den Ort des Anfalls von Abwasser festgelegt, ist eine Vermischung erst zulässig, wenn diese Anforderungen eingehalten werden. Werden Abwasserströme, für die unterschiedliche Anforderungen gelten, gemeinsam eingeleitet, ist für jeden Parameter die jeweils maßgebende Anforderung durch Mischungsrechnung zu ermitteln und in der wasserrechtlichen Zulassung festzulegen.

Analysen- und Messverfahren (§ 4)

Die in der Anlage und den Anhängen der AbwV (Abb. 3.7) genannten Deutschen Einheitsverfahren zur Wasser-, Abwasser- und Schlammuntersuchung, DIN-, DIN EN-, DIN EN ISO-Normen und technischen Regeln der Wasserchemischen Gesellschaft werden vom Beuth Verlag GmbH, Berlin, und von der Wasserchemischen Gesellschaft in der Gesellschaft Deutscher Chemiker, Wiley-VCH Verlag, Weinheim (Bergstraße), herausgegeben. Die genannten Verfahrensvorschriften sind beim Deutschen Patentamt in München archivmäßig gesichert niedergelegt. In der Erlaubnis können andere, gleichwertige Verfahren festgesetzt werden.

Anhang	Bereich	Datum
Anhang 1	Häusliches und kommunales Abwasser	17.06.2004
Anhang 2	Braunkohle-Brikettfabriken	17.06.2004
Anhang 3	Milchverarbeitung	17.06.2004
Anhang 4	Ölsaatenaufbereitung, Speisefett- und Speiseöl-raffination	17.06.2004
Anhang 5	Herstellung von Obst- und Gemüseprodukte	17.06.2004
Anhang 6	Herstellung von Erfrischungsgetränken und Getränke-abfüllung	17.06.2004
Anhang 7	Fischverarbeitung	17.06.2004
Anhang 8	Kartoffelverarbeitung	17.06.2004
Anhang 9	Herstellung von Beschichtungsstoffen und Lackharzen	17.06.2004
Anhang 10	Fleischwirtschaft	17.06.2004
Anhang 11	Brauereien	17.06.2004

Anhang	Bereich	Datum
Anhang 12	Herstellung von Alkohol und alkoholischen Getränken	17.06.2004
Anhang 13	Holzfaserplatten	17.06.2004
Anhang 14	Trocknung pflanzlicher Produkte für die Futtermittelherstellung	17.06.2004
Anhang 15	Herstellung von Hautleim, Gelatine und Knochenleim	17.06.2004
Anhang 16	Steinkohlenaufbereitung	17.06.2004
Anhang 17	Herstellung keramischer Erzeugnisse	17.06.2004
Anhang 18	Zuckerherstellung	17.06.2004
Anhang 19	Zellstofferzeugung	17.06.2004
Anhang 20	Fleischmehlindustrie	19.10.2007
Anhang 21	Mälzereien	17.06.2004
Anhang 22	Chemische Industrie	17.06.2004
Anhang 23	Anlagen zur biologischen Behandlung von Abfällen	17.06.2004
Anhang 24	Eisen-, Stahl- und Tempergießerei	17.06.2004
Anhang 25	Lederherstellung, Pelzveredelung, Lederfaserstoffherstellung	17.06.2004
Anhang 26	Steine und Erden	17.06.2004
Anhang 27	Behandlung von Abfällen durch chemische und physikalische Verfahren (CP-Anlagen) sowie Altölaufbereitung	17.06.2004
Anhang 28	Herstellung von Papier und Pappe	17.06.2004
Anhang 29	Eisen- und Stahlerzeugung	17.06.2004
Anhang 31	Wasseraufbereitung, Kühlsysteme, Dampferzeugung	17.06.2004
Anhang 32	Verarbeitung von Kautschuk und Latizes, Herstellung und Verarbeitung von Gummi	17.06.2004
Anhang 33	Wäsche von Abgasen aus der Verbrennung von Abfällen	17.06.2004
Anhang 36	Herstellung von Kohlenwasserstoffen	17.06.2004
Anhang 37	Herstellung anorganischer Pigmente	17.06.2004
Anhang 38	Textilherstellung, Textilveredelung	17.06.2004
Anhang 39	Nichteisenmetallherstellung	17.06.2004

Anhang	Bereich	Datum
Anhang 40	Metallbearbeitung, Metallverarbeitung	17.06.2004
Anhang 41	Herstellung und Verarbeitung von Glas und künstlichen Mineralfasern	17.06.2004
Anhang 42	Alkalichloridelektrolyse	17.06.2004
Anhang 43	Herstellung von Chemiefasern, Folien und Schwammtuch nach dem Viskoseverfahren sowie von Celluloseacetatfasern	17.06.2004
Anhang 45	Erdölverarbeitung	17.06.2004
Anhang 46	Steinkohleverkokung	17.06.2004
Anhang 47	Wäsche von Rauchgasen aus Feuerungsanlagen	17.06.2004
Anhang 48	Verwendung bestimmter gefährlicher Stoffe	17.06.2004
Anhang 49	Mineralölhaltiges Abwasser	17.06.2004
Anhang 50	Zahnbehandlung	17.06.2004
Anhang 51	Oberirdische Ablagerung von Abfällen	17.06.2004
Anhang 52	Chemische Reinigung	17.06.2004
Anhang 53	Fotografische Prozesse (Silberhalogenid-Fotografie)	17.06.2004
Anhang 54	Herstellung von Halbleiterbauelementen	17.06.2004
Anhang 55	Wäschereien	17.06.2004
Anhang 56	Herstellung von Druckformen, Druckerzeugnissen und grafischen Erzeugnissen	17.06.2004
Anhang 57	Wollwäschereien	17.06.2004

Abb. 3.7: Anhänge der Abwasserverordnung

Bezugspunkt der Anforderungen (§ 5)

Die Anforderungen beziehen sich auf die Stelle, an der das Abwasser in das Gewässer eingeleitet wird, und, soweit in den Anhängen zu der Verordnung bestimmt, auch auf den Ort des Anfalls des Abwassers oder den Ort vor seiner Vermischung. Der Einleitungsstelle steht der Ablauf der Abwasseranlage, in der das Abwasser letztmalig behandelt wird, gleich. Ort vor der Vermischung ist auch die Einleitungsstelle in eine öffentliche Abwasseranlage.

Einhaltung der Anforderungen (§ 6)

Ist ein nach der AbwV einzuhaltender oder in der wasserrechtlichen Zulassung festgesetzter Wert nach dem Ergebnis einer Überprüfung im Rahmen der staatlichen Überwachung nicht eingehalten, gilt er dennoch als eingehalten, wenn die Ergebnisse dieser und der vier vorausgegangenen staatlichen Überprüfungen in vier Fällen den jeweils maßgebenden Wert nicht überschreiten und kein Ergebnis den Wert um mehr als 100 Prozent übersteigt. Überprüfungen, die länger als drei Jahre zurückliegen, bleiben unberücksichtigt.

Für die Einhaltung eines nach der AbwV einzuhaltenden oder in der wasserrechtlichen Zulassung festgesetzten Wertes ist die Zahl der in der Verfahrensvorschrift genannten signifikanten Stellen des zugehörigen Analysen- und Messverfahrens zur Bestimmung des jeweiligen Parameters maßgebend. Die in den Anhängen der AbwV festgelegten Werte berücksichtigen die Messunsicherheiten der Analysen- und Probenahmeverfahren.

Ein in der wasserrechtlichen Zulassung festgesetzter Wert für den Chemischen Sauerstoffbedarf (CSB) gilt auch als eingehalten, wenn der vierfache Wert des gesamten organisch gebundenen Kohlenstoffs (TOC), bestimmt in Milligramm je Liter, diesen Wert nicht überschreitet. Ein in der wasserrechtlichen Zulassung festgesetzter Wert für die Giftigkeit gegenüber Fischeiern, Daphnien, Algen und Leuchtbakterien gilt auch als eingehalten, wenn die Überschreitung dieses festgesetzten Wertes auf dem Gehalt an Sulfat und Chlorid beruht.

3.4.2 Metallbearbeitung (Anhang 40)

Anwendungsbereich

Dieser Anhang gilt für Abwasser, dessen Schadstofffracht im Wesentlichen aus den folgenden Herkunftsbereichen einschließlich der zugehörigen Vor-, Zwischen- und Nachbehandlung stammt:

1: Galvanik,
2: Beizerei,
3: Anodisierbetrieb,
4: Brüniererei,
5: Feuerverzinkerei, Feuerverzinnerei,
6: Härterei,
7: Leiterplattenherstellung,
8: Batterieherstellung,
9: Emaillierbetrieb,
10: mechanische Werkstätte,
11: Gleitschleiferei,
12: Lackierbetrieb.

Dieser Anhang gilt nicht für Abwasser aus Kühlsystemen und aus der Betriebswasseraufbereitung sowie für Niederschlagswasser.

Allgemeine Anforderungen

Die Schadstofffracht ist so gering zu halten, wie dies durch folgende Maßnahmen möglich ist:

- Behandlung von Prozessbädern mittels geeigneter Verfahren wie Membranfiltration, Ionenaustauscher, Elektrolyse, thermische Verfahren, um eine möglichst lange Standzeit der Prozessbäder zu erreichen,
- Rückhalten von Badinhaltsstoffen mittels geeigneter Verfahren wie verschleppungsarmer Warentransport, Spritzschutz, optimierte Badzusammensetzung,

- Mehrfachnutzung von Spülwasser mittels geeigneter Verfahren wie Kaskadenspülung, Kreislaufspültechnik mittels Ionenaustauscher,
- Rückgewinnen oder Rückführen von dafür geeigneten Badinhaltsstoffen aus Spülbädern in die Prozessbäder,
- Rückgewinnen von Ethylendiamintetraessigsäure (EDTA) und ihren Salzen aus chemischen Kupferbädern und deren Spülbädern.

Anforderungen an das Abwasser für die Einleitungsstelle

An das Abwasser aus einem der genannten Herkunftsbereiche werden für die Einleitungsstelle in das Gewässer folgende Anforderungen gestellt (Abb. 3.8).

Herkunftsbereiche		**1**	**2**	**3**	**4**	**5**	**6**	**7**	**8**	**9**	**10**	**11**	**12**
		Qualifizierte Stichprobe oder 2-Stunden-Mischprobe											
Aluminium	mgL^{-1}	3	3	3	-	-	-	-	-	2	3	3	3
Stickstoff aus Ammoniumverbindungen	mgL^{-1}	100	30	-	30	30	50	50	50	20	30	-	-
Chemischer Sauerstoffbedarf (CSB)	mgL^{-1}	400	100	100	200	200	400	600	200	100	400	400	300
Eisen	mgL^{-1}	3	3	-	3	3	-	3	3	3	3	3	3
Fluorid	mgL^{-1}	50	20	50	-	50	-	50	-	50	30	-	-
Stickstoff aus Nitrit	mgL^{-1}	-	5	5	5	-	5	-	-	5	5	-	-
Kohlenwasserstoffe	mgL^{-1}	10	10	10	10	10	10	10	10	10	10	10	10
Phosphor	mgL^{-1}	2	2	2	2	2	2	2	2	2	2	2	2
Giftigkeit gegenüber Fischeiern	G_E	6	4	2	6	6	6	6	6	4	6	6	6

Abb. 3.8: Anforderungen an das Abwasser für die Einleitungsstelle

Anforderungen an das Abwasser vor Vermischung

An das Abwasser aus einem der genannten Herkunftsbereiche werden vor der Vermischung mit anderem Abwasser folgende Anforderungen gestellt (Abb. 3.9).

Herkunftsbereiche		1	2	3	4	5	6	7	8	9	10	11	12
		Qualifizierte Stichprobe oder 2-Stunden-Mischprobe											
AOX	mgL^{-1}	1	1	1	1	1	1	1	1	1	1	1	1
Arsen	mgL^{-1}	0,1	-	-	-	-	-	0,1	0,1	-	-	-	-
Barium	mgL^{-1}	-	-	-	-	-	2	-	-	-	-	-	-
Blei	mgL^{-1}	0,5	-	-	-	0,5	-	0,5	0,5	0,5	0,5	-	0,5
Cadmium	mgL^{-1}	0,2	-	-	-	0,1	-	-	0,2	0,2	0,1	-	0,2
	kg/t	0,3	-	-	-	-	-	-	1,5	-	-	-	-
freies Chlor	mgL^{-1}	0,5	0,5	-	0,5	-	0,5	-	-	-	0,5	-	-
Chrom	mgL^{-1}	0,5	0,5	0,5	0,5	-	-	0,5	-	0,5	0,5	0,5	0,5
Chrom VI	mgL^{-1}	0,1	0,1	0,1	0,1	-	-	0,1	-	0,1	0,1	-	0,1
Cyanid, leicht freisetzbar	mgL^{-1}	0,2	-	-	-	-	1	0,2	-	-	0,2	-	-
Cobalt	mgL^{-1}	-	-	1	-	-	-	-	-	1	-	-	-
Kupfer	mgL^{-1}	0,5	0,5	-	-	-	-	0,5	0,5	0,5	0,5	0,5	0,5
Nickel	mgL^{-1}	0,5	0,5	-	0,5	-	-	0,5	0,5	0,5	0,5	0,5	0,5
Quecksilber	mgL^{-1}	-	-	-	-	-	-	-	0,05	-	-	-	-
	kg/t	-	-	-	-	-	-	-	0,03	-	-	-	-
Selen	mgL^{-1}	-	-	-	-	-	-	-	-	1	-	-	-
Silber	mgL^{-1}	0,1	-	-	-	-	-	0,1	0,1	-	-	-	-
Sulfid	mgL^{-1}	1	1	-	1	-	-	1	1	1	-	-	-
Zinn	mgL^{-1}	2	-	2	-	2	-	2	-	-	-	-	-
Zink	mgL^{-1}	2	2	2	-	2	-	-	2	2	2	2	2

Abb. 3.9: Anforderungen an das Abwasser vor der Vermischung

Anforderungen an das Abwasser für den Ort des Anfalls

Das Abwasser darf nur diejenigen halogenierten Lösemittel enthalten, die nach der Zweiten Verordnung zur Durchführung des Bundes-Immissionsschutzgesetzes in der jeweiligen Fassung eingesetzt werden dürfen. Diese Anforderung gilt auch als eingehalten, wenn der Nachweis erbracht wird, dass nur zugelassene halogenierte Lösemittel eingesetzt werden. Im Übrigen ist für LHKW (Summe aus Trichlorethen; Tetrachlorethen; 1,1,1-Trichlorethen; Dichlormethan - gerechnet als Chlor) ein Wert von 0,1 mg/L in der Stichprobe einzuhalten.

Für quecksilberhaltiges Abwasser ist ein Wert von 0,05 mg/L Quecksilber in der qualifizierten Stichprobe oder der 2-Stunden-Mischprobe einzuhalten. Das Abwasser aus Entfettungsbädern, Entmetallisierungsbädern und Nickelbädern darf kein EDTA enthalten. Für das Abwasser aus cadmiumhaltigen Bädern einschließlich Spülen ist ein Wert von 0,2 mg/L Cadmium in der qualifizierten Stichprobe oder der 2-Stunden-Mischprobe einzuhalten. Ort des Anfalls des Abwassers ist der Ablauf der Vorbehandlungsanlage für den jeweiligen Parameter.

3.5 Indirekteinleiterverordnung (IndVO)

Die Indirekteinleiterverordnung wird am Beispiel von Baden-Württemberg erläutert.

Anforderungen nach der Abwasserverordnung (§ 2)

Bei Abwasser, für das in der Abwasserverordnung (AbwV) für den Ort des Anfalls des Abwassers oder vor seiner Vermischung Anforderungen festgelegt sind, gelten diese und die allgemeinen Anforderungen und Regelungen der Abwasserverordnung auch für Indirekteinleiter. Soweit keine Anforderungen zu stellen sind, ist die Schadstofffracht des Abwassers so gering zu halten, wie dies bei Einhaltung des Standes der Technik möglich ist, sofern in der nachgeschalteten öffentlichen Abwasseranlage die geforderte Schadstoffreduzierung nicht erreicht wird.

Genehmigungspflicht (§ 5)

Abwasser, für das Anforderungen bestimmt sind, darf nur mit Genehmigung der unteren Wasserbehörde in öffentliche Abwasseranlagen eingeleitet werden. Die Genehmigungspflicht entfällt, wenn das Abwasser vor seiner Einleitung in die öffentliche Abwasseranlage:

- in einer nach § 45e WG Baden-Württemberg genehmigten Anlage behandelt wird und in dieser Genehmigung die Anforderungen an die Einleitung des Abwassers nach §§ 2 oder 3 festgelegt sind oder
- in einer nach § 45e WG Baden-Württemberg genehmigungsfreien, aber nach anderen Vorschriften zugelassenen Anlage behandelt wird und nach dieser Zulassung die Anforderungen nach §§ 2 oder 3 aufgrund der Behandlung als eingehalten gelten, oder
- die in Abbildung 3.10 für die Stoffe und Stoffgruppen genannten Konzentrationen oder Frachten unterschreitet.

Einleitungsverbote, Einleitungsbeschränkungen und Überwachungsregelungen nach kommunalem Satzungsrecht bleiben unberührt.

Die Schwellenwerte beziehen sich auf die nach § 4 AbwV maßgeblichen Analysen- und Messverfahren oder gleichwertige Untersuchungsmethoden. Die Schwellenwerte für die Schadstofffracht in Gramm/Stunde werden aus der qualifizierten Stichprobe für das in einer Stunde anfallende Abwasser hochgerechnet.

Stoff oder Stoffgruppe	Konzentration mg/L	Fracht g/h
adsorbierbare organische gebundene Halogene (AOX) in der Originalprobe, angegeben als Chlorid	0,5	10
Arsen in der Originalprobe	0,05	1
Blei in der Originalprobe	0,2	8
Cadmium in der Originalprobe	0,02	0,4
Chlor, gesamt	0,2	4
chlorierte Kohlenwasserstoffe (Trichlorethan, Trichlorethen, Tetrachlorethen und Trichlormethan); in der Summe der Einzelstoffe	0,1	2
Chrom in der Originalprobe	0,2	8
Cyanid, leicht freisetzbar	0,1	2
Kupfer in der Originalprobe	0,3	12
Nickel in der Originalprobe	0,2	6
Quecksilber in der Originalprobe	0,005	0,1
Silber in der Originalprobe	0,1	6
Zink in der Originalprobe	0,5	20

Abb. 3.10: Schwellenwerte für die Genehmigungspflicht

3.6 Genehmigungsverfahren

Das Genehmigungsverfahren wird am Beispiel von Baden-Württemberg erläutert. Wie im WHG festgelegt, bedarf eine Benutzung von Gewässern einer behördlichen Erlaubnis oder Bewilligung. Wird beispielsweise das Einbringen oder Einleiten von Abwasser von den Behörden nach WHG erlaubt, so darf die zur Abwasserbehandlung erforderliche Anlage jedoch nicht ohne weiteres gebaut oder betrieben werden. Die Abwasseranlage selbst bedarf einer behördlichen Genehmigung bzw. einer Erlaubnis. Das Genehmigungsverfahren unterliegt dem Landesrecht, d.h. dem Wassergesetz für Baden-Württemberg WG § 45e und der IndVO für Baden-Württemberg.

Planfeststellung, Genehmigung (§ 45e WG Baden-Württemberg)

Der Bau und der Betrieb sowie die wesentliche Änderung einer Abwasserbehandlungsanlage, für die eine Umweltverträglichkeitsprüfung durchzuführen ist, bedürfen der vorherigen Durchführung eines Planfeststellungsverfahrens. Der Bau und der Betrieb einer sonstigen Abwasseranlage bedürfen einer wasserrechtlichen Genehmigung. Die Genehmigungspflicht entfällt bei:

- öffentlichen Abwasseranlagen, wenn sie unter der Leitung eines Bediensteten einer Körperschaft des öffentlichen Rechts, eines Zusammenschlusses von solchen oder von einem Dritten, dem die Abwasserbeseitigungspflicht übertragen wurde, im Benehmen mit der unteren Wasserbehörde geplant und ausgeführt werden,
- nicht öffentlichen Abwasseranlagen für häusliches Abwasser,
- Anlagen zur dezentralen Beseitigung von Niederschlagswasser,
- Abwasseranlagen, die der Bauart nach zugelassen wurden,
- Abwasseranlagen, die nach den Vorschriften des Bauproduktengesetzes in den Verkehr gebracht werden dürfen, wenn das Kennzeichen der Europäischen Gemeinschaft (CE-Kennzeichen), das sie tragen, die in bauordnungsrechtlichen Vorschriften festgelegten Klassen und Leistungsstufen aufweist,
- Abwasseranlagen, bei denen nach den bauordnungsrechtlichen Vorschriften über die Verwendung von Bauprodukten auch die Einhaltung der wasserrechtlichen Anforderungen sichergestellt wird.

Soweit die Genehmigungspflicht für eine Anlage entfällt, gilt dies auch für die mit der Anlage im Zusammenhang stehenden Nebenanlagen und Nebeneinrichtungen. Die Inbetriebnahme der Anlagen ist der Wasserbehörde anzuzeigen. Die wesentliche Änderung einer genehmigungspflichtigen sonstigen Abwasseranlage oder ihres Betriebes sind der Wasserbehörde anzuzeigen. Der Anzeige sind die Planungsunterlagen, insbesondere Erläuterungsbericht, Lageplan und Bauzeichnungen, beizufügen. Die Wasserbehörde hat den Eingang der Anzeige zu bestätigen. Eine Genehmigung der wesentlichen Änderung ist erforderlich, wenn die Wasserbehörde innerhalb eines Monats nach Eingang der Anzeige ein Genehmigungsverfahren einleitet. Die Anzeige gilt in diesem Fall als Antrag. Der Beginn des Genehmigungsverfahrens ist dem Antragsteller mitzuteilen.

Die IndVO listet im Anhang Stoffe und Stoffgruppen und die Schwellenwerte für die Genehmigung nach Konzentration und Fracht sowie das jeweils anzusetzende Analyseverfahren auf. Wird nun der Bau einer Abwasseranlage beabsichtigt, so muss zunächst ermittelt werden, ob die Abwasseranlage wasserrechtlich genehmigungsbedürftig ist. Dafür kann nach folgenden Schritten vorgegangen werden (Abb. 3.11).

Bei der eigentlichen Genehmigung von Abwasseranlagen wird nach der Art der Einleitung unterschieden. Für Indirekteinleiter ist das Verfahren vereinfacht. Grundsätzlich bedürfen Abwasseranlagen zur Direkteinleitung einer behördlichen Genehmigung, während Abwasseranlagen zur Indirekteinleitung eine behördliche Erlaubnis benötigen.

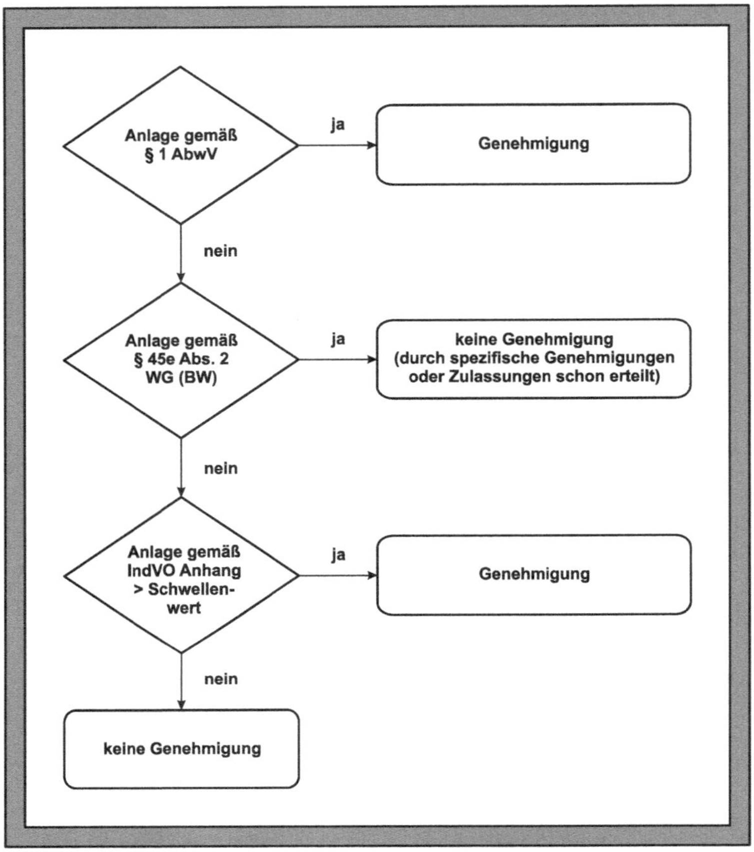

Abb. 3.11: Entscheidungsablauf über genehmigungspflichtige Anlagen

Genehmigung für Direkteinleiter

Die behördliche Genehmigung von Abwasseranlagen nach § 45e erfolgt unter Bezugnahme auf die im WHG und AbwV gestellten Anforderungen, d.h. Direkteinleiter müssen die allgemeinen Anforderungen sowie die im zutreffenden herkunftsbezogenen Anhang der AbwV gestellten Anforderungen einhalten und die Einhaltung nachweisen können. Der Genehmigungsantrag wird dann bei der zuständigen Behörde eingereicht.

Genehmigung für Indirekteinleiter

Das Genehmigungsverfahren für Indirekteinleiter bezieht sich auf die IndVO. Werden die Anforderungen eingehalten und liegen für die geplante Anlage keine Anforderungen vor Vermischung oder für den Ort des Anfalls vor, ist keine Genehmigung nach § 45e WG erforderlich. Die Einleitung muss jedoch von der Gemeinde aufgrund der kommunalen Abwassersatzung erlaubt werden. Indirekteinleiter benötigen in jedem Fall eine Einleiteerlaubnis der Kommune. Sind an die Abwasseranlage jedoch Anforderungen vor Vermischung oder für den Ort des Anfalls gestellt, so muss der Betreiber einen Erlaubnisantrag nach § 45e stellen, d.h. an die Abwasseranlage werden Anforderungen gemäß WHG und AbwV gestellt. Das Genehmigungsverfahren läuft dann wie bei Direkteinleitern ab, nur dass anstelle eines Genehmigungsantrages ein Erlaubnisantrag gestellt wird.

3.7 Eigenkontrollverordnung (EKVO)

Die Eigenkontrollverordnung wird am Beispiel von Baden-Württemberg erläutert.

3

Überwachung von Einleitungen und Abwasseranlagen, Eigenkontrolle, Verringerung der Schadstofffrachten (§ 83 Wassergesetz Baden-Württemberg)

Wer Stoffe in Gewässer oder in eine öffentliche Abwasseranlage einleitet oder einbringt oder zum Zweck der Beseitigung versickert, verregnet, verrieselt oder sonst aufbringt, hat diese Stoffe nach Anordnung der Wasserbehörde durch anerkannte Sachverständige oder sachverständige Stellen untersuchen zu lassen.

Wer Abwasseranlagen betreibt, hat diese regelmäßig zu überprüfen und mit Überwachungseinrichtungen auszurüsten, mit denen er die Leistung der Anlagen und die Beschaffenheit und Menge des Abwassers feststellen kann (Eigenkontrolle). Die Wasserbehörde kann die Eigenkontrolle von gewerblichen Betrieben auf die für die Menge und Beschaffenheit des Abwassers erhebliche Produktion, die dortigen Einsatzstoffe, den Ort des Anfalls des Abwassers oder den Abwasserteilstrom vor der Vermischung erstrecken und anordnen, dass ein Verzeichnis der für die Beschaffenheit des Abwassers und die Schadstofffrachten erheblichen innerbetrieblich verwendeten Einsatzstoffe zu führen ist. Die Ergebnisse der Eigenkontrolle sollen bei der behördlichen Überwachung berücksichtigt werden.

Wer öffentliche Kanalisationen betreibt, hat ein Verzeichnis der Betriebe zu führen, von deren Abwasseranfall nach Beschaffenheit und Menge ein erheblicher Einfluss auf die Abwasseranlagen, deren Wirksamkeit, Betrieb oder Unterhaltung oder auf das Gewässer zu erwarten ist (Indirekteinleiterkataster). Die Betriebe sind verpflichtet, die erforderlichen Angaben zu machen. Das Verzeichnis ist der Wasserbehörde auf Verlangen zu übermitteln.

Geltungsbereich (§ 1)

Die Eigenkontrolle von Abwasseranlagen und des von Einleitungen aus Abwasseranlagen beeinflussten Gewässers bestimmt sich nach der Eigenkontrollverordnung. Ausgenommen sind:

- Abwasserbehandlungsanlagen für häusliches Abwasser, bei denen der Abwasseranfall 8 m^3 täglich nicht übersteigt,
- Abwasseranlagen zum Anschluss von häuslichem Abwasser an öffentliche Kanalisationen (Hausanschlüsse) und
- Leichtstoffabscheider, die für einen Abwasserdurchfluss unter 10 L/s ausgelegt sind.

Eigenkontrolle (§ 2)

Wer Abwasseranlagen betreibt, hat Prüfungen, Untersuchungen, Messungen und Auswertungen durchzuführen und die hierzu erforderlichen Kontrolleinrichtungen und Geräte zu verwenden. Der Betreiber einer Abwasseranlage kann sich zur Erfüllung seiner Pflichten Dritter bedienen. Bei Betriebsstandorten, die in ein Standortverzeichnis nach Artikel 8 der EG-Öko-Audit-Verordnung eingetragen sind, kann die Eigenkontrolle, insbesondere hinsichtlich von Prüfungen, Auswertungen und Dokumentationen, auch im Rahmen von Umweltbetriebsprüfungen erfolgen, wenn die Bestimmungen der Eigenkontrollverordnung eingehalten werden. Auf Angaben in einer Umwelterklärung kann Bezug genommen werden. Mit der Eigenkontrolle wird die Einhaltung der die Abwasseranlage und die Einleitung betreffenden wasserrechtlichen Vorschriften und Verpflichtungen nachgewiesen. Die Wasserbehörden haben darüber zu wachen, dass die Eigenkontrolle den Bestimmungen der Eigenkontrollverordnung entspricht.

Betriebsdokumentation und Mitteilungspflichten (§ 3)

Die Ergebnisse der Eigenkontrolle sowie Störungen und besondere Vorkommnisse sind zu dokumentieren (Betriebsdokumentation). Die Betriebsdokumentation kann mit Hilfe der elektronischen Datenverarbeitung erstellt werden und ist der Wasserbehörde und der technischen Fachbehörde auf Verlangen vorzulegen. Die Betriebsdokumentation ist mindestens vierteljährlich vom Gewässerschutzbeauftragten zu bestätigen. Ist ein solcher nicht bestellt, ist die Betriebsdokumentation von einem Mitglied der Geschäftsleitung oder einem leitenden Angestellten, bei Körperschaften des öffentlichen Rechts vom vertretungsberechtigten Organ oder seinem Vertreter, zu bestätigen. Der Betreiber einer Abwasseranlage hat Störungen und besondere Vorkommnisse, die eine erhebliche Beeinträchtigung der Reinigungsleistung oder eine wesentliche nachteilige Veränderung des Gewässers besorgen lassen, der unteren Wasserbehörde unverzüglich anzuzeigen und zu dokumentieren. Bei Indirekteinleitungen ist zusätzlich die beseitigungspflichtige Körperschaft zu benachrichtigen.

3.7.1 Anforderungen an kommunale Abwasseranlagen

Kanalisationen

Kanalisationen sind regelmäßig daraufhin zu überprüfen, ob sie den allgemein anerkannten Regeln der Technik entsprechen. Die Überprüfungen und erforderlichen Sanierungen sind nach wasserwirtschaftlichen Dringlichkeiten durchzuführen. Die Überprüfungen sind spätestens vor Ablauf der in Abbildung 3.12 genannten Fristen durchzuführen. Die Fristen für die Wiederholungsprüfungen beginnen am 1. Januar 2001, es sei denn es wurde eine Ausnahme erteilt. In diesem Fall beginnen die Fristen für die Wiederholungsprüfung mit Abschluss der Erstinspektion. Bei Anwendung von methodischen Zustandsprognosen kann die Wasserbehörde Ausnahmen von den Fristen zulassen, insbesondere diese verlängern.

Regenwasserbehandlungs- und Regenwasserentlastungsanlagen

Die Eigenkontrolle umfasst die Sichtkontrolle von Einlauf, Überläufen und Ablauf der Anlagen auf Ablagerungen und Verstopfungen und die Funktionskontrolle der technischen Ausrüstung, Messgeräten und Drosseleinrichtungen. Die Kontrollen sollen insbesondere nach Belastung der Anlagen durch Regenereignisse, mindestens jedoch bei Regenüberlaufbecken zweimonatlich, bei sonstigen Anlagen vierteljährlich, durchgeführt werden. An der Einleitungsstelle in das Gewässer sind vierteljährlich Sichtkontrollen auf Auffälligkeiten, wie z.B. Ablagerungen, An- und Abschwemmungen, Geruch und Färbung, durchzuführen.

Lage/Zustand \ Art	Wasser-schutz-gebiet	saniert oder schadens-frei	nicht saniert
Misch- und Schmutzwasserkanäle	10 Jahre (Zone I u. II) 15 Jahre (Zone III)	15 Jahre	10 Jahre
Regenwasserkanäle für behandlungsbedürftiges Niederschlagswasser	15 Jahre	20 Jahre	15 Jahre

Abb. 3.12: Fristen für die Wiederholungsprüfung

Probenahme Abwasserbehandlungsanlagen

Probenahmen, Messungen und Untersuchungen sind unabhängig von Zulaufbedingungen und Witterungsverhältnissen durchzuführen. Abwasserproben sind an folgenden Stellen zu entnehmen:

- im Zulauf nach der Rechenanlage oder nach dem Sandfang,
- im Ablauf der Vorklärung, ohne dass Rücklaufschlamm- oder Rezirkulationsströme erfasst werden,
- im Ablauf in der Regel nach der letzten Behandlungseinheit.

Rückstau darf an den Probenahmestellen nicht auftreten. Bei Abwasserbehandlungsanlagen ab einer Ausbaugröße von 5001 Einwohnerwerten (EW) sind in der Regel die Abwasserproben im Zu- und Ablauf volumen- oder durchflussproportional über 24 Stunden zu entnehmen. Bei Abwasseranlagen bis 5000 Einwohnerwerten genügen zeitversetzte qualifizierte Stichproben. Bei der biologischen Stufe und der Nachklärung sind die Abwasserproben bei allen Größenklassen, jeweils zu verschiedenen Tageszeiten, als Stichproben zu entnehmen.

Untersuchungsparameter und Untersuchungsverfahren

Neben den Analysen- und Messverfahren nach der Anlage zu § 4 der Verordnung über Anforderungen an das Einleiten von Abwasser in Gewässer (Abwasserverordnung) können auch andere geeignete Analyse- und Messverfahren, z.B. Schnellanalyseverfahren und Betriebsmethoden angewendet werden, wenn mit diesen die Einhaltung der wasserrechtlichen Anforderungen sicher beurteilt werden kann. Bei der ablaufbezogenen Eigenkontrolle ist jedoch mindestens einmal pro Jahr eine Abwasserprobe nach einem Verfahren nach der Anlage nach § 4 der Abwasserverordnung zu untersuchen (Parallelprobe).

Bestimmung von Einzelparametern

Sofern im wasserrechtlichen Bescheid keine abweichenden Vorgaben festgelegt sind, kann wie folgt untersucht werden.

Aus der nicht abgesetzten, homogenisierten Abwasserprobe:

- CSB, TOC, N_{ges} und P_{ges}

Aus der Originalabwasserprobe:

- pH-Wert, Temperatur und Sauerstoffgehalt mit Messgerät

Aus der filtrierten Abwasserprobe:

- NH_4-N, NO_3-N und NO_2-N

Bei kontinuierlicher Bestimmung durch festeingebaute, selbstschreibende Messgeräte ist das Messgerät mindestens monatlich zu überprüfen und zu justieren.

Qualitätssicherung

Probenahmen und Analysen sind unter Beachtung der Regelungen für die analytische Qualitätssicherung (AQS) durchzuführen. Messungen sind auf Plausibilität zu prüfen, die Plausibilitätsprüfungen sind zu dokumentieren.

Rückstellproben

Wer eine Abwasserbehandlungsanlage betreibt, hat aus dem Zulauf und dem Ablauf der Anlage Abwasserrückstellproben zu entnehmen. Die Rückstellproben sind bei Anlagen ab einer Ausbaugröße von 5001 Einwohnerwerten täglich im Zu- und Ablauf der Anlage volumen- oder durchflussproportional über 24 Stunden zu entnehmen und fünf Tage unter Lichtausschluss bei einer Lagertemperatur unter 5 °C aufzubewahren. Die Rückstellproben sind zu kennzeichnen (Bezeichnung der Anlage, Probenehmer, Entnahmestelle, -datum und -zeit).

Abwasserdurchflussmessung

Die Abwasserdurchflussmessung erfolgt:

- bei Anlagen ab 100 EW bis 999 EW mit Hilfe eines Messwehres, z.B. als fester Einbau oder Steckschieber,
- bei Anlagen ab 1.000 EW durch Messgeräte mit selbstschreibendem Anzeigegerät und uhrzeitsynchronem Zählwerk oder magnetisch-induktive Durchflussmesseinrichtung (MID) bzw. gleichwertige Verfahren. Die Messeinrichtung ist mindestens vierteljährlich zu überprüfen und zu justieren und zudem mindestens alle fünf Jahre durch einen Sachverständigen oder Sachkundigen überprüfen zu lassen.

Die für Durchflussmessungen erforderlichen Messstellen sind möglichst so anzuordnen, dass nur das behandelte Abwasser ohne interne Teilströme erfasst wird.

Indirekteinleiterkataster

Das Indirekteinleiterkataster besteht aus Angaben über die Betriebe nach § 83 WG Baden-Württemberg, insbesondere über den Namen der Betriebe, der Verantwortlichen, die Art und den Umfang der Produktion, die eingeleitete Abwassermenge, die Art der Abwasservorbehandlungsanlage sowie die Hauptabwasserinhaltsstoffe. Die Betriebe sind in einem Übersichtsplan, der die öffentlichen Abwasseranlagen enthält, zu kennzeichnen. Das Indirekteinleiterkataster ist jährlich zu aktualisieren.

Betriebsdokumentation

Die Betriebsdokumentation umfasst die Ergebnisse der Eigenkontrolle. Sie ist 3 Jahre aufzubewahren. Daneben sind folgende Angaben aufzunehmen:

- täglicher Schwankungsbereich der kontinuierlich zu messenden Abwasserparameter,
- Zeitpunkt der Überprüfung der Messgeräte mit Angabe der Prüfungsergebnisse, der vorgenommenen Auswechselungen und Reparaturen,
- Zeitpunkt der Kontrollen durch Behörden, amtlich anerkannte Sachverständige oder Sachkundige,
- Ergebnisse der Gewässerbeobachtung.

Bei Abwasseranlagen mit einer Ausbaugröße größer als 5000 EW sind Abwasseranfall, chemischer Sauerstoffbedarf, Gesamtstickstoff, Ammoniumstickstoff und Nitratstickstoff in Form eines Leistungsbildes aufzutragen. Dies gilt auch für Phosphor bei Anlagen, die für die Phosphorelimination ausgestattet sind. Das Leistungsbild soll über ein Kalenderjahr bilanziert werden.

3.7.2 Anforderungen an industrielle Abwasseranlagen

Regenwasserbehandlungs- und Regenwasserentlastungsanlagen

Die Eigenkontrolle umfasst die Sichtkontrolle von Einlauf, Überläufen und Ablauf der Anlagen auf Ablagerungen und Verstopfungen und die Funktionskontrolle der technischen Ausrüstung, Messgeräte und Drosseleinrichtungen. Die Kontrollen sollen insbesondere nach Belastung der Anlagen durch Regenereignisse, mindestens jedoch bei Regenüberlaufbecken zweimonatlich, bei sonstigen Anlagen vierteljährlich, durchgeführt werden.

Kontrolle des Oberflächengewässers bei Direkteinleitern

An der Einleitungsstelle sind monatlich, bei Regenwassereinleitungen vierteljährlich, Sichtkontrollen auf Auffälligkeiten, wie z.B. Ablagerungen, An-/Abschwemmungen, Geruch, Färbung, durchzuführen.

Einsatzstoffliste

Wer eine Abwasserbehandlungsanlage betreibt, hat bei der Überprüfung der Anlage die für deren Reinigungsleistung sowie gegebenenfalls die für andere Anlagen oder das von ihr beeinflusste Gewässer erheblichen Schadstoffe und Schadstofffrachten im Sinne des § 7a des Wasserhaushaltsgesetzes (WHG) zu untersuchen. Um diese feststellen zu können, sind neben den anlagen- und ablaufbezogenen Eigenkontrollen an den innerbetrieblichen Anfallstellen die in der Produktion eingesetzten abwasserrelevanten Stoffe und die bei der Abwasserbehandlung eingesetzten Stoffe, wenn ihre jährliche Verbrauchsmenge 10 kg und mehr beträgt, in einer Einsatzstoffliste zu erfassen. Die Einsatzstoffliste muss mindestens folgende Angaben enthalten:

- Einsatzbereiche,
- Einsatzstoff (Handelsname, chemische Bezeichnung),
- Einsatzbereich, Produktionsprozess, Abwasseranfallstelle,

- Verbrauch (kg/a),
- Biologische Abbaubarkeit/Eliminierbarkeit (%-Angabe mit zugehörigem Testverfahren),
- Sicherheitsdatenblatt.

Dokumentationen aus anderen Bereichen können mit einbezogen werden, sofern die oben angeführten, relevanten Angaben jederzeit aggregierbar und zugänglich sind. Die Einsatzstoffliste ist bei einer wesentlichen Änderung, mindestens jedoch jährlich, zu aktualisieren.

Abwasserherkunftsliste

Ferner sind ab einem täglichen Abwasseranfall von 100 m^3 folgende Überprüfungen an den Abwasseranfallstellen durchzuführen:

- Abwasseranfall nach Art, Beschaffenheit, Menge und spezifischer Abwasserfracht,
- Betriebsvorgänge, bei denen spezifisch belastetes Abwasser oder Kühlwasser anfällt,
- Besonderheiten, Mängel, mögliche Abhilfemaßnahmen.

Die Ergebnisse der Überprüfungen sind in einer Abwasserherkunftsliste mit Namen des Prüfenden und Datum der Prüfung zu erfassen. Die Abwasserherkunftsliste ist bei einer wesentlichen Änderung, mindestens jedoch jährlich, zu aktualisieren. Dabei sind insbesondere Verbesserungsmöglichkeiten zur Abwassertrennung und zur Teilstrombehandlung sowie mögliche Maßnahmen zur Vermeidung und Verminderung der Schadstofffrachten zu prüfen. Das Ergebnis der Prüfung ist zu dokumentieren.

Anlagenbezogene Eigenkontrollen

Die Einteilung der Größenklassen und die Zuordnung der Abwasserbehandlungsanlagen erfolgt nach der im wasserrechtlichen Bescheid zugelassenen Abwassermenge. Ist diese nicht in einem Bescheid festgelegt, ist die hydraulische Kapazität der Anlage zugrunde zu legen. Es existieren folgende Größenklassen:

- $< 10 m^3/d$,
- $10 - 100 m^3/d$,
- $> 100 m^3/d$.

Die Probenentnahme erfolgt als zeitversetzte, d.h. zu unterschiedlichen Tageszeiten entnommene, qualifizierte Stichprobe, sofern im wasserrechtlichen Bescheid keine davon abweichenden Regelungen getroffen sind. Die Eigenkontrolluntersuchungen und -messungen können abweichend von der Anlage zu § 4 der Abwasserverordnung auch mit anderen geeigneten Verfahren der Erfolgskontrolle, zum Beispiel Schnellanalyseverfahren, durchgeführt werden, wenn diese zu Ergebnissen führen, mit denen die Einhaltung der jeweiligen wasserrechtlichen Anforderungen sicher beurteilt werden kann. Bei den ablaufbezogenen Eigenkontrollen ist in diesen Fällen zur Prüfung der Plausibilität jedoch mindestens einmal pro Jahr eine Abwasserprobe zusätzlich auch nach einem Verfahren nach Abwasserverordnung in der jeweils gültigen Fassung zu untersuchen (Parallelprobe). Die Parallelprobe kann auch eine im Rahmen der amtlichen Überwachung entnommene und untersuchte Probe sein.

Täglich ist eine Kontrolle der einzelnen Behandlungsanlagen einschließlich deren Bestandteile auf ordnungsgemäße Funktion und Betriebsweise durchzuführen. Bei nicht einsehbaren Abwasserkanälen, -leitungen oder -becken, die der Fortleitung oder Sammlung von Abwasser dienen, an welches Anforderungen vor der Vermischung oder für den Ort des Anfalles festgelegt sind, ist vor dem Endkontrollschacht eine Prüfung auf Dichtheit alle 5 Jahre, nach dem Endkontrollschacht alle 10

Jahre durchzuführen. Hiervon ausgenommen sind biologische Behandlungsanlagen sowie Amalgamabscheider. Die Prüffristen beginnen am 1. Januar 2001. Bei den einzelnen Anlagentypen sind anlagenbezogene Eigenkontrollen in der sich aus der Kontrollverordnung ergebenden Häufigkeit vorzunehmen. Dazu zählen folgende Anlagen:

- Emulsionsspaltanlagen,
- Cyanid-, Nitrit- und Chromatbehandlung,
- Neutralisationsanlangen,
- Metallbehandlungsanlagen,
- Fällungs- und Flockungsanlagen,
- Absetzanlagen,
- Filtrationsanlagen,
- Membranfiltration,
- Leicht/Schwerstoffabscheider und Fettabscheider,
- biologische Anlagen,
- Schlammentwässerungsanlagen.

Ablaufbezogene Eigenkontrollen

Im Ablauf der Abwasserbehandlungsanlage sind die folgenden Abwasserparameter:

- Abwasserdurchfluss,
- pH-Wert,
- Temperatur,
- absetzbare Stoffe,
- BSB_5,
- CSB oder TOC,
- NH_4-N, NO_3-N, NO_2-N, Chrom (VI), freies Chlor, Cyanid,
- P_{ges}, Fluorid, Sulfat, Sulfid, Sulfit,
- Aluminium, Arsen, Barium, Blei, Cadmium, Chrom ges., Cobalt, Eisen, Kupfer, Nickel, Quecksilber, Selen, Silber, Zink, Zinn,
- AOX, Kohlenwasserstoffe (KW), leichtflüchtige halogenierte KW, Benzol und Derivate

oder Teile hiervon zu untersuchen, soweit die wasserrechtliche Genehmigung oder die Erlaubnis wasserrechtliche Anforderungen zu den genannten Parametern enthält. Gelten Anforderungen aufgrund der Umsetzung innerbetrieblicher Maßnahmen im Sinne der Abwasserverordnung als eingehalten, entfallen die ablaufbezogenen Eigenkontrollen für diese Parameter. Bedarf die Anlage keiner Genehmigung und keiner Erlaubnis, sind die Parameter zu untersuchen, für die Mindestanforderungen nach § 7a WHG gestellt sind, soweit diese Parameter im Abwasser zu erwarten sind. Diese Untersuchungen entfallen, wenn die Abwasserbehandlungsanlage eine bauaufsichtliche Zulassung hat, nach dieser eingebaut und betrieben wird und regelmäßig, mindestens jedoch jährlich, entsprechend dieser Zulassung gewartet wird.

Rückstellproben

Abwasserrückstellproben sind bei Direkteinleitern mit einem täglichen Abwasseranfall von 10 m^3 und mehr aus dem Ablauf der Abwasserbehandlungsanlagen volumenproportional über 24 Stunden zu entnehmen und unter Lichtausschluss bei einer Lagertemperatur unter 5 °C für 5 Tage aufzubewahren. Die Rückstellproben sind zu kennzeichnen (Bezeichnung der Anlage, Entnehmer, Entnahmestelle, -datum und -zeit).

Durchflussmessung

Bei Direkteinleitung ist der Abwasserdurchfluss durch Messgeräte mit selbstschreibendem Anzeigegerät und uhrzeitsynchronem Zählwerk oder magnetisch-induktive Durchflussmesseinrichtung (MID) oder gleichwertige Verfahren zu bestimmen. Die Messeinrichtung ist mindestens vierteljährlich zu überprüfen und zu justieren und zudem mindestens alle 5 Jahre durch einen Sachverständigen oder durch einen Sachkundigen überprüfen zu lassen. Der Mengenschreiber ist dauernd, auch bei Betriebsunterbrechungen, zu betreiben. Bei Einleitung in das öffentliche Kanalnetz kann der Abwasseranfall durch Wasserzähler auf der Frischwasserseite ermittelt werden.

Betriebsdokumentation

In die Betriebsdokumentation sind die Ergebnisse:

- der Prüfungen an Kanälen,
- Regenwasserbehandlungs- und Regenwasserentlastungsanlagen,
- am Oberflächengewässer,
- Einsatzstoffliste und Abwasserherkunftsliste,
- anlagenbezogener Eigenkontrollen,
- ablaufbezogener Eigenkontrollen,
- Durchflussmessung

aufzunehmen. Ferner insbesondere folgende Angaben:

- Art und Menge der bei der innerbetrieblichen Behandlung der zu entsorgenden Schlämme oder Konzentrate eingesetzten Hilfsmittel,
- Daten zur Entsorgung der Schlämme oder Konzentrate entsprechend den Abfallentsorgungs-Regelwerken,
- Zeitpunkt der Überprüfung der Messgeräte mit Angabe der Prüfungsergebnisse, der vorgenommenen Auswechslungen und Reparaturen,
- Zeitpunkt von Reinigungs- und Wartungsarbeiten an Anlagenteilen, die für den Betrieb der Abwasserbehandlungsanlage bedeutsam sind,
- Zeitpunkt der Kontrollen durch Behörden.

Die Betriebsdokumentation ist mindestens 3 Jahre aufzubewahren. Die in der Betriebsdokumentation erfassten Daten von Abwasserleitungen und -schächten sind bis zum Abschluss der Wiederholungsprüfungen aufzubewahren.

3.8 Einstufung wassergefährdender Stoffe

3.8.1 Allgemeines

Anwendungsbereich

Die Verwaltungsvorschrift wassergefährdender Stoffe (VwVwS) bestimmt die Stoffe näher, die geeignet sind, nachhaltig die physikalische, chemische oder biologische Beschaffenheit des Wassers nachteilig zu verändern (wassergefährdende Stoffe), und stuft sie entsprechend ihrer Gefährlichkeit aufgrund der physikalischen, chemischen und biologischen Stoffeigenschaften in Wassergefährdungsklassen (WGK) ein.

Bestimmung und Einstufung der wassergefährdenden Stoffe

Die wassergefährdenden Stoffe werden entsprechend ihrer Gefährlichkeit in eine der folgenden Wassergefährdungsklassen eingestuft:

- WGK 3: stark wassergefährdend,
- WGK 2: wassergefährdend,
- WGK 1: schwach wassergefährdend.

Gemische werden entsprechend ihrer Gefährlichkeit in eine Wassergefährdungsklasse eingestuft. Nicht wassergefährdend sind Gemische, wenn folgende Voraussetzungen erfüllt sind:

- der Gehalt an Komponenten der WGK 1 ist geringer als 3 % Massenanteil,
- der Gehalt an Komponenten der WGK 2 und 3 ist geringer als 0,2 % Massenanteil,
- es sind keine Komponenten der WGK 3, krebserzeugende Komponenten oder Komponenten unbekannter Identität zugesetzt,
- dem Gemisch sind keine Dispergatoren zugesetzt.

Dokumentation und Veröffentlichung

Stoffe sind in eine der Wassergefährdungsklassen eingestuft, wenn sie vom Bundesministerium für Umwelt, Naturschutz und Reaktorsicherheit oder einer von ihm beauftragten Stelle veröffentlicht sind. Voraussetzung für die Veröffentlichung ist die Dokumentation folgender Angaben:

- chemisch eindeutige Stoffbezeichnung,
- CAS-Nummer sowie gegebenenfalls EG-Nummer,
- Wassergefährdungsklasse,
- eingestufte R-Sätze,
- zugeordnete Vorgabewerte bei nicht untersuchten Eigenschaften,
- Gesamtpunktzahl nach VwVwS,
- Name und Anschrift des Einstufers,
- Datum.

Bei nicht wassergefährdenden Stoffen werden zusätzlich folgende Angaben dokumentiert:

- Aggregatzustand und Wasserlöslichkeit,
- akute Toxizität gegenüber einer Nagetierart sowie Toxizität gegenüber zwei aquatischen Organismen,
- biologische Abbaubarkeit (bei organischen Flüssigkeiten).

Verpflichtung zur Selbsteinstufung

Aufgrund der Pflichten der Betreiber von Anlagen zum Umgang mit wassergefährdenden Stoffen ist es auch ihre Aufgabe, die Wassergefährdung von eingesetzten Stoffen sowie von Gemischen zu ermitteln und zu dokumentieren, soweit der Stoffhersteller oder -inverkehrbringer nicht bereits die Einstufung und Dokumentation durchgeführt hat.

3.8.2 Bestimmung und Einstufung auf der Grundlage von R-Sätzen

R-Satz-Einstufungen und Bewertungspunkte

Grundlage für die Bestimmung und Einstufung des zu prüfenden Stoffes ist die Einstufung in R-Sätze entsprechend der Verordnung zum Schutz vor gefährlichen Stoffen (Gefahrstoffverordnung - GefStoffV) in ihrer jeweils geltenden Fassung. Den ermittelten R-Sätzen werden folgende Bewertungspunkte zugeordnet (Abb. 3.13).

Vorgabewerte

Liegen Nachweise der Prüfung auf bestimmte toxische Eigenschaften sowie bestimmte Auswirkungen auf die Umwelt für einen Stoff nicht vor und ist dieser Stoff nicht in Anhang I der Richtlinie 67/548/EWG des Rates vom 27. Juni 1967 zur Angleichung der Rechts- und Verwaltungsvorschriften für die Einstufung, Verpackung und Kennzeichnung gefährlicher Stoffe in der jeweils geltenden Fassung in einen der nachfolgend genannten R-Sätze eingestuft, werden dem Stoff folgende Punkte als Vorgabewerte zugeordnet:

Der Vorgabewert beträgt 5 Punkte, wenn ein Stoff in Anhang I der Richtlinie 67/548/EWG nicht in die R-Sätze 21, 22, 24, 25, 27 oder 28 allein oder in Kombination eingestuft ist und Nachweise der Prüfung auf akute Toxizität an einer Nagetierart beim Verschlucken und bei Berührung mit der Haut fehlen.

Der Vorgabewert beträgt 6 Punkte, wenn ein Stoff in Anhang I der Richtlinie 67/548/EWG nicht in die R-Sätze 50, 50/53, 51/53 oder 52/53 eingestuft ist und Nachweise der Prüfung auf akute Toxizität an einer Fischart, einer Wasserflohart und auf Hemmung des Algenwachstums fehlen.

Abweichend beträgt der Vorgabewert 8 Punkte, wenn darüber hinaus:

- die Prüfung der leichten biologischen Abbaubarkeit ergeben hat, dass der Stoff nicht leicht biologisch abbaubar ist oder
- der Stoff potenziell bioakkumulierbar ist oder
- Nachweise der Prüfung auf biologische Abbaubarkeit fehlen oder
- Nachweise der Prüfung auf potenzielle Bioakkumulierbarkeit fehlen.

Der Vorgabewert beträgt 3 Punkte, wenn ein Stoff in Anhang I der Richtlinie 67/548/EWG nicht in die R-Sätze 50/53, 51/53, 52/53 oder 53 eingestuft ist und:

- Nachweise der Prüfung auf biologische Abbaubarkeit sowie auf potenzielle Bioakkumulierbarkeit fehlen oder
- Nachweise der Prüfung auf biologische Abbaubarkeit fehlen und der Stoff potenziell bioakkumulierbar ist oder
- Nachweise der Prüfung auf potenzielle Bioakkumulierbarkeit fehlen und der Stoff nicht leicht oder inhärent abbaubar ist.

R-Satz	Punkt-zahl	Bemerkungen
R21	1	wird nicht additiv zu R22, R20/22, R25, R23/25, R28 oder R26/28 zugeordnet
R22	1	wird nicht additiv zu R24, R23/24, R27 oder R26/27 zugeordnet
R24	3	wird nicht additiv zu R25, R23/25, R28 oder R26/28 zugeordnet
R25	3	wird nicht additiv zu R27 oder R26/27 zugeordnet
R27	5	wird nicht additiv zu R28 oder R26/28 zugeordnet
R28	5	
R29	2	
R33	2	
R40	2	
R45	9	
R46	9	wird nicht additiv zu R45 zugeordnet
R50	6	
R52	3	
R53	3	
R60	4	
R61	4	wird nicht additiv zu R60 zugeordnet
R62	2	wird nicht additiv zu R61 zugeordnet
R63	2	wird nicht additiv zu R60 und R62 zugeordnet
R65	1	wird nicht additiv zu R21 und R22 zugeordnet
R15/29	2	
R20/21	1	wird nicht additiv zu R22, R25 oder R28 zugeordnet
R20/22	1	wird nicht additiv zu R24 oder R27 zugeordnet
R20/21/22	1	
R21/22	1	
R23/24	3	wird nicht additiv zu R25 oder R28 zugeordnet
R23/25	3	wird nicht additiv zu R27 zugeordnet
R23/24/25	3	
R24/25	3	
R26/27	5	wird nicht zu R28 zugeordnet
R26/28	5	
R26/27/28	5	

R-Satz	Punktzahl	Bemerkungen
R27/28	5	
R39/24	4	
R39/25	4	
R39/23/24	4	
R39/23/25	4	
R39/24/25	4	
R39/23/24/25	4	
R39/27	6	
R39/28	6	
R39/26/27	6	
R39/26/28	6	
R39/27/28	6	
R39/26/27/28	6	
R40/21	2	
R40/22	2	
R40/20/21	2	
R40/20/22	2	
R40/21/22	2	
R40/20/21/22	2	
R48/21	2	
R48/22	2	
R48/20/21	2	
R48/20/22	2	
R48/21/22	2	
R48/20/21/22	2	
R48/24	4	
R48/25	4	
R48/23/24	4	
R48/23/25	4	
R48/24/25	4	
R48/23/24/25	4	
R50/53	8	

R-Satz	Punkt-zahl	Bemerkungen
R51/53	6	
R52/53	4	
R68/21	2	
R68/22	2	
R68/20/21	2	
R68/20/22	2	
R68/21/22	2	
R68/20/21/22	2	

Abb. 3.13: Bewertungspunkte für R-Sätze

Abweichend beträgt der Vorgabewert 4 Punkte, wenn Nachweise der Prüfung auf biologische Abbaubarkeit fehlen und eine Prüfung bekannt ist, nach der die akute Toxizität an einer Fischart oder einer Wasserflohart oder die Hemmung des Algenwachstums mehr als 10 mg/L und nicht mehr als 100 mg/L beträgt.

Abweichend beträgt der Vorgabewert 6 Punkte, wenn Nachweise der Prüfung auf leichte biologische Abbaubarkeit oder auf potenzielle Bioakkumulierbarkeit fehlen und eine Prüfung bekannt ist, nach der die akute Toxizität an einer Fischart oder einer Wasserflohart oder die Hemmung des Algenwachstums mehr als 1 mg/L und nicht mehr als 10 mg/L beträgt.

Abweichend beträgt der Vorgabewert 2 Punkte, wenn der Stoff in R 50 eingestuft ist und Nachweise der Prüfung auf leichte biologische Abbaubarkeit oder auf potenzielle Bioakkumulierbarkeit fehlen.

3.8.3 Einstufung in Wassergefährdungsklassen

Jedem Stoff wird eine Gesamtzahl der Bewertungspunkte zugeordnet, die sich aus der Summe der ermittelten Punkte ergibt (Abb. 3.13). Der ermittelten Gesamtpunktzahl werden folgende Wassergefährdungsklassen zugeordnet:

- 0 bis 4 Punkte: WGK 1,
- 5 bis 8 Punkte: WGK 2,
- 9 und mehr Punkte: WGK 3.

Nicht wassergefährdende Stoffe

Stoffe sind nicht wassergefährdend, wenn folgende Voraussetzungen erfüllt sind:

- die Gesamtpunktzahl ist 0,
- der Stoff weist bei 20°C eine Wasserlöslichkeit von weniger als 100 mg/L oder weniger als 10 mg/L bei einem Stoff, der bei Normalbedingungen flüssig ist, auf,

- es ist keine Prüfung bekannt, nach der die akute Toxizität an einer Fischart (96 h LC_{50}) oder einer Wasserflohart (48 h EC_{50}) oder die Hemmung des Algenwachstums (72 h IC_{50}) unterhalb der Löslichkeitsgrenze liegt. Prüfungen an zwei der vorgenannten Organismen sind durchgeführt worden,
- ein bei Normalbedingungen flüssiger organischer Stoff ist biologisch leicht abbaubar.

3.8.4 Einstufung von Gemischen in Wassergefährdungsklassen

Bei der Ermittlung der WGK von Gemischen werden nicht krebserzeugende Stoffanteile mit einem Massenanteil von weniger als 0,2 %, bezogen auf den Einzelstoff, nicht berücksichtigt. Für krebserzeugende Stoffe gilt entsprechend ein Massenanteil von weniger als 0,1 %, bezogen auf den Einzelstoff. Sind für die Einstufung des Gemisches als krebserzeugend (R 45) nach der Gefahrstoffverordnung andere Massenanteile maßgebend, gelten diese. Ausgenommen von dieser Berücksichtigungsgrenze sind zugesetzte krebserzeugende Komponenten bei der Ableitung der WGK 1.

Ableitung der Wassergefährdungsklasse 3

Gemische sind in WGK 3 eingestuft, wenn eine der folgenden Voraussetzungen erfüllt ist:

- das Gemisch enthält krebserzeugende Komponenten der WGK 3,
- das Gemisch enthält Komponenten der WGK 3 mit einem Massenanteil von 3 % und mehr, bezogen auf die Summe.

Ableitung der Wassergefährdungsklasse 2

Gemische sind in WGK 2 eingestuft, wenn eine der folgenden Voraussetzungen erfüllt ist:

- das Gemisch enthält krebserzeugende Komponenten der WGK 2,
- das Gemisch enthält Komponenten der WGK 2 mit einem Massenanteil von 5 % und mehr, bezogen auf die Summe,
- das Gemisch enthält nicht krebserzeugende Komponenten der WGK 3 mit einem Massenanteil von 0,2 % und mehr, bezogen auf den Einzelstoff, aber weniger als 3 %, bezogen auf die Summe.

Ableitung der Wassergefährdungsklasse 1

Gemische sind in WGK 1 eingestuft, wenn eine der folgenden Voraussetzungen erfüllt ist:

- das Gemisch enthält zugesetzte krebserzeugende Komponenten unterhalb der genannten Berücksichtigungsgrenze,
- das Gemisch enthält nicht krebserzeugende Komponenten der WGK 2 mit einem Massenanteil von 0,2 % und mehr, bezogen auf den Einzelstoff, aber weniger als 5 %, bezogen auf die Summe,
- das Gemisch enthält Komponenten der WGK 1 mit einem Massenanteil von 3 % und mehr, bezogen auf die Summe.

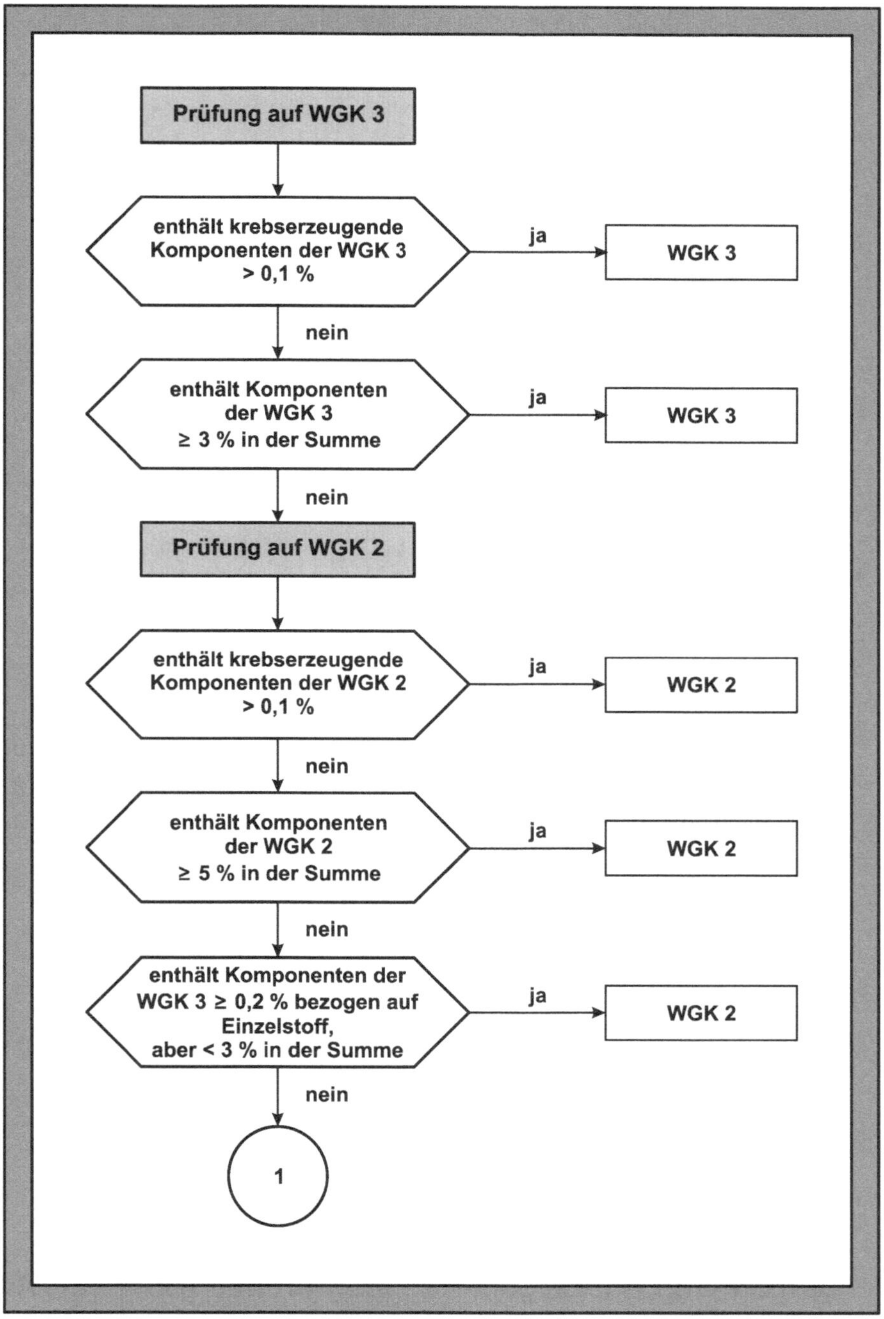
Prüfung auf WGK 3
enthält krebserzeugende Komponenten der WGK 3 > 0,1 %
ja
WGK 3
nein
enthält Komponenten der WGK 3 ≥ 3 % in der Summe
ja
WGK 3
nein
Prüfung auf WGK 2
enthält krebserzeugende Komponenten der WGK 2 > 0,1 %
ja
WGK 2
nein
enthält Komponenten der WGK 2 ≥ 5 % in der Summe
ja
WGK 2
nein
enthält Komponenten der WGK 3 ≥ 0,2 % bezogen auf Einzelstoff, aber < 3 % in der Summe
ja
WGK 2
nein
1

3

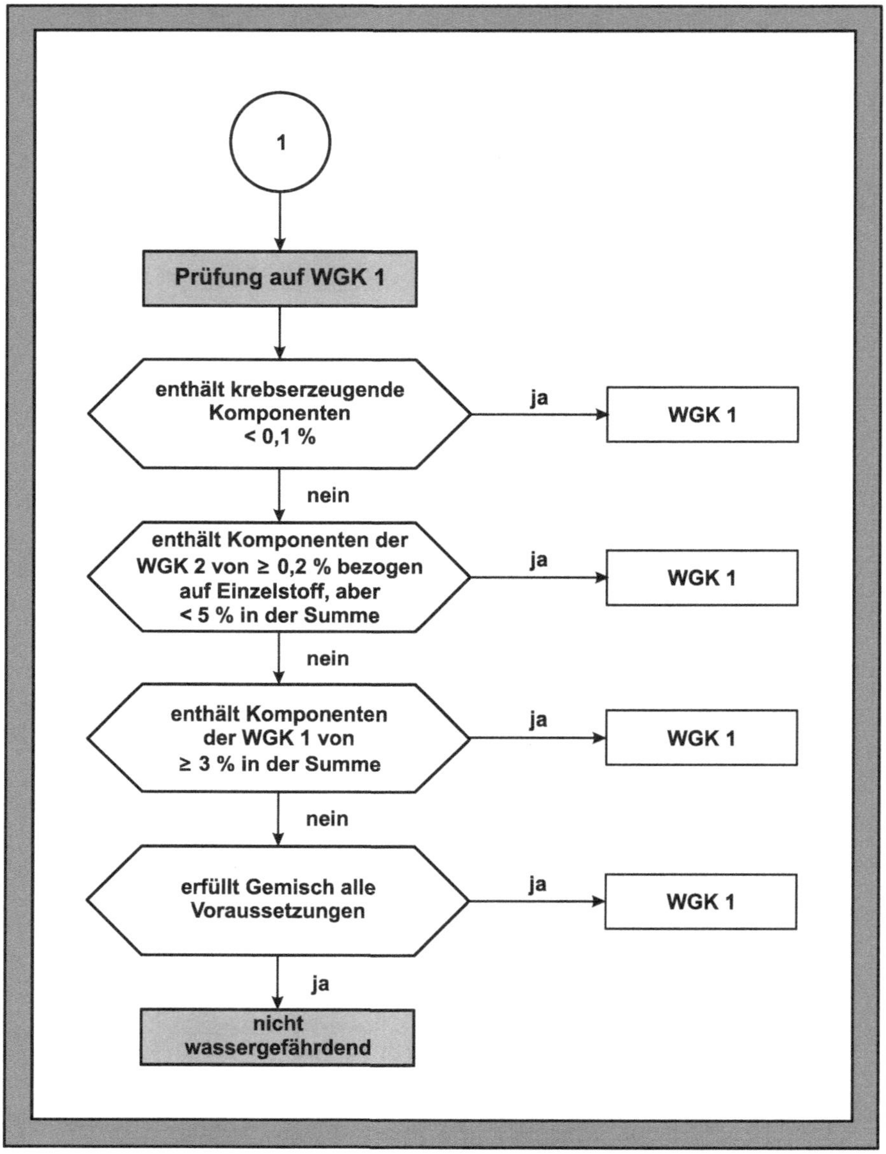

Abb. 3.14: Einstufung von Gemischen in Wassergefährdungsklassen

3.9 Umgang mit wassergefährdenden Stoffen (Bundes-VAwS)

Betreiberpflichten (§ 1)

Der Betreiber einer Anlage nach § 62 des Wasserhaushaltsgesetzes hat mit ihrem Einbau, ihrer Aufstellung, Instandhaltung, Instandsetzung oder Reinigung Fachbetriebe zu beauftragen, wenn er selbst nicht die Voraussetzungen erfüllt oder keine öffentliche Einrichtung ist, die über eine gleichwertige Überwachung verfügt.

Der Betreiber einer Anlage nach § 62 des Wasserhaushaltsgesetzes hat ihre Dichtheit und die Funktionsfähigkeit der Sicherheitseinrichtungen ständig zu überwachen. Die zuständige Behörde kann im Einzelfall anordnen, dass der Betreiber einen Überwachungsvertrag mit einem Fachbetrieb abschließt, wenn er selbst nicht die erforderliche Sachkunde besitzt oder nicht über sachkundiges Personal verfügt. Er hat darüber hinaus die Anlage durch zugelassene Sachverständige auf den ordnungsgemäßen Zustand überprüfen zu lassen, und zwar:

- vor Inbetriebnahme oder nach einer wesentlichen Änderung,
- spätestens fünf Jahre nach der letzten Überprüfung; bei unterirdischer Lagerung in Wasserschutzgebieten nach § 51 des Wasserhaushaltsgesetzes und in Heilquellenschutzgebieten nach § 53 des Wasserhaushaltsgesetzes spätestens zweieinhalb Jahre nach der letzten Überprüfung,
- vor der Wiederinbetriebnahme einer länger als ein Jahr stillgelegten Anlage,
- wenn die Prüfung wegen der Besorgnis einer Wassergefährdung angeordnet wird,
- wenn die Anlage stillgelegt wird.

Im Übrigen gelten die landesrechtlichen Vorschriften.

Besondere Pflichten beim Befüllen und Entleeren (§ 2)

Wer eine Anlage zum Lagern wassergefährdender Stoffe befüllt oder entleert, hat diesen Vorgang zu überwachen und sich vor Beginn der Arbeiten vom ordnungsgemäßen Zustand der dafür erforderlichen Sicherheitseinrichtungen zu überzeugen. Die zulässigen Belastungsgrenzen der Anlagen und der Sicherheitseinrichtungen sind beim Befüllen oder Entleeren einzuhalten.

Fachbetriebe (§ 3)

Anlagen nach § 62 des Wasserhaushaltsgesetzes dürfen nur von Fachbetrieben eingebaut, aufgestellt, instand gehalten, instand gesetzt und gereinigt werden. Landesrechtliche Vorschriften, wonach bestimmte Tätigkeiten nicht von Fachbetrieben ausgeführt werden müssen, bleiben unberührt.

Ein Fachbetrieb ist, wer:

- über die Geräte und Ausrüstungsteile sowie über das sachkundige Personal verfügt, durch die die Einhaltung der Anforderungen nach § 62 des Wasserhaushaltsgesetzes gewährleistet wird, und
- berechtigt ist, Gütezeichen einer baurechtlich anerkannten Überwachungs- oder Gütegemeinschaft zu führen, oder einen Überwachungsvertrag mit einer technischen Überwachungsorganisation abgeschlossen hat, der eine mindestens zweijährliche Überprüfung einschließt.

Ausnahme (§ 4)

Die §§ 1 bis 3 finden auf Anlagen zum Lagern und Abfüllen von Jauche, Gülle und Silagesickersäften keine Anwendung.

3.10 Anlagenverordnung wassergefährdender Stoffe Baden-Württemberg (VAwS)

Grundsatzanforderungen (§ 3)

Für alle der Anlagenverordnung wassergefährdende Stoffe unterliegenden Anlagen gelten folgende Anforderungen:

- Anlagen müssen so beschaffen sein und so betrieben werden, dass wassergefährdende Stoffe nicht austreten können, sie müssen dicht, standsicher und gegen die zu erwartenden mechanischen, thermischen und chemischen Einflüsse hinreichend widerstandsfähig sein. Einwandige unterirdische Behälter sind unzulässig,
- Undichtheiten aller Anlagenteile, die mit wassergefährdenden Stoffen in Berührung stehen, müssen schnell und zuverlässig erkennbar sein,
- austretende wassergefährdende Stoffe müssen schnell und zuverlässig erkannt, zurückgehalten sowie ordnungsgemäß und schadlos verwertet oder beseitigt werden, die Anlagen müssen mit einem dichten und beständigen Auffangraum ausgerüstet werden, sofern sie nicht doppelwandig und mit Leckanzeigegerät versehen sind,
- im Schadensfall anfallende Stoffe, die mit ausgetretenen wassergefährdenden Stoffen verunreinigt sein können, müssen zurückgehalten sowie ordnungsgemäß und schadlos verwertet oder beseitigt werden,
- Auffangräume dürfen keine Abläufe haben,
- es ist grundsätzlich eine Betriebsanweisung mit Überwachungs-, Instandhaltungs- und Alarmplan zu erstellen und einzuhalten.

Allgemein anerkannte Regeln der Technik (§ 5)

Als allgemein anerkannte Regeln der Technik gelten insbesondere die technischen Vorschriften und Baubestimmungen, die die oberste Wasserbehörde oder die oberste Baurechtsbehörde durch öffentliche Bekanntmachung eingeführt hat. Bei der Bekanntmachung kann die Wiedergabe des Inhalts der technischen Vorschriften und Baubestimmungen durch einen Hinweis auf ihre Fundstelle ersetzt werden. Als allgemein anerkannte Regeln der Technik gelten auch gleichwertige Baubestimmungen und technische Vorschriften anderer Mitgliedstaaten der Europäischen Gemeinschaften.

Gefährdungspotenzial, Gefährdungsstufen (§ 6)

Die Anforderungen an Anlagen zum Umgang mit wassergefährdenden Stoffen, vor allem hinsichtlich der Anordnung, des Aufbaus, der Schutzvorkehrungen und der Überwachung, richten sich nach ihrem Gefährdungspotenzial. Das Gefährdungspotenzial hängt insbesondere ab vom Volumen der Anlage und der Gefährlichkeit der in der Anlage vorhandenen wassergefährdenden Stoffe sowie der hydrogeologischen Beschaffenheit und Schutzbedürftigkeit des Aufstellungsortes. Die Gefährdungsstufe einer Anlage bestimmt sich nach der Wassergefährdungsklasse (WGK) der in der Anlage enthaltenen Stoffe und deren Volumen oder Masse nach Maßgabe der nachstehenden Abbildung 3.15. Bei flüssigen Stoffen ist das Volumen, bei gasförmigen und festen die Masse anzusetzen. Für Anlagen mit Stoffen, deren WGK nicht sicher bestimmt ist, wird die Gefährdungsstufe nach WGK 3 ermittelt.

Volumen in m³ bzw. Masse in t	WGK 1	WGK 2	WGK 3
bis 0,1	Stufe A	Stufe A	Stufe A
mehr als 0,1 bis 1	Stufe A	Stufe A	Stufe B
mehr als 1 bis 10	Stufe A	Stufe B	Stufe C
mehr als 10 bis 100	Stufe A	Stufe C	Stufe D
mehr als 100 bis 1000	Stufe B	Stufe D	Stufe D
mehr als 1000	Stufe C	Stufe D	Stufe D

Abb. 3.15: Gefährdungsstufen

Allgemeine Betriebs- und Verhaltensvorschriften (§ 8)

Wer eine Anlage betreibt, hat diese bei Schadensfällen und Betriebsstörungen unverzüglich außer Betrieb zu nehmen, wenn er eine Gefährdung oder Schädigung eines Gewässers nicht auf andere Weise verhindern oder unterbinden kann. Soweit erforderlich ist die Anlage zu entleeren.

Kennzeichnungspflicht (§ 9)

Anlagen sind mit deutlich lesbaren, dauerhaften Kennzeichnungen zu versehen, aus denen sich ergibt, mit welchen Stoffen in den Anlagen umgegangen werden darf. Eine Kennzeichnung ist nicht erforderlich, wenn die Art der Stoffe nach den Umständen offenkundig ist.

Anlagen in Schutzgebieten, Überschwemmungsgebieten und hochwassergefährdeten Gebieten (§ 10)

Im Fassungsbereich (Zone I) und in der engeren Zone (Zone II) von Schutzgebieten sind Anlagen unzulässig. In der weiteren Zone (Zone III) von Schutzgebieten sind Anlagen mit folgenden Rauminhalten unzulässig (Abb. 3.16).

WGK	Oberirdische Anlagen	Unterirdische Anlagen
1	ohne Begrenzung zulässig	mehr als 1000 m³
2	mehr als 100 m³	mehr als 40 m³
3	mehr als 10 m³	mehr als 1 m³

Abb. 3.16: Unzulässige Anlagen in Zone III

Bei Tankstellen sind unterirdische Anlagen zum Lagern von Kraftstoffen auch der Wassergefährdungsklasse 3 bis zu einem Rauminhalt von 40 m^3 zulässig. Es dürfen in der weiteren Zone von Schutzgebieten nur Anlagen verwendet werden, die mit einem Auffangraum ausgerüstet sind, sofern sie nicht doppelwandig ausgeführt und mit einem Leckanzeigegerät ausgerüstet sind. Der Auffangraum muss das in der Anlage vorhandene Volumen wassergefährdender Stoffe aufnehmen können, das bei Betriebsstörungen ohne Berücksichtigung automatischer Sicherheitssysteme oder entsprechender Gegenmaßnahmen maximal freigesetzt werden kann. Bei Tankstellen kann zur Bestimmung des Rückhaltevolumens beim Befüllen der Lagerbehälter die Verwendung von Abfallschlammsicherungen (ASS) mit berücksichtigt werden.

Gegen das Austreten von wassergefährdenden Stoffen infolge Hochwassers, insbesondere durch Auftrieb, Überflutung oder Beschädigung durch Treibgut, müssen gesichert sein:

- Anlagen in überschwemmungs- und hochwassergefährdeten Gebieten, für die keine oder geringere als gegen fünfzigjährliche Hochwasserereignisse erforderliche Schutzmaßnahmen bestehen,
- Anlagen der Gefährdungsstufe B, C und D in überschwemmungs- und hochwassergefährdeten Gebieten, für die Schutzeinrichtungen gegen ein fünfzigjährliches bis zu einem geringer als hundertjährlichem Hochwasserereignis bestehen, im Falle der Neuerrichtung oder der wesentlichen Veränderung,
- Anlagen der Gefährdungsstufe D in überschwemmungs- und hochwassergefährdeten Gebieten für die Schutzeinrichtungen gegen ein mindestens hundertjährliches Hochwasserereignis bestehen, im Falle der Neuerrichtung.

Der Betreiber kann die Anforderungen auch dadurch erfüllen, dass er geeignete technische, organisatorische oder bauliche Maßnahmen zum Hochwasserschutz seines Gebäudes, seines Betriebes oder Betriebsgeländes durchführt. Die Maßnahmen sind in einem schriftlichen Konzept darzustellen, das auch Angaben über den Zeitraum der Umsetzung der Maßnahmen enthalten soll.

Anlagenkataster (§ 11)

Für Anlagen der Gefährdungsstufe D hat der Betreiber stets ein Anlagenkataster zu erstellen. Bei anderen Anlagen kann die Wasserbehörde ein Anlagenkataster im Einzelfall verlangen, wenn von der Anlage erhebliche Gefahren für ein Gewässer ausgehen können. Das Anlagenkataster muss folgende Angaben umfassen:

- eine Beschreibung der Anlage, ihre wesentlichen Merkmale sowie der wassergefährdenden Stoffe nach Art und Menge, die bei bestimmungsgemäßem Betrieb in der Anlage vorhanden sein können,
- eine Beschreibung der für den Gewässerschutz bedeutsamen Gefahrenquellen in der Anlage und der Vorkehrungen und Maßnahmen zur Vermeidung von Gewässerschäden bei Betriebsstörungen in der Anlage.

Das Anlagenkataster ist fortzuschreiben. Der Betreiber hat das Anlagenkataster ständig gesichert bereitzuhalten und der Wasserbehörde auf Verlangen eine Ausfertigung vorzulegen. Die Wasserbehörde kann, insbesondere bei erheblichem Umfang des Anlagenkatasters, verlangen, dass das Anlagenkataster mit Mitteln der automatischen Datenverarbeitung erfasst, gespeichert und übermittelt wird.

Bei offenkundig unvollständigen oder sonst mangelhaften Anlagenkatastern kann die Wasserbehörde verlangen, dass der Betreiber einen Sachverständigen mit der Prüfung und, falls der Betreiber nicht dazu in der Lage ist, auch mit der Erstellung des Anlagenkatasters beauftragt. Sind für Anlagen Genehmigungen oder Zulassungen nach anderen Rechtsvorschriften erforderlich und enthalten die entsprechenden Unterlagen die genannten Angaben vollständig, ist kein Anlagenkataster zu führen. Diese Angaben sind in einem besonderen Teil der Unterlagen zusammenzufassen.

Anlagen zum Lagern, Abfüllen und Umschlagen flüssiger und gasförmiger Stoffe (§ 13)

Anlagen zum Lagern, Abfüllen und Umschlagen flüssiger und gasförmiger Stoffe sind in der Regel einfach oder herkömmlich, wenn sie der Gefährdungsstufe A entsprechen. Andere Anlagen zum Lagern, Abfüllen und Umschlagen flüssiger Stoffe sind einfach oder herkömmlich:

- hinsichtlich ihres technischen Aufbaus, wenn:
  - die Lagerbehälter doppelwandig sind oder als oberirdische einwandige Behälter in einem flüssigkeitsdichten Auffangraum stehen,
  - Undichtheiten der Behälterwände durch ein Leckanzeigegerät selbsttätig angezeigt werden, ausgenommen bei oberirdischen Behältern im Auffangraum, und
  - Auffangräume so bemessen sind, dass das dem Rauminhalt des Behälters entsprechende Lagervolumen zurückgehalten werden kann. Dient der Auffangraum mehreren oberirdischen Behältern, so ist für seine Bemessung nur der Rauminhalt des größten Behälters maßgebend. Dabei müssen aber mindestens 10 % des Gesamtvolumens der Anlage zurückgehalten werden können. Kommunizierende Behälter gelten als ein Behälter,

- hinsichtlich ihrer Einzelteile, wenn diese technischen Vorschriften oder Baubestimmungen entsprechen, die für die Beurteilung der Eigenschaft einfach oder herkömmlich eingeführt sind.

Anlagen zum Lagern, Abfüllen und Umschlagen fester Stoffe (§ 14)

Anlagen zum Lagern, Abfüllen und Umschlagen fester Stoffe sind einfach oder herkömmlich, wenn sie der Gefährdungsstufe A entsprechen. Andere Anlagen zum Lagern, Abfüllen und Umschlagen fester wassergefährdender Stoffe sind einfach oder herkömmlich, wenn die Anlagen eine gegen die Stoffe unter allen Betriebs- und Witterungsbedingungen beständige und undurchlässige Bodenfläche haben und die Stoffe:

- in dauernd dicht verschlossenen, gegen Beschädigung geschützten und gegen Witterungseinflüsse und die Stoffe beständigen Behältern, Verpackungen oder Abdeckungen oder

- in geschlossenen Räumen gelagert, abgefüllt oder umgeschlagen werden. Geschlossenen Räumen stehen überdachte Plätze gleich, die gegen Witterungseinflüsse durch Überdachung und seitlichen Abschluss so geschützt sind, dass die Stoffe nicht austreten können.

Verfahren zur Eignungsfeststellung und Bauartzulassung (§ 15)

Die Eignungsfeststellung wird auf Antrag für eine einzelne Anlage, eine Bauartzulassung auf Antrag für serienmäßig hergestellte Anlagen erteilt. Den Anträgen sind die zur Beurteilung der Anlage erforderlichen Unterlagen und Pläne, insbesondere bau- oder gewerberechtliche Zulassungen, beizufügen. Zum Nachweis der Eignung ist ein Gutachten einer sachverständigen Person beizufügen, es sei denn, die Wasserbehörde verzichtet darauf.

Als Nachweis gelten auch Prüfbescheinigungen und Gutachten von in anderen Mitgliedstaaten der Europäischen Gemeinschaften zugelassenen Prüfstellen oder sachverständigen Personen, wenn die Prüfergebnisse der Wasserbehörde zur Verfügung stehen oder zur Verfügung gestellt werden können und die Prüfanforderungen denen dieser Verordnung gleichwertig sind.

Befüllen und Betrieb der Anlagen (§ 20)

Behälter in Anlagen zum Lagern und Abfüllen wassergefährdender Stoffe dürfen nur mit festen Leitungsanschlüssen und nur unter Verwendung einer Überfüllsicherung, die rechtzeitig vor Erreichen des zulässigen Flüssigkeitsstands den Füllvorgang selbsttätig unterbricht oder akustischen Alarm auslöst, befüllt werden. Dies gilt nicht für einzeln benutzte oberirdische Behälter mit einem Rauminhalt von nicht mehr als 1.000 L, wenn sie mit einer selbsttätig schließenden Zapfpistole befüllt werden. Gleiches gilt für das Befüllen ortsbeweglicher Behälter in Abfüllanlagen.

Feste Leitungsanschlüsse und eine Überfüllsicherung sind entbehrlich, wenn sichergestellt wird, dass auf andere Weise ein Überfüllen ausgeschlossen ist. Behälter in Anlagen zum Lagern von Heizöl EL, Dieselkraftstoff und Ottokraftstoffen dürfen aus Straßentankwagen und Aufsetztanks nur unter Verwendung einer selbsttätig schließenden Abfüllsicherung befüllt werden. Abtropfende Flüssigkeiten sind aufzufangen.

Überwachung durch sachverständige Personen (§ 22)

Sachverständige Personen sind die von anerkannten Organisationen für die Prüfung bestellten Personen. Die Organisationen werden von der obersten Wasserbehörde anerkannt. Organisationen können anerkannt werden, wenn sie:

- nachweisen, dass die von ihnen für die Prüfung bestellten Personen:
  - aufgrund ihrer Ausbildung, ihrer Kenntnisse und ihrer durch praktische Tätigkeit gewonnenen Erfahrungen die Gewähr dafür bieten, dass sie die Prüfungen ordnungsgemäß durchführen,
  - zuverlässig sind und
  - hinsichtlich der Prüftätigkeit unabhängig sind, insbesondere kein Zusammenhang zwischen der Prüftätigkeit und anderen Leistungen besteht,

- Grundsätze darlegen, die bei den Prüfungen zu beachten sind,

- die ordnungsgemäße Durchführung der Prüfungen stichprobenweise kontrollieren,

- die bei den Prüfungen gewonnenen Erkenntnisse sammeln, auswerten und die sachverständigen Personen in einem regelmäßigen Erfahrungsaustausch darüber unterrichten,

- den Nachweis über das Bestehen einer Haftpflichtversicherung für die Tätigkeit ihrer sachverständigen Personen für Gewässerschäden mit einer Deckungssumme von mindestens 2,5 Millionen Euro erbringen und

- erklären, dass sie das Land Baden-Württemberg und die anderen Länder, in denen die sachverständigen Personen Prüfungen vornehmen, von jeder Haftung für die Tätigkeit ihrer sachverständigen Personen freistellen.

Die Anerkennung kann auf bestimmte Prüfbereiche beschränkt und befristet werden. Als Organisationen können auch Gruppen anerkannt werden, die in selbständigen organisatorischen Einheiten eines Unternehmens zusammengefasst und hinsichtlich ihrer Prüftätigkeit nicht weisungsgebunden sind.

Die für die Prüfung bestellten sachverständigen Personen sind verpflichtet, ein Prüftagebuch zu führen, aus dem sich mindestens Art, Umfang und Zeitaufwand der jeweiligen Prüfung ergeben. Das Prüftagebuch ist der Wasserbehörde auf Verlangen vorzulegen. Die Anerkennungsbehörde kann von anerkannten Organisationen verlangen, dass sie die Bestellung neuer Sachverständiger anzeigen, oder die Bestellung eines Sachverständigen aufheben, insbesondere, wenn dieser wiederholt Anlagenprüfungen fehlerhaft durchführt oder die Voraussetzungen nicht mehr vorliegen.

Überprüfung von Anlagen (§ 23)

Der Betreiber hat durch sachverständige Personen überprüfen zu lassen:

- unterirdische Anlagen und Anlagenteile,
- oberirdische Anlagen für flüssige und gasförmige Stoffe der Gefährdungsstufe C und D, in Schutzgebieten der Stufe B, C und D,
- Anlagen, für welche Prüfungen in einer Eignungsfeststellung oder Bauartzulassung vorgeschrieben sind. Sind darin kürzere Prüffristen festgelegt, gelten diese.

Der Betreiber hat darüber hinaus durch sachverständige Personen überprüfen zu lassen:

- oberirdische Anlagen für flüssige und gasförmige Stoffe der Gefährdungsstufe B,
- oberirdische Anlagen für feste Stoffe der Gefährdungsstufe C und D, in Schutzgebieten der Stufe B, C und D.

Der Betreiber hat der sachverständigen Person vor der Prüfung oder dem Fachbetrieb vor den die Prüfung ersetzenden Arbeiten die für die Anlage erteilten behördlichen Bescheide sowie die vom Hersteller ausgehändigten Bescheinigungen vorzulegen. Die sachverständige Person hat über jede durchgeführte Prüfung der unteren Wasserbehörde und dem Betreiber unverzüglich einen Prüfbericht vorzulegen. Der Fachbetrieb stellt dem Anlagenbetreiber eine Bescheinigung über die ordnungsgemäße Ausführung der eine Prüfung ersetzenden Arbeiten aus. Diese ist vom Betreiber aufzubewahren und der Wasserbehörde auf Verlangen vorzulegen.

Ausnahmen von der Fachbetriebspflicht (§ 24)

Tätigkeiten, die nicht von Fachbetrieben ausgeführt werden müssen, sind:

- alle Tätigkeiten an:
  - Anlagen zum Umgang mit festen und gasförmigen wassergefährdenden Stoffen,
  - Anlagen zum Umgang mit Lebensmitteln und Genussmitteln,
  - Anlagen zum Umgang mit wassergefährdenden Flüssigkeiten der Gefährdungsstufen A und B,
  - Feuerungsanlagen,

- Tätigkeiten an Anlagen oder Anlagenteilen, die keine unmittelbare Bedeutung für die Sicherheit der Anlagen zum Umgang mit wassergefährdenden Stoffen haben. Dazu gehören vor allem folgende Tätigkeiten:
  - Herstellen von baulichen Einrichtungen für den Einbau von Anlagen, Grob- und Vormontagen von Anlagen und Anlagenteilen,
  - Herstellen von Räumen oder Erdwällen für die spätere Verwendung als Auffangraum,
  - Ausheben von Baugruben für alle Anlagen,
  - Aufbringen von Isolierungen, Anstrichen und Beschichtungen, sofern diese nicht Schutzvorkehrungen sind,
  - Einbauen, Aufstellen, Instandhalten und Instandsetzen von Elektroinstallationen einschließlich Mess-, Steuer- und Regelanlagen,

- Instandsetzen, Instandhalten und Reinigen von Anlagen und Anlagenteilen zum Umgang mit wassergefährdenden Stoffen im Zuge der Herstellungs-, Behandlungs- und Verwendungsverfahren, wenn die Tätigkeiten von eingewiesenem betriebseigenem Personal nach Betriebsvorschriften, die den Anforderungen des Gewässerschutzes genügen, durchgeführt werden,

- Tätigkeiten, die in einer Eignungsfeststellung, einer Bauartzulassung oder in einer diese ersetzenden Zulassung näher festgelegt und beschrieben sind.

Nachweis der Fachbetriebseigenschaft (§ 26)

Fachbetriebe haben auf Verlangen gegenüber der Wasserbehörde, in deren Bezirk sie tätig werden, die Fachbetriebseigenschaft nachzuweisen. Der Nachweis ist geführt, wenn der Fachbetrieb:

- eine Bestätigung einer baurechtlich anerkannten Überwachungs- oder Gütegemeinschaft vorlegt, wonach er zur Führung von Gütezeichen dieser Gemeinschaft für die Ausübung bestimmter Tätigkeiten berechtigt ist, oder
- eine Bestätigung einer Technischen Überwachungsorganisation über den Abschluss eines Überwachungsvertrags vorlegt.

3.10.1 Anforderungen an Anlagen

Lageranlagen für wassergefährdende flüssige Stoffe müssen die in der folgenden Abbildung 3.17 genannten Anforderungen erfüllen. F_x beschreibt die Anforderungen an die Befestigung und Abdichtung von Bodenflächen; R_x an das Rückhaltevermögen für austretende wassergefährdende Flüssigkeiten und I_x die Anforderungen an die infrastrukturellen, organisatorischen oder technischen Maßnahmen.

Rauminhalt der Lageranlage in m³	Wassergefährdungsklasse		
	1	2	3
bis 0,1	$F_0+R_0+I_0$	$F_0+R_0+I_0$	$F_0+R_0+I_0$
mehr als 0,1 bis 1	$F_0+R_0+I_0$	$F_0+R_0+I_0$	$F_1+R_2+I_0$
mehr als 1 bis 10	$F_1+R_0+I_1$	$F_1+R_1+I_1$	$F_2+R_2+I_0$
mehr als 10 bis 100	$F_1+R_1+I_1$	$F_1+R_1+I_2$/ $F_2+R_1+I_1$	$F_2+R_2+I_0$
mehr als 100	$F_1+R_1+I_2$/ $F_2+R_1+I_1$	$F_2+R_2+I_0$	$F_2+R_2+I_0$

Abb. 3.17: Anforderungen an oberirdische Lageranlagen

3

Bei Fass- und Gebindelagern, deren größter Behälter einen Rauminhalt von 20 L nicht überschreitet (Kleingebindelager), genügt R_0, wenn die Stoffe entweder in geschlossenen Räumen oder im Freien in dauernd dicht verschlossenen, gegen Beschädigung geschützten und gegen Witterungseinflüsse beständigen Gefäßen oder Verpackungen gelagert werden und die Schadensbeseitigung mit einfachen betrieblichen Mitteln möglich und in der Betriebsanweisung dargelegt ist.

Anforderungen an die Befestigung und Abdichtung von Bodenflächen:

F_0: Keine weiteren Anforderungen an die Befestigung und Abdichtung der Fläche über die betrieblichen Anforderungen an Standfestigkeit und Zugänglichkeit hinaus.

F_1: Wie bei F_0, aber stoffundurchlässige (dichte) Fläche.

F_2: Wie bei F_1, aber mit Nachweis der Dichtheit und Beständigkeit. Kann bei Anlagen mit einer Vielzahl unterschiedlicher wassergefährdenden Stoffe dieser Nachweis nicht geführt werden, so kann F_2 durch F_1 in Verbindung mit I_1 und zusätzlichen Sicherheitsmaßnahmen (z.B. Auffangvorrichtungen für Tropfverluste bei Pumpen) ersetzt werden.

Anforderungen an das Rückhaltevermögen für austretende wassergefährdende Flüssigkeiten:

R_0: Kein Rückhaltevermögen über die betrieblichen Anforderungen hinaus. Tropfverluste müssen zurückgehalten werden.

R_1: Rückhaltevermögen entsprechend dem Rauminhalt wassergefährdender Flüssigkeiten, der bis zum Wirksamwerden geeigneter Sicherheitsvorkehrungen auslaufen kann.

R_2: Rückhaltevermögen entsprechend dem Rauminhalt wassergefährdender Flüssigkeiten, der bei Betriebsstörungen ohne Berücksichtigung geeigneter Gegenmaßnahmen freigesetzt werden kann.

R_3: Rückhaltevermögen ersetzt die Doppelwandigkeit mit Leckanzeige.

Anforderungen an die infrastrukturellen, organisatorischen oder technischen Maßnahmen:

I_0: Keine Anforderungen an die Infrastruktur über die betrieblichen Anforderungen hinaus. Leckagen müssen erkannt werden können.

I_1: Überwachung durch selbsttätige Störmeldeeinrichtungen in Verbindung mit ständig besetzter Betriebsstätte oder Überwachung mittels regelmäßiger Kontrollgänge sowie Aufzeichnung der Abweichungen vom bestimmungsgemäßen Betrieb.

I_2: Erstellung eines Alarm- und Maßnahmenplanes, der in Abstimmung mit den zuständigen Stellen wirksame Maßnahmen und Vorkehrungen zur Vermeidung von Gewässerschäden beschreibt.

Bei Fass- und Gebindelagern für wassergefährdende flüssige Stoffe wird das Rückhaltevermögen R_1 oder R_2 als Vom-Hundert-Anteil (v.H.) der Gesamtlagermenge (V_{ges}) nach Abbildung 3.18 ermittelt.

V_{ges} in m³	Rauminhalt R_1 oder R_2
bis 100	10 v.H. von V_{ges}, wenigstens den Rauminhalt des größten Gefäßes
mehr als 100 bis 1000	3 v.H. von V_{ges}, wenigstens jedoch 10 m³
mehr als 1000	2 v.H. von V_{ges}, wenigstens jedoch 30 m³

Abb. 3.18: Rückhaltevermögen für Fass- und Gebindelager

Anforderungen an Abfüll- und Umschlaganlagen

Anlagen zum Abfüllen und Umschlagen wassergefährdender, flüssiger Stoffe müssen die in Abbildung 3.19 genannten Anforderungen erfüllen.

betriebliche Vorgänge	Wassergefährdungsklasse		
	1	2	3
Befüllen und Entleeren von ortsbeweglichen Behältern	$F_1+R_1+I_0$	$F_2+R_1+I_0$	$F_2+R_1+I_0$
Umladen von Flüssigkeiten in Verpackungen, die den gefahrgutrechtlichen Anforderungen nicht genügen oder nicht gleichwertig sind	$F_1+R_0+I_1$	$F_1+R_1+I_1$	$F_1+R_1+I_2$
Umladen von Flüssigkeiten in Verpackungen, die den gefahrgutrechtlichen Anforderungen genügen oder gleichwertig sind	$F_0+R_0+I_0$	$F_1+R_0+I_2$	$F_1+R_0+I_2$

Abb. 3.19: Anforderungen an oberirdische Abfüll- und Umschlaganlagen

Anforderungen an Anlagen zum Herstellen, Behandeln und Verwenden

Anlagen zum Herstellen, Behandeln und Verwenden wassergefährdender flüssiger Stoffe müssen die in Abbildung 3.20 genannten Anforderungen erfüllen:

Rauminhalt der Anlage in m^3	Wassergefährdungsklasse		
	1	2	3
bis 0,1	$F_0+R_0+I_0$	$F_0+R_0+I_0$	$F_0+R_0+I_0$
mehr als 0,1 bis 1	$F_1+R_1+I_1$	$F_1+R_1+I_1$	$F_1+R_2+I_1$/ $F_2+R_2+I_0$
mehr als 1 bis 10	F_1+R1+I_1	$F_1+R_1+I_1$	$F_2+R_2+I_1$
mehr als 10 bis 100	$F_1+R_1+I_1$	$F_2+R_2+I_1+I_2$	$F_2+R_2+I_1+I_2$
mehr als 100 bis 1000	$F_2+R_1+I_1+I_2$	$F_2+R_2+I_1+I_2$	$F_2+R_2+I_1+I_2$
mehr als 1000	$F_2+R_2+I_1+I_2$	$F_2+R_2+I_1+I_2$	$F_2+R_2+I_1+I_2$

Abb. 3.20: Anforderungen an HBV-Anlagen

3.11 Verordnung über Anlagen zum Umgang mit wassergefährdenden Stoffen (AwSV - Entwurf)

Dieses Kapitel beschreibt den Entwurf der bundesweit geltenden Verordnung über Anlagen zum Umgang mit wassergefährdenden Stoffen (AwSV) mit Stand vom 31. August 2012.

3.11.1 Zweck, Anwendungsbereich, Begriffsbestimmungen

Zweck, Anwendungsbereich (§ 1)

Diese Verordnung dient dem Schutz der Gewässer vor nachteiligen Veränderungen ihrer Eigenschaften durch Freisetzungen von wassergefährdenden Stoffen aus Anlagen zum Umgang mit diesen Stoffen. Sie findet keine Anwendung auf oberirdische Anlagen mit einem Volumen von nicht mehr als 0,22 Kubikmeter bei flüssigen Stoffen oder mit einer Masse von nicht mehr als 0,2 Tonnen bei gasförmigen und festen Stoffen, wenn sich diese Anlagen außerhalb von Schutzgebieten und festgesetzten oder vorläufig gesicherten Überschwemmungsgebieten befinden.

Begriffsbestimmungen (§ 2)

- **„wassergefährdende Stoffe“** sind feste, flüssige und gasförmige Stoffe und Gemische, die geeignet sind, dauernd oder in einem nicht nur unerheblichen Ausmaß nachteilige Veränderungen der Wasserbeschaffenheit herbeizuführen und die als wassergefährdend eingestuft sind oder als wassergefährdend gelten,

- ein **„Stoff“** ist ein chemisches Element und seine Verbindungen in natürlicher Form oder gewonnen durch ein Herstellungsverfahren, einschließlich der zur Wahrung seiner Stabilität notwendigen Zusatzstoffe und der durch das angewandte Verfahren bedingten Verunreinigungen, aber mit Ausnahme von Lösungsmitteln, die von dem Stoff ohne Beeinträchtigung seiner Stabilität und ohne Änderung seiner Zusammensetzung abgetrennt werden können,

- ein **„Gemisch“** besteht aus zwei oder mehreren Stoffen,

- **„gasförmig“** sind Stoffe und Gemische, die:
  - bei einer Temperatur von 50 °C einen Dampfdruck von mehr als 300 Kilopascal (3 bar) haben oder
  - bei einer Temperatur von 20 °C und dem Standarddruck von 101,3 Kilopascal vollständig gasförmig sind,

- **„flüssig“** sind Stoffe und Gemische, die:
  - bei einer Temperatur von 50 °C einen Dampfdruck von weniger als 300 Kilopascal (3 bar) haben,
  - bei einer Temperatur von 20 °C und einem Standarddruck von 101,3 Kilopascal nicht vollständig gasförmig sind und
  - einen Schmelzpunkt oder Schmelzbeginn bei einer Temperatur von 20 °C oder weniger bei einem Standarddruck von 101,3 Kilopascal haben,

- **„fest“** sind Stoffe oder Gemische, die nicht gasförmig oder flüssig sind,

- **„Gärsubstrate landwirtschaftlicher Herkunft zur Gewinnung von Biogas“** sind:
  - pflanzliche Biomassen aus landwirtschaftlicher Grundproduktion,

- Pflanzen oder Pflanzenbestandteile, die in landwirtschaftlichen, forstwirtschaftlichen oder gartenbaulichen Betrieben oder im Rahmen der Landschaftspflege anfallen, sofern sie zwischenzeitlich nicht anders genutzt worden sind,
- Rückstände der Be- und Verarbeitung landwirtschaftlicher Produkte, wie Obst-, Getreide- und Kartoffelschlempen, sowie pflanzliche Rückstände aus der Herstellung von Getränken, soweit bei der Be- und Verarbeitung keine wassergefährdenden Stoffe zugesetzt werden und sich die Gefährlichkeit mit der Be- und Verarbeitung nicht erhöht,
- Silagesickersaft sowie
- tierische Ausscheidungen wie Jauche, Gülle, Festmist und Geflügelkot,

- **„Anlagen zum Umgang mit wassergefährdenden Stoffen“** (Anlagen) sind:
  - Selbständige und ortsfeste oder ortsfest benutzte Einheiten, in denen wassergefährdende Stoffe gelagert, abgefüllt, umgeschlagen, hergestellt, behandelt oder im Bereich der gewerblichen Wirtschaft oder im Bereich öffentlicher Einrichtungen verwendet werden, sowie
  - Rohrleitungsanlagen nach § 62 des Wasserhaushaltsgesetzes,

  Als ortsfest oder ortsfest benutzt gelten Einheiten, wenn sie länger als ein halbes Jahr an einem Ort zu einem bestimmten betrieblichen Zweck betrieben werden. Anlagen können aus mehreren Anlagenteilen bestehen,

- **„Fass- und Gebindelager“** sind Lageranlagen für ortsbewegliche Behälter und Verpackungen, deren Einzelvolumen 1,25 Kubikmeter nicht überschreitet,

- **„Heizölverbraucheranlagen“** sind Lageranlagen und im Bereich der gewerblichen Wirtschaft und öffentlicher Einrichtungen auch Verwendungsanlagen:
  - die dem Beheizen oder Kühlen von Wohnräumen-, Geschäfts- und sonstigen Arbeitsräumen oder dem Erwärmen von Wasser dienen,
  - deren Jahresverbrauch an Heizöl leicht (Heizöl EL), anderen leichten Heizölen mit gleichwertiger Qualität, flüssigen Triglyceriden oder flüssigen Fettsäuremethylestern 100 Kubikmeter nicht übersteigt und
  - deren Behälter jährlich höchstens viermal befüllt werden,

  Notstromanlagen stehen Heizölverbrauchern gleich.

- **„Eigenverbrauchstankstellen“** sind Lager- und Abfüllanlagen:
  - die für die Öffentlichkeit nicht zugänglich sind,
  - die dafür bestimmt sind, Fahrzeuge und Geräte, die für den zugehörigen Betrieb genutzt werden, mit Kraftstoffen zu versorgen,
  - deren Jahresabgabe 100 Kubikmeter nicht übersteigt und
  - die nur vom Betreiber oder den von ihm bestimmten und unterwiesenen Personen bedient werden,

- **„Jauche-, Gülle- und Silagesickersaftanlagen“** (JGS-Anlagen) sind Anlagen zum Lagern oder Abfüllen ausschließlich von:
  - Wirtschaftsdünger, insbesondere Gülle oder Festmist,
  - Jauche,
  - tierischen Ausscheidungen nicht landwirtschaftlicher Herkunft, auch in Mischung mit Einstreu oder Flüssigkeiten, die während der Herstellung oder Lagerung von Gärfutter durch Zellaufschluss oder Pressdruck anfallen und die überwiegend aus einem Gemisch aus Wasser, Zellsaft, organischen Säuren und Mikroorganismen sowie etwaigem Niederschlagswasser bestehen (Silagesickersaft), oder
  - Silage oder Siliergut, soweit hierbei Silagesickersaft anfallen kann,

- **„Biogasanlagen“**, umfassen:
  - Anlagen zur Lagerung von Gärsubstraten,
  - Anlagen zum Herstellen von Biogas, insbesondere Vorlagebehälter, Fermenter, Kondensatbehälter und Nachgärer,
  - Anlagen zur Lagerung der Gärreste sowie
  - zu den Anlagen zugehörige Abfüllanlagen,

- **„unterirdische Anlagen“** sind Anlagen, bei denen zumindest ein Anlagenteil unterirdisch ist. Unterirdisch sind Anlagenteile:
  - die vollständig oder teilweise im Erdreich eingebettet sind, oder
  - die nicht vollständig einsehbar in Bauteilen, die unmittelbar mit dem Erdreich in Berührung stehen, eingebettet sind,

  Alle anderen Anlagen sind oberirdisch. Oberirdisch sind insbesondere auch Anlagen, deren Rückhalteeinrichtungen teilweise im Erdreich eingebettet sind, sowie Behälter, die mit ihren flachen Böden vollflächig oder mit Stützkonstruktionen auf dem Untergrund aufgestellt sind.

- **„Rückhalteeinrichtungen“** sind Anlagenteile zur Rückhaltung von wassergefährdenden Stoffen, die aus undicht gewordenen Anlagenteilen, die bestimmungsgemäß wassergefährdende Stoffe umschließen, austreten. Dazu zählen insbesondere Auffangräume, Auffangwannen, Auffangtassen, Auffangvorrichtungen, Rohrleitungen, Schutzrohre, Behälter oder Flächen, in oder auf denen Stoffe zurückgehalten oder in oder auf denen Stoffe abgeleitet werden,

- **„doppelwandige Anlagen“** sind Anlagen, die aus zwei unabhängigen Wänden bestehen, deren Zwischenraum als Überwachungsraum ausgestaltet ist, der mit einem Leckanzeigesystem ausgestattet ist, das ein Undicht werden der inneren und der äußeren Wand anzeigt,

- **„Abfüll- oder Umschlagflächen“** sind Anlagenteile, die beim Abfüllen oder Umschlagen im Falle einer Betriebsstörung mit wassergefährdenden Stoffen beaufschlagt werden können, zuzüglich der Ablauf- und Stauflächen sowie der Abtrennung von anderen Flächen,

- **„Rohrleitungen“** sind feste oder flexible Leitungen zum Befördern wassergefährdender Stoffe, einschließlich ihrer Formstücke, Armaturen, Förderaggregate, Flansche und Dichtmittel,

- **„lagern“** ist das Vorhalten von wassergefährdenden Stoffen zur weiteren Nutzung, Abgabe oder Entsorgung,

- **„abfüllen“** ist das Befüllen von Behältern oder Verpackungen mit wassergefährdenden Stoffen,

- **„umschlagen“** ist das Laden unverpackter fester und flüssiger wassergefährdender Stoffe auf Transportmittel oder das Entladen dieser Stoffe von Transportmitteln, das Umladen von wassergefährdenden Stoffen in Behältern oder Verpackungen von einem Transportmittel auf ein anderes sowie das Be- und Entladen von Transportmitteln mit wassergefährdenden Stoffen in Behältern oder Verpackungen. Zum Umschlagen gehört auch das vorübergehende Abstellen von Behältern oder Verpackungen mit wassergefährdenden Stoffen im Zusammenhang mit dem Transport in einer Umschlaganlage,

- **„intermodaler Verkehr“** umfasst den Transport von Gütern in ein und derselben Ladeeinheit oder demselben Straßenfahrzeug mit zwei oder mehreren Verkehrsträgern, wobei ein Wechsel der Verkehrsträger erfolgt,

- **„herstellen“** ist das Erzeugen und Gewinnen von wassergefährdenden Stoffen,

- **„behandeln“** ist das Einwirken auf wassergefährdende Stoffe, um deren Eigenschaften zu verändern,

- **„verwenden“** ist das Anwenden, Gebrauchen und Verbrauchen von wassergefährdenden Stoffen unter Ausnutzung ihrer Eigenschaften im Bereich der gewerblichen Wirtschaft und im Bereich öffentlicher Einrichtungen,

- **„errichten“** ist das Aufstellen, Einbauen oder Einfügen von Anlagen und Anlagenteilen,

- **„instandhalten“** ist das Aufrechterhalten des ordnungsgemäßen Zustands einer Anlage, Instandsetzen ist das Wiederherstellen dieses Zustands,

- **„stilllegen“** ist die dauerhafte Außerbetriebnahme einer Anlage,

- **„wesentliche Änderungen“** einer Anlage sind Maßnahmen, die die baulichen oder sicherheitstechnischen Merkmale der Anlage verändert,

- **„Sachverständige“** sind bestellte Personen, die berechtigt sind, Anlagen zu prüfen und zu begutachten.

3.11.2 Einstufung von Stoffen und Gemischen

Grundsätze (§ 3)

Stoffe und Gemische, mit denen in Anlagen umgegangen wird, werden entsprechen ihrer Gefährlichkeit als nicht wassergefährdend oder in eine der folgenden Wassergefährdungsklassen eingestuft:

- Wassergefährdungsklasse 1: schwach wassergefährdend,
- Wassergefährdungsklasse 2: deutlich wassergefährdend,
- Wassergefährdungsklasse 3: stark wassergefährdend.

Folgende Stoffe und Gemische gelten als allgemein wassergefährdend und werden nicht in Wassergefährdungsklassen eingestuft:

- Wirtschaftsdünger, insbesondere Gülle oder Festmist,
- Jauche,
- tierische Ausscheidungen nicht landwirtschaftlicher Herkunft, auch in Mischung mit Einstreu oder in verarbeiteter Form,
- Silagesickersaft,
- Silage oder Siliergut, bei denen Silagesickersaft anfallen kann,
- Gärsubstrate landwirtschaftlicher Herkunft zur Gewinnung von Biogas sowie die bei der Vergärung anfallenden flüssigen und festen Gärreste,
- aufschwimmende flüssige Stoffe, die vom Umweltbundesamt im Bundesanzeiger veröffentlicht worden sind und Gemische, die nur aus derartigen Stoffen bestehen sowie
- feste Gemische.

Ein festes Gemisch ist nicht wassergefährdend, wenn das Gemisch oder die darin enthaltenen Stoffe vom Umweltbundesamt als nicht wassergefährdend im Bundesanzeiger veröffentlicht wurden.

Folgende Stoffe und Gemische gelten als nicht wassergefährdend:

- Lebensmittel, die in unveränderter Form zum unmittelbaren menschlichen Verzehr bestimmt sind und
- Futtermittel, die zur unmittelbaren Tierfütterung bestimmt sind.

Solange Stoffe und Gemische nicht eingestuft sind, gelten sie als stark wassergefährdend.

Selbsteinstufung von Stoffen, Ausnahmen, Dokumentation (§ 4)

Beabsichtigt ein Betreiber, in einer Anlage mit einem Stoff umzugehen, hat er diesen als nicht wassergefährdend oder in eine Wassergefährdungsklasse einzustufen.

Die Verpflichtung zur Selbsteinstufung gilt nicht für:

- Stoffe nach § 3,
- Stoffe, deren Einstufung bereits nach § 6 oder § 66 im Bundesanzeiger veröffentlicht worden ist,
- Stoffe, die zu einer Stoffgruppe gehören, deren Einstufung nach § 6 oder § 66 im Bundesanzeiger veröffentlicht worden ist,
- Stoffe, die der Betreiber unabhängig von deren Eigenschaften als stark wassergefährdend betrachtet sowie
- Stoffe, die im intermodalen Verkehr umgeschlagen werden.

Der Betreiber hat die Selbsteinstufung eines Stoffes zu dokumentieren und die Dokumentation dem Umweltbundesamt vorzulegen.

Kontrolle und Überprüfung der Dokumentation, Stoffgruppen (§ 5)

Das Umweltbundesamt kontrolliert die Dokumentationen nach § 4 zur Selbsteinstufung von Stoffen auf ihre Vollständigkeit und Plausibilität. Das Umweltbundesamt kann den Betreiber verpflichten, fehlende oder nicht plausible Angaben zu ergänzen oder zu berichtigen.

Darüber hinaus überprüft das Umweltbundesamt stichprobenartig die Qualität der Dokumentation der Selbsteinstufung von Stoffen. Hierbei wird die ausgewählte Dokumentation anhand von Prüfberichten, Literatur und anderen geeigneten Unterlagen überprüft. Zum Zweck der Überprüfung kann das Umweltbundesamt den Betreiber verpflichten, die nach § 4 dokumentierten Angaben anhand vorhandener und ihm zugänglicher Unterlagen zu belegen.

Das Umweltbundesamt kann Stoffe zu Stoffgruppen zusammenfassen und die Stoffgruppen einstufen.

Entscheidung über die Einstufung, Veröffentlichung im Bundesanzeiger (§ 6)

Das Umweltbundesamt entscheidet aufgrund der Ergebnisse der Kontrolle und Überprüfung nach § 5 über die Einstufung von Stoffen und Stoffgruppen. Bei der Entscheidung kann auch Folgendes berücksichtigt werden:

- vorliegende eigene Erkenntnisse oder Bewertungen insbesondere zur Toxizität, zur Mobilität eines Stoffes im Boden, zur Grundwassergängigkeit oder zur Anreicherung im Sediment sowie
- vorliegende Stellungsnahmen der Kommission zur Bewertung wassergefährdender Stoffe nach § 11.

Das Umweltbundesamt kann auch unabhängig von einer Selbsteinstufung des Betreibers eine Entscheidung zur Einstufung von Stoffen und Stoffgruppen treffen. Es gibt die Entscheidung dem Betreiber in schriftlicher Form bekannt.

Das Umweltbundesamt gibt die Entscheidungen im Bundesanzeiger öffentlich bekannt. Es stellt zudem im Internet eine Möglichkeit bereit, die Einstufung wassergefährdender Stoffe und Stoffgruppen zu ermitteln.

Änderung bestehender Einstufungen, Mitteilungspflicht (§ 7)

Liegen dem Umweltbundesamt Erkenntnisse vor, die die Änderung einer Einstufung nach § 6 notwendig machen können, nimmt es eine Neubewertung und erforderlichenfalls eine Änderung der Einstufung vor.

Liegen dem Betreiber Erkenntnisse vor, die zu einer Änderung der veröffentlichten Einstufung eines Stoffes oder einer Stoffgruppe führen können, muss er diese Erkenntnisse unverzüglich schriftlich dem Umweltbundesamt mitteilen.

Selbsteinstufung von flüssigen oder gasförmigen Gemischen, Dokumentation (§ 8)

Beabsichtigt ein Betreiber, in einer Anlage mit einem flüssigen oder gasförmigen Gemisch umzugehen, hat er dieses als nicht wassergefährdend oder in eine Wassergefährdungsklasse einzustufen.

Die Verpflichtung zur Selbsteinstufung gilt nicht für:

- die unter § 3 genannten Gemische,
- Gemische, deren Einstufung nach § 66 im Bundesanzeiger veröffentlicht worden ist,
- Gemische, für die bereits eine Dokumentation erstellt worden ist,
- Gemische, die der Betreiber unabhängig von ihren Eigenschaften als stark wassergefährdend betrachtet, sowie
- Gemische, die im intermodalen Verkehr umgeschlagen werden.

Der Betreiber hat die Selbsteinstufung eines Gemisches zu dokumentieren und diese Dokumentation der zuständigen Behörde im Rahmen der Zulassung der Anlage sowie auf Verlangen der Behörde im Rahmen der Überwachung der Anlage vorzulegen.

Sofern die Dokumentation Betriebsgeheimnisse zur Rezeptur eines Gemisches enthält, kann der Betreiber die Vorlage der Dokumentation verweigern. Er hat in diesem Fall der zuständigen Behörde mitzuteilen, wie groß jeweils der Anteil aller Stoffe der jeweiligen Wassergefährdungsklassen ist. Die zuständige Behörde dokumentiert die Nachvollziehbarkeit der Einstufung.

Überprüfung der Selbsteinstufung von flüssigen oder gasförmigen Gemischen, Änderung der Selbsteinstufung (§ 9)

Die zuständige Behörde kann die Dokumentation nach § 8 überprüfen. Die zuständige Behörde kann den Betreiber verpflichten, fehlende oder nicht plausible Angaben zu ergänzen oder zu berichtigen. Sie kann die Gemische abweichend von der Selbsteinstufung nach § 8 einstufen. Die Entscheidung ist dem Betreiber schriftlich bekannt zu geben.

Liegen dem Betreiber Erkenntnisse vor, die zu einer Änderung der Einstufung eines flüssigen oder gasförmigen Gemisches führen können, muss er diese Erkenntnisse unverzüglich der zuständigen Behörde mitteilen.

Das Umweltbundesamt berät die zuständige Behörde auf deren Ersuchen in Fragen, die die Einstufung von flüssigen oder gasförmigen Gemischen betreffen.

Einstufung fester Gemische (§ 10)

Der Betreiber kann ein festes Gemisch abweichend als nicht wassergefährdend einstufen, wenn:

- das Gemisch als nicht wassergefährdend eingestuft werden kann, oder
- das Gemisch nach anderen Rechtsvorschriften selbst an hydrogeologisch ungünstigen Standorten und ohne technische Sicherungsmaßnahmen offen eingebaut werden darf oder
- das Gemisch den Einbauklassen Z0 oder Z1.1 der Mitteilung 20 der Länderarbeitsgemeinschaft Abfall (LAGA) „Anforderungen an die stoffliche Verwertung von mineralischen Reststoffen, Abfällen - technische Regeln", entspricht.

Der Betreiber hat die Selbsteinstufung eines festen Gemisches als nicht wassergefährdend oder in eine Wassergefährdungsklasse zu dokumentieren und die Dokumentation der zuständigen Behörde im Rahmen der Überwachung der Anlage auf Verlangen vorzulegen. Die zuständige Behörde kann die Dokumentation überprüfen. Sie kann den Betreiber verpflichten, fehlende oder nicht plausible Angaben zu ergänzen oder zu berichtigen.

Die zuständige Behörde kann aufgrund der Überprüfung der Selbsteinstufung widersprechen. Sie kann das Gemisch auch in eine abweichende Wassergefährdungsklasse einstufen. Sie kann sich dabei vom Umweltbundesamt beraten lassen. Die Entscheidung ist dem Betreiber in schriftlicher Form bekannt zu geben.

Liegen dem Betreiber Informationen vor, die zu einer Änderung der Einstufung führen können, muss er diese unverzüglich der zuständigen Behörde schriftlich mitteilen.

3.11.3 Technische und organisatorische Anforderungen an Anlagen zum Umgang mit wassergefährdenden Stoffen

Einschränkungen des Geltungsbereichs dieses Kapitels (§ 12)

Dieses Kapitel gilt für Anlagen, in denen mit aufschwimmenden flüssigen Stoffen umgegangen wird, nur, sofern nicht ausgeschlossen werden kann, dass diese Stoffe in ein oberirdisches Gewässer gelangen können, sowie für Gemische aus diesen aufschwimmenden flüssigen Stoffen und nicht wassergefährdenden Stoffen.

Diese Kapitel gilt nicht für:

- Anlagen zum Lagern von Haushaltsabfällen und vergleichbaren Abfällen insbesondere aus Büros, Behörden, Schulen oder Gaststätten in und an den Gebäuden, bei den sie anfallen,

- Anlagen zum Lagern und Behandeln von Bioabfällen im Rahmen der Eigenkompostierung im privaten Bereich,

- Anlagen zum Lagern von festen gewerbliche Abfällen und festen gewerblichen Abfällen, denen wassergefährdende Stoffe anhaften, wenn:
  - das Volumen des Lagerbehälters 1,25 Kubikmeter nicht übersteigt,
  - der Lagerbehälter dicht ist,
  - die Fläche, auf der der Lagerbehälter aufgestellt ist, so ausgeführt ist, dass bei Betriebsstörungen wassergefährdende Stoffe nicht in ein Gewässer gelangen können und
  - ein für Betriebsstörungen geeignetes Bindemittel vorgehalten wird.

Bestimmung und Abgrenzung von Anlagen (§ 13)

Der Betreiber einer Anlage hat zu dokumentieren, welche Anlagenteile zu der Anlage gehören und wo die Schnittstellen zu anderen Anlagen sind.

Zu einer Anlage gehören alle Anlagenteile, die in einem engen funktionalen oder verfahrenstechnischen Zusammenhang miteinander stehen. Dies ist insbesondere dann anzunehmen, wenn zwischen den Anlagenteilen wassergefährdende Stoffe ausgetauscht werden oder ein unmittelbarer sicherheitstechnischer Zusammenhang zwischen ihnen besteht.

Zu einer Anlage gehören auch die Flächen einschließlich ihrer Einrichtungen, die dem Lagern oder dem regelmäßigen Abstellen von wassergefährdenden Stoffen in Transportbehältern oder Verpackungen dienen. Flächen, auf denen Transportmittel mit wassergefährdenden Stoffen abgestellt werden, sind keine Lageranlagen.

Eine Abfüll- oder Umschlagfläche, von der aus eine Anlage befüllt wird oder auf der Transportmittel mit wassergefährdenden Stoffen in Behältern oder Verpackungen aus einer oder für eine Anlage be- oder entladen werden, ist Teil dieser Anlage.

Ein Behälter, in dem keine wassergefährdenden Stoffe hergestellt, behandelt oder verwendet werden, der jedoch in engem funktionalen Zusammenhang mit einer Herstellungs-, Behandlungs- oder Verwendungsanlage steht, ist Teil dieser Anlage. Ein Behälter ist jedoch dann Teil einer Lageranlage, wenn er mehreren Herstellungs-, Behandlungs- und Verwendungsanlagen zugeordnet ist oder wenn er ein größeres Volumen enthalten kann, als für eine Tagesproduktion oder Charge benötigt wird.

Eine Rohrleitung, die nach § 62 des Wasserhaushaltsgesetzes Zubehör einer Anlage zum Umgang mit wassergefährdenden Stoffe ist oder die Anlagen verbindet, die in einem engen räumlichen und betriebliche Zusammenhang miteinander stehen, ist der Anlage zuzuordnen, deren Zubehör sie ist oder mit der sie im Zusammenhang steht.

Technische Regeln (§ 14)

Den allgemein anerkannten Regeln der Technik nach § 62 des Wasserhaushaltsgesetzes entsprechende Regeln (technische Regeln) sind insbesondere die folgenden Regeln:

- technische Regeln wassergefährdende Stoffe der Deutschen Vereinigung für Wasserwirtschaft, Abwasser und Abfall e.V. (DWA),
- technische Regeln, die in der Musterliste der technischen Baubestimmungen oder in der Bauregelliste des Deutschen Instituts für Bautechnik (DIBt) aufgeführt sind, soweit sie den Gewässerschutz betreffen, sowie
- DIN-Normen und EN-Normen, soweit sie den Gewässerschutz betreffen und nicht in der Bauregelliste des Deutschen Instituts für Bautechnik aufgeführt sind.

Normen und sonstige Bestimmungen anderer Mitgliedsstaaten der Europäischen Union oder anderer Vertragsstaaten des Abkommens über den Europäischen Wirtschaftsraum stehen technischen Regeln gleich, wenn mit ihnen dauerhaft das gleiche Schutzniveau erreicht wird.

Grundsatzanforderungen (§ 15)

Anlagen müssen so geplant und errichtet werden, beschaffen sein und betrieben werden, dass:

- wassergefährdende Stoffe nicht austreten können,
- Undichtheiten aller Anlagenteile, die mit wassergefährdenden Stoffen in Berührung stehen, schnell und zuverlässig erkennbar sind,
- austretende wassergefährdende Stoffe schnell und zuverlässig erkannt und zurückgehalten sowie ordnungsgemäß entsorgt werden. Dies gilt auch für betriebsbedingt auftretende Spritz- und Tropfverluste, und
- bei einer Störung des bestimmungsgemäßen Betriebs der Anlage (Betriebsstörung) anfallende Gemische, die ausgetretene wassergefährdende Stoffe enthalten können, zurückgehalten und ordnungsgemäß als Abfall entsorgt oder als Abwasser beseitigt werden.

Anlagen müssen flüssigkeitsundurchlässig, standsicher und gegenüber den zu erwartenden mechanischen, thermischen und chemischen Einflüssen hinreichend widerstandsfähig sein. Flüssigkeitsundurchlässig sind Bauausführungen dann, wenn sie ihre Dicht- und Tragfunktion während der Dauer der Beanspruchung durch die wassergefährdenden Stoffe, mit denen in der Anlage umgegangen wird, nicht verlieren.

Einwandige unterirdische Behälter für flüssige wassergefährdende Stoffe sind unzulässig.

Bei der Stilllegung einer Anlage oder von Anlagenteilen müssen alle in der Anlage oder in den Anlagenteilen enthaltenen wassergefährdenden Stoffe, soweit technisch möglich, entfernt werden. Die Anlage muss gegen missbräuchliche Nutzung gesichert werden.

Anforderungen an die Rückhaltung wassergefährdender Stoffe (§ 16)

Anlagen müssen ausgetretene wassergefährdende Stoffe auf geeignete Weise zurückhalten. Dazu sind sie mit einer Rückhalteeinrichtung auszurüsten. Dies gilt nicht, wenn es sich um eine doppelwandige Anlage handelt. Einzelne Anlagenteile können über unterschiedliche, jeweils voneinander unabhängige Rückhalteeinrichtungen verfügen. Bei Anlagen, die nur teilweise doppelwandig ausgerüstet sind, sind einwandige Anlagenteile mit einer Rückhalteeinrichtung zu versehen.

Rückhalteeinrichtungen müssen flüssigkeitsundurchlässig sein und dürfen keine Abläufe haben. Sie müssen für folgendes Volumen ausgelegt sein:

- bei Anlagen zum Lagern, Herstellen, Behandeln oder Verwenden wassergefährdender Stoffe muss das Rückhaltevolumen dem Volumen an wassergefährdenden Stoffen entsprechen, das bei Betriebsstörungen bis zum Wirksamwerden geeigneter Sicherheitsvorkehrungen freigesetzt werden kann,
- bei Anlagen zum Abfüllen flüssiger wassergefährdender Stoffe muss das Rückhaltevolumen dem Volumen entsprechen, das bei größtmöglichem Volumenstrom bis zum Wirksamwerden geeigneter Sicherheitsvorkehrungen freigesetzt werden kann,
- bei Anlagen zum Umschlagen wassergefährdender Stoffe muss das Rückhaltevolumen dem Volumen entsprechen, das aus dem größten Behälter, der größten Verpackung oder größten

Umschlageinheit, in dem oder in der sich wassergefährdende Stoffe befinden und für den oder für die die Anlage ausgelegt ist, freigesetzt werden kann.

Bei Anlagen zum Lagern, Herstellen, Behandeln oder Verwenden wassergefährdender Stoffe der Gefährdungsstufe D nach § 39 muss die Rückhalteeinrichtung so ausgelegt sein, dass das Volumen flüssiger wassergefährdender Stoffe, das aus der größten abgesperrten Betriebseinheit bei Betriebsstörungen freigesetzt werden kann, ohne dass Gegenmaßnahmen getroffen werden, vollständig zurückgehalten werden kann.

Einwandige Behälter, Rohrleitungen und sonstige Anlagenteile müssen von Wänden, Böden und sonstigen Bauteilen sowie untereinander einen solchen Abstand haben, dass die Erkennung von Leckagen und die Zustandskontrolle insbesondere auch der Rückhalteeinrichtungen jederzeit möglich sind.

Bei oberirdischen doppelwandigen Behältern, die über ein Leckanzeigesystem mit Flüssigkeiten der Wassergefährdungsklasse 1 verfügen, ist eine Rückhaltung der Leckanzeigeflüssigkeit nicht erforderlich, wenn das Volumen dieser Flüssigkeit einen Kubikmeter nicht übersteigt.

Wassergefährdende Stoffe, die beim Austreten so miteinander reagieren können, dass die Funktion der Rückhaltung beeinträchtigt wird, müssen getrennt aufgefangen werden.

Anforderungen an die Entwässerung (§ 17)

Bei unvermeidlichem Zutritt von Niederschlagswasser sind abweichend von § 16 Abläufe zulässig, wenn sie nur nach vorheriger Feststellung, dass keine wassergefährdenden Stoffe im Niederschlagswasser enthalten sind, geöffnet werden. Mit wassergefährdenden Stoffen verunreinigtes Niederschlagswasser ist ordnungsgemäß als Abwasser zu beseitigen oder als Abfall zu entsorgen.

Bei Abfüll- oder Umschlaganlagen sowie bei Anlagen zum Umgang mit festen wassergefährdenden Stoffen, bei denen ein Zutritt von Niederschlagswasser unvermeidlich ist, kann das Niederschlagswasser, das mit wassergefährdenden Stoffen verunreinigt sein kann, in einen Abwasserkanal oder in ein Gewässer eingeleitet werden, wenn:

- die bei einer Betriebsstörung freigesetzten wassergefährdenden Stoffen zurückgehalten werden und
- das verunreinigt Niederschlagswasser zuvor in einer betrieblichen Abwasserbehandlungsanlage so behandelt wird, dass die Einleitung den wasserrechtlichen Anforderungen und örtlichen Einleitbedingungen entspricht.

Rückhaltung bei Brandereignissen (§ 19)

Anlagen sind so zu planen, zu errichten und zu betreiben, dass die bei Brandereignissen austretenden wassergefährdenden Stoffe, Lösch-, Berieselungs- und Kühlwasser sowie die entstehenden Verbrennungsprodukte mit wassergefährdenden Eigenschaften den allgemein anerkannten Regeln der Technik zurückgehalten werden. Dies gilt nicht für Anlagen, bei denen eine Brandentstehung nicht zu erwarten ist, und für Heizölverbraucheranlagen.

Besondere Anforderungen an die Rückhaltung bei Rohrleitungen (§ 20)

Oberirdische Rohrleitungen zum Befördern flüssiger wassergefährdender Stoffe sind mit Rückhalteeinrichtungen auszurüsten. Das Rückhaltevolumen muss dem Volumen wassergefährdender

Stoffe entsprechen, das bei Betriebsstörungen bis zum Wirksamwerden geeigneter Sicherheitsvorkehrungen freigesetzt werden kann. Dies gilt nicht, wenn auf der Grundlage einer Gefährdungsabschätzung durch Maßnahmen technischer oder organisatorischer Art sichergestellt ist, dass ein vergleichbares Sicherheitsniveau erreicht wird. Für oberirdische Rohrleitungen zum Befördern von flüssigen wassergefährdenden Stoffen der Wassergefährdungsklasse 2 kann ohne eine Gefährdungsabschätzung von Rückhalteeinrichtungen abgesehen werden, wenn die Flächen, über die die Rohrleitungen führen, aufgrund ihrer hydrogeologischen Schutzbedürftigkeit keines besonderen Schutzes bedürfen.

Bei unterirdischen Rohrleitungen zum Befördern flüssiger oder gasförmiger wassergefährdender Stoffe sind lösbare Verbindungen und Armaturen in flüssigkeitsundurchlässigen Kontrolleinrichtungen anzuordnen, die regelmäßig zu kontrollieren sind. Diese Rohrleitungen müssen:

- doppelwandig sein, Undichtheiten der Rohrwände müssen durch ein Leckanzeigegeräte selbsttätig angezeigt werden,
- als Saugleitungen ausgeführt sein, in der die Flüssigkeitssäule bei Undichtheiten abreißt und bei der die flüssigen wassergefährdenden Stoffe, die bei einer Undichtheit der Rohrleitung austreten, aufgefangen werden oder mit Gefälle in den Lagerbehälter zurückfließen, oder
- mit einem Schutzrohr versehen oder in einem Kanal verlegt sein. Austretende wassergefährdende Stoffe müssen in einer flüssigkeitsundurchlässigen Kontrolleinrichtung sichtbar werden. Derartige Rohrleitungen dürfen keine Flüssigkeiten mit einem Flammpunkt bis zu einer Temperatur von 55 °C führen.

Auf Rohrleitungen von Sprinkleranlagen und von Heizungs- und Kühlanlagen, die in Gebäuden mit einem Gemisch aus Wasser und Glykol betrieben werden, sowie auf Rohrleitungen für Flüssigdünger innerhalb von Gewächshäusern oder zwischen Gewächshäusern und Flüssigdüngerbehältern sowie auf Rohrleitungen von Biogasanlagen mit Gärsubstraten landwirtschaftlicher Herkunft sind die Anforderungen nicht anzuwenden.

Bei Kälteanlagen, in denen Ammoniak als Kältemittel verwendet wird, dürfen in dem Anlagenteil, durch das die Kühlleistung erbracht wird, unterirdisch einwandige Rohrleitungen verwendet werden.

Rohrleitungen zum Befördern fester wassergefährdender Stoffe müssen über die betriebstechnischen Erfordernisse hinaus keine Anforderungen bezüglich der Rückhaltung einhalten.

Anforderungen bei der Nutzung von Abwasseranlagen als Auffangvorrichtung (§ 20a)

Wassergefährdende Stoffen, deren Austreten aus einer Anlage im bestimmungsgemäßen Betrieb unvermeidbar ist und die aus betriebstechnischen Gründen nicht schnell und zuverlässig erkannt, zurückgehalten und ordnungsgemäß entsorgt werden können, dürfen in die betriebliche Kanalisation eingeleitet werden, wenn:

- es sich um unerhebliche Mengen handelt,
- die betriebliche Abwasserbehandlungsanlage dafür geeignet ist und
- die Einleitung den wasserrechtlichen Anforderungen und örtliche Einleitbedingungen entspricht.

Können bei Leckagen oder Betriebsstörungen austretende wassergefährdende Stoffe oder mit diesen Stoffen verunreinigte andere Stoffe oder Gemische aus betriebstechnischen Gründen nicht in der Anlage selbst zurückgehalten werden, dürfen sie in einer geeigneten Auffangvorrichtung der betrieblichen Kanalisation zurückgehalten werden, wenn sie von dort aus schadlos als Abfall entsorgt oder als Abwasser beseitigt werden können.

Aufgrund der Bewertung der Anlage, der möglichen Betriebsstörungen, des Anfalls wassergefährdender Stoffe, der Abwasseranlagen und der Empfindlichkeit der Gewässer ist in der Betriebsanweisung nach § 44 zu regeln, welche technischen und organisatorischen Maßnahmen zu treffen sind, um den Austritt wassergefährdender Stoffe zu erkennen und zu kontrollieren. Außerdem ist in der Betriebsanweisung zu regeln, ob die wassergefährdenden Stoffe getrennt vom Abwasser aufzufangen sind oder in die Abwasseranlagen eingeleitet werden dürfen.

Die Teile von Abwasseranlagen, die für die Rückhaltung wassergefährdender Stoffe genutzt werden dürfen, müssen flüssigkeitsundurchlässig ausgeführt werden und sind von den Sachverständigen in die Prüfungen nach § 46 einzubeziehen, wenn die zugehörige Anlage prüfpflichtig ist.

Anforderungen an das Befüllen und Entleeren (§ 21)

Wer eine Anlage befüllt oder entleert, hat diesen Vorgang zu überwachen und sich vor Beginn der Arbeiten von dem ordnungsgemäßen Zustand der dafür erforderlichen Sicherheitseinrichtungen zu überzeugen. Die zulässigen Belastungsgrenzen der Anlage und der Sicherheitseinrichtungen sind beim Befüllen oder Entleeren einzuhalten.

Heizölverbraucheranlagen dürfen nur befüllt werden, wenn eine nach § 47 erforderliche Prüfplakette vorhanden ist.

Behälter in Anlagen zum Umgang mit flüssigen wassergefährdenden Stoffen dürfen nur mit festen Leitungsanschlüssen unter Verwendung einer Überfüllsicherung befüllt werden. Bei Anlagen zum Herstellen, Behandeln oder Verwenden flüssiger wassergefährdender Stoffe sowie bei oberirdischen Behältern jeweils mit einem Rauminhalt von bis zu 1,5 Kubikmetern, die nicht miteinander verbunden sind, sind auch andere technische oder organisatorische Sicherungsmaßnahmen, die zu einem gleichwertigen Sicherheitsniveau führen, zulässig. Bei Anlagen zum Abfüllen nicht ortsfest benutzter Behälter mit einem Volumen von mehr als 1,25 Kubikmetern kann die Überfüllsicherung durch eine volumen- oder gewichtsabhängige Steuerung ersetzt werden.

Behälter in Anlagen zum Lagern von Brennstoffen nach § 2 (Dieselkraftstoffen, Ottokraftstoffen oder Biokraftstoffen) dürfen aus Straßentrankwagen, Aufsetztanks und ortsbeweglichen Tanks nur unter Verwendung einer selbsttätig schließenden Abfüllsicherung befüllt werden. Heizölverbraucheranlagen mit einem Volumen von bis zu 1,25 Kubikmetern dürfen auch unter Verwendung selbsttätig schließender Zapfventile befüllt werden.

Pflichten bei Betriebsstörungen, Instandsetzung (§ 22)

Kann bei einer Betriebsstörung nicht ausgeschlossen werden, dass wassergefährdende Stoffe aus Anlagenteilen austreten, hat der Betreiber unverzüglich Maßnahmen zur Schadenbegrenzung zu ergreifen. Er hat die Anlage unverzüglich außer Betrieb zu nehmen, wenn er eine Gefährdung oder Schädigung eines Gewässers nicht auf andere Weise verhindern kann, soweit erforderlich, ist die Anlage zu entleeren.

Wer eine Anlage betreibt, befüllt, entleert, ausbaut, stilllegt, instand hält, instand setzt, reinigt, überwacht oder überprüft, hat das Austreten wassergefährdender Stoffe in einer nicht nur unerheblichen Menge unverzüglich der zuständigen Behörde oder einer Polizeidienststelle anzuzeigen. Die Verpflichtung besteht auch bei dem Verdacht, dass wassergefährdende Stoffe in einer nicht nur unerheblichen Menge bereits ausgetreten sind, wenn eine Gefährdung eines Gewässers oder von

Abwasseranlagen nicht auszuschließen ist. Anzeigepflichtig ist auch, wer das Austreten wassergefährdender Stoffe verursacht hat oder Maßnahmen zur Ermittlung oder Beseitigung wassergefährdender Stoffe durchführt, die aus Anlagen ausgetreten sind. Falls Dritte, insbesondere Betreiber von Abwasseranlagen oder Wasserversorgungsunternehmen, betroffen sein können, hat der Betreiber diese unverzüglich zu unterrichten.

Für die Instandsetzung einer Anlage oder eines Teils einer Anlage ist auf der Grundlage einer Zustandsbegutachtung ein Instandsetzungskonzept zu erarbeiten.

Besondere Anforderungen an Anlagen zum Lagern, Abfüllen, Herstellen, Behandeln oder Verwenden fester wassergefährdender Stoffe (§ 25)

Anlagen zum Lagern, Abfüllen, Herstellen, Behandeln oder Verwenden fester wassergefährdender Stoffe bedürfen keiner Rückhaltung, wenn:

- sich diese Stoffe:
  - in dicht verschlossenen Behältern oder Verpackungen befinden, die gegen Beschädigung geschützt und gegen Witterungseinflüsse und die Stoffe beständig sind oder
  - in geschlossenen oder vor Witterungseinflüssen geschützten Räumen befinden, die eine Verwehung verhindern, und
- die Bodenfläche den betriebstechnischen Anforderungen genügt.

Anlagen zum Lagern, Abfüllen, Herstellen, Behandeln oder Verwenden fester wassergefährdender Stoffe, bei denen der Zutritt von Niederschlagswasser oder anderem Wasser zu diesen Stoffen nicht unter allen Betriebsbedingungen verhindert werden kann, bedürfen keiner Rückhaltung, wenn:

- die Löslichkeit der wassergefährdenden Stoffe unter 10 Gramm pro Liter liegt,
- mit den festen wassergefährdenden Stoffen so umgegangen wird, dass eine nachteilige Veränderung der Eigenschaften von Gewässern durch ein Verwehen, Abschwemmen, Auswaschen oder sonstiges Austreten dieser Stoffe oder von mit diesen Stoffen verunreinigtem Niederschlagswasser verhindert wird und
- die Flächen, auf denen mit den festen wassergefährdenden Stoffen umgegangen wird, flüssigkeitsundurchlässig befestigt sind und das dort anfallende Niederschlagswasser als Abwasser beseitigt wird.

Besondere Anforderungen an Anlagen zum Lagern, Abfüllen oder Umschlagen fester Stoffe, denen flüssige wassergefährdende Stoffe anhaften (§ 27)

Bei Anlagen zum Lagern, Abfüllen oder Umschlagen fester Stoffe, denen flüssige wassergefährdende Stoffe anhaften, ist für die Bemessung des Volumens der Rückhalteeinrichtungen das Volumen flüssiger wassergefährdender Stoffe maßgeblich, das sich ansammeln kann. Ist dieses nicht bekannt, ist ein Volumen von 5 Prozent des Anlagenvolumens anzusetzen.

Besondere Anforderungen an Umschlagflächen für wassergefährdende Stoffe (§ 28)

Umschlagflächen, auf denen wassergefährdende Stoffe in Behältern oder Verpackungen be- oder entladen werden, sowie Umschlagflächen von Umschlaganlagen für feste wassergefährdende Stoffe, zu denen kein Wasser zutreten kann, bedürfen keiner Rückhaltung, wenn:

- der Betreiber die bei einer Betriebsstörung austretenden wassergefährdenden Stoffe mit geeignetem Bindemittel aufnehmen oder die Fläche mit einfachen Mitteln reinigen kann und
- durch geeignete Maßnahmen das Abfließen wassergefährdender Stoffe oder von Suspensionen mit wassergefährdenden Stoffen in ein Gewässer oder einen Abwasserkanal verhindert werden kann.

Diese gilt nicht für das Laden und Löschen von Schiffen.

Die Umschlagflächen von Umschlaganlagen für feste wassergefährdenden Stoffen, zu denen Wasser zutreten kann, oder für flüssige wassergefährdende Stoffe müssen flüssigkeitsundurchlässig sein. Das dort anfallende Niederschlagswasser ist als Abwasser zu beseitigen.

3

An Verkehrsflächen, die dem Rangieren von Transportmitteln mit Transportbehältern und Verpackungen mit wassergefährdenden Stoffen dienen, werden über die betrieblichen Anforderungen hinaus keine Anforderungen gestellt.

Besondere Anforderungen an Umschlaganlagen im intermodalen Verkehr (§ 29)

Flächen von Umschlaganlagen des intermodalen Verkehrs sind diejenigen, auf denen wassergefährden Stoffe in Ladeeinheiten oder Straßenfahrzeugen, die gefahrgutrechtlich gekennzeichnet sind, umgeladen werden. Diese Flächen müssen flüssigkeitsundurchlässig sein. Das auf diesen Flächen anfallende Niederschlagswasser ist als Abwasser zu beseitigen.

Umschlaganlagen des intermodalen Verkehrs müssen über eine flüssigkeitsundurchlässige Havariefläche oder -einrichtung verfügen, auf der Ladeeinheiten oder Straßenfahrzeuge, aus denen wassergefährdende Stoffe austreten, abgestellt werden können und auf der wassergefährdende Stoffe zurückgehalten werden. Das auf den Havarieflächen anfallende Niederschlagswasser ist als Abwasser zu beseitigen.

Besondere Anforderungen an Fass- und Gebindelager (§ 31)

Bei Fass- und Gebindelagern müssen die wassergefährdenden Stoffe in dicht verschlossenen Behältern oder Verpackungen gelagert werden, die:

- gefahrgutrechtlich zugelassen sind oder
- gegen die Flüssigkeit beständig und gegen Beschädigung, im Freien auch gegen Witterungseinflüsse, geschützt sind.

Fass- und Gebindelager müssen über eine Rückhalteeinrichtung mit einem Rückhaltevolumen verfügen, das sich wie folgt bestimmt (Abb. 3.21):

Maßgebendes Volumen (V_{ges}) der Anlage in m³	Rückhaltevolumen
≤ 100	10 v.H. von V_{ges}, wenigstens jedoch der Rauminhalt des größten Behältnisses
> 100 ≤ 1000	3 v.H. von V_{ges}, wenigstens jedoch 10 m³
> 1000	2 v.H. von V_{ges}, wenigstens jedoch 30 m³

Abb. 3.21: Rückhaltevolumen Fass- und Gebindelager

Bei Fass- und Gebindelagern für ortsbewegliche Behälter und Verpackungen mit einem Einzelvolumen von bis zu 0,02 Kubikmetern oder für restentleerte Behälter und Verpackungen ist eine flüssigkeitsundurchlässige Fläche ohne definiertes Rückhaltevolumen ausreichend, sofern ausgetretene wassergefährdende Stoffe schnell aufgenommen werden können und die Schadensbeseitigung mit einfachen betrieblichen Mitteln gefahrlos möglich ist.

Besondere Anforderungen an Abfüllflächen von Heizölverbraucheranlagen (§ 32)

Abfüllflächen von Heizölverbraucheranlagen bedürfen keiner Rückhaltung, wenn die Heizölverbraucheranlagen aus hierfür zugelassenen Aufsetztanks im Vollschlauchsystem befüllt wird und hierbei eine zugelassene selbsttätig schließende Abfüllsicherung und ein Grenzwertgeber verwendet werden. Dies gilt auch für Heizölverbraucheranlagen mit einem Volumen von bis zu 1,25 Kubikmetern, die unter Verwendung eines selbsttätig schließenden Zapfventils befüllt werden.

Besondere Anforderungen an Abfüllflächen von bestimmten Anlagen zum Verwenden flüssiger wassergefährdender Stoffe (§ 33)

Abfüllflächen als Teile von Anlagen zum Verwenden flüssiger wassergefährdender Stoffe, bei denen aufgrund des Einsatzzweckes davon auszugehen ist, dass sie grundsätzlich nur einmal befüllt oder entleert werden, bedürfen keiner Rückhaltung. Zu den Anlagen gehören insbesondere Hydraulikanlagen sowie ölgefüllte Transformatoren.

Besondere Anforderungen an Anlagen zum Verwenden wassergefährdender Stoffe im Bereich der Energieversorgung und in Einrichtungen des Wasserbaus (§ 34)

Oberirdische Anlagen zum Verwenden flüssiger wassergefährdender Stoffe der Wassergefährdungsklasse 1 oder Wassergefährdungsklasse 2 als Kühl-, Schmier- und Isoliermittel oder als Hydraulikflüssigkeit im Bereich der Energieversorgung und in Einrichtungen des Wasserbaus, die über ein Volumen von bis zu 10 Kubikmeter verfügen, bedürfen keiner Rückhaltung, wenn sie folgende Anforderungen erfüllen.

Anlagen und Anlagenteile einschließlich Rohrleitungen, die betriebs- oder bauartbedingt nicht über eine Rückhalteeinrichtung verfügen können, sind durch selbsttätige Störmeldeeinrichtungen in

Verbindung mit einer ständig besetzten Betriebsstelle oder Messwarte oder durch regelmäßige Kontrollgänge zu überwachen. Für sie sind Alarm- und Maßnahmenpläne aufzustellen, die wirksame Maßnahmen und Vorkehrungen zur Vermeidung von Gewässerschäden beschreiben und die mit den in die Maßnahmen einbezogenen Stellen abgestimmt sind. Die Alarm- und Maßnahmenpläne sind der zuständigen Behörde auf Verlangen vorzulegen.

Werden Kühler mit Direktkontakt zum Wasser eingesetzt, sind sie als Doppelrohrkühler, Zweikreiskühler oder als diesen Kühlern technisch gleichwertige Kühlsysteme auszuführen. Die Kühlsysteme sind mit automatischen Störmeldeeinrichtungen auszurüsten.

Besondere Anforderungen an Erdwärmesonden und -kollektoren, Solarkollektoren und Kälteanlagen (§ 35)

Die Wärmeträgerkreisläufe von Erdwärmesonden und -kollektoren dürfen unterirdisch nur einwandig ausgeführt werden, wenn:

- sie aus einem werkseitig geschweißten Sondenfuß und endlosen Sondenrohren bestehend,

- sie durch selbsttätige Überwachungs- und Sicherheitseinrichtungen so gesichert sind, dass im Falle einer Leckage des Wärmeträgerkreislaufs die Umwälzpumpe sofort abgeschaltet und ein Alarm ausgelöst wird und

- als Wärmeträgermedium einer der folgenden Stoffe oder Gemische verwendet wird:
  - nicht wassergefährdende Stoffe oder
  - Gemische der Wassergefährdungsklasse 1, deren Hauptbestandteile Ethylen- oder Propylenglycol sind.

Solarkollektoren und Kälteanlagen im Freien mit flüssigen wassergefährdenden Stoffen bedürfen keiner Rückhaltung, wenn:

- sie durch selbsttätige Überwachungs- und Sicherheitseinrichtungen so gesichert sind, dass im Fall einer Leckage die Umwälzpumpe sofort abschaltet und Alarm ausgelöst wird,
- sie als Wärmeträgermedien nur nicht wassergefährdenden Stoffe oder Gemische der Wassergefährdungsklasse 1, deren Hauptbestandteile Ethylen- oder Propylenglycol sind, verwenden und
- Kühlaggregate auf einer befestigten Fläche aufgestellt sind.

Kälteanlagen mit gasförmigen wassergefährdenden Stoffen der Wassergefährdungsklasse 1 bedürfen keiner Rückhaltung.

Besondere Anforderungen an unterirdische Ölkabel- und Massekabelanlagen (§ 36)

Bei unteririschen Ölkabel- und Massekabelanlagen sind Einrichtungen zur Rückhaltung von Isolierölen nicht erforderlich, wenn der Betreiber diese Anlagen elektrisch und hydraulisch durch selbsttätige Störmeldeeinrichtungen überwacht, Störungen in einer ständig besetzten Betriebsstelle angezeigt werden und die Betriebswerte ständig erfasst und auf die Abweichung von Sollwerten kontrolliert werden.

Besondere Anforderungen an Biogasanlagen mit Gärsubstraten landwirtschaftlicher Herkunft (§ 37)

Einwandige Anlagen mit flüssigen allgemein wassergefährdenden Stoffen müssen mit einem Leckageerkennungssystem ausgestattet sein. Anlagen zur Lagerung von festen Gärsubstraten müssen über eine flüssigkeitsundurchlässige Lagerfläche verfügen. Sie bedürfen keines Leckageerkennungssystems.

Anlagen, bei den Leckagen oberhalb der Gebäudeoberkante auftreten können, sind mit einer Umwallung zu versehen, die das Volumen zurückhalten kann, das bei Betriebsstörungen bis zum Wirksamwerden geeigneter Sicherheitsvorkehrung freigesetzt werden kann, mindestens aber das Volumen des größten Behälters. Dies gilt nicht für die Lageranlagen für feste Gärsubstrate. Einzelne Anlagen können mit einer gemeinsamen Umwallung ausgerüstet werden.

Unterirdische Behälter, Rohrleitungen sowie Sammeleinrichtungen, in denen regelmäßig wassergefährdende Stoffe angestaut werden, dürfen einwandig ausgeführt werden, wenn sie mit einem Leckageerkennungssystem ausgerüstet sind und den technischen Regeln entsprechen.

Unterirdische Behälter, bei denen der tiefste Punkt der Bodenplattenunterkante unter dem höchsten zu erwartenden Grundwasserstand liegt, sowie unterirdische Behälter in Schutzgebieten sind als doppelwandige Behälter mit Leckerkennungssystem auszuführen.

Besondere Anforderungen an Anlagen zum Umgang mit gasförmigen wassergefährdenden Stoffe (§ 38)

Anlagen zum Umgang mit gasförmigen wassergefährdenden Stoffen bedürfen keiner Rückhaltung.

Auf der Grundlage einer Gefährdungsabschätzung sind Maßnahmen zur Schadenserkennung, zur Rückhaltung sowie zur ordnungsbemäßen und schadlosen Verwertung oder Beseitigung der Stoffe zu treffen, wenn:

- mit gasförmigen wassergefährdenden Stoffen umgegangen wird, die aufgrund ihrer chemischen oder physikalischen Eigenschaften bei einer Betriebsstörung flüssig austreten können, oder
- bei Schadensbekämpfungsmaßnahmen Stoffe anfallen können, die mit ausgetretenen wassergefährdenden Stoffen verunreinigt sind.

Für Anlagen mit einer maßgebenden Masse bis zu 1 Tonne gasförmiger wassergefährdender Stoffe sind auch beim Vorliegen der oben genannten Voraussetzungen keine Rückhaltemaßnahmen erforderlich, wenn die Behälter den gefahrgutrechtlichen Anforderungen genügen und die Schadensbeseitigung mit einfachen betrieblichen Mitteln möglich ist.

Gefährdungsstufen von Anlagen (§ 39)

Betreiber haben Anlagen nach Maßgaben der Abbildung 3.22 einer Gefährdungsstufe zuzuordnen. Bei flüssigen Stoffen ist das für die jeweilige Anlage maßgebende Volumen zugrunde zulegen, bei gasförmigen und festen Stoffen die für die jeweilige Anlage maßgebende Masse.

Ermittlung der Gefährdungsstufen	Wassergefährdungsklasse (WGK)		
Volumen in m³ bzw. Masse in t	**WGK 1**	**WGK 2**	**WGK 3**
≤ 0,22 oder 0,2	Stufe A	Stufe A	Stufe A
> 0,22 oder 0,22 ≤ 1	Stufe A	Stufe A	Stufe B
> 1 ≤ 10	Stufe A	Stufe B	Stufe C
> 10 ≤ 100	Stufe B	Stufe C	Stufe D
> 100 ≤ 1.000	Stufe B	Stufe D	Stufe D
> 1.000	Stufe C	Stufe D	Stufe D

Abb. 3.22: Ermittlung der Gefährdungsstufen

Das maßgebende Volumen ist das Nennvolumen der Anlage einschließlich aller Anlagenteile oder nach sicherheitstechnischer Umrüstung das Volumen, das im Betrieb maximal genützt werden kann und das auf nicht zu entfernende Art auf der Anlage angegeben ist, und die maßgebende Masse die Masse wassergefährdender Stoffe, mit der in der Anlage einschließlich aller Anlagenteile umgegangen werden kann. Betriebliche Absperreinrichtungen zur Unterteilung der Anlage bleiben außer Betracht.

Bei Lageranlagen ergibt sich das maßgebende Volumen aus dem betriebstechnisch nutzbaren Rauminhalt aller zur Anlage gehörenden Behälter. Das maßgebende Volumen eines Fass- und Gebindelagers ergibt sich aus der Summe der Rauminhalte aller Behältnisse und Verpackungen, für die die Lageranlage ausgelegt ist.

Bei Abfüllanlagen ist das maßgebende Volumen entweder der Rauminhalt, der sich beim größten Volumenstrom über einen Zeitraum von zehn Minuten ergibt, oder der Rauminhalt, der sich aus dem mittleren Tagesdurchsatz der Anlage ergibt, wobei der größere Wert maßgebend ist.

Bei Anlagen zum Umladen wassergefährdender Stoffe in Behältern oder Verpackungen von einem Transportmittel auf ein anderes, bei Anlagen zum Be- und Entladen von Transportmitteln mit wassergefährdenden Stoffen in Behältern oder Verpackungen sowie beim Laden und Löschen von Stückgut oder losen Schüttungen von Schiffen entspricht das maßgebende Volumen oder die maßgebende Masse der größten Umladeeinheit, für die die Anlage ausgelegt ist.

Bei Anlagen zum Herstellen, Behandeln oder Verwenden wassergefährdender Stoffe bestimmt sich das maßgebende Volumen nach dem unter Berücksichtigung der Verfahrenstechnik ermittelten größten Volumen, das bei bestimmungsgemäßen Betrieb in einer Anlage vorhanden ist.

Bei Rohrleitungsanlagen ist das maßgebende Volumen entweder der Rauminhalt, der sich beim größten Volumenstrom über einen Zeitraum von zehn Minuten zusätzlich zum Volumen der Rohrleitungsanlage ergibt, oder der Rauminhalt, der sich aus dem mittleren Tagesdurchsatz der Anlage ergibt, wobei der größere Wert maßgebend ist.

Bei Anlagen zum Lagern, Abfüllen oder Umschlagen fester Stoffe, denen flüssige wassergefährdende Stoffe anhaften, ist das Volumen flüssiger wassergefährdender Stoffe maßgeblich, das sich ansammeln kann.

Das maßgebende Volumen einer Biogasanlage ergibt sich aus der Summe der Volumina der Anlagen.

Bei Anlagen, in denen mit wassergefährdenden Stoffen unterschiedlicher Wassergefährdungsklassen umgegangen wird, ist für die Ermittlung der Gefährdungsstufe die höchste Wassergefährdungsklasse der Stoffe maßgebend, mit denen gleichzeitig in der Anlage umgegangen wird, sofern der Anteil der Stoffe dieser Wassergefährdungsklasse mehr als 3 Prozent des Gesamtinhalts der Anlage beträgt. Ist dieser Prozentsatz kleiner, ist die nächst niedrigere Wassergefährdungsklasse maßgebend.

Anlagen zum Umgang mit allgemein wassergefährdenden Stoffen nach § 3 werden keiner Gefährdungsstufe zugeordnet.

Anzeigepflicht (§ 40)

Wer eine nach § 46 prüfpflichtige Anlage errichten oder wesentlich ändern will oder an dieser Anlage Maßnahmen ergreifen will, die zu einer Änderung der Gefährdungsstufen nach § 39 führen, hat dies der zuständigen Behörde mindestens sechs Wochen im Voraus schriftlich anzuzeigen.

Die Anzeige muss Angaben zum Betreiber, zum Standort, zur Abgrenzung der Anlage, zu den wassergefährdenden Stoffen, mit denen in der Anlage umgegangen wird, zu bauaufsichtlichen Verwendbarkeitsnachweisen sowie zu den technischen und organisatorischen Maßnahmen, die für die Sicherheit der Anlage bedeutsam sind enthalten.

Nicht anzeigepflichtig ist das Errichten von:

- Anlagen zum Lager, Abfüllen oder Umschlagen wassergefährdender Stoffe, für die eine Eignungsfeststellung nach § 63 des Wasserhaushaltsgesetzes beantragt wird, und
- sonstige Anlagen, die Gegenstand eines Zulassungsverfahrens nach anderen Rechtsvorschriften sind, sofern im Zulassungsverfahren auch die Einhaltung der Anforderungen sichergestellt wird. Nicht anzeigepflichtig sind auch zulassungsbedürftige Änderungen der Anlage.

Nach einem Wechsel des Betreibers einer nach § 46 prüfpflichtigen Anlage hat der neue Betreiber diesen Wechsel der zuständigen Behörde unverzüglich schriftlich anzuzeigen. Dies gilt nicht für Betreiber von Heizölverbraucheranlagen.

Ausnahmen vom Erfordernis der Eignungsfeststellung (§ 41)

Die Eignungsfeststellung nach § 63 des Wasserhaushaltsgesetzes ist nicht erforderlich für:

- Anlagen zum Lagern, Abfüllen oder Umschlagen gasförmiger wassergefährdender Stoffe sowie Anlagen der Gefährdungsstufe A zum Lagern, Abfüllen oder Umschlagen flüssiger oder fester wassergefährdender Stoffe,
- Anlagen zum Umgang mit aufschwimmenden flüssigen Stoffen und

- Anlagen zum Umgang mit allgemein wassergefährdenden Stoffen, die keiner Prüfpflicht unterliegen.

Eine Eignungsfeststellung ist für Anlagen der Gefährdungsstufen B und C sowie für nach § 46 prüfpflichtige Anlagen mit allgemein wassergefährdenden Stoffen nicht erforderlich, wenn:

- für alle Teile einer Anlage einschließlich ihrer technischen Schutzvorkehrungen einer der folgenden Nachweise vorliegt:
  - CE-Kennzeichen, das zulässige Klassen und Leistungsstufen nach § 63 des Wasserhaushaltsgesetzes aufweist,
  - Zulassungen oder Nachweise nach § 63 des Wasserhaushaltsgesetzes oder
  - bei Behältern und Verpackungen die Zulassungen nach gefahrgutrechtlichen Vorschriften

  und

- durch das Gutachten eines Sachverständigen oder bei Heizölverbraucheranlagen durch die Bescheinigung eines Fachbetriebs bestätigt wird, dass die Anlage insgesamt die Gewässerschutzanforderungen erfüllt.

Die Anlage darf wie geplant errichtet und betrieben werden, wenn die zuständige Behörde innerhalb einer Frist von sechs Wochen nach Vorlage dieses Gutachtens oder der Bescheinigung weder die Errichtung oder den Betrieb untersagt noch Anforderungen an die Errichtung oder den Betrieb festgesetzt hat.

Bei Anlagen der Gefährdungsstufe D kann die zuständige Behörde von einer Eignungsfeststellung absehen, wenn die beschriebenen Anforderungen erfüllt sind.

Anlagendokumentation (§ 43)

Der Betreiber hat eine Anlagendokumentation zu führen, in der die wesentlichen Informationen über die Anlage enthalten sind. Hierzu zählen insbesondere Angaben zum Aufbau und zur Abgrenzung der Anlage, zu den eingesetzten Stoffen, zur Bauart und zu den Werkstoffen der einzelnen Anlagenteile, zu Sicherheitseinrichtungen und Schutzvorkehrungen, zur Löschwasserrückhaltung und zur Standsicherheit. Die Dokumentation ist bei einem Wechsel des Betreibers an den neuen Betreiber zu übergeben.

Ist die Anlage nach § 46 prüfpflichtig, hat der Betreiber neben der Dokumentation zusätzlich die Unterlagen bereitzuhalten, die für die Prüfung der Anlage und für die Durchführung fachbetriebspflichtiger Tätigkeiten nach § 45 erforderlich sind. Hierzu gehören insbesondere eine Dokumentation der Abgrenzung der Anlage, eine erteilte Eignungsfeststellung, bauaufsichtliche Verwendbarkeitsnachweise sowie der letzte Prüfbericht.

Der Betreiber hat die Unterlagen der zuständigen Behörde, Sachverständigen vor Prüfungen und Fachbetrieben nach § 62 vor fachbetriebspflichtigen Tätigkeiten jeweils auf Verlangen vorzulegen.

Betriebsanweisung, Merkblatt (§ 44)

Der Betreiber hat eine Betriebsanweisung vorzuhalten, die einen Überwachungs-, Instandhaltungs- und Notfallplan enthält und Sofortmaßnahmen zur Abwehr schädlicher Gewässerveränderungen festlegt. Der Plan ist mit den Stellen abzustimmen, die im Rahmen des Notfallplans und der Sofortmaßnahmen beteiligt sind. Der Betreiber hat die Einhaltung der Betriebsanweisung und deren Aktualisierung sicherzustellen.

Das Betriebspersonal der Anlage ist vor Aufnahme der Tätigkeit und dann regelmäßig in angemessenen Zeitabständen mindestens jedoch einmal jährlich, zu unterweisen, wie es sich laut Betriebsanweisung zu verhalten hat. Die Durchführung der Unterweisung ist vom Betreiber zu dokumentieren.

Die Betriebsanweisung muss dem Betriebspersonal der Anlage jederzeit zugänglich sein.

Dies gilt nicht für:

- Anlagen der Gefährdungsstufe A,
- Eigenverbrauchstankstellen,
- Heizölverbraucheranlagen und
- Anlagen zum Umgang mit aufschwimmenden flüssigen Stoffen mit einem Volumen bis zu 100 Kubikmetern und für Anlagen mit festen Gemischen bis zu 1.000 Tonnen.

Stattdessen ist bei Heizölverbraucheranlagen das Merkblatt zu Betriebs- und Verhaltensvorschriften beim Betrieb von Heizölverbraucheranlagen und bei allen anderen Anlagen das Merkblatt zu Betriebs- und Verhaltensvorschriften beim Umgang mit wassergefährdenden Stoffen an gut sichtbarer Stelle in der Nähe der Anlage dauerhaft anzubringen. Auf das Anbringen des Merkblattes kann verzichtet werden, wenn die dort vorgegebenen Informationen auf andere Weise in der Nähe der Anlage gut sichtbar dokumentiert sind. Bei Anlagen zur Verwendung wassergefährdender Stoffe der Gefährdungsstufe A, die im Freien außerhalb von Ortschaften betrieben werden, ist die gut sichtbare Anbringung einer Telefonnummer ausreichend, unter der bei Betriebsstörungen eine Alarmierung erfolgen kann.

Fachbetriebspflicht, Ausnahmen (§ 45)

Folgende Anlagen einschließlich der zu ihnen gehörenden Anlagenteile dürfen nur von Fachbetrieben nach § 62 errichtet, von innen gereinigt, instand gesetzt und stillgelegt werden:

- unterirdische Anlagen,
- oberirdische Anlagen der Gefährdungsstufe C und D zum Umgang mit flüssigen wassergefährdenden Stoffen,
- oberirdische Anlagen der Gefährdungsstufe B zum Umgang mit flüssigen wassergefährdenden Stoffen innerhalb von Wasserschutzgebieten,
- Heizölverbraucheranlagen der Gefährdungsstufe B, C und D,
- Biogasanlagen,
- Umschlaganlagen des intermodalen Verkehrs sowie
- Anlagen zum Umgang mit aufschwimmenden flüssigen Stoffen.

Tätigkeiten an Anlagen und Anlagenteilen, die keine unmittelbare Bedeutung für die Anlagensicherheit haben, müssen nicht von Fachbetrieben ausgeführt werden.

Überwachungs- und Prüfpflichten des Betreibers (§ 46)

Der Betreiber hat die Dichtheit der Anlage und die Funktionsfähigkeit der Sicherheitseinrichtungen regelmäßig zu kontrollieren. Die zuständige Behörde kann im Einzelfall anordnen, dass der Betreiber einen Überwachungsvertrag mit einem Fachbetrieb abschließt, wenn er selbst nicht die erforderliche Sachkunde besitzt und auch nicht über sachkundiges Personal verfügt.

Betreiber haben Anlagen außerhalb von Schutzgebieten und außerhalb von festgesetzten oder vorläufig gesicherten Überschwemmungsgebieten nach Maßgabe der in Abbildung 3.23 geregelten Prüfzeitpunkten und -intervallen auf ihren ordnungsgemäßen Zustand prüfen zu lassen.

Anlagen	**Prüfzeitpunkte und -intervalle**		
	vor Inbetriebnahme oder nach einer wesentlichen Änderung	**wiederkehrende Prüfung**	**bei Stilllegung der Anlage**
unterirdische Anlagen mit flüssigen oder gasförmigen wassergefährdenden Stoffen	A, B, C und D	A, B, C und D alle 5 Jahre	A, B, C und D
oberirdische Anlagen mit flüssigen oder gasförmigen wassergefährdenden Stoffen	B, C und D	C und D alle 5 Jahre	C und D
Anlagen mit festen wassergefährdenden Stoffen	über 1.000 t	unterirdische Anlagen und Anlagen im Freien über 1.000 t alle 5 Jahre	unterirdische Anlagen und Anlagen im Freien über 1.000 t
Anlagen zum Umschlagen wassergefährdender Stoffe nach § 29	über 100 t umgeschlagener Stoffe pro Arbeitstag	Anlagen über 100 t umgeschlagener Stoffe pro Arbeitstag alle 5 Jahre	Anlagen über 100 t umgeschlagener Stoffe pro Arbeitstag
Anlagen mit aufschwimmenden flüssigen Stoffen	über 100 m^3	über 1.000 m^3 alle 5 Jahre	über 1.000 m^3
Biogasanlagen, in denen ausschließlich Gärsubstrate nach § 2 eingesetzt werden	über 100 m^3	über 1.000 m^3 alle 5 Jahre	über 1.000 m^3
oberirdische Heizölverbraucheranlagen, Abfüll- und Umschlagsanlagen sowie Anlagen zum Laden und Löschen von Schiffen	B, C und D	B alle 10 Jahre C und D alle 5 Jahre	B, C und D

Abb. 3.23: Prüfpflichten von Anlagen außerhalb von Schutzgebieten und vorläufig gesicherten Überschwemmungsgebieten

Betreiber haben Anlagen in Schutzgebieten und in festgesetzten oder vorläufig gesicherten Überschwemmungsgebieten nach Maßgabe der in Abbildung 3.24 geregelten Prüfzeitpunkte und -intervalle auf ihren ordnungsgemäßen Zustand prüfen zu lassen.

Anlagen	**Prüfzeitpunkte und -intervalle**		
	vor Inbetriebnahme oder nach einer wesentlichen Änderung	**wiederkehrende Prüfung**	**bei Stilllegung der Anlage**
unterirdische Anlagen mit flüssigen oder gasförmigen wassergefährdenden Stoffen	A, B, C und D	A, B, C und D alle 30 Monate	A, B, C und D
oberirdische Anlagen mit flüssigen oder gasförmigen wassergefährdenden Stoffen	B, C und D	B, C und D alle 5 Jahre	B, C und D
Anlagen mit festen wassergefährdenden Stoffen	über 1.000 t	unterirdische Anlagen und Anlagen im Freien über 1.000 t alle 5 Jahre	unterirdische Anlagen und Anlagen im Freien über 1.000 t
Anlagen zum Umschlagen wassergefährdender Stoffe nach § 29	über 100 t umgeschlagener Stoffe pro Arbeitstag	Anlagen über 100 t umgeschlagener Stoffe pro Arbeitstag alle 5 Jahre	Anlagen über 100 t umgeschlagener Stoffe pro Arbeitstag
Anlagen mit aufschwimmenden flüssigen Stoffen	über 100 m^3	über 1.000 m^3 alle 5 Jahre	über 1.000 m^3
Biogasanlagen, in denen ausschließlich Gärsubstrate nach § 2 eingesetzt werden	über 100 m^3	über 1.000 m^3 alle 5 Jahre	über 1.000 m^3
oberirdische Heizölverbraucheranlagen, Abfüll- und Umschlagsanlagen sowie Anlagen zum Laden und Löschen von Schiffen	B, C und D	B, C und D alle 5 Jahre	B, C und D

Abb. 3.24: Prüfpflichten für Anlagen in Schutzgebieten und vorläufig festgestellten Überschwemmungsgebieten

Die zuständige Behörde kann unabhängig von den sich ergebenden Prüfzeitpunkten und -intervallen eine einmalige Prüfung oder wiederkehrende Prüfungen anordnen, insbesondere wenn die Besorgnis einer nachteiligen Veränderung von Gewässereigenschaften besteht.

Betreiber haben Anlagen, bei denen ein erheblicher oder ein gefährlicher Mangel festgestellt worden ist, nach Beseitigung des Mangels erneut prüfen zu lassen.

Die Prüfung entfällt, wenn:

- eine Anlage der Forschung, Entwicklung oder Erprobung neuer Einsatzstoffe, Brennstoffe, Erzeugnisse oder Verfahren dient oder
- die Anlage zu denselben Zeitpunkten oder innerhalb gleicher oder kürzerer Zeiträume nach anderen Rechtsvorschriften zu prüfen ist, dabei die Anforderungen dieser Verordnung und des § 62 des Wasserhaushaltsgesetzes berücksichtigt werden und die zuständige Behörde einen Prüfbericht erhält.

Weitergehende Regelungen, insbesondere in einer Eignungsfeststellung nach § 63 des Wasserhaushaltsgesetzes, bleiben unberührt.

Prüfung durch Sachverständige (§ 47)

Prüfungen nach § 46 dürfen nur durch Sachverständige durchgeführt werden. Der Sachverständige hat das Ergebnis der Prüfungen nach § 46 in eine der folgenden Klassen einzustufen:

- ohne Mangel,
- mit geringfügigem Mangel,
- mit erheblichem Mangel oder
- mit gefährlichem Mangel.

Der Sachverständige hat die zuständige Behörde über das Ergebnis jeder von ihm durchgeführten Prüfung nach § 46 zu unterrichten und ihr innerhalb von vier Wochen nach Durchführung der Prüfung einen Prüfbericht vorzulegen. Über einen gefährlichen Mangel hat er die zuständige Behörde unverzüglich zu unterrichten. Der Prüfbericht muss Angaben zu Folgendem enthalten:

- zum Betreiber,
- zum Standort,
- zur Anlagenidentifikation,
- zur Anlagenzuordnung,
- zu den wassergefährdenden Stoffen, mit denen in der Anlage umgegangen wird,
- zu behördlichen Zulassungen,
- zu den Sachverständigen und der Sachverständigenorganisation, die ihn bestellt hat,
- zu Art und Umfang der Prüfung,
- dazu, ob die Prüfung der gesamten Anlage abgeschlossen ist oder welche Anlagenteile noch nicht geprüft wurden,
- zu Art und Umfang der festgestellten Mängel,
- zu Datum und Ergebnis der Prüfung,
- zu erforderlichen Maßnahmen und zu einem Vorschlag für eine angemessene Frist für ihre Umsetzung oder zur Erforderlichkeit der Erarbeitung eines Instandsetzungskonzeptes,
- zum Datum der nächsten Prüfung und
- zu einer erfolgreichen Beseitigung festgestellter Mängel bei Nachprüfungen.

Stuft der Sachverständige eine Heizölverbraucheranlage nach Abschluss ihrer Prüfung in die Klasse „ohne Mangel“ oder „mit geringfügigem Mangel“ ein, hat er auf der Anlage an gut sichtbarer Stelle eine Plakette anzubringen, aus der das Datum der Prüfung sowie das Datum der nächsten Prüfung ersichtlich ist.

Beseitigung von Mängeln (§ 48)

Werden bei Prüfungen nach § 46 durch einen Sachverständigen Mängel festgestellt, hat der Betreiber diese Mängel innerhalb von sechs Monaten durch einen Fachbetrieb zu beseitigen. Erhebliche und gefährliche Mangel sind unverzüglich zu beseitigen.

Hat der Sachverständige bei seiner Prüfung nach § 46 einen gefährlichen Mangel festgestellt, hat der Betreiber die Anlage unverzüglich außer Betrieb zu nehmen und, soweit dies nach Feststellung des Sachverständigen erforderlich ist, zu entleeren. Die Anlage darf erst wieder in Betrieb genommen werden, wenn der zuständigen Behörde eine Bestätigung des Sachverständigen über die erfolgreiche Beseitigung der festgestellten Mängel vorliegt.

Anforderungen an Anlagen in Schutzgebieten (§ 49)

Im Fassungsbereich und in der engeren Zone von Schutzgebieten dürfen keine Anlagen errichtet und betrieben werden. In der weiteren Zone von Schutzgebieten dürfen folgende Anlagen nicht errichtet und folgende bestehende Anlagen nicht erweitert werden:

- Anlagen der Gefährdungsstufe D,
- Biogasanlagen mit einem Volumen von insgesamt über 3.000 Kubikmetern,
- unterirdische Anlagen der Gefährdungsstufe C sowie
- Anlagen mit Erdwärmesonden.

In der weiteren Zone von Schutzgebieten dürfen nur Lageranlagen und Anlagen zum Herstellen, Behandeln und Verwenden wassergefährdender Stoffe errichtet und betrieben werden, die:

- mit einer Rückhalteeinrichtung ausgerüstet sind, die das gesamte in der Anlage vorhandene Volumen wassergefährdender Stoffe aufnehmen kann, oder
- doppelwandig ausgeführt und mit einem Leckanzeigegerät ausgerüstet sind.

Die zuständige Behörde kann eine Befreiung von den Anforderungen erteilen, wenn:

- das Wohl der Allgemeinheit dies erfordert oder das Verbot zu einer unzumutbaren Härte führen würde und
- der Schutzzweck des Schutzgebietes nicht beeinträchtigt wird.

Weitergehende Vorschriften in landesrechtlichen Verordnungen zur Festsetzung von Schutzgebieten bleiben unberührt.

Anforderungen an Anlagen in festgesetzten und vorläufig gesicherten Überschwemmungsgebieten (§ 50)

Anlagen dürfen in festgesetzten und vorläufig gesicherten Überschwemmungsgebieten nur errichtet und betrieben werden, wenn wassergefährdende Stoffe durch Hochwasser nicht abgeschwemmt oder freigesetzt werden und auch nicht auf eine andere Weise in ein Gewässer oder eine Abwasserbehandlungsanlage gelangen können. § 78 des Wasserhaushaltsgesetzes sowie weitergehende Vorschriften in landesrechtlichen Verordnungen zur Festsetzung von Überschwemmungsgebieten bleiben unberührt.

Abstand zu Trinkwasserbrunnen, Quellen und oberirdischen Gewässern (§ 51)

Der Abstand von JGS-Anlagen und Biogasanlagen, in denen ausschließlich Gärsubstrate eingesetzt werden, zu privat oder gewerblich genutzten Quellen oder zu Brunnen, die der Trinkwassergewinnung dienen, hat mindestens 50 Meter, der Abstand zu oberirdischen Gewässern mindestens 20 Meter zu betragen. Dies gilt nicht, wenn der Betreiber nachweist, dass ein entsprechender Schutz der Trinkwassergewinnung oder der Gewässer auf andere Weise gewährleistet ist.

3.11.4 Fachbetriebe

Gemeinsame Pflichten der Sachverständigenorganisation und der Güte- und Überwachungsgemeinschaften (§ 61)

Sachverständigenorganisationen, die berechtigt sind, Fachbetriebe zu zertifizieren und zu überwachen, sowie Güte- und Überwachungsgemeinschaften sind verpflichtet:

- die Einhaltung der Anforderungen sowie das ordnungsgemäße Arbeiten des Fachbetriebs regelmäßig, mindestens alle zwei Jahre, sowie bei gegebenem Anlass zu kontrollieren und Art, Umfang und Ergebnisse sowie Ort und Zeitpunkt der jeweiligen Kontrolle zu dokumentieren,
- die bei den Kontrollen der Fachbetriebe gewonnenen Erkenntnisse zu sammeln und auszuwerten,
- der zuständigen Behörde die bei den Kontrollen der Fachbetriebe gewonnenen Erkenntnisse jeweils bis zum 31. März eines Jahres für das vorangegangene Kalenderjahr zu übermitteln.

Zu den Kontrollen gehören insbesondere Kontrollen der Ergebnisse und der Qualität von praktischen, vom Fachbetrieb ausgeführten Tätigkeiten, Kontrollen der Teilnahme an Schulungen oder Fortbildungsveranstaltungen sowie Kontrollen der Geräte und Ausrüstungsteile.

Sachverständigenorganisationen und Güte- und Überwachungsgemeinschaften müssen für ihr Tätigkeitsgebiet Schulungen anbieten, mit denen der betrieblich verantwortlichen Person und dem eingesetzten Personal der Fachbetriebe die erforderlichen Kenntnisse, insbesondere auf den in § 62 genannten Gebieten, vermittelt werden.

Sachverständigenorganisationen und Güte- und Überwachungsgemeinschaften müssen Fachbetriebe, die für Dritte tätig werden, unverzüglich nach der Zertifizierung in geeigneter Weise im Internet bekannt machen, die Angaben sind aktuell zu halten. Bei der Bekanntmachung sind die Fachbereiche und Tätigkeiten anzugeben, in denen der Fachbetrieb von der Sachverständigenorganisation oder Güte- und Überwachungsgemeinschaft überwacht wird.

Sachverständigenorganisationen und Güte- und Überwachungsgemeinschaften sind verpflichtet, einem Fachbetrieb die Zertifizierung unverzüglich zu entziehen, wenn dieser:

- wiederholt fachbetriebspflichtige Arbeiten fehlerhaft durchgeführt hat,
- die in § 62 und § 63 aufgeführten Anforderungen an Fachbetriebe nicht mehr erfüllt oder
- die Pflicht nach § 63 nicht erfüllt.

Fachbetriebe, Zertifizierung von Fachbetrieben (§ 62)

Betriebe, die die in § 45 genannten Tätigkeiten an den dort genannten Anlagen und Anlagenteilen ausführen, bedürfen der Zertifizierung als Fachbetrieb durch eine Sachverständigenorganisation oder eine Güte- und Überwachungsgemeinschaft. Die Zertifizierung kann auf bestimmte Tätigkeiten beschränkt werden. Sie ist auf einen Zeitraum von zwei Jahren zu befristen.

Eine Sachverständigenorganisation oder eine Güte- und Überwachungsgemeinschaft darf einen Betrieb nur als Fachbetrieb zertifizieren, wenn dieser Betrieb:

- über die Geräte und Ausrüstungsteile verfügt, durch die die Einhaltung der Anforderungen nach § 62 des Wasserhaushaltsgesetzes und dieser Verordnung gewährleistet wird,

- eine betrieblich verantwortliche Person bestellt hat mit:
  - erfolgreich abgeschlossener Meisterprüfung in einem einschlägigen Handwerk, mit erfolgreichem Abschluss eines ingenieurwissenschaftlichen Studium in der für die ausgeübte Tätigkeit einschlägigen Fachrichtung oder mit einer geeigneten gleichwertigen Ausbildung,
  - mindestens zweijähriger Praxis in dem Tätigkeitsgebiet des Fachbetriebs und
  - ausreichenden Kenntnissen in den Bereichen, die in einer Prüfung nachgewiesen wurden,

- nur Personal einsetzt, das über die erforderlichen Fähigkeiten für die vorgesehenen Tätigkeiten verfügt, beispielsweise auch an Schulungen von Herstellern zu einzusetzenden Produkten teilgenommen hat, und

- Arbeitsbedingungen schafft, die eine ordnungsgemäße Ausführung der Tätigkeiten gewährleisten.

Die Kenntnisse müssen Folgendes umfassen:

- Aufbau und Funktionsweise der Anlagen sowie deren Gefährdungspotenzial,
- Eigenschaften der Stoffe, mit denen in den Anlagen umgegangen wird, insbesondere hinsichtlich der Wassergefährdung,
- maßgebliche Vorschriften des Wasser-, Bau-, Betriebssicherheits-, Immissionsschutz- und Abfallrechts und
- Anforderungen an das Verarbeiten von bestimmten Bauprodukten und Anlagenteilen.

Die Sachverständigenorganisation oder die Güte- und Überwachungsgemeinschaft stellt nach abgeschlossener Zertifizierung eine Urkunde über die Zertifizierung aus. Die Urkunde muss folgende Angaben enthalten:

- Name und Anschrift des Fachbetriebs,
- Name und Anschrift der Sachverständigenorganisation oder der Güte- und Überwachungsgemeinschaft, die den Betrieb zertifiziert hat,
- eine Beschreibung des Tätigkeitsbereichs des Fachbetriebs sowie
- die Geltungsdauer der Zertifizierung.

Als Fachbetrieb gilt auch, wer die Anforderungen erfüllt und berechtigt ist, in einem anderen Mitgliedsstaat der Europäischen Union oder in einem anderen Vertragsstaat des Abkommen über den Europäischen Wirtschaftsraum Tätigkeiten durchzuführen, die in der Bundesrepublik Deutschland nach § 45 Fachbetrieben vorbehalten sind, sofern der Betrieb in dem anderen Staat einer gleichwertigen Überwachung unterliegt.

Pflichten der Fachbetriebe (§ 63)

Der Fachbetrieb hat sicherzustellen, dass die betrieblich verantwortliche Person mindestens alle zwei Jahre sowie das eingesetzte Personal regelmäßig an Schulungen nach § 61 oder an anderen gleichwertigen Fortbildungsveranstaltungen teilnimmt.

Fachbetriebe sind verpflichtet, der Sachverständigenorganisation oder der Güte- und Überwachungsgemeinschaft, die sie überwacht, Änderungen ihrer Organisationsstruktur unverzüglich mitzuteilen.

Ein Betrieb, dem die Zertifizierung als Fachbetrieb entzogen wurde, hat die Zertifizierungsurkunde nach § 62 der Sachverständigenorganisation oder der Güte- und Überwachungsgemeinschaft unverzüglich zurückzugeben. Sie darf nicht weiter verwendet werden.

Nachweis der Fachbetriebseigenschaft (§ 64)

Fachbetriebe haben die Fachbetriebseigenschaft unaufgefordert gegenüber dem Betreiber einer Anlage nachzuweisen, wenn dieser den Fachbetrieb mit fachbetriebsspezifischen Tätigkeiten beauftragt. Gegenüber der zuständigen Behörde haben sie ihre Fachbetriebseigenschaft auf Verlangen nachzuweisen. Der Nachweis ist geführt, wenn der Fachbetrieb die Zertifizierungsurkunde nach § 62 oder eine beglaubigte Kopie der Zertifizierungsurkunde vorlegt.

Bestehende Einstufungen von Stoffen und Gemischen (§ 66)

Stoffe, Stoffgruppen und Gemische, die bereits durch die oder aufgrund der Verwaltungsvorschrift wassergefährdende Stoffe (VwVwS) eingestuft worden sind, gelten als eingestuft. Diese Einstufungen werden jeweils vom Umweltbundesamt im Bundesanzeiger veröffentlicht. Das Umweltbundesamt stellt zudem im Internet eine Möglichkeit bereit, die Einstufung wassergefährdender Stoffe, Stoffgruppen und Gemisch zu ermitteln.

Änderung der Einstufung wassergefährdender Stoffe (§ 66a)

Führt die Änderung der Einstufung eines wassergefährdenden Stoffes zur Erhöhung der Gefährdungsstufe einer Anlage, gelten die hieraus folgenden weitergehenden Anforderungen an die Anlage erst auf Anordnung der zuständigen Behörde. Dies gilt auch für bestehende Anlagen.

Bestehende prüfpflichtige Anlagen (§ 67)

Für bestehende Anlagen, die einer Prüfpflicht nach § 46 unterliegen, hat der Sachverständige im Rahmen der ersten Prüfung nach diesen Vorschriften im Prüfbericht nach § 47 festzuhalten:

- inwieweit die Anlagen die Anforderungen nicht erfüllt und
- inwieweit die Anlage die Anforderungen dieser Verordnung nicht erfüllt, die über die Anforderungen hinausgehen, die nach den jeweiligen landesrechtlichen Vorschriften zu beachten waren.

Der Betreiber hat innerhalb einer Frist von 5 Jahren nach dem Fälligkeitstermin der Prüfung die Anpassungsmaßnahmen zu verwirklichen, mit denen die festgehaltenen Abweichungen vollständig behoben werden oder die in technischen Regeln für bestehende Anlagen für diese Fälle vorgesehen sind.

Die zuständige Behörde kann aufgrund der besonderen Umstände des Einzelfalls Ausnahmen von den Anpassungspflichten zulassen, wenn die Anforderungen des § 62 des Wasserhaushaltsgesetzes dennoch erfüllt werden.

Werden bei einer Prüfung nach § 46 von bestehenden Anlagen erhebliche oder gefährliche Mängel am Behälter oder der Rückhalteeinrichtung festgestellt, sind bei der Beseitigung dieser Mängel die Anforderungen dieser Verordnung zu beachten.

Aufgrund von festgehaltenen Abweichungen können die Stilllegung oder Beseitigung einer Anlage oder Anpassungsmaßnahmen, die einer Neuerrichtung der Anlage gleichkommen oder die den Zweck der Anlage verändern, nicht verlangt werden.

Sollen wesentliche bauliche Teile oder wesentliche Sicherheitseinrichtungen einer bestehenden Anlage geändert werden, gelten für diese Teile oder diese Sicherheitseinrichtungen die Vorschriften dieser Verordnung bereits ab dem Zeitpunkt der Änderung.

Bestehende Anlagen, die einfacher oder herkömmlicher Art sind, bedürfen keiner Eignungsfeststellung nach § 63 des Wasserhaushaltsgesetzes.

Bestehende nicht prüfpflichtige Anlagen (§ 67aa)

Der Betreiber einer bestehenden Anlage der Gefährdungsstufe B nach § 39, die keiner Prüfpflicht nach § 46 unterliegt, hat der zuständigen Behörde mitzuteilen, inwieweit die Anlage die Anforderungen dieser Verordnung nicht erfüllt, die über die Anforderungen hinausgehen, die nach den jeweiligen landesrechtlichen Vorschriften zu beachten waren. Kann er diese selbst nicht eindeutig feststellen, hat er einen Sachverständigen hinzuziehen.

Der Betreiber hat innerhalb einer Frist von 5 Jahren die Anpassungsmaßnahmen zu verwirklichen, mit denen die festgehaltenen Abweichungen vollständig behoben werden oder die in technischen Regeln für bestehende Anlagen für diese Fälle vorgesehen sind.

Einbau von Leichtflüssigkeitsabscheidern (§ 68)

Leichtflüssigkeitsabscheider für Kraftstoffe mit Zumischung von Ethanol dürfen ab dem 1. Januar 2016 nur eingebaut werden, wenn der Nachweis erbracht worden ist, dass sie gegenüber diesen Kraftstoffen beständig sind und ihre Funktionsfähigkeit nur unerheblich verringert wird.

3.11.5 Einstufung von Stoffen und Gemischen in Wassergefährdungsklassen

3.11.5.1 Einstufung von Stoffen und Gemischen als nicht wassergefährdend

Stoffe sind nicht wassergefährdend, wenn sie alle im Folgenden genannten Anforderungen erfüllen:

- die Summe der Bewertungs- und Vorsorgepunkte ist Null,
- ein flüssiger Stoff weist eine Wasserlöslichkeit von kleiner als 10 mg/L auf,
- ein fester Stoff weist eine Wasserlöslichkeit von kleiner als 100 mg/L auf,

- es ist keine Prüfung bekannt, nach der die akute Toxizität an einer Fischart (96 h LC_{50}) oder einer Wasserflohart (48 h EC_{50}) oder die Hemmung des Algenwachstums (72 h IC_{50}) unterhalb der Löslichkeitsgrenze liegt. Es müssen valide Prüfungen an zwei der vorgenannten Organismen durchgeführt worden sein,
- ein flüssiger organischer Stoff ist leicht biologisch abbaubar,
- ein fester organischer Stoff ist entweder leicht biologisch abbaubar oder weist kein erhöhtes Bioakkumulationspotenzial auf,
- durch leichte biologische oder abiotische Abbaubarkeit entsteht kein wassergefährdender Stoff,
- der Stoff ist kein aufschwimmender flüssiger Stoff.

Gemische

Gemische sind nicht wassergefährdend, wenn sie alle im Folgenden genannten Anforderungen erfüllen:

- der Gehalt an Stoffen der WGK 1 ist geringer als 3 % Massenanteil,
- der Gehalt an Stoffen der WGK 2 ist geringer als 0,2 % Massenanteil,
- der Gehalt an Stoffen der WGK 3 ist geringer als 0,2 % Massenanteil,
- der Gehalt an nicht identifizierten Stoffen ist geringer als 0,2 % Massenanteil,
- dem Gemisch wurden keine krebserzeugenden Stoffe gezielt zugesetzt,
- dem Gemisch wurden keine Stoffe der WGK 3 gezielt zugesetzt,
- dem Gemisch wurden keine Stoffe gezielt zugesetzt, deren wassergefährdende Eigenschaften nicht bekannt sind,
- dem Gemisch wurden keine Dispergatoren oder Emulgatoren gezielt zugesetzt,
- das Gemisch schwimmt in oberirdischen Gewässern nicht auf.

3.11.5.2 Einstufung von Stoffen in Wassergefährdungsklassen

Bestimmung aufschwimmender flüssiger Stoffe und Gemische als allgemein wassergefährdend

Aufschwimmende flüssige Stoffe sind allgemein wassergefährdend, wenn sie die Anforderungen für Stoffe erfüllen.

Die aufschwimmenden flüssigen Stoffe werden vom Umweltbundesamt im Bundesanzeiger öffentlich bekannt gegeben und zusätzlich im Internet in Listenform bereitgestellt.

Methodische Vorgaben

Grundlage für die Einstufung sind wissenschaftliche Prüfungen an dem jeweiligen Stoff gemäß der Vorgaben der Verordnung (EG) Nr. 440/2008 zur Festlegung von Prüfmethoden gemäß der Verordnung (EG) Nr. 1907/2006 des Europäischen Parlaments und des Rates zur Registrierung, Bewertung, Zulassung und Beschränkung chemischer Stoffe (REACH).

Wurden aus diesen wissenschaftlichen Prüfungen für den jeweiligen Stoff:

- R-Sätze gemäß den Anhängen I und VI der Richtlinie 67/548/EWG oder
- Gefahrenhinweise nach den Anhängen I, II und VI der Verordnung (EG) Nr. 1272/2009

in der jeweils geltenden Fassung abgeleitet, werden den R-Sätzen bzw. Gefahrenhinweisen Bewertungspunkt zugeordnet.

Wurden wissenschaftliche Prüfungen zu akuten oralen oder dermalen Toxizität oder zu Auswirkungen auf die Umwelt für den jeweiligen Stoff nicht durchgeführt, werden dem Stoff Vorsorgepunkte zugeordnet.

Aus der Summe der Bewertungs- und Vorsorgepunkte für den jeweiligen Stoff wird die Wassergefährdungsklasse ermittelt.

R-Sätze, Gefahrenhinweise und Bewertungspunkte

Den R-Sätzen (Abb. 3.25) oder Gefahrenhinweisen (Abb. 3.26) werden folgende Bewertungspunkte zugordnet:

R-Satz	Bezeichnung der besonderen Gefahren	Vorrangigkeit anderer R-Sätze	Bewertungs-punkte
R21	gesundheitsschädlich bei Berührung mit der Haut	wird nicht zusätzlich zu R25, R23/25, R28 oder R26/28 berücksichtigt	1
R22	gesundheitsschädlich beim Verschlucken	wird nicht zusätzlich zu R24, R23/24, R27 oder R26/27 berücksichtigt	1
R24	giftig bei Berührung mit der Haut	wird nicht zusätzlich zu R28 oder R26/28 berücksichtigt	3
R25	giftig beim Verschlucken	wird nicht zusätzlich zu R27 oder R26/27 berücksichtigt	3
R27	sehr giftig bei Berührung mit der Haut		4
R28	sehr giftig beim Verschlucken		4
R29	entwickelt bei Berührung mit Wasser giftige Gase		2
R33	Gefahr kumulativer Wirkungen		2
R40	Verdacht auf krebserzeugende Wirkung	wird nicht zusätzlich zu R68 berücksichtigt	2

R-Satz	Bezeichnung der besonderen Gefahren	Vorrangigkeit anderer R-Sätze	Bewertungs-punkte
R45	kann Krebs erzeugen		9
R46	kann vererbbare Schäden verursachen	wird nicht zusätzlich zu R45 berücksichtigt	9
R50	sehr giftig für Wasserorganismen		6
R52	schädlich für Wasserorganismen		3
R53	kann in Gewässern längerfristig schädliche Wirkungen haben		3
R60	kann die Fortpflanzungsfähigkeit beeinträchtigen		4
R61	kann das Kind im Mutterleib schädigen	wird nicht zusätzlich zu R60 berücksichtigt	4
R62	kann möglicherweise die Fortpflanzungsfähigkeit beeinträchtigen	wird nicht zusätzlich zu R61 berücksichtigt	2
R63	kann das Kind im Mutterleib möglicherweise schädigen	wird nicht zusätzlich zu R60 und R62 berücksichtigt	2
R65	gesundheitsschädlich: kann beim Verschlucken Lungenschäden verursachen	wird nicht zusätzlich zu R21 und R22 berücksichtigt	1
R68	irreversibler Schaden möglich	wird nicht zusätzlich zu R40 berücksichtigt	2
R15/29	reagiert mit Wasser unter Bildung giftiger und hochentzündlicher Gase		2
R20/21	gesundheitsschädlich beim Einatmen und bei Berührung mit der Haut	wird nicht zusätzlich zu R25 und R28 berücksichtigt	1
R20/22	gesundheitsschädlich beim Einatmen und Verschlucken	wird nicht zusätzlich zu R24 und R27 berücksichtigt	1
R20/21/22	gesundheitsschädlich beim Einatmen, Verschlucken und Berührung mit der Haut		1

3

R-Satz	Bezeichnung der besonderen Gefahren	Vorrangigkeit anderer R-Sätze	Bewertungs-punkte
R21/22	gesundheitsschädlich bei Berührung mit der Haut und beim Verschlucken		1
R23/24	giftig beim Einatmen und bei Berührung mit der Haut	wird nicht zusätzlich zu R28 berücksichtigt	3
R23/25	giftig beim Einatmen und Verschlucken	wird nicht zusätzlich zu R27 berücksichtigt	3
R23/24/25	giftig beim Einatmen, Verschlucken und Berührung mit der Haut		3
R24/25	giftig bei Berührung mit der Haut und beim Verschlucken		3
R26/27	sehr giftig beim Einatmen und bei Berührung mit der Haut		4
R26/28	sehr giftig beim Einatmen und Verschlucken		4
R26/27/28	sehr giftig beim Einatmen, Verschlucken und Berührung mit der Haut		4
R27/28	sehr giftig bei Berührung mit der Haut und beim Verschlucken		4
R39/24	giftig: ernste Gefahr irreversiblen Schadens bei Berührung mit der Haut		4
R39/25	giftig: ernste Gefahr irreversiblen Schadens durch Verschlucken		4
R39/23/24	giftig: ernste Gefahr irreversiblen Schadens durch Einatmen und bei Berührung mit der Haut		4
R39/23/25	giftig: ernste Gefahr irreversiblen Schadens durch Einatmen und durch Verschlucken		4
R39/24/25	giftig: ernste Gefahr irreversiblen Schadens bei Berührung mit der Haut und durch Verschlucken		4

R-Satz	Bezeichnung der besonderen Gefahren	Vorrangigkeit anderer R-Sätze	Bewertungs-punkte
R39/23/ 24/25	giftig: ernste Gefahr irreversiblen Schadens durch Einatmen, Berührung mit der Haut und durch Verschlucken		4
R39/27	sehr giftig: ernste Gefahr irreversiblen Schadens bei Berührung mit der Haut		4
R39/28	sehr giftig: ernste Gefahr irreversiblen Schadens durch Verschlucken		4
R39/26/ 27	sehr giftig: ernste Gefahr irreversiblen Schadens durch Einatmen und bei Berührung mit der Haut		4
R39/26/ 28	sehr giftig: ernste Gefahr irreversiblen Schadens durch Einatmen und durch Verschlucken		4
R39/27/ 28	sehr giftig: ernste Gefahr irreversiblen Schadens bei Berührung mit der Haut und durch Verschlucken		4
R39/26/ 27/28	sehr giftig: ernste Gefahr irreversiblen Schadens durch Einatmen, Berührung mit der Haut und durch Verschlucken		4
R48/21	gesundheitsschädlich: Gefahr ernster Gesundheitsschäden bei längerer Exposition durch Berührung mit der Haut		2
R48/22	gesundheitsschädlich: Gefahr ernster Gesundheitsschäden bei längerer Exposition durch Verschlucken		2
R48/20/ 21	gesundheitsschädlich: Gefahr ernster Gesundheitsschäden bei längerer Exposition durch Einatmen und durch Berührung mit der Haut		2

3

R-Satz	Bezeichnung der besonderen Gefahren	Vorrangigkeit anderer R-Sätze	Bewertungs-punkte
R48/20/22	gesundheitsschädlich: Gefahr ernster Gesundheitsschäden bei längerer Exposition durch Einatmen und durch Verschlucken		2
R48/21/22	gesundheitsschädlich: Gefahr ernster Gesundheitsschäden bei längerer Exposition durch Berührung mit der Haut und durch Verschlucken		2
R48/20/21/22	gesundheitsschädlich: Gefahr ernster Gesundheitsschäden bei längerer Exposition durch Einatmen, Berührung mit der Haut und durch Verschlucken		2
R48/24	giftig: Gefahr ernster Gesundheitsschäden bei längerer Exposition durch Berührung mit der Haut		4
R48/25	giftig: Gefahr ernster Gesundheitsschäden bei längerer Exposition durch Verschlucken		4
R48/23/24	giftig: Gefahr ernster Gesundheitsschäden bei längerer Exposition durch Einatmen und durch Berührung mit der Haut		4
R48/23/25	giftig: Gefahr ernster Gesundheitsschäden bei längerer Exposition durch Einatmen und durch Verschlucken		4
R48/24/25	giftig: Gefahr ernster Gesundheitsschäden bei längerer Exposition durch Berührung mit der Haut und durch Verschlucken		4
R48/23/24/25	giftig: Gefahr ernster Gesundheitsschäden bei längerer Exposition durch Einatmen, Berührung mit der Haut und durch Verschlucken		4

R-Satz	Bezeichnung der besonderen Gefahren	Vorrangigkeit anderer R-Sätze	Bewertungs-punkte
R50/53	sehr giftig für Wasserorganismen, kann in Gewässern längerfristig schädliche Wirkungen haben		8
R51/53	giftig für Wasserorganismen, kann in Gewässern längerfristig schädliche Wirkungen haben		6
R52/53	schädlich für Wasserorganismen, kann in Gewässern längerfristig schädliche Wirkungen haben		4
R68/21	gesundheitsschädlich: Möglichkeit irreversiblen Schadens bei Berührung mit der Haut		2
R68/22	gesundheitsschädlich: Möglichkeit irreversiblen Schadens durch Verschlucken		2
R68/20/21	gesundheitsschädlich: Möglichkeit irreversiblen Schadens durch Einatmen und bei Berührung mit der Haut		2
R68/20/22	gesundheitsschädlich: Möglichkeit irreversiblen Schadens durch Einatmen und durch Verschlucken		2
R68/21/22	gesundheitsschädlich: Möglichkeit irreversiblen Schadens bei Berührung mit der Haut und durch Verschlucken		2
R68/20/21/22	gesundheitsschädlich: Möglichkeit irreversiblen Schadens durch Einatmen, Berührung mit der Haut und durch Verschlucken		2

Abb. 3.25: Bewertungspunkte nach R-Sätzen

Gefahrenhinweis	Bezeichnung der Gefahrenhinweise	Vorrangigkeit anderer Gefahrenhinweise	Bewertungspunkte
EUH 029	entwickelt bei Berührung mit Wasser giftige Gase		2
H300	Lebensgefahr bei Verschlucken		4
H301	giftig bei Verschlucken	wird nicht zusätzlich zu H310 berücksichtigt	3
H302	gesundheitsschädlich bei Verschlucken	wird nicht zusätzlich zu H311 oder H310 berücksichtigt	1
H304	kann bei Verschlucken und Eindringen in die Atemwege tödlich sein	wird nicht zusätzlich zu H312 und H302 berücksichtigt	1
H310	Lebensgefahr bei Hautkontakt	wird nicht zusätzlich zu H300 berücksichtigt	4
H311	giftig bei Hautkontakt	wird nicht zusätzlich zu H301 oder H300 berücksichtigt	3
H312	gesundheitsschädlich bei Hautkontakt	wird nicht zusätzlich zu H302, H301 oder H300 berücksichtigt	1
H340	kann genetische Defekte verursachen (Expositionsweg angeben, sofern schlüssig belegt ist, dass diese Gefahr bei keinem anderen Expositionsweg besteht)	wird nicht zusätzlich zu H350 berücksichtigt	9
H341	kann vermutlich genetische Defekte verursachen (Expositionsweg angeben, sofern schlüssig belegt ist, dass diese Gefahr bei keinem anderen Expsitionsweg besteht)	wird nicht zusätzlich zu H351 berücksichtigt	2
H350	kann Krebs verursachen (Expositionsweg angeben, sofern schlüssig belegt, dass diese Gefahr bei keinem anderen Expositionsweg besteht)		9

Gefahrenhinweis	Bezeichnung der Gefahrenhinweise	Vorrangigkeit anderer Gefahrenhinweise	Bewertungspunkte
H351	kann vermutlich Krebs verursachen (Expositionsweg angeben, sofern schlüssig belegt ist, dass diese Gefahr bei keinem anderen Expositionsweg besteht)	wird nicht zusätzlich zu H341 berücksichtigt	2
H360D	kann das Kind im Mutterleib schädigen	wird nicht zusätzlich zu H360F berücksichtigt	4
H360F	kann die Fruchtbarkeit beeinträchtigen		4
H361d	kann vermutlich das Kind im Mutterleib schädigen	wird nicht zusätzlich zu H360F und H361F berücksichtigt	2
H361f	kann vermutlich die Fruchtbarkeit beeinträchtigen	wird nicht zusätzlich zu H360D berücksichtigt	2
H370	schädigt die Organe (oder alle betroffenen Organe nennen, sofern bekannt) (Expositionsweg angeben, sofern schlüssig belegt ist, dass diese Gefahr bei keinem anderen Expositionsweg besteht)		4
H371	kann die Organe schädigen (oder alle betroffenen Organe nennen, sofern bekannt) (Expositionsweg angeben, sofern schlüssig belegt ist, dass diese Gefahr bei keinem anderen Expositionsweg besteht)		2
H372	schädigt die Organe (alle betroffenen Organe nennen) bei längerer oder wiederholter Exposition (Expostionsweg angeben, wenn schlüssig belegt ist, dass diese Gefahr bei keinem anderen Expositionsweg besteht)		4

3

Gefahrenhinweis	Bezeichnung der Gefahrenhinweise	Vorrangigkeit anderer Gefahrenhinweise	Bewertungspunkte
H373	kann die Organe schädigen (alle betroffenen Organe nennen) bei längerer oder wiederholter Exposition (Expositionsweg angeben, wenn schlüssig belegt ist, dass diese Gefahr bei keinem anderen Expositionsweg besteht)		2
H400	sehr giftig für Wasserorganismen	wird nicht zusätzlich zu H410 berücksichtigt	6
H410	sehr giftig für Wasserorganismen mit langfristiger Wirkung		8
H411	giftig für Wasserorganismen mit langfristiger Wirkung		6
H412	schädlich für Wasserorganismen mit langfristiger Wirkung		4
H413	kann für Wasserorganismen schädlich sein, mit langfristiger Wirkung		3

Abb. 3.26: Bewertungspunkte nach Gefahrenhinweisen

Vorsorgepunkte

Sind zu einem Stoff keine Informationen zur akuten oralen und dermalen Toxizität vorhanden, werden dem Stoff 4 Vorsorgepunkte zugewiesen.

Sind zu einem Stoff keine Informationen zu Auswirkungen auf die Umwelt vorhanden, werden dem Stoff 8 Vorsorgepunkte zugewiesen. Die Anzahl der Vorsorgepunkte wird um 2 vermindert, wenn die leichte biologische Abbaubarkeit nachgewiesen und Bioakkumulationspotenzial ausgeschlossen wurde.

Wurden einem Stoff keine R-Sätze oder Gefahrenhinweise zu Auswirkungen auf die Umwelt zugeordnet und sind Prüfungen zu Auswirkungen auf die Umwelt für den Stoff bekannt, werden die folgenden Vorsorgepunkte zugewiesen:

- 8 Vorsorgepunkte, wenn eine Prüfung bekannt ist, nach der die akute Toxizität an einer Fischart (96 h LC_{50}) oder einer Wasserflohart (48 h EC_{50}) oder die Hemmung des Algenwachstums (72 h IC_{50}) nicht mehr als 1 mgL^{-1} beträgt und kein Nachweis der leichten biologischen

Abbaubarkeit oder kein Nachweis zum Ausschluss eines Bioakkumulationspotenzials vorhanden ist,

- 6 Vorgabepunkte, wenn eine Prüfung bekannt ist, nach der die akute Toxizität an einer Fischart (96 h LC_{50}) oder einer Wasserflohart (48 h EC_{50}) oder die Hemmung des Algenwachstums (72 h IC_{50}) mehr als 1 mgL^{-1} und nicht mehr als 10 mgL^{-1} beträgt und kein Nachweis der leichten biologischen Abbaubarkeit und kein Nachweis zum Ausschluss eines Bioakkumulationspotenzial vorhanden ist,
- 4 Vorgabepunkte, wenn eine Prüfung bekannt ist, nach der die akute Toxizität an einer Fischart (96 h LC_{50}) oder einer Wasserflohart (48 h EC_{50}) oder die Hemmung des Algenwachstums (72 h IC_{50}) mehr als 10 mgL^{-1} und nicht mehr als 100 mgL^{-1} beträgt und kein Nachweis der biologischen Abbaubarkeit in Gewässern vorhanden ist,
- 2 Vorsorgepunkte, wenn nur Prüfungen bekannt sind, nach denen die akute Toxizität an einer Fischart (96 h LC_{50}) oder einer Wasserflohart (48 h EC_{50}) oder die Hemmung des Algenwachstums (72 h IC_{50}) mehr als 100 mgL^{-1} beträgt und kein Nachweis der biologischen Abbaubarkeit in Gewässern sowie kein Nachweis zum Ausschluss eines Bioakkumulationspotenzials vorhanden ist.

Ermittlung der Wassergefährdungsklasse

Aus den ermittelten Bewertungs- und Vorsorgepunkten für den jeweiligen Stoff wird die Summe gebildet. Entsprechend dieser Summe wird eine der folgenden Wassergefährdungsklassen zugeordnet:

- die Summe beträgt 0 bis 4: WGK 1,
- die Summe beträgt 5 bis 8: WGK 2,
- die Summe beträgt mehr als 8: WGK 3.

3.11.5.3 Einstufung von Gemischen in Wassergefährdungsklassen

Grundsätze

Die Wassergefährdungsklasse von Gemischen wird aus den Wassergefährdungsklassen der enthaltenen Stoffe rechnerisch ermittelt. Dabei werden nicht identifizierte Stoffe wie Stoffe der WGK 3 behandelt.

Werden feste Gemische bei der Herstellung von flüssigen Gemischen verwendet und wurden diese festen Gemische nicht als nicht wassergefährdend oder in eine Wassergefährdungsklasse eingestuft, werden die festen Gemische bei der Ableitung der Wassergefährdungsklasse des flüssigen Gemisches wie Stoffe der WGK 3 behandelt. Wurden die festen Gemische in eine Wassergefährdungsklasse eingestuft, werden sie bei der Ableitung der Wassergefährdungsklasse des flüssigen Gemisches wie Stoffe dieser Wassergefährdungsklasse behandelt. Dies gilt entsprechend für eingestufte flüssige Gemische.

Krebserzeugende Stoffe sind ab einem Massenanteil von 0,1 %, bezogen auf den Einzelstoff, zu berücksichtigen. Sind für die Einstufung des Gemisches als krebserzeugend (R45 bzw. H350) nach Anhang VI der Verordnung (EG) Nr. 1272/2008 und Anhang II der Richtlinie 1999/45/EG, oder nach den Anhängen I und II der Verordnung (EG) Nr. 1272/2008 andere Massenanteile maßgebend, gelten diese. Bei der Ableitung der WGK 1 sind zugesetzte krebserzeugende Stoffe immer zu berücksichtigen.

Nicht krebserzeugende Stoffe mit einem Massenanteil von weniger als 0,2 %, bezogen auf den Einzelstoff, werden nicht berücksichtigt. Muss bei einem Stoff der WGK 2 oder WGK 3 wegen seiner hohen aquatischen Toxizität ein M-Faktor berücksichtigt werden, wird der prozentuale Gehalt dieses Stoffes mit dem Faktor multipliziert. Das sich daraus ergebende Produkt wird zur Ermittlung des Massenanteils verwendet.

Liegen wissenschaftliche Prüfungen zur akuten oralen oder dermalen Toxizität oder zur aquatischen Toxizität für das Gemisch vor, kann die Wassergefährdungsklasse aus diesen Prüfergebnissen bestimmt werden. Den Prüfergebnissen werden Bewertungspunkte zugeordnet. Wurden bestimmte wissenschaftliche Prüfungen zur akuten oralen oder dermalen Toxizität oder zu Auswirkungen auf die Umwelt für das jeweilige Gemisch nicht durchgeführt, werden dem Gemisch Vorsorgepunkte zugeordnet. Aus der Summe der Bewertungs- und Vorsorgepunkte für das jeweilige Gemisch wird die Wassergefährdungsklasse ermittelt. Führen beide Methoden zu unterschiedlichen Wassergefährdungsklassen, so ist die aus den am Gemisch bestimmten Prüfdaten ermittelte Wassergefährdungsklasse maßgeblich.

Wurde zu einem Gemisch die Wassergefährdungsklasse anhand der Prüfdaten ermittelt, kann auf eine erneute Prüfung des Gemisches verzichtet werden, wenn nur ein Stoff ausgetauscht worden ist und:

- der neue Stoff bereits eingestuft und in die gleiche oder eine niedrigere Wassergefährdungsklasse wie der ausgetauschte Stoff eingestuft ist oder der neue Stoff als nicht wassergefährdend eingestuft ist und
- keine Eigenschaften des neuen Stoffes bekannt sind, die zu einer Erhöhung des wassergefährdenden Potenzials des Gemisches führen können.

3.11.5.4 Rechnerische Ableitung der Wassergefährdungsklasse aus den Wassergefährdungsklassen der enthaltenen Stoffe

Ableitung der Wassergefährdungsklasse 3

Das Gemisch wird in die WGK 3 eingestuft, wenn eine der folgenden Voraussetzungen erfüllt ist:

- das Gemisch enthält krebserzeugende Stoffe der WGK 3,
- die Summe der Massenanteile aller im Gemisch enthaltenen Stoffe der WGK 3 beträgt 3 % oder mehr.

Muss bei einem Stoff der WGK 3 wegen seiner hohen aquatischen Toxizität ein M-Faktor berücksichtigt werden, wird der prozentuale Gehalt dieses Stoffes mit diesem Faktor multipliziert.

Ableitung der Wassergefährdungsklasse 2

Trifft keine der vorher genannten Voraussetzungen zu, wird das Gemisch in die WGK 2 eingestuft, wenn eine der folgenden Voraussetzungen erfüllt ist:

- das Gemisch enthält krebserzeugende Stoffe der WGK 2,
- die Summe der Massenanteile aller im Gemisch enthaltenen Stoffe der WGK 2 beträgt 5 % oder mehr,
- das Gemisch enthält Stoffe der WGK 3, die nicht krebserzeugend sind, mit einem Massenanteil von 0,2 % oder mehr, bezogen auf den Einzelstoff,
- die Summe der Massenanteile aller im Gemisch enthaltenen nicht krebserzeugenden Stoffe der WGK 3 beträgt weniger als 3 %.

Muss bei einem Stoff der WGK 2 oder WGK 3 wegen seiner hohen aquatischen Toxizität ein M-Faktor berücksichtigt werden, wird der prozentuale Gehalt dieses Stoffes mit diesem Faktor multipliziert.

Ableitung der Wassergefährdungsklasse 1

Trifft keine der vorher genannten Voraussetzungen zu, wird das Gemisch in die WGK 1 eingestuft, wenn eine der folgenden Voraussetzungen erfüllt ist:

- das Gemisch enthält zugesetzte krebserzeugende Stoffe unterhalb der genannten Berücksichtigungsgrenze,
- das Gemisch enthält nicht-krebserzeugende Stoffe der WGK 2 mit einem Massenanteil von 0,2 % oder mehr, bezogen auf den Einzelstoff,
- die Summe der Massenanteile aller im Gemisch enthaltenen nicht-krebserzeugenden Stoffe der WGK 2 beträgt weniger als 5 %,
- die Summe der Massenanteile aller im Gemisch enthaltenen Stoffe der WGK 1 beträgt 3 % oder mehr,
- das Gemisch erfüllt nicht alle Voraussetzungen für eine Einstufung als nicht wassergefährdend.

3.12 Wissensfragen

- Benennen Sie die Kriterien zur Bestimmung des Standes der Technik nach WHG.
- Erläutern Sie die wichtigsten Anforderungen zur Bewirtschaftung von Gewässern.
- Welche rechtlichen Anforderungen werden an die Beseitigung von Abwasser gestellt?
- Wie ist mit wassergefährdenden Stoffen umzugehen?
- Erläutern Sie Bestellung, Aufgabe, Rechte und Pflichten des Gewässerschutzbeauftragten.
- Welche Anforderungen werden an das Grundwasser gestellt?
- Erläutern Sie einige wichtige Aspekte der Trinkwasserverordnung?
- Welche Bedeutung hat die Abwasserverordnung?
- Erläutern Sie die Anforderungen an einem von Ihnen speziell ausgewählten Anhang der Abwasserverordnung.
- Welche Anforderungen stellt die Eigenkontrollverordnung an kommunale Abwasseranlagen?
- Welche Anforderungen stellt die Eigenkontrollverordnung an industrielle Abwasseranlagen?
- Wie werden wassergefährdende Stoffe in Wassergefährdungsklassen eingestuft?
- Welche Anforderungen stellt die Anlagenverordnung zum Umgang mit wassergefährdenden Stoffen (AwSV) an die Einstufung von Stoffen und Gemischen?
- Welche technischen und organisatorischen Anforderungen werden an AwSV-Anlagen gestellt?

- Welche Anforderungen müssen Fachbetriebe nach AwSV erfüllen?
- Wie werden Stoffe und Gemische nach AwSV in Wassergefährdungsklassen eingestuft?

3.13 Weiterführende Literatur

3.1 *AbwV - Abwasserverordnung, Verordnung über Anforderungen an das Einleiten von Abwasser in Gewässer,* **02.05.2013**

3.2 Albrecht, J.; *Umweltqualitätsziele im Gewässerschutzrecht*, Dunckler & Humblot, **2007,** 978-3-428-12447-3

3.3 *AwSV - Verordnung über Anlagen zum Umgang mit wassergefährdenden Stoffen (Entwurf),* **31.08.2012**

3.4 Berufsgenossenschaftliche Vorschriften (BGV), *C5 Abwassertechnische Anlagen,* **01/1997**

3.5 Borkowski, K.; Janssen-Overath, A.; *Handbuch für den Gewässerschutzbeauftragten,* Deutscher Wirtschaftsdienst, **2003,** 3-87156-516-4

3.6 Buschbaum, H.; *Genehmigungsanforderungen an Abwassereinleitungen,* Dr. Kovač, **2005,** 3-8300-1849-5

3.7 Deutsche Vereinigung für Wasserwirtschaft, Abwasser und Abfall e.V. (DWA); *Technische Regel wassergefährdender Stoffe (TRwS 779) - allgemeine Technische Regelungen,* Arbeitsblatt DWA-A 779, **April 2006**

3.8 Deutsche Vereinigung für Wasserwirtschaft, Abwasser und Abfall e.V. (DWA); *Technische Regel wassergefährdender Stoffe (TRwS 791) - Heizölverbraucheranlagen,* Arbeitsblatt DWA-A 791, **Januar 2006**

3.9 *EKVO - Eigenkontrollverordnung; Verordnung des Umweltministeriums über die Eigenkontrolle von Abwasseranlagen - Baden-Württemberg,* **25.04.2007**

3.10 European Environment Agency (EEA); *European Waters-assessment of status and pressurs,* EEA Report No 8/2012, **2012,** 978-92-9213-339-9

3.11 Fritsch, P. et al.; *Taschenbuch der Wasserversorgung,* Vieweg + Teubner, **2011,** 978-3-8348-0951-3

3.12 Gräf, R.; Honnen, W.; Dirschken, J.; *Der Gewässerschutzbeauftragte,* expert, **2003,** 3-8169-2064-0

3.13 *GrwV - Grundwasserverordnung; Verordnung zum Schutz des Grundwassers,* **09.11.2010**

3.14 Holländer, R. et al.; *Bundeseinheitliche Regelung des Umgangs mit wassergefährdenden Stoffen,* Umweltbundesamt, Texte 15/2010, **2010**

3.15 *IndVO - Indirekteinleiterverordnung; Verordnung des Umweltministeriums über das Einleiten von Abwasser in öffentliche Abwasseranlagen - Baden-Württemberg,* **25.04.2007**

3.16 Karger, R.; Cord-Landwehr, K.; Hoffmann, F.; *Wasserversorgung,* Vieweg + Teubner, **2008,** 978-3-8351-0213-2

3.17 Meinholz, H.; Förtsch, G.; *Handbuch für Gefahrstoffbeauftragte,* Vieweg + Teubner, **2010,** 978-3-8348-0916-2

3.18 *TrinkwV 2001 - Trinkwasserverordnung; Verordnung über die Qualität von Wasser für den menschlichen Verzehr,* **05.12.2012**

3.19 *VAwS - Anlagenverordnung wassergefährdende Stoffe; Verordnung des Umweltministeriums Baden-Württemberg über Anlagen zum Umgang mit wassergefährdenden Stoffen und über Fachbetriebe,* **25.01.2012**

3.20 *Verordnung über Anlagen zum Umgang mit wassergefährdenden Stoffen,* **31.03.2010**

3.21 Vogelsang, D.; *Grundwasser,* Springer, **1998,** 3-540-63630-7

3.22 *VwVwS - Verwaltungsvorschrift wassergefährdende Stoffe; Allgemeine Verwaltungsvorschrift zum Wasserhaushaltsgesetz über die Einstufung wassergefährdender Stoffe in Wassergefährdungsklassen,* **6/2011**

3.23 *WHG - Wasserhaushaltsgesetz; Gesetz zur Ordnung des Wasserhaushalts,* **08.04.2013**

3.24 *WG - Wassergesetz Baden-Württemberg,* **25.01.2012**

3

4 Naturwissenschaftliche Grundlagen

4.1 Atomaufbau

Atome bestehen aus kleinsten Teilchen, die sich aufgrund ihrer elektrischen Ladung und ihrer Masse voneinander unterscheiden. Es wird zwischen Protonen (positiv geladene Teilchen), Elektronen (negativ geladene Teilchen) und Neutronen (ungeladene Teilchen) unterschieden (Abb. 4.1).

Teilchen	Symbol	Elementarladung	Masse
Proton	p^+	$+ 1{,}6022 \cdot 10^{-19}$ C	$1{,}673 \cdot 10^{-24}$ g
Elektron	e^-	$- 1{,}6022 \cdot 10^{-19}$ C	$0{,}911 \cdot 10^{-27}$ g
Neutron	n	± 0	$1{,}675 \cdot 10^{-24}$ g

Abb. 4.1: Elementarladungen und Massen von Atombausteinen

Ein Atom besteht aus dem Atomkern und der Elektronenhülle. Die Protonen und Neutronen bilden gemeinsam den Atomkern. Da vollständige Atome nach außen elektrisch neutral sind, muss die positive Ladung der Protonen im Atomkern durch die gleiche Anzahl an negativen Ladungen (Elektronen) in der Atomhülle aufgehoben werden. Die Elektronen befinden sich dabei auf sogenannten Schalen (Bohrsches Atommodell) oder in Orbitalen (wellenmechanisches Atommodell).

Um die Schreibweise zu erleichtern, wurden Symbole für die einzelnen Elemente eingeführt. Dabei werden die Elementnamen mit Buchstaben abgekürzt (Abb. 4.2).

Wasserstoff	**H** (Hydrogen)	Kohlenstoff	**C** (Carbon)
Natrium	**Na**	Stickstoff	**N** (Nitrogen)
Helium	**He**	Sauerstoff	**O** (Oxygen)

Abb. 4.2: Beispiele für die Bezeichnung von Elementen

Periodensystem der Elemente

Ordnet man die bekannten Elemente nach ihrer Protonenzahl an und schreibt alle Elemente mit der gleichen Anzahl an Elektronen in der äußersten Schale untereinander, so stellt man fest, dass

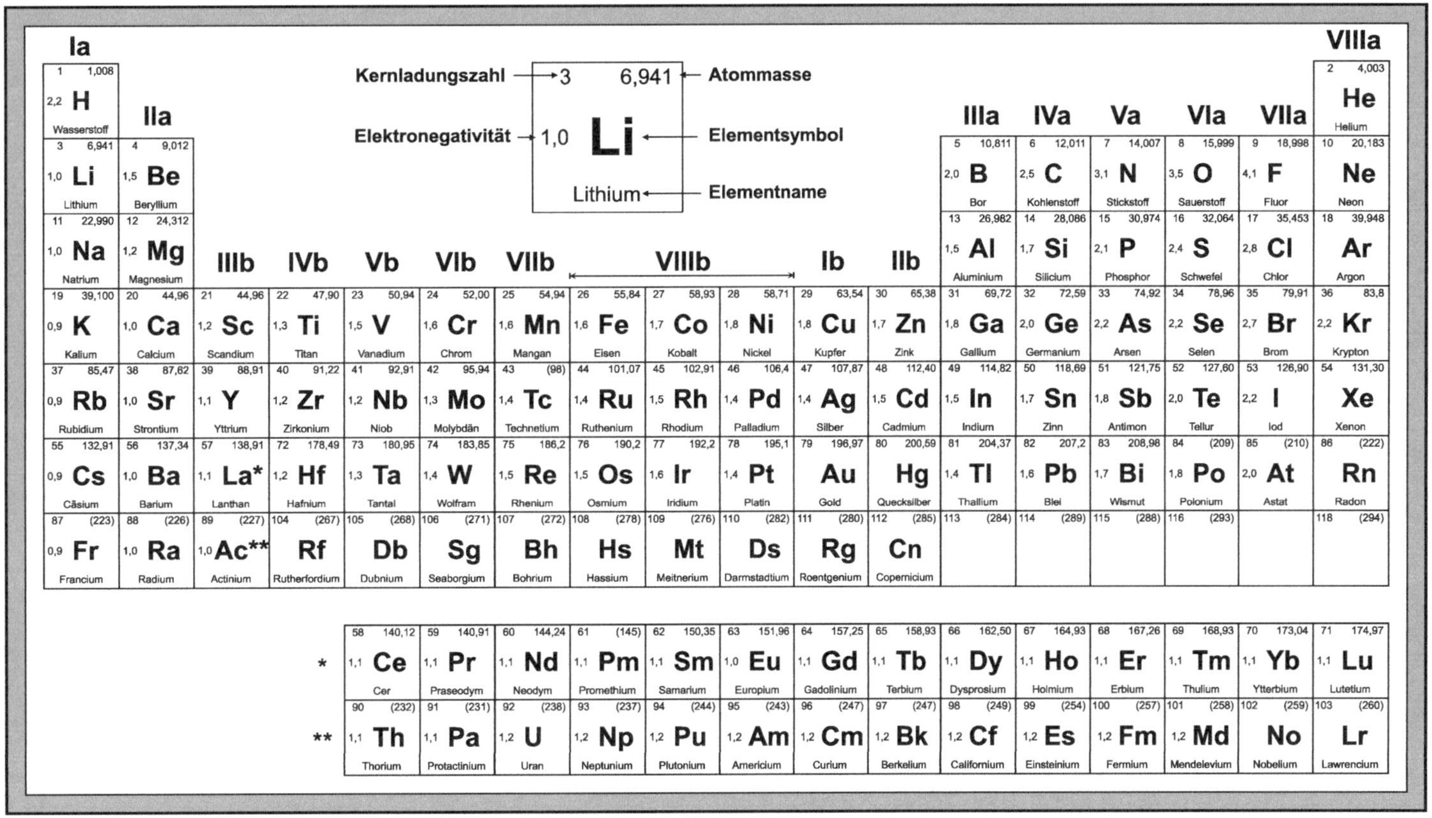

Abb. 4.3: Periodensystem der Elemente (PSE)

alle Elemente, die untereinander stehen, ähnliche chemische Eigenschaften haben. Diese Darstellungsweise wird als Periodensystem der Elemente (PSE) bezeichnet (Abb. 4.3). Die waagerechten Zeilen (Perioden) im Periodensystem geben die Anzahl der Schalen wieder, die ein Atom besitzt (Schale 1 bis Schale 7). Die senkrechten Spalten sind die Gruppen. Die römischen Zahlen (I bis VIII) entsprechen der Anzahl der Elektronen in der äußersten Schale (Valenzelektronen). Diese Elektronen sind hauptsächlich für die chemischen Eigenschaften eines Elementes verantwortlich.

BOHRsches Atommodell

Das BOHRsche Atommodell besagt, dass die Elektronen den Atomkern in verschiedenen Schalen umkreisen. Für die Besetzung der Schalen gelten folgende Regeln:

- für die Elektronen im Grundzustand gibt es insgesamt sieben Schalen, die vom Kern aus gezählt die Schalennummern n = 1 bis 7 erhalten (Hauptquantenzahlen),
- jede Schale kann nur eine bestimmte Höchstzahl an Elektronen aufnehmen, maximal $2n^2$ Elektronen,
- die jeweils äußerste Schale kann höchstens acht Elektronen - sogenannte Valenz- bzw. Außenelektronen - aufnehmen,
- die Auffüllung der Schalen erfolgt mit zunehmender Energie von innen nach außen.

Die folgende Abbildung 4.4 zeigt die Elektronenbesetzung der Elemente der zweiten Periode. Mit zunehmender Protonenzahl im Kern wird die Anziehungskraft auf die Elektronen in der Atomhülle stärker, wodurch der Atomdurchmesser abnimmt. Wird eine neue Schale für die Elektronenbesetzung eröffnet, so nimmt der Atomdurchmesser zu. Innerhalb einer Periode im Periodensystem der Elemente nimmt somit der Atomdurchmesser von links nach rechts ab, innerhalb einer Gruppe dagegen von oben nach unten zu.

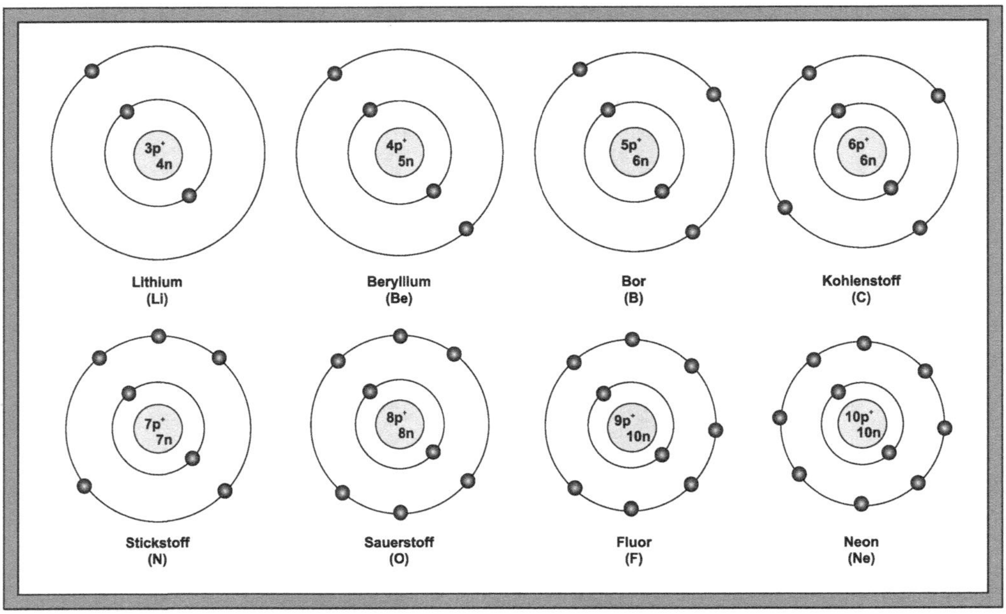

Abb. 4.4: Besetzung der Schalen mit Elektronen für die Elemente Lithium bis Neon

4.2 Vom Element zur Verbindung

Atome wollen in Verbindungen Edelgaskonfiguration (8 Elektronen in der äußersten Schale) erreichen. Um diesen Zustand zu erzielen, gehen die Elemente verschiedene Bindungstypen ein. Dazu zählen die:

- Ionenbindung,
- Atombindung,
- Metallbindung,
- Komplexbindung.

4.2.1 Ionenbindungen

Treffen Metallatome mit Nichtmetallatomen zusammen, so streben beide die Edelgaskonfiguration an. Metallatome mit ihrer geringen Anzahl an Außenelektronen geben diese relativ leicht ab, die dann von den Nichtmetallatomen zur Schalenfüllung aufgenommen werden. Die durch den Elektronenübergang neu entstandenen Teilchen sind elektrisch geladen und werden als Ionen bezeichnet. Bei den Metallatomen überwiegen durch den Elektronenverlust die positiven Ladungen des Kerns, bei den Nichtmetallatomen die negativen Ladungen durch die aufgenommenen Elektronen. Die positiv geladenen Metallionen werden als Kationen, die negativ geladenen Nichtmetallionen als Anionen bezeichnet.

Elektrisch geladene Teilchen üben in alle Raumrichtungen Anziehungskräfte aus. Die positiven Metallionen ziehen deshalb möglichst viele der bei der Reaktion entstandenen negativ geladenen Nichtmetallionen an. Umgekehrt umgeben sich die Nichtmetallionen mit positiven Metallionen. Durch diese gegenseitigen elektrostatischen Anziehungskräfte entstehen große Gitterverbände, die sog. Ionengitter (Abb. 4.5). Entgegengesetzt geladene Ionen ziehen sich also an, so dass eine Bindung - die Ionenbindung - resultiert. Die neuen Stoffe, die sich bei der Reaktion zwischen Metallen und Nichtmetallen bilden, heißen Salze.

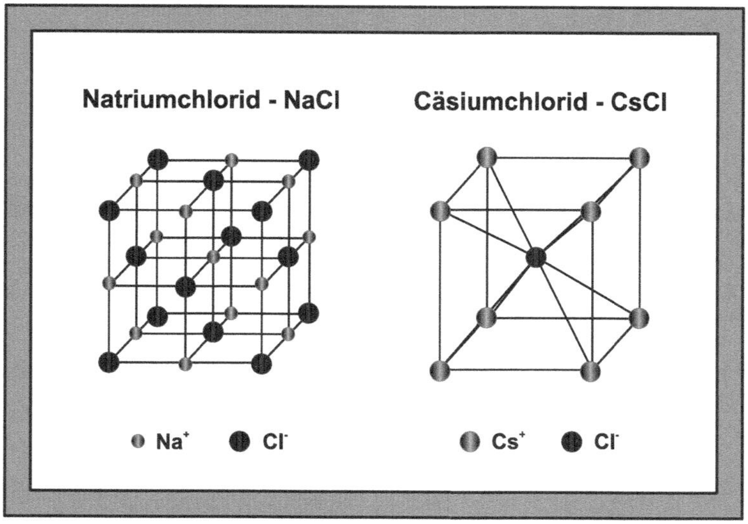

Abb. 4.5: Gitterstruktur von Salzen aufgrund der Ionenbindung

Ionenverbindungen sind in der Regel Festkörper mit hohen Schmelz- und Siedepunkten. Je größer die Ionenladungen sind, umso mehr Energie ist zum Aufbrechen der starken Gitterkräfte nötig. Durch den starren Gitteraufbau sind Salze meistens hart und spröde. Durch Krafteinwirkung verschieben sich die Gitterebenen und das Salz zerbricht. Während Salze im festen Zustand elektrische Nichtleiter sind, sind deren wässrige Lösungen aufgrund der hydratisiert vorliegenden Kationen und Anionen elektrische Leiter. Werden Salze geschmolzen, trennen sich die Ionenbindungen auf und geben ebenfalls die Kationen und Anionen frei. Diese sind dann frei beweglich und leiten als Schmelze den elektrischen Strom.

4.2.2 Atombindung

Atombindungen (kovalente Bindungen) entstehen, wenn sich zwei Nichtmetallatome gemeinsam Elektronenpaare teilen. Die elektrostatische Anziehung verbindet die Atome miteinander. Es entsteht eine gemeinsame Ladungswolke der Elektronenpaarbindung. Im Gegensatz zur Ionenbindung ist diese Anziehung räumlich gerichtet, d.h. sie fügt nur eine bestimmte Anzahl von Atomen zusammen. Insbesondere in der organischen Chemie und bei Biomolekülen ist die Atombindung mit die wichtigste Bindungsart.

Atombindungen werden nach der Lewis-Schreibweise dargestellt. Dazu werden Elektronen, die auf der äußersten Schale lokalisiert sind als Punkte (einzelnes Elektron) oder als Strich (Elektronenpaar) dargestellt.

Wasserstoff H·

Sauerstoff ·Ō·

Je nach Verbindung bilden die Atome dann Einzel-, Doppel- oder Dreifachbindungen aus.

H· + ·Cl ⟶ H−Cl Chlorwasserstoff (HCl)

·Ō· + ·Ō· ⟶ ⟨O=O⟩ Sauerstoff (O_2)

·N̄· + ·N̄· ⟶ |N≡N| Stickstoff (N_2)

Die Anzahl der Bindungen wird auch als Bindungsgrad bezeichnet (Einfachbindung BG = 1, Doppelbindung BG = 2, Dreifachbindung BG = 3). Die Elektronenkonfiguration der Edelgase bestimmt die Anzahl der Außenelektronen und die möglichen Bindungen. Nichtmetalle füllen ihre äußerste Schale mit höchstens acht (Oktett) - beim Wasserstoff und Helium mit höchstens zwei (Dublett)-Elektronen auf. Die Anzahl der kovalenten Bindungen errechnet sich nach 8 - N, wobei N die Hauptgruppennummer ist.

Im Gegensatz zu Ionenverbindungen besitzen Moleküle mit kovalenter Bindung niedrige Schmelz- und Siedepunkte. Sie sind elektrische Nichtleiter (z.B. HCl), die erst durch eine chemische Reaktion in Ionen überführt werden müssen, um elektrisch leitend zu werden.

$$HCl + H_2O \longrightarrow H_3O^+ + Cl^-$$

4.2.3 Metallbindung

Mehr als drei Viertel der Elemente sind Metalle. Im Periodensystem der Elemente befinden sich im rechten oberen Teil die Nichtmetalle. Allerdings ist die Grenze zwischen Nichtmetallen und Metallen nicht scharf zu ziehen. Wie so häufig in der Natur gibt es Übergangsbereiche, in denen die Halbmetalle zu finden sind.

Im Gegensatz zu den Nichtmetallen besitzen Metalle eine relativ niedrige Elektronegativität. Durch die ebenfalls vergleichsweise niedrige Ionisierungsenergie lassen sich in den Metallatomen die äußeren Elektronen abgeben. Es entstehen positiv geladene Atomrümpfe und freie Elektronen.

$$Al \longrightarrow Al^{3+} + 3\,e^-$$

$$Mg \longrightarrow Mg^{2+} + 2\,e^-$$

$$Cu \longrightarrow Cu^{2+} + 2\,e^-$$

$$Ag \longrightarrow Ag^{+} + e^-$$

Die frei beweglichen Elektronen halten mit ihrer negativen Ladung die positiv geladenen Atomrümpfe zusammen. Sie gehören nicht mehr zu einem bestimmten Atom sondern sind delokalisiert, d.h. sie können sich frei im Metallgitter bewegen. Dieses einfache Modell der Metallbindung wird als „Elektronengasmodell" bezeichnet. Die Festigkeit von Metallen resultiert aus der Anziehungskraft zwischen den positiv geladenen Metallatomrümpfen und den delokalisierten negativ geladenen Elektronen. Es kommt zur Bildung von Metallkristallgittern.

Verglichen mit den Nichtmetallen besitzen Metalle aufgrund ihrer Kristallstruktur relativ hohe Dichten sowie Schmelz- und Siedepunkte. Sie lassen sich teilweise sehr dünn auswalzen (z.B. Blattgold) und durch Ziehen, Pressen, Hämmern gut verarbeiten. Aufgrund des Elektronengases besitzen Metalle im Gegensatz zu Ionen- und Atomverbindungen eine gute elektrische Leitfähigkeit. Die Abnahme der elektrischen Leitfähigkeit bei steigender Temperatur lässt sich über die stärkeren Schwingungen der Atomrümpfe erklären, wodurch die Beweglichkeit der Elektronen eingeschränkt wird. Die Eigenschwingungen der Metallatomrümpfe tragen auch zur guten Wärmeleitfähigkeit der Metalle bei.

4.2.4 Komplexverbindungen

Komplexverbindungen bestehen aus einem Zentralatom (Z) und mehreren Liganden (L). Die Liganden stellen dem Zentralatom ein oder mehrere Elektronenpaare zur Verfügung. Bei diesen Elektronen handelt es sich um nichtbindende, freie Elektronenpaare. Durch die Komplexbildung werden die chemischen Eigenschaften des Zentralatoms und der Liganden stark verändert. Dies spielt in der Abwasserbehandlung eine wichtige Rolle, da z.B. Cyanokomplexe mit normalen Entgiftungsverfahren zur Beseitigung von Cyaniden nicht zerstört und abgebaut werden können. Charakteristische Reaktionen treten entweder gar nicht mehr oder nur sehr abgeschwächt auf. In der Formelschreibweise werden die Liganden oft in runden Klammern und der gesamte Komplex mit dem Zentralatom in eckige Klammern geschrieben. Beispiele für die Formulierung einer Komplexbildungsreaktion in Ionenschreibweise sind:

$$Fe^{3+} + 6\,CN^- \longrightarrow [Fe(CN)_6]^{3-}$$

$$Cu^{2+} + 4\,NH_3 \longrightarrow [Cu(NH_3)_4]^{2+}$$

In der Bruttoschreibweise für eine chemische Reaktion lassen sich die Komplexbildungsreaktionen wie folgt formulieren:

$$FeCl_3 + 6\,NaCN \longrightarrow Na_3[Fe(CN)_6] + 3\,NaCl$$

$$CuSO_4 + 4\,NH_3 \longrightarrow [Cu(NH_3)_4]SO_4$$

Die Anzahl der an das Zentralatom gebundenen Atome wird Koordinationszahl genannt. Häufig vorkommende Koordinationszahlen sind zwei, vier und sechs. Die Anzahl der Liganden wird durch den zur Verfügung stehenden Platz um das Zentralatom herum bestimmt. Durch die elektrostatische Abstoßung der Elektronenhüllen kommt es zu einer charakteristischen räumlichen Anordnung der Liganden und einer Raumgeometrie der Komplexverbindung. Die räumliche Anordnung wird als Koordinationspolyeder bezeichnet.

Koordinationszahl 2

Komplexe mit zwei Liganden sind linear aufgebaut (Abb. 4.6).

$$Ag^+ + 2\,NH_3 \longrightarrow [Ag(NH_3)_2]^+$$

$$H_3N - Ag^+ - NH_3$$

Abb. 4.6: Linearer Komplexaufbau mit der Koordinationszahl 2

Weitere Beispiele für solche Komplexe sind:

$$[CuCl_2]^- \quad [Au(CN)_2]^- \quad [Hg(CN)_2]^- \quad [AgCl_2]^-$$

Koordinationszahl 4

Für die Anordnung der Liganden mit der Koordinationszahl 4 gibt es zwei Möglichkeiten (Abb. 4.7 - 4.8):

- quadratisch-planar oder
- tetraedrisch.

Die tetraedrische Form tritt häufiger auf, als die quadratisch-planare Form.

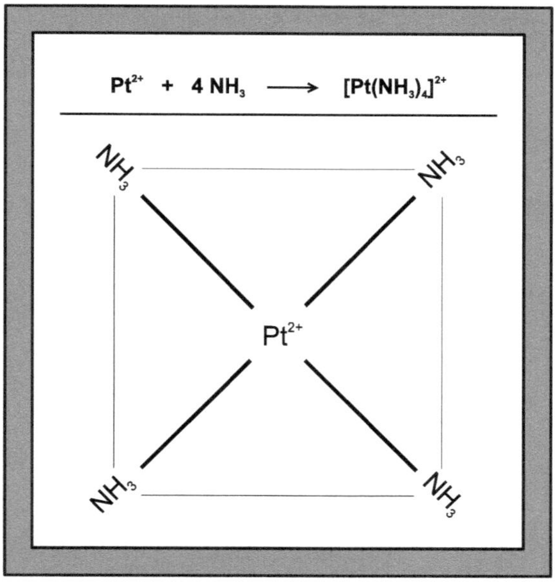

Abb. 4.7: Quadratisch-planarer Komplexaufbau mit der Koordinationszahl 4

Weitere Beispiele für quadratisch-planare Komplexe sind:

$[Ni(CN)_4]^{2-}$ $[PdCl_4]^{2-}$ $[AuCl_4]^{-}$ $[Cu(NH_3)_4]^{2+}$ $[PtCl_4]^{2-}$ $[CuCl_4]^{2-}$

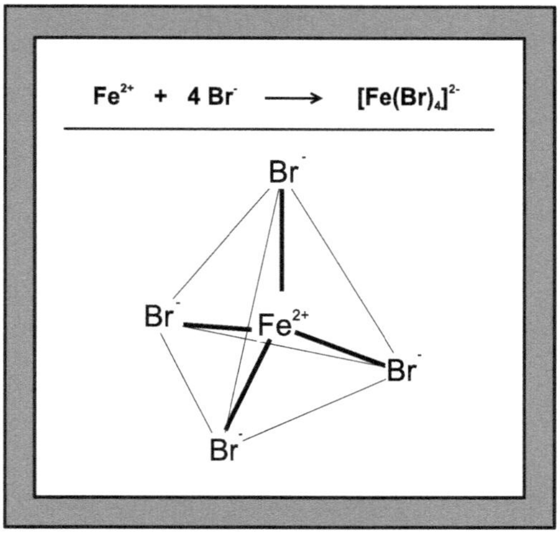

Abb. 4.8: Tetraedrischer Komplexaufbau mit der Koordinationszahl 4

4

Weitere Beispiele für tetraedrische Komplexe sind:

$[Cu(CN)_4]^{3-}$ $[AlCl_4]^-$ $[BeCl_4]^{2-}$ $[NiBr_4]^{2-}$ $[ZnBr_4]^{2-}$ $[CoCl_4]^{2-}$ $[Ni(CO)_4]$

Koordinationszahl 6

Komplexe mit der Koordinationszahl 6 bilden eine oktaedrische Struktur (Abb. 4.9).

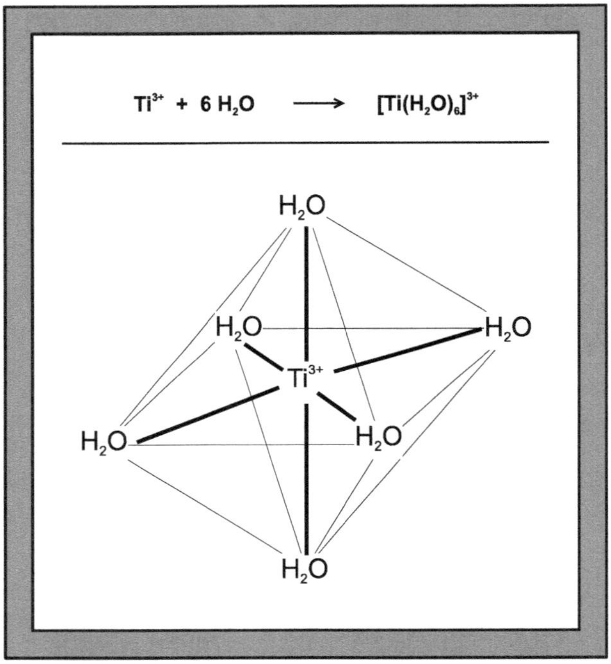

Abb. 4.9: Oktaedrischer Komplexaufbau mit der Koordinationszahl 6

Weitere Beispiele für oktaedrische Komplexe sind:

$[Cr(H_2O)_6]^{3+}$ $[Fe(CN)_6]^{3-}$ $[Fe(CN)_6]^{4-}$ $[Co(NH_3)_6]^{3+}$ $[Ni(NH_3)_6]^{2+}$ $[RhBr_6]^{3-}$

4.3 Chemische Gleichgewichte

4.3.1 Maßeinheiten

Stoffmenge n(X)

Die Stoffmenge ist wie das Kilogramm eine SI-Einheit. 1 mol ist die Stoffmenge (n) eines Systems, das aus ebenso vielen Teilchen besteht, wie Atome in 12,000 g des Kohlenstoffisotops ^{12}C enthalten sind.

Dabei ist die Anzahl N der Teilchen eines Stoffes (X) proportional der Stoffmenge n(X):

$$N(X) = N_A \cdot n(X)$$

Der Proportionalitätsfaktor N_A ist die sogenannte Avogadro-Konstante. Sie gibt die Teilchenzahl in 1 mol eines Stoffes an:

$$N_A = 6{,}022 \cdot 10^{23} \text{ mol}^{-1}$$

Bei der Verwendung der Stoffmenge müssen die Einzelteilchen des Systems genau bezeichnet werden. Es können Atome, Moleküle, Elektronen oder andere Teilchen sein.

$n(O_2)$	=	1,0 mol	(31,998 g Sauerstoff)
$n(H_2O)$	=	3,5 mol	(63,053 g Wasser)
$n(H_2SO_4)$	=	1,0 mol	(98,076 g Schwefelsäure)
n(NaOH)	=	2,0 mol	(79,994 g Natriumhydroxid)

Molmasse M(X)

Die Masse m(X) eines Stoffes ergibt sich durch Multiplikation der Stoffmenge n(X) mit der Molmasse M(X):

$$m(X) = n(X) \cdot M(X)$$

Daraus ergibt sich für die Molmasse die Einheit g/mol. Für 1 mol Wasser (H_2O) ergibt sich eine molare Masse von:

$$M(H_2O) = 18{,}025 \text{ g/mol}$$

In diesen 18,025 g Wasser sind exakt $6{,}022 \cdot 10^{23}$ Wassermoleküle enthalten.

Weitere Beispiele sind:

Schwefelsäure	$M(H_2SO_4)$ = 98,076 g/mol
Kaliumcyanid	M(KCN) = 65,118 g/mol
Natriumhydroxid	M(NaOH) = 39,997 g/mol

4

Stoffmengenkonzentration c(X)

Wird die Stoffmenge n(X) auf das Volumen bezogen, so erhält man die Stoffmengenkonzentration c(X) einer gelösten Komponente X. Dies ist der Quotient aus der Stoffmenge n(X) und dem Volumen V_L der Lösung:

$$c(X) = \frac{n(X)}{V_L}$$

Der Zahlenwert dieses in der Chemie sehr häufig verwendeten Konzentrationsmaßes gibt an, wie viele Mole des gelösten Stoffes oder einer Teilchenart in einem Liter der fertigen Lösung enthalten sind. Beispiele sind:

Natronlauge:	c(NaOH)	= 1 mol/L	= 39,997 g NaOH/L
Schwefelsäure:	$c(H_2SO_4)$	= 1 mol/L	= 98,076 g H_2SO_4/L

Wird eine Lösung verdünnt, so bleibt die Anzahl der Teilchen (d.h. die Stoffmenge) in beiden Lösungen gleich. Es gilt:

$$c_1 = \frac{n_1}{V_1} \qquad c_2 = \frac{n_2}{V_2}$$

$$n_1 = c_1 \cdot V_1 \qquad n_2 = c_2 \cdot V_1$$

Mit $n_1 = n_2$ ergibt sich dann eine sehr einfache Verdünnungsrechnung für Lösungen:

$$c_1 \cdot V_1 = c_2 \cdot V_2$$

$$c_2 = \frac{c_1 \cdot V_1}{V_2}$$

Zum Erhalt der Verdünnungskonzentration c_2 wird ein bestimmtes Volumen V_1 der konzentrierteren Lösung c_1 auf ein entsprechendes Volumen V_2 verdünnt.

Konzentrationsangaben in Massen- oder Volumenprozent

Konzentrationen können statt in Stoffmengenkonzentrationen auch in Massen- oder Volumenprozent angegeben werden. So besteht Luft aus 21 Vol-% Sauerstoff, 78 Vol-% Stickstoff und 1 Vol-% Edelgasen.

Die Dimension ppm = parts per million wird bei sehr kleinen Konzentrationen verwendet. Die Angabe ppm bedeutet 1 Teil einer Substanz in 1 Million Teilchen Gas oder Lösungsmittel. Die Angabe ppb = parts per billion bezieht 1 Teil einer Substanz auf 1 Milliarde Teilchen eines Gases oder Lösungsmittels.

Die Konzentrationsangaben können auch als Massenanteile angegeben werden. Dabei wird die Masse des gelösten Stoffes X im Verhältnis zur Gesamtmasse der Lösung angegeben. Diese Angaben erfolgen dann in Massen-% oder ebenfalls in ppm. So enthält 1,00 kg einer 20%igen Kochsalzlösung 200 g Natriumchlorid.

Mit dem Mischungskreuz (Andreaskreuz) lassen sich Konzentrationen und Mengen leicht berechnen, wenn Lösungen mit unterschiedlichen Konzentrationen gemischt werden. Dazu werden die Konzentration c(A) der konzentrierteren Ausgangslösung und die Konzentration c(B) der verdünnteren Ausgangslösung benötigt. Die dritte Größe ist die Zielkonzentration c(D) der herzustellenden Lösung (Abb. 4.10).

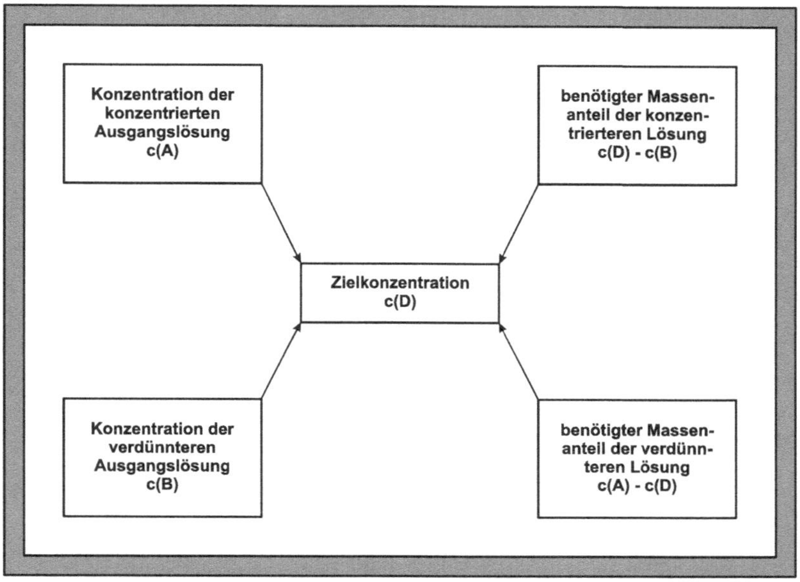

Abb. 4.10: Anwendung des Mischungskreuzes

Die benötigten Massenanteile der konzentrierteren Lösung berechnen sich nach c(D) - c(B), die der verdünnteren Lösung nach c(A) - c(D).

Wenn z.B. aus einer 35%igen Salzsäure durch verdünnen mit Wasser eine 10%ige Salzsäure hergestellt werden soll, sind 10 Massenanteile der konzentrierteren 35%ige Salzsäure mit 25 Teilen Wasser zu verdünnen (Abb. 4.11).

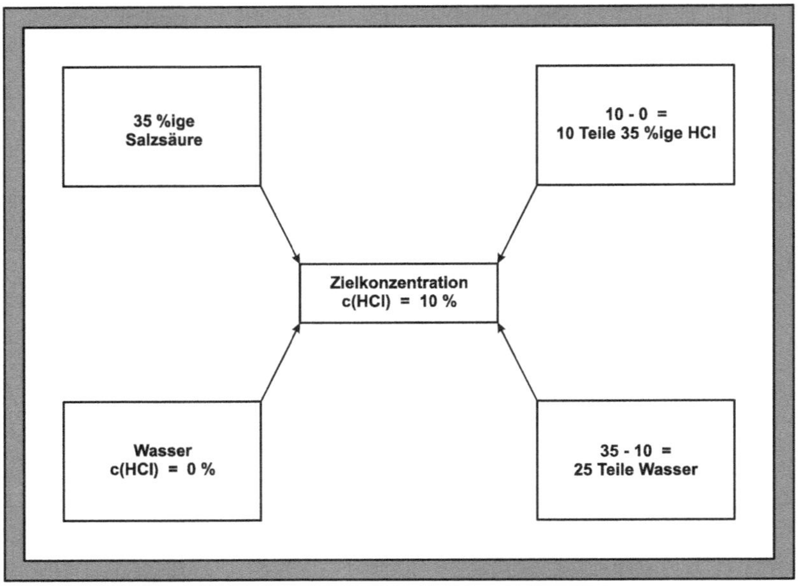

Abb. 4.11: Beispiel zur Anwendung des Mischungskreuzes

4.3.2 Chemische Reaktionsgleichungen

Chemische Reaktionsgleichungen werden durch drei Faktoren beschrieben, die:

- Massenbilanz,
- Energiebilanz,
- Reaktionsgeschwindigkeit.

Bei einer chemischen Reaktion reagieren die Ausgangsstoffe (Edukte) zu den gewünschten Produkten und meist auch zu unerwünschten Nebenprodukten. Die Reaktionsrichtung von Edukten zu Produkten wird durch einen Reaktionspfeil ($\longrightarrow$) ausgedrückt.

In der Massenbilanz müssen die Eduktmassen gleich den Produktmassen sein. Der chemische Reaktionspfeil ist daher als mathematisches Gleichheitszeichen (=) zu verstehen. Da die Massen m über die Formel:

$$n = \frac{m}{M}$$

mit den Stoffmengen in Verbindung stehen, werden Reaktionsgleichungen als Stoffmengengleichungen formuliert. So reagieren in dem Beispiel:

$$2\,H_2 + O_2 \longrightarrow 2\,H_2O$$

zwei Mol Wasserstoff (H_2) mit einem Mol Sauerstoff (O_2) zu zwei Mol Wasser (H_2O), d.h. 4 g Wasserstoff reagieren mit 32 g Sauerstoff und ergeben 36 g Wasser.

Die stöchiometrischen Koeffizienten vor den Stoffen geben an, wie viele Mole der jeweiligen Substanz umgesetzt werden. Beim Aufstellen chemischer Reaktionsgleichungen muss zunächst klar sein, welche Ausgangsstoffe miteinander reagieren und welche Produkte bei der Reaktion entstehen. Die Zahl der beteiligten Atome auf der Eduktseite muss dabei der Zahl der Atome auf der Produktseite entsprechen.

Oft verlaufen chemische Reaktionen nicht vollständig bis zu den Produkten, sondern es bleiben noch Ausgangsstoffe übrig. Diese Tatsache wird durch einen Gleichgewichtspfeil ($\leftrightarrows$) symbolisiert. Ein klassisches Beispiel für eine Gleichgewichtsreaktion ist die Ammoniaksynthese:

$$N_2 + 3\,H_2 \leftrightarrows 2\,NH_3$$

Prinzipiell können bei jeder chemischen Reaktion Haupt- und Nebenprodukte auftreten. Diese Tatsache wird durch Umsatz (U), Selektivität (S) und Ausbeute (A) zum Ausdruck gebracht. Der Umsatz bezieht sich dabei auf die Edukte, die Selektivität auf die entstehenden Haupt- und Nebenprodukte. Das Produkt aus beiden Größen liefert die Ausbeute:

$$\text{Umsatz} \cdot \text{Selektivität} = \text{Ausbeute}$$

$$U \cdot S = A$$

Beträgt der Umsatz der Ausgangsstoffe z.B. 100 % und es entstehen in einer Nebenreaktion 20 % unerwünschte Nebenprodukte, so beträgt die Selektivität 80 % und wir erhalten eine Ausbeute von 80 % für das Hauptprodukt.

Die zweite Größe in einer chemischen Reaktion ist die Energiebilanz. Sie wird durch die Enthalpie der Reaktion ($\Delta_R H$) ausgedrückt. Ist $\Delta_R H < 0$, so liegt eine exotherme Reaktion vor; es wird Wärme frei. Ist $\Delta_R H > 0$ so ist die Reaktion endotherm, es wird Wärme benötigt. Für die Bildung von Wasser und die Ammoniaksynthese gilt in einer kombinierten Schreibweise von Massenbilanz (Stoffmengenbilanz) und Energiebilanz:

$$2\,H_2 + O_2 \longrightarrow 2\,H_2O \qquad \Delta_R H = -572 \text{ kJ/mol}$$

$$N_2 + 3\,H_2 \leftrightarrows 2\,NH_3 \qquad \Delta_R H = -92 \text{ kJ/mol}$$

Beide Reaktionen sind also exotherme Reaktionen. Prinzipiell lassen sich chemische Reaktionen umkehren. So kann aus Wasser durch Elektrolyse wieder Wasserstoff und Sauerstoff gewonnen werden. Ammoniak lässt sich thermisch wieder in die Ausgangsstoffe zerlegen. Durch die Umkehrung der chemischen Reaktion verändert sich das mathematische Vorzeichen bei der Enthalpie. Aus einer exothermen Reaktion wird eine endotherme und umgekehrt:

$$2\,H_2O \longrightarrow 2\,H_2 + O_2 \qquad \Delta_R H = +572 \text{ kJ/mol}$$

$$2\,NH_3 \leftrightarrows N_2 + 3\,H_2 \qquad \Delta_R H = +92 \text{ kJ/mol}$$

Der dritte wichtige Faktor für eine chemische Reaktion ist die Geschwindigkeit, mit der sie abläuft. Die Reaktionsgeschwindigkeit lässt sich nicht aus der Reaktionsgleichung ermitteln. Sie muss experimentell bestimmt werden und ist für die Abwasserbehandlung von elementarer Bedeutung. Während die Massenbilanz Aussagen über die einzusetzenden Stoffmengen macht, gibt die Geschwindigkeitsgleichung die Zeit vor, in der die Reaktion abläuft. So liegen z.B. die Reaktionszeiten für die Entgiftung von Cyanidionen (CN^-) mit Wasserstoffperoxid (H_2O_2) bei 30 - 90 Minuten:

$$CN^- + H_2O_2 \longrightarrow CNO^- + H_2O$$

4

4.3.3 Massenwirkungsgesetz

In der Chemie unterscheidet man zwischen irreversiblen und reversiblen Reaktionen. Irreversible Reaktionen verlaufen nur in eine Richtung, d.h. unter gegebenen Reaktionsbedingungen entstehen aus den Ausgangsstoffen (Edukte) die Produkte. Beispiel für eine irreversible Reaktion ist die Bildung von Wasser durch Verbrennung von Wasserstoff mit Sauerstoff:

$$O_2 + 2\,H_2 \longrightarrow 2\,H_2O$$

Reaktionen, bei denen unter Reaktionsbedingungen aus den Edukten Produkte gebildet werden (Hinreaktion), und diese Produkte sich wieder in ihre Edukte umsetzen können (Rückreaktion), nennt man reversible Reaktionen, d.h. sie sind umkehrbar. Bei reversiblen Reaktionen laufen Hin- und Rückreaktion gleichzeitig ab. Dabei verändert sich die Reaktionsgeschwindigkeit (v) in Abhängigkeit von der Konzentration (c) der beteiligten Stoffe (Abb. 4.12):

$$A + B \xrightarrow{\text{Hinreaktion}} D + E$$

$$A + B \xleftarrow{\text{Rückreaktion}} D + E$$

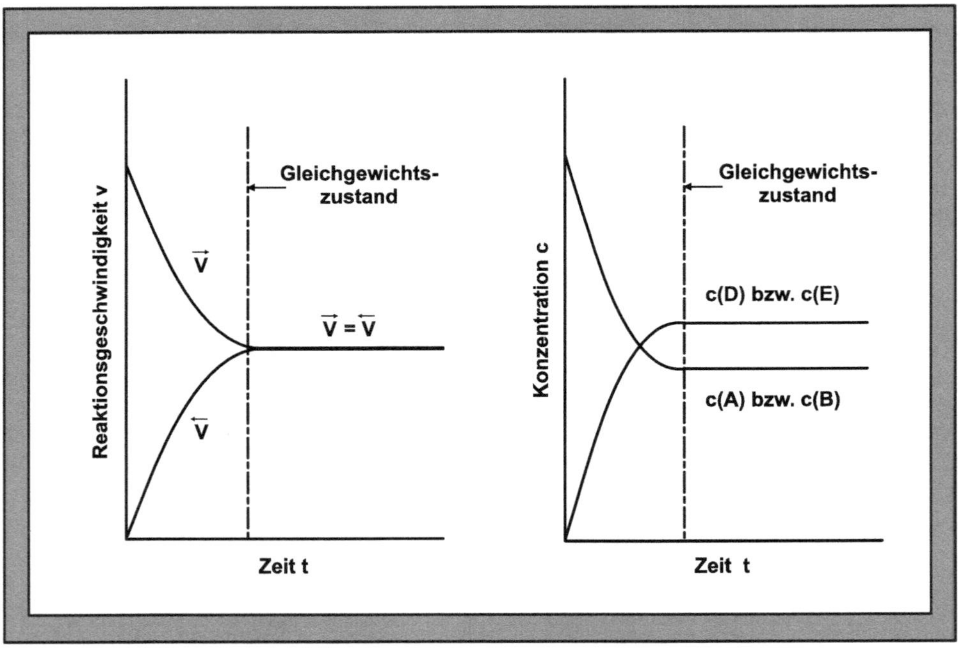

Abb. 4.12: Reaktionsgeschwindigkeit (v) und Konzentration (c) in Abhängigkeit von der Zeit (t) im Falle eines reversiblen Reaktionsverlaufes

Zu Beginn der Hinreaktion ist die Reaktionsgeschwindigkeit für die Hinreaktion ($\vec{v}$) am größten, da hier die höchsten Konzentrationen der Edukte vorliegen. Im Verlauf der Reaktion nehmen die Konzentrationen der Edukte ab und somit auch die Reaktionsgeschwindigkeit der Hinreaktion. Sobald kleine Mengen der Produkte entstanden sind, setzt die Rückreaktion ein. Deren Geschwindigkeit

($\overleftarrow{v}$) ist abhängig von den Konzentrationen der Produkte. Sie steigt mit zunehmender Produktkonzentration an.

In der ersten Darstellung in Abbildung 4.12 ist der zeitliche Verlauf der Geschwindigkeiten von Hinreaktion ($\overrightarrow{v}$) und Rückreaktion ($\overleftarrow{v}$) bei der Einstellung des Gleichgewichts angegeben. In der zweiten Darstellung ist der Konzentrationsverlauf der Produkte zu sehen. c(D) bzw. c(E) steigen von Null bis zur konstanten Konzentration der Produkte D und E an, während die Konzentration der Edukte A und B vom Ausgangswert abfällt bis sie ebenfalls einen konstanten Wert erreichen.

Sobald die Geschwindigkeit der Rückreaktion ($\overleftarrow{v}$) gleich der Geschwindigkeit der Hinreaktion ($\overrightarrow{v}$) geworden ist, ändern sich die Konzentrationen der Edukte und Produkte nicht mehr. Es werden in gleichen Zeitabschnitten genauso viele Produktmoleküle gebildet, wie durch die Rückreaktion wieder in Edukte umgesetzt werden. Die chemische Reaktion hat ein sog. „dynamisches Gleichgewicht“ erreicht.

Das chemische Gleichgewicht lässt sich mathematisch durch das Massenwirkungsgesetz (MWG) beschreiben. Für eine einfache Reaktion gilt:

$$\underset{\text{(Edukte)}}{A + B} \leftrightarrows \underset{\text{(Produkte)}}{D + E}$$

Dabei ergibt sich für die Reaktion ein Quotient aus dem mathematischen Produkt der Produktkonzentrationen dividiert durch das mathematische Produkt der Eduktkonzentrationen. Der Wert wird als Gleichgewichtskonstante K_c bezeichnet:

$$K_c = \frac{c(D) \cdot C(E)}{c(A) \cdot c(B)}$$

Bei komplexeren Reaktionen wie:

$$aA + bB \leftrightarrows dD + eE$$

lautet das Massenwirkungsgesetz:

$$K_c = \frac{c^d(D) \cdot c^e(E)}{c^a(A) \cdot c^b(B)}$$

Dabei erscheinen die sogenannten stöchiometrischen Koeffizienten a, b, d, e der Reaktionsgleichung, d.h. die Anzahl der benötigten Mole der einzelnen Reaktionspartner, als Exponenten im Massenwirkungsgesetz. Betrachten wir beispielsweise die folgende Reaktion:

$$2\,KCN + H_2O + CO_2 \leftrightarrows 2\,HCN + K_2CO_3$$

dann lautet das zugehörige Massenwirkungsgesetz:

$$K_c = \frac{c^2(HCN) \cdot c(K_2CO_3)}{c^2(KCN) \cdot c(H_2O) \cdot c(CO_2)}$$

Bei den Konzentrationen im Massenwirkungsgesetz handelt es sich um die im Gleichgewicht vorliegenden Stoffmengenkonzentrationen und nicht um die Ausgangskonzentrationen!

Die Lage des chemischen Gleichgewichts lässt sich durch den Zahlenwert der Gleichgewichtskonstanten K_c beschreiben. Dabei ist zu beachten, dass die Gleichgewichtskonstante temperaturabhängig ist. Ist K_c größer als 1, so liegt das Gleichgewicht der Reaktion auf der Produktseite, d.h. dass die Hinreaktion bevorzugt abläuft. Je größer der Betrag der Gleichgewichtskonstanten ausfällt, umso mehr Produkte werden im Verhältnis zu den Edukten gebildet. Ist K_c kleiner als 1, so liegt das Gleichgewicht auf der Seite der Edukte, d.h. es werden nur sehr wenige Produkte gebildet.

Bei der Durchführung von chemischen Reaktionen werden oftmals Katalysatoren eingesetzt. Sie erhöhen die Geschwindigkeit einer Reaktion oder ermöglichen erst spezielle Reaktionen. Durch den Einsatz von Katalysatoren stellt sich das Gleichgewicht schneller ein. Sie haben jedoch keinen Einfluss auf die Lage des Gleichgewichtes, da sie die Hinreaktion in gleichem Maße beschleunigen wie die Rückreaktion.

Die Lage des chemischen Gleichgewichtes hängt von Temperatur, Druck und Konzentration der Reaktionspartner ab. Bei der Durchführung einer chemischen Reaktion wird ein möglichst hoher Umsatz der Edukte angestrebt. Durch Änderung dieser Parameter kann das Gleichgewicht zur Produktseite verschoben werden.

Wie bereits beschrieben, sind chemische Reaktionen immer mit Wärmeänderungen verbunden. Wird bei einer endothermen Reaktion Wärme zugeführt (Temperaturerhöhung), so verschiebt sich das Gleichgewicht zur Produktseite. Bei einer exothermen Reaktion sind die Verhältnisse genau umgekehrt. Um das Gleichgewicht zu den Produkten zu verschieben, muss hier Wärme abgeführt werden.

Druckänderungen machen sich nur bei Gasreaktionen bemerkbar, da Flüssigkeiten kaum kompressibel sind. Eine Änderung des Drucks hat dann Auswirkungen auf die Lage des Gleichgewichtes, wenn die Summe der Stoffmengen der Edukte und die Summe der Stoffmengen der Produkte verschieden groß sind. Dies ist z.B. bei der Ammoniaksynthese der Fall:

$$N_2 + 3\,H_2 \leftrightarrows 2\,NH_3$$

Auf der linken Seite des Gleichgewichtes stehen 4 Mol Edukte, auf der rechten Seite nur 2 Mol Produkte, wobei ein Mol eines Gases ein Volumen von ca. 24,789 L/mol (T = 25°C, p = 1 bar) einnimmt. Durch eine Druckerhöhung wird das Gleichgewicht auf die Seite mit dem geringeren Volumen verschoben. So führt im obigen Reaktionsbeispiel die Erhöhung des Drucks zu einer höheren Ausbeute an Ammoniak.

Konzentrationsänderungen machen sich im chemischen Gleichgewicht bemerkbar, wenn die Konzentration eines Ausgangsstoffes erhöht wird. Die anderen Edukte werden dadurch stärker verbraucht, weshalb der billigste Ausgangsstoff im Überschuss zugesetzt wird, um eine möglichst hohe Ausbeute zu erzielen. Ein klassisches Beispiel ist die Herstellung von Estern aus Alkoholen und Carbonsäuren:

$$C_2H_5OH + CH_3COOH \leftrightarrows CH_3-C(=O)-O-C_2H_5 + H_2O$$

Ethanol + Essigsäure ⇆ Essigsäureethylester + Wasser

In diesem Reaktionsbeispiel wird der billigere Alkohol (Ethanol) im Überschuss zugesetzt, um die Ausbeute an gewünschtem Essigsäureethylester zu erhöhen.

4.3.4 Säuren und Basen

Stoffe, die H^+-Ionen (Protonen) abgeben können, werden als Säuren oder Protonendonatoren bezeichnet. Umgekehrt sind Stoffe, die H^+-Ionen aufnehmen können Basen oder Protonenakzeptoren. Durch diese Definition werden die Substanzen nach ihrer Fähigkeit Protonen abgeben bzw. aufnehmen zu können klassifiziert. Die Art des Lösungsmittels spielt dabei keine Rolle. Eine Säure kann nur dann Protonen abgeben, wenn gleichzeitig eine Base vorhanden ist, die diese Protonen aufnehmen kann. Da sowohl Protonenaufnahme wie -abgabe reversibel sind, stellt sich bei jeder Säure-Base-Reaktion ein Gleichgewicht ein. Bei starken Säuren und Basen liegt das Gleichgewicht sehr weit auf der Produktseite.

HA			$\leftrightarrows$	A^-	+	H^+
B	+	H^+	$\leftrightarrows$	BH^+		
HA	+	B	$\leftrightarrows$	BH^+	+	A^-
Säure 1		Base 2		Säure 2		Base 1

Bei der Rückreaktion tritt das A^--Ion als Base auf, da es ein Proton aufnehmen kann. Es besteht deshalb ein Konkurrenzverhalten zwischen den beiden Basen (B und A^-) um das Proton. Die Lage des Gleichgewichts ist von der Stärke der beiden Basen abhängig. Ist B die stärkere Base, so wird das Gleichgewicht nach rechts verschoben. Ist hingegen A^- die stärke Base, so liegt das Gleichgewicht auf der linken Seite. Die Base A^-, die durch die Protonenabgabe aus der Säure HA entstanden ist, bezeichnet man als konjugierte (korrespondierende) Base der Säure HA. Analog ist BH^+ die konjugierte Säure der Base B. Ein Säure-Base-Gleichgewicht besteht also immer aus zwei konjugierten Säure-Base-Paaren.

Beispiel für Säure-Base-Reaktionen ist die Reaktion von Chlorwasserstoff (HCl) in Wasser unter Bildung von Salzsäure:

$$HCl + H_2O \longrightarrow H_3O^+ + Cl^-$$

Verläuft die Säure-Base-Reaktion wie im Beispiel der Salzsäure vollständig zu den Produkten, so spricht man von einer starken Säure. Eine bekannte Gleichgewichtsreaktion liegt bei der Essigsäure vor:

$$CH_3COOH + H_2O \leftrightarrows H_3O^+ + CH_3COO^-$$

Bei Gleichgewichtsreaktionen wird die Stärke einer Säure durch den pK_S-Wert angegeben. Er lässt sich über das Massenwirkungsgesetz herleiten. So gilt für die Essigsäure:

$$K = \frac{c(H_3O^+) \cdot c(CH_3COO^-)}{c(CH_3COOH) \cdot c(H_2O)}$$

Da die H_2O-Konzentration im Vergleich zur Säurekonzentration sehr groß ist, wird sie in die Gleichgewichtskonstante K mit einbezogen:

$$K \cdot c(H_2O) = K_S = \frac{c(H_3O^+) \cdot c(CH_3COO^-)}{c(CH_3COOH)}$$

Aus dem K_S-Wert wird über den negativen dekadischen Logarithmus der pK_S-Wert berechnet:

$$pK_S = -\lg K_S$$

Die Säure ist umso stärker, je kleiner der pK_S-Wert ist. Salzsäure (HCl), Bromwasserstoffsäure (HBr) oder Schwefelsäure (H_2SO_4) zählen zu den „starken" Säuren. Essigsäure (CH_3COOH) und Phosphorsäure (H_3PO_4) zu den „mittelstarken" Säuren. Blausäure (HCN) ist eine „schwache" Säure.

Mit dem pK_s-Wert wurde eine Größe für die Säurestärke definiert. In wässrigen Lösungen lässt sich Vergleichbares für die Stärke einer Base festlegen:

$$pK_B = -\lg K_B$$

Dies sei am Beispiel einer Ammoniaklösung dargestellt:

$$NH_3 + H_2O \leftrightarrows NH_4^+ + OH^-$$

$$K = \frac{c(NH_4^+) \cdot c(OH^-)}{c(NH_3) \cdot c(H_2O)}$$

Da die Wasserkonzentration im Vergleich zur Basenkonzentration sehr groß ist, wird sie in die Gleichgewichtskonstante K mit einbezogen:

$$K \cdot c(H_2O) = K_B = \frac{c(NH_4^+) \cdot c(OH^-)}{c(NH_3)}$$

Je kleiner der pK_B-Wert ist, umso stärker ist die Base.

Autoprotolyse des Wassers

Mit sehr empfindlichen Messgeräten stellt man fest, dass auch reines Wasser den elektrischen Strom leitet. Dies lässt den Schluss zu, dass auch reines Wasser in sehr kleinen Konzentrationen Ionen bildet. Dieser Vorgang wird Autoprotolyse des Wassers genannt. Dabei findet ein Protonenübergang von einem Wassermolekül, das als Säure wirkt, auf ein anderes Molekül, das als Base wirkt, statt. Es entstehen ein Oxoniumion (H_3O^+) und ein Hydroxidion (OH^-):

H_2O	+	H_2O	$\leftrightarrows$	H_3O^+	+	OH^-
Wasser		Wasser		Oxoniumion		Hydroxidion
(Säure)		(Base)		(Säure)		(Base)

Die Reaktion ist umkehrbar und führt zu einem Gleichgewicht, das sehr stark auf der linken Seite, d.h. auf der Seite der Wassermoleküle, liegt. Wie für jede chemische Gleichgewichtsreaktion lässt sich auch für die Autoprotolyse des Wassers das Massenwirkungsgesetz formulieren:

$$K = \frac{c(H_3O^+) \cdot c(OH^-)}{c^2(H_2O)}$$

Die Konzentration von reinem Wasser beträgt bei 25°C 55,6 mol/L und kann auch bei verdünnten wässrigen Lösungen als konstant angesehen werden. Deshalb bezieht man die Wasserkonzentration in die Gleichgewichtskonstante mit ein:

$$K \cdot c^2(H_2O) = K_W = c(H_3O^+) \cdot c(OH^-)$$

K_W wird als Ionenprodukt des Wasser bezeichnet und beträgt bei 25°C annähernd $1 \cdot 10^{-14}$ mol^2/L^2.

pH-Wert

Da Oxonium- und Hydroxidionen in wässriger Lösung über das Ionenprodukt des Wassers zueinander in Beziehung stehen, ist die Angabe von $c(H_3O^+)$ zur Charakterisierung des sauren oder basischen Charakters einer wässrigen Lösung ausreichend. Da es sich dabei um sehr kleine Zahlenwerte handelt, wird die H_3O^+-Konzentration als negativer dekadischer Logarithmus angegeben:

$$pH = -\lg c(H_3O^+)$$

Durch den pH-Wert können die Begriffe „sauer", „neutral" und „basisch (alkalisch)" genau definiert werden. In chemisch reinem Wasser sind gleich viele Oxoniumionen wie Hydroxidionen vorhanden. Es gilt also:

$$c(H_3O^+) = c(OH^-)$$

$$\text{aus } c(H_3O^+) \cdot c(OH^-) = 10^{-14} mol^2/L^2 \quad \text{folgt}$$

$$c(H_3O^-) = \sqrt{10^{-14} mol^2/L^2}$$

$$= 10^{-7} mol/L$$

$$\text{und } pH = 7$$

In wässrigen Lösungen, in denen die Oxoniumionenkonzentration gleich der Hydroxidionenkonzentration ist, beträgt der pH-Wert 7. Die Lösung ist neutral.

In Lösungen, in denen die Oxoniumionenkonzentration größer als 10^{-7} mol/L ist, wird der pH-Wert kleiner als 7. Man spricht von sauren Lösungen. In alkalischen (basischen) Lösungen ist die H_3O^+-Ionen-Konzentration kleiner als 10^{-7} mol/L und damit der pH-Wert größer als 7.

Analog wie der pH-Wert lässt sich auch ein pOH-Wert definieren:

$$pOH = -\lg c(OH^-)$$

Aus dem Massenwirkungsgesetz für die Autoprotolyse des Wassers folgt dann:

$$pH + pOH = 14$$

Die Gleichgewichtskonstante K_W ist von der Temperatur und vom Druck abhängig. Damit ergibt sich auch eine Temperaturabhängigkeit des pH-Wertes (Abb. 4.13). Mit zunehmender Temperatur nimmt der pH-Wert einer Lösung ab.

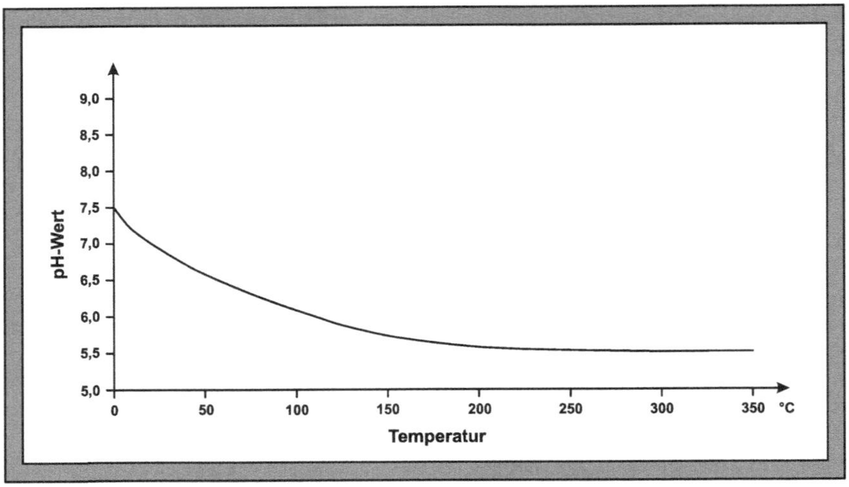

Abb. 4.13: Temperaturabhängigkeit des pH-Wertes von Wasser [4.10]

4.3.5 Löslichkeitsprodukt

Beim Lösungsvorgang eines Salzes, das mit seiner gesättigten Lösung in Berührung steht, handelt es sich ebenfalls um ein dynamisches Gleichgewicht. Dabei treten ständig Ionen aus dem schwerlöslichen Salz in die Lösung über. Gleichzeitig werden Ionen aus der Lösung wieder in das Kristallgitter des Salzes eingebaut:

$$AB \leftrightarrows A^+ + B^-$$

Auch für dieses Gleichgewicht lässt sich das Massenwirkungsgesetz formulieren:

$$K_c = \frac{c(A^+) \cdot c(B^-)}{c(AB)}$$

Solange genügend Salz als Bodensatz vorhanden ist, kann die Konzentration des ungelösten Salzes in die Gleichgewichtskonstante mit einbezogen werden:

$$K_c \cdot c(AB) = K_L = c(A^+) \cdot c(B^-)$$

Diese Gleichgewichtskonstante K_L bezeichnet man als Löslichkeitsprodukt eines Salzes. Sie ist temperaturabhängig. Je kleiner das Löslichkeitsprodukt eines Salzes ist, desto schwerer löst es sich (Abb. 4.14).

Löslichkeitsprodukte einiger Salze			
BaF_2	$2,4 \times 10^{-3}\ mol^3L^{-3}$	$PbCl_2$	$1,6 \times 10^{-5}\ mol^3L^{-3}$
MgF_2	$8 \times 10^{-8}\ mol^3L^{-3}$	$AgCl$	$1,7 \times 10^{-10}\ mol^2L^{-2}$
PbF_2	$4 \times 10^{-8}\ mol^3L^{-3}$	Hg_2Cl_2	$1,1 \times 10^{-18}\ mol^3L^{-3}$
$PbBr_2$	$4,6 \times 10^{-6}\ mol^3L^{-3}$	PbI_2	$8,3 \times 10^{-9}\ mol^3L^{-3}$
$AgBr$	$5,0 \times 10^{-13}\ mol^2L^{-2}$	AgI	$8,5 \times 10^{-17}\ mol^2L^{-2}$
Hg_2Br_2	$1,3 \times 10^{-22}\ mol^3L^{-3}$	Hg_2I_2	$4,5 \times 10^{-29}\ mol^3L^{-3}$
$CaSO_4$	$2,4 \times 10^{-5}\ mol^2L^{-2}$	$SrCrO_4$	$3,6 \times 10^{-5}\ mol^2L^{-2}$
$PbSO_4$	$1,3 \times 10^{-8}\ mol^2L^{-2}$	$BaCrO_4$	$8,5 \times 10^{-11}\ mol^2L^{-2}$
$BaSO_4$	$1,5 \times 10^{-9}\ mol^2L^{-2}$	$PbCrO_4$	$2 \times 10^{-16}\ mol^2L^{-2}$
$NiCO_3$	$1,4 \times 10^{-7}\ mol^2L^{-2}$	$Ca(OH)_2$	$1,3 \times 10^{-6}\ mol^3L^{-3}$
$CaCO_3$	$4,7 \times 10^{-9}\ mol^2L^{-2}$	$Ni(OH)_2$	$1,6 \times 10^{-16}\ mol^3L^{-3}$
$CuCO_3$	$2,5 \times 10^{-10}\ mol^2L^{-2}$	$Cu(OH)_2$	$1,6 \times 10^{-19}\ mol^3L^{-3}$
$ZnCO_3$	$2 \times 10^{-10}\ mol^2L^{-2}$	$Cr(OH)_3$	$6,7 \times 10^{-31}\ mol^4L^{-4}$
$FeCO_3$	$2,1 \times 10^{-11}\ mol^2L^{-2}$	$Fe(OH)_3$	$6 \times 10^{-38}\ mol^4L^{-4}$
$PbCO_3$	$1,5 \times 10^{-15}\ mol^2L^{-2}$	$Co(OH)_3$	$2,5 \times 10^{-43}\ mol^4L^{-4}$
CoS	$5 \times 10^{-22}\ mol^2L^{-2}$	$Sr_3(PO_4)_2$	$1 \times 10^{-31}\ mol^5L^{-5}$
CdS	$1,0 \times 10^{-28}\ mol^2L^{-2}$	$Ca_3(PO_4)_2$	$1,3 \times 10^{-32}\ mol^5L^{-5}$
CuS	$8 \times 10^{-37}\ mol^2L^{-2}$	$Ba_3(PO_4)_2$	$6 \times 10^{-39}\ mol^5L^{-5}$
HgS	$1,6 \times 10^{-54}\ mol^2L^{-2}$	$Pb_3(PO_4)_2$	$1 \times 10^{-54}\ mol^5L^{-5}$

Abb. 4.14: Löslichkeitsprodukte einiger Salze

4

Das Löslichkeitsprodukt spielt in der Abwasserbehandlung bei Fällungsreaktionen eine wichtige Rolle. So werden z.B. Schwermetallionen (Cr^{3+}) oder Sulfationen (SO_4^{2-}) durch Zugabe von Kalkmilch $Ca(OH)_2$ ausgefällt:

$$Cr^{3+} + 3\ OH^- \longrightarrow Cr(OH)_3$$

$$SO_4^{2-} + Ca^{2+} \longrightarrow CaSO_4$$

So fällt Chromhydroxid bzw. Calciumsulfat aus, sobald das in Abbildung 4.14 angegebene Löslichkeitsprodukt überschritten wird. Um eine möglichst vollständige Fällung schwerlöslicher Verbindungen zu erreichen, wird häufig mit einem Überschuss an Fällungsmittel gearbeitet.

4.4 Wissensfragen

- Erläutern Sie Ionen-, Atom-, Metall- und Komplexverbindungen.
- Erläutern Sie die wichtigen chemischen Maßeinheiten Stoffmenge, Molmasse, Stoffmengenkonzentration und Molenbruch.
- Wie werden chemische Reaktionsgleichungen beschrieben?
- Erläutern Sie das Massenwirkungsgesetz und das Löslichkeitsprodukt.
- Was versteht man unter Säuren und Basen und wie werden deren Stärken ausgedrückt?
- Erläutern Sie den pH-Wert.

4.5 Weiterführende Literatur

4.1 Blumenthal, G.; Linke, D.; Vieth, S.; *Chemie,* Teubner, **2006,** 978-3-519-03551-0

4.2 Brown, Th.; LeMay, Eu.; Brusten, B.; *Chemie,* Pearson, **2007,** 978-3-8273-7191-1

4.3 Dickerson, R. et al.; *Prinzipien der Chemie,* de Gruyter, **1988,** 3-11-009969-1

4.4 Hancke, K.; Wilhelm, S.; *Wasseraufbereitung,* Springer, **2003,** 978-3-540-06848-8

4.5 Hoinkis, J.; Lindner, E.; *Chemie für Ingenieure,* Wiley-VCH, **2001,** 3-527-30279-4

4.6 Housecroft, C.; Sharpe, A.; *Anorganische Chemie,* Pearson, **2006,** 978-3-8273-7192-8

4.7 Mortimer, Ch.; Müller, W.; *Chemie,* Thieme, **2007,** 978-3-13-484309-5

4.8 Pfestorf, R.; *Chemie,* Harri Deutsch, **2006,** 978-3-8171-1784-0

4.9 Riedel, E. *Anorganische Chemie,* de Gruyter, **2004,** 3-11-018168-1

4.10 WABAG (Hrsg.); *Handbuch Wasser,* Vulkan, **1996**, 3-8027-2532-8

5 Summarische Belastungsgrößen

5.1 Klassifizierung und Zustand der Gewässer

Zur Sicherstellung der Wasserqualität werden Oberflächengewässer regelmäßig untersucht. Mögliche Belastungen für aquatische Lebensgemeinschaften können aus drei Quellen stammen. Diffuse Einträge rühren aus weitläufigen Quellen her. Sie werden überwiegend durch die Landwirtschaft verursacht. Dem gegenüber stehen die punktuellen Einträge durch die Industrie.

Hier handelt es sich um direkte oder indirekte Einleitungen. Nutzungsbedingte strukturelle Veränderungen des Flussbettes oder Ufers werden als hydromorphologische Einflüsse erfasst. Bei den notwendigen Untersuchungen werden neben den strukturellen Größen auch biologische und chemisch-physikalische Kenngrößen ermittelt. Die Länderarbeitsgemeinschaft Wasser (LAWA) gibt dazu in regelmäßigen Abständen Publikationen zur:

- Gewässerstrukturkarte,
- biologischen Gewässergütekarte,
- chemisch-physikalischen Gewässergüte

heraus.

Gewässerstrukturkarte

Die hydromorphologischen Veränderungen an Gewässern werden durch die Gewässerstrukturkarte wiedergegeben. Abbildung 5.1 zeigt die Einteilung in die verschiedenen Gewässerstrukturklassen. Es werden sieben Klassen von „unverändert" bis „vollständig verändert" unterschieden.

Güteklasse	Grad der Veränderung	Beschreibung
I	unverändert	Die Gewässerstruktur entspricht dem potenziell natürlichen Zustand.
II	gering verändert	Die Gewässerstruktur ist durch einzelne, kleinräumige Eingriffe nur gering beeinflusst.
III	mäßig verändert	Die Gewässerstruktur ist durch mehrere kleinräumige Eingriffe nur mäßig beeinflusst.
IV	deutlich verändert	Die Gewässerstruktur ist durch verschiedene Eingriffe z.B. in Sohle, Ufer, Rückstau und/oder Nutzungen in der Aue deutlich beeinflusst.
V	stark verändert	Die Gewässerstruktur ist durch Kombination von Eingriffen z.B. in die Linienführung, durch Uferverbau, Querbauwerke, Stauregulierung, Anlagen zum Hochwasserschutz und/oder die Nutzungen in der Aue beeinträchtigt.
VI	sehr stark verändert	Die Gewässerstruktur ist durch Kombination von Eingriffen z.B. in die Linienführung, durch Uferverbau, Querbauwerke, Stauregulierung, Anlagen zum Hochwasserschutz und/oder die Nutzungen in der Aue stark beeinträchtigt.
VII	vollständig verändert	Die Gewässerstruktur ist durch Eingriffe in die Linienführung, durch Uferverbau, Querbauwerke, Stauregulierung, Anlagen zum Hochwasserschutz und/oder durch die Nutzungen in der Aue vollständig verändert.

Abb. 5.1: Einteilung der Gewässerstrukturklassen [5.11]

In Deutschland sind nur ca. 20% der Bäche und Flüsse in einem naturnahen Zustand (Güteklasse I - III). Ca. 80% sind deutlich bis vollständig verändert (Güteklasse IV - VII) und haben ihre natürliche Gestalt verloren. Der überwiegende Teil der natürlichen Gewässer wurde durch bauliche Maßnahmen strukturell verändert.

Biologische Gewässergüte

Die biologische Gewässergütekarte gibt einen Überblick über den ökologischen Zustand der Gewässer. Die einzelnen Güteklassen werden durch eine Beschreibung der Pflanzen und Tiere in den verschiedenen Gewässertypen (Flüsse, Seen, Meere) ökologisch charakterisiert. Es werden sieben biologische Belastungsgrade von „unbelastet bis sehr gering belastet“ bis „übermäßig verschmutzt“ unterschieden (Abb. 5.2).

Güteklasse	Grad der Veränderung	Beschreibung
I	unbelastet bis sehr gering belastet	Gewässerabschnitte mit reinem, stets annähernd sauerstoffgesättigtem und nährstoffarmen Wasser, geringer Bakteriengehalt, mäßig dicht besiedelt, vorwiegend mit Algen, Moosen, Strudelwürmern und Insektenlarven; sofern sommerkühl, Laichgewässer für Salmoniden.
I - II	gering belastet	Gewässerabschnitte mit geringer anorganischer Nährstoffzufuhr und organischer Belastung ohne nennenswerte Sauerstoffzehrung; dicht und meist in großer Artenvielfalt besiedelt; sofern sommerkühl, Salmonidengewässer.
II	mäßig belastet	Gewässerabschnitte mit mäßiger Verunreinigung und guter Sauerstoffversorgung; sehr große Artenvielfalt und Individuendichte von Algen, Schnecken, Kleinkrebsen, Insektenlarven; Wasserpflanzenbestände können größere Flächen bedecken; artenreiche Fischgewässer.
II - III	kritisch belastet	Gewässerabschnitte, deren Belastung mit organischen sauerstoffzehrenden Stoffen einen kritischen Zustand bewirkt; Fischsterben infolge Sauerstoffmangels möglich; Rückgang der Artenzahl bei Makroorganismen; gewisse Arten neigen zu Massenentwicklung; fädige Algen bilden häufig größere flächendeckende Bestände.
III	stark verschmutzt	Gewässerabschnitte mit starker organischer, sauerstoffzehrender Verschmutzung und meist niedrigem Sauerstoffgehalt; örtlich Faulschlammablagerungen, Kolonien von fadenförmigen Abwasserbakterien und festsitzenden Wimpertieren übertreffen das Vorkommen von Algen und höheren Pflanzen; nur wenige gegen Sauerstoffmangel unempfindliche tierische Makroorganismen wie Egel und Wasserasseln kommen bisweilen massenhaft vor; mit periodischem Fischsterben ist zu rechnen.

Güteklasse	Grad der Veränderung	Beschreibung
III - IV	sehr stark verschmutzt	Gewässerabschnitte mit weitgehend eingeschränkten Lebensbedingungen durch sehr starke Verschmutzung mit organischen sauerstoffzehrenden Stoffen, oft durch toxische Einflüsse verstärkt; zeitweilig totaler Sauerstoffschwund; Trübung durch Abwasserschwebstoffe; ausgedehnte Faulschlammablagerungen; durch Wimpertierchen, Zuckmückenlarven oder Schlammröhrenwürmer dicht besiedelt; Rückgang fadenförmiger Abwasserbakterien; Fische nicht auf Dauer und nur ausnahmsweise anzutreffen.
IV	übermäßig verschmutzt	Gewässerabschnitte mit übermäßiger Verschmutzung durch organische sauerstoffzehrende Abwässer; Fäulnisprozesse herrschen vor; Sauerstoff über lange Zeit in sehr niedrigen Konzentrationen vorhanden oder gänzlich fehlend; Besiedlung vorwiegend durch Bakterien, Geißeltierchen und freilebenden Wimpertierchen; Fische fehlen; bei starker toxischer Belastung biologische Verödung.

Abb. 5.2: Biologische Gewässergüteklassifizierung [5.14]

Der Anteil kritisch bis übermäßig verschmutzter Gewässer ist seit Jahren durch die Anwendung von verbesserten Abwasserreinigungsmethoden stark rückläufig.

In Abbildung 5.3 wird der ökologische Status von Fließgewässern innerhalb der Europäischen Union miteinander verglichen. Deutschland nimmt hier einen der hinteren Plätze ein.

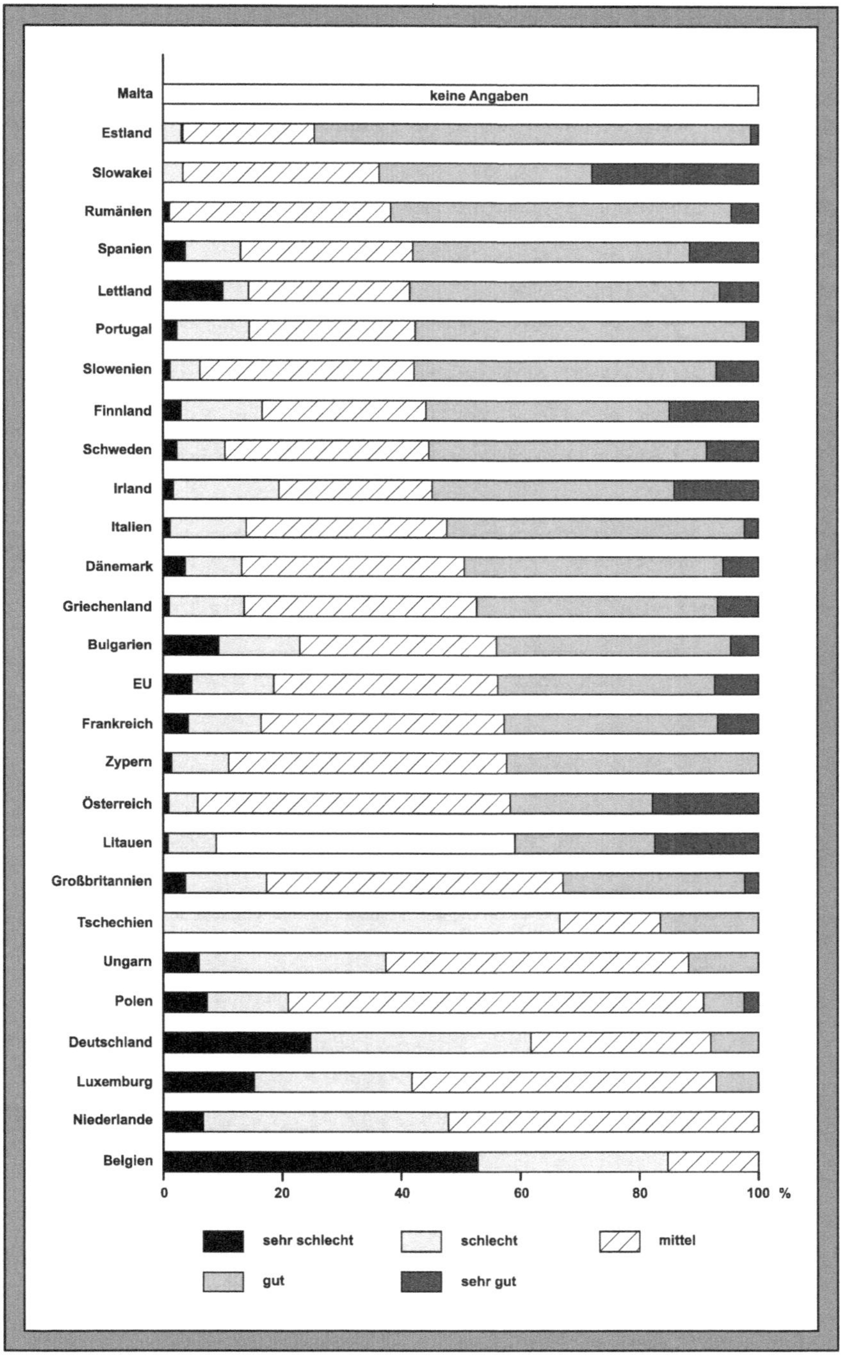

Abb. 5.3: Ökologischer Status von Fließgewässern in der Europäischen Union [5.9]

Chemisch-physikalische Gewässergüte

Die chemisch-physikalischen Belastungen von Gewässern werden durch die in Abbildung 5.4 angegebenen Güteklassen beschrieben. Die Güteklasse II enthält die Zielvorgabe einer mäßigen Belastung durch organische Verbindungen und Schwermetalle. In der chemischen Gewässerklassifikation werden z.B. folgende Stoffklassen berücksichtigt:

- CKW's (z.B. Dichlormethan, Tetrachlormethan, Trichlorethen, Trichlorethan),
- Benzolverbindungen (z.B. Dichlorbenzole, Trichlorbenzole, Chlornitrobenzole),
- Toluolverbindungen (z.B. Chlornitrotoluole, Nitrotoluole),
- Anilinverbindungen (z.B. Chloraniline),
- Schwermetalle (z.B. Blei, Cadmium, Chrom, Kupfer, Nickel, Quecksilber, Zink),
- Nährstoffe (z.B. Stickstoff-, Phosphorverbindungen),
- Summenkenngrößen (z.B. TOC, AOX, Chlorid-, Sulfat-, Sauerstoffgehalt).

Durch Methoden zur Abwasservermeidung und verbesserte Abwasserreinigungstechniken wurde in der Vergangenheit ein deutlicher Rückgang der chemisch-physikalischen Belastungen erzielt.

Güteklasse	Grad der Veränderung	Beschreibung
I	anthropogen unbelastet	geogener Hintergrundwert (bei Naturstoffen) bzw. „Null“ (bei Xenobiotika)
I - II	sehr geringe Belastung	i.d.R. bis halber Wert der Zielvorgabe
II	mäßige Belastung	Einhaltung der Zielvorgabe
II - III	deutliche Belastung	bis zweifacher Wert der Zielvorgabe
III	erhöhte Belastung	bis vierfacher Wert der Zielvorgabe
III - IV	hohe Belastung	bis achtfacher Wert der Zielvorgabe
IV	sehr hohe Belastung	größer als der achtfache Wert der Zielvorgabe

Abb. 5.4: Klassifikation der chemisch-physikalischen Gewässergüte [5.12]

Abbildung 5.5 zeigt den chemischen Status für Flüsse und Seen für die Mitgliedsstaaten der Europäischen Union auf. Deutschland nimmt hier einen relativ guten mittleren Platz ein.

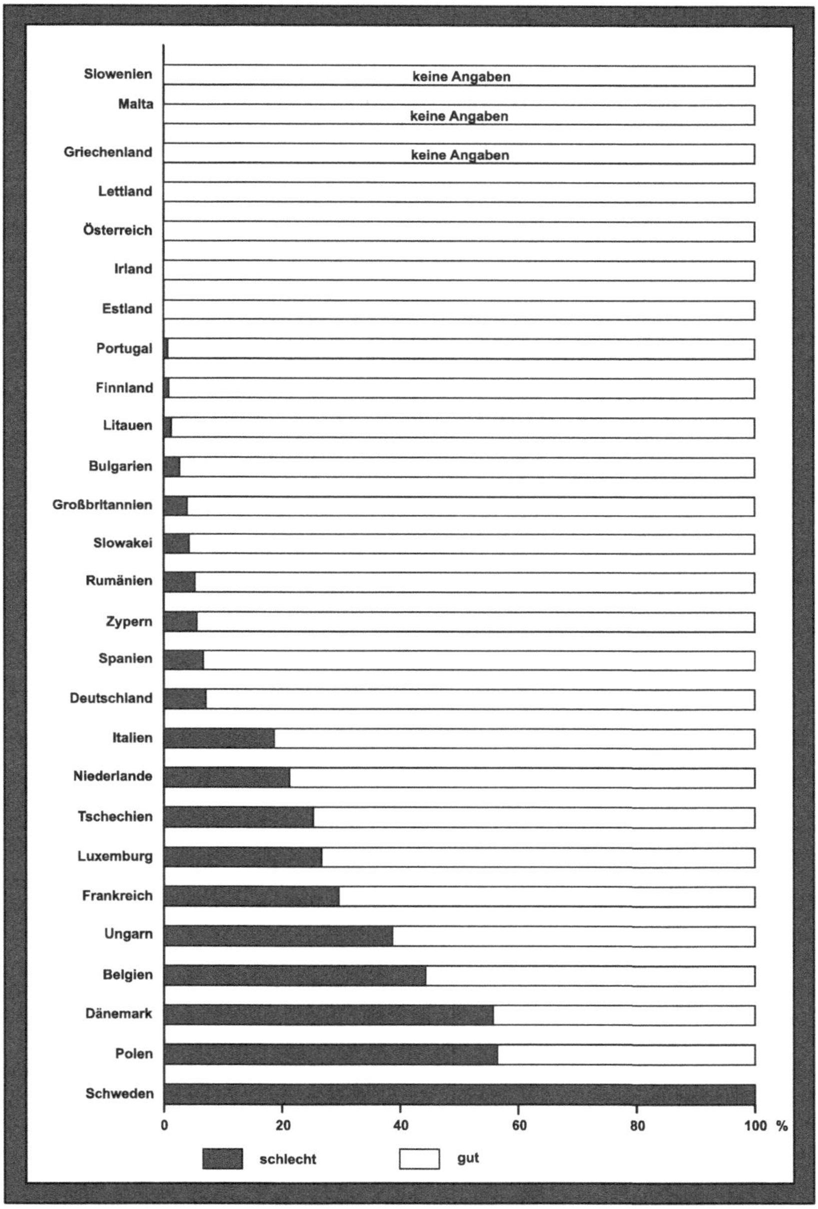

Abb. 5.5: Chemischer Status für Flüsse und Seen in der Europäischen Union [5.9]

5.2 Biologisch-toxische Kenngrößen

In diesem Zusammenhang untersucht die Ökotoxikologie die Auswirkungen verschiedenster Stoffe auf Organismen und Lebewesen. Eine toxikologische Schädigung oder Veränderung eines Ökosystems hängt von der Expositionsart, -dosis und -dauer ab. Anfangs geringe Schadwirkungen können auf Dauer zu langfristig wirkenden Schädigungen führen.

In der Ökotoxikologie werden direkte und indirekte, reversible und irreversible Änderungen eines Ökosystems untersucht. Direkte Veränderungen betreffen die Lebensfunktionen des Organismus. Lassen sich die Veränderungen durch entsprechende Regenerations- und Reparaturprozesse des Organismus rückgängig machen, sind sie reversibel, ansonsten sind sie irreversibel. Indirekte Veränderungen entstehen durch ökologische Wechselwirkungen im Ökosystem. Solche Veränderungen treten häufig bei Gemeinschaften auf. Es gehört daher zu den Aufgaben der Ökotoxikologie, Änderungen des Artenbestandes oder die Funktion des Ökosystems zu erfassen.

Es wird sowohl die Wirkung von organischen Stoffen (z.B. synthetische organische Verbindungen) als auch anorganischen Stoffen (z.B. Schwermetalle) auf das Ökosystem untersucht. Oft kann die gleiche Verbindung natürlichen oder anthropogenen Ursprungs sein. Durch Analyse der Wechselwirkungen und das Verständnis der direkten und indirekten Wirkungen eines Stoffes auf das Ökosystem lassen sich die Auswirkungen von Stoffen auf die Umwelt verstehen. Durch das rechtzeitige Erkennen und Bewerten des Gefährdungs- und Schädigungspotenzials von Chemikalien lassen sich vorbeugend mögliche Umweltschäden vermeiden.

Ökotoxikologische Tests umfassen Labor- und Freilandversuche. Laborversuche können unter standardisierten Bedingungen erfolgen. Sie lassen sich gut reproduzieren. Wenn Freilandversuche nicht möglich sind, können zusätzliche Tests mit Hilfe von Modellökosystemen erfolgen.

Die Testverfahren werden in drei Stufen unterteilt:

- In Stufe 1 werden toxikologische Kurzzeittests an geeigneten, überempfindlichen Spezies durchgeführt. Ausgewählt werden solche Organismen, deren Funktion für die Prozesse im Ökosystem repräsentativ sind. Diese Kurzzeittests können zur Ermittlung der letalen Dosis dienen.

- Stufe 2 ist die ökotoxikologische Untersuchung. Dazu werden die Auswirkungen von Substanzen auf Populationen mit mehreren Spezies ermittelt. Während der Untersuchungen werden stoffbedingte Schäden und Auswirkungen auch auf nicht direkt betroffene Organismen gemessen. Mit Hilfe solcher Multispeziesuntersuchungen lassen sich natürliche Ökosysteme in Ausschnitten simulieren.

- Stufe 3 ist die Freilanduntersuchung und -beobachtung. Dabei werden die Auswirkungen auf die gesamte Population eines Ökosystems erfasst. Solche Untersuchungen können mehrjährige Zeiträume umfassen, damit entsprechende Effekte erfasst werden können. Im Gegensatz zu chemischen Analysen berücksichtigen ökotoxikologische Tests die Bioverfügbarkeit der Schadstoffe. Sie ermitteln nicht nur die Konzentration eines Schadstoffes, sondern zeigen auch seine Wirkung auf Organismen auf. Auch werden die Wechselwirkungen von Schadstoffen untereinander und die Wirkungen von Abbauprodukten berücksichtigt.

Damit Stoffe oder Gemische ökotoxikologisch bewertet werden können, müssen verschiedene Punkte berücksichtigt werden. Dazu zählen z.B. die Stoffanwendung, die potenzielle und reale Exposition oder die zeitliche Belastung eines Organismus mit einer bestimmten Konzentration. Zusätzlich ist eine chemisch-analytische Charakterisierung des Stoffvorkommens in der Umwelt notwendig. Ebenso ist die Ausbreitung in den Medien Luft, Wasser und Boden zu berücksichtigen. Zu betrachten sind auch die biologische Verfügbarkeit und Aktivität der Stoffe und deren Speicherung in Nahrungsketten. Erst wenn alle Aspekte geprüft und untersucht wurden, kann eine umweltrelevante Aussage über den Stoff, die Stoffklasse oder das Stoffgemisch getroffen werden.

Bei der Angabe der Wirkkonzentration EC (Effektive Concentration) werden die sog. Schwellenwerte EC_0, EC_{50} und EC_{100} herangezogen:

- EC_0 die höchste Konzentration, bei der noch keine Wirkung eintritt,
- EC_{50} die Konzentration, bei der bei 50 % der Organismen Wirkung eintritt,
- EC_{100} die niedrigste Konzentration, bei der bei 100 % der Organismen Wirkung eintritt.

Bei der Angabe der Letalkonzentration LC (Lethal Concentration) wird die tödliche Konzentration (LC) bzw. beim LD (Lethal Dosis) die tödliche oral aufgenommene Dosis angegeben:

- LC_0, LD_0 alle Organismen überleben,
- LC_{50}, LD_{50} 50 % der Organismen sind tot,
- LC_{100}, LD_{100} 100 % der Organismen sind tot.

Zur Bestimmung der akuten Bakterientoxizität wird ermittelt, in wie weit gelöste toxische Wasserinhaltsstoffe die Zellteilung einer bestimmten Bakterienart hemmen. In einer toxisch unbeeinflussten Testkultur wird, bei vorgegebenem standardisiertem Nährstoffangebot, nach einer gewissen Zeit die Zellteilungsrate höher sein als in einer unter gleichen Bedingungen gehaltenen Testkultur, die toxische Stoffe in gelöster Form enthält.

Der Bestimmung der akuten Fischtoxizität liegt zugrunde, dass Fische, wenn sie den Gewässerbelastungen nicht ausweichen können, sehr empfindlich auf Schädigungen reagieren. Dabei kommt es zu Symptomen wie Luftschnappen, Taumeln, Verlust der Orientierung, Lethargie und schließlich Tod. Ein sehr empfindliches Organ der Fische sind die Kiemen. Bei Schädigung durch bestimmte Wasserinhaltsstoffe kommt es zu einem Verkleben oder Verschleimen der Kiemenblätter. Neben einer unmittelbaren Wirkung auf die Fischkiemen ist in vielen Fällen eine zunächst unschädliche Aufnahme des Fremdstoffes durch die Kiemen, durch die Haut oder durch Resorption im Verdauungstrakt möglich, ehe es zu Vergiftungen und Reizungen kommt. Bestimmte Fische sind als Testorganismus und Indikator für die Qualität des Wassers sehr gut geeignet. Da die Schadstoffwirkungen immer auch gewichtsabhängig sind, ist das Lebendgewicht bei der Beurteilung der Schadwirkung mit zu berücksichtigen. Die Ergebnisse werden in Form von LC-Werten angegeben.

5.3 Chemischer Sauerstoffbedarf (CSB)

Unter dem Begriff chemischer Sauerstoffbedarf wird die Menge Sauerstoff verstanden, die erforderlich ist, um organische Verbindungen mittels starker Oxidationsmittel zu CO_2 und H_2O zu oxidieren. Zur Bestimmung des chemischen Sauerstoffbedarfs gibt es je nach CSB-Gehalt innerhalb der DIN 38409 unterschiedliche Messvorschriften.

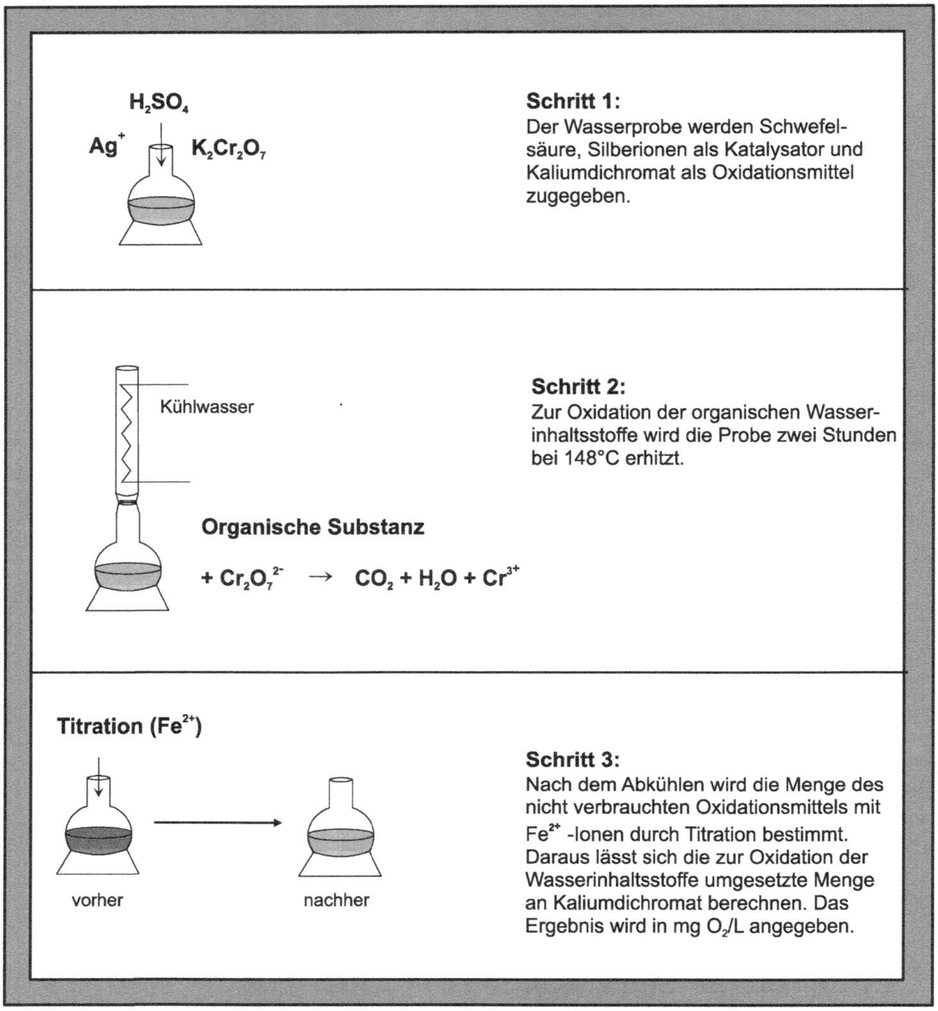

Abb. 5.6: Bestimmung des chemischen Sauerstoffbedarfs (CSB)

Die Grundlagen des Verfahrens bestehen darin, organische Wasserinhaltsstoffe mittels Kaliumdichromat als Oxidationsmittel und Silbersulfat als Katalysator in stark schwefelsaurer Lösung unter definierten Bedingungen, d.h. bei T = 148 °C über zwei Stunden unter Rückfluss, umzusetzen (Abb. 5.6). Überschüssige Dichromat-Ionen werden mit Fe^{2+}-Ionen titriert. Aus dem Verbrauch an Kaliumdichromat lässt sich der CSB-Wert berechnen:

$$14\,H_3O^+ + Cr_2O_7^{2-} + 6\,Fe^{2+} \longrightarrow 2\,Cr^{3+} + 6\,Fe^{3+} + 21\,H_2O$$

Organische Verbindungen werden unter den genannten Bedingungen weitgehend oxidiert. Ausgenommen sind Verbindungen mit bestimmten Strukturelementen (z.B. Pyridinring). Flüchtige Verbindungen können verdampfen. Unter den Reaktionsbedingungen können auch anorganische Verbindungen oxidiert werden. Dazu gehören z.B.:

- Bromidionen (Br^-),
- Iodidionen (I^-),
- Wasserstoffperoxid (H_2O_2),
- bestimmte Schwefelverbindungen (z.B. Sulfit-Ionen, SO_3^{2-}),
- Nitrit-Ionen (NO_2^-),
- bestimmte Metallverbindungen.

5.4 Biologischer Sauerstoffbedarf (BSB_5)

Der biologische Sauerstoffbedarf gibt Auskunft über die Menge Sauerstoff, die Bakterien benötigen, um mit Hilfe ihres Enzymsystems organische Substanzen zu CO_2 und H_2O zu oxidieren. Die erhaltenen Ergebnisse sind das Resultat einer Kombination von biochemischen und chemischen Reaktionen. Sie haben keinen eindeutigen und exakten Charakter. Dennoch liefern sie einen Hinweis auf die Beschaffenheit des Wassers.

Die Untersuchung kann durch die Anwesenheit verschiedener Substanzen gestört werden. So werden persistente Substanzen, d.h. schwerabbaubare organische Substanzen, nicht oxidiert. Diese Substanzen sind nur durch scharfe Oxidationsbedingungen wie beim CSB-Verfahren oxidierbar. Weiterhin setzen die Bakterien gleichzeitig kleinere Anteile der organischen Substanzen in arteigene Stoffe um. Bakterizide, giftige Metalle oder freies Chlor hemmen die biochemische Oxidation. Die Anwesenheit von Algen oder nitrifizierender Mikroorganismen kann zu höheren Ergebnissen führen. Normalerweise liegt der biologische Sauerstoffbedarf immer unter den Werten des chemischen Sauerstoffbedarfs (CSB).

Zur Bestimmung des BSB_5 wird die Wasserprobe mit bakterienhaltigem, sauerstoffgesättigtem Wasser versetzt und der pH-Wert zwischen 6 und 8 eingestellt (Abb. 5.7). Nach der Bestimmung des Sauerstoffgehaltes wird die Probe verschlossen. Die Bakterien bauen dann in den nächsten fünf Tagen organische Verbindungen unter Sauerstoffverbrauch bei einer konstanten Temperatur von 20 °C ab. Der ermittelte Sauerstoffverbrauch wird als BSB_5 in mg O_2/L angegeben.

Zu berücksichtigen ist, dass für die Bakterien optimale Reaktionsbedingungen geschaffen werden müssen. Einerseits müssen genügend Mineralien und Spurenelemente für die Bakterien zur Verfügung stehen, andererseits muss die Abwesenheit von Bakteriengiften gewährleistet sein. Die Probeflaschen sollten mit angeschrägtem Glasstopfen verschlossen werden, damit sich keine Lufteinschlüsse bilden können. Zur Bestimmung des biologischen Sauerstoffbedarfs gibt es innerhalb der DIN 38409 unterschiedliche Messvorschriften.

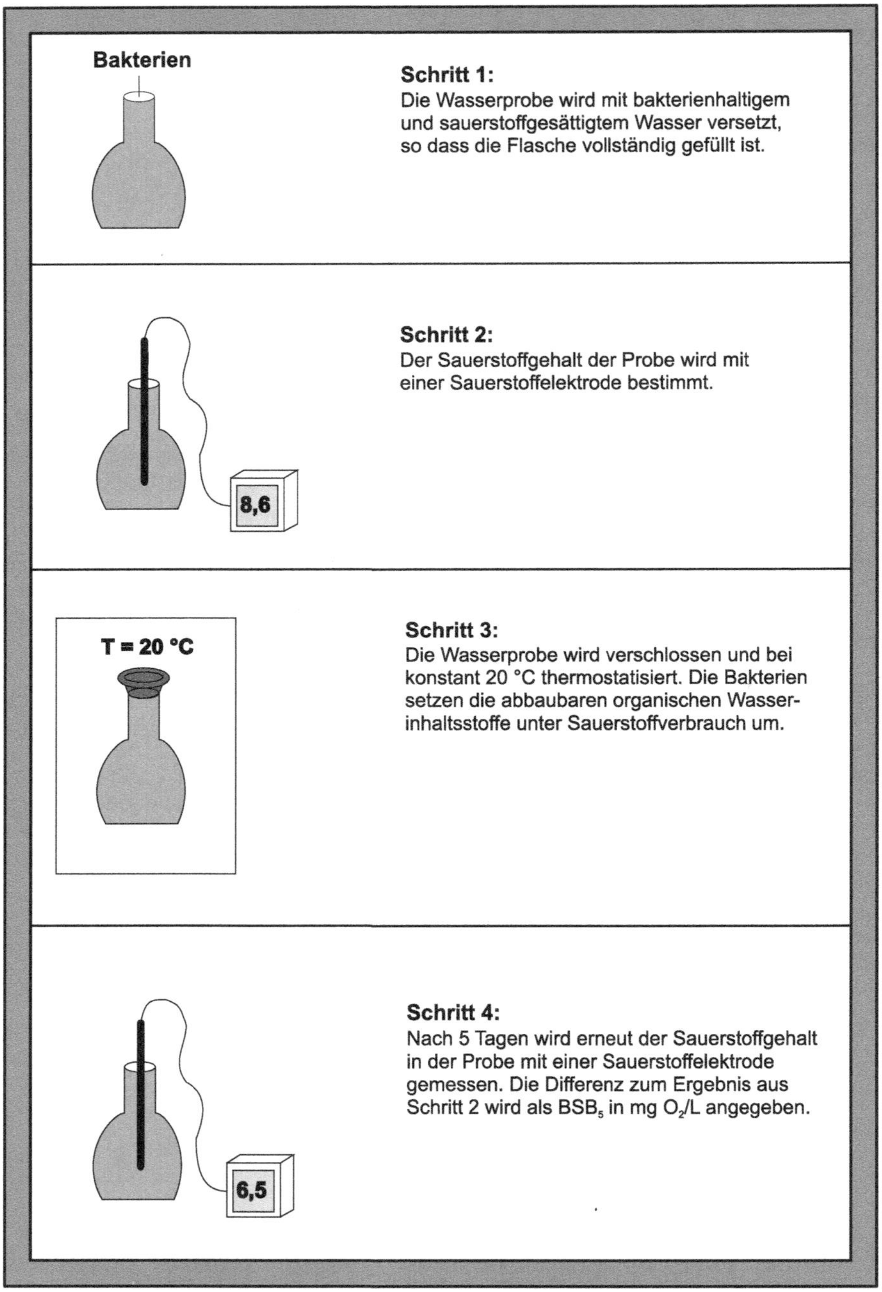

Abb. 5.7: Bestimmung des biologischen Sauerstoffbedarfs (BSB_5)

5.5 Total Organic Carbon (TOC)

Die TOC-Bestimmung ist eine Methode zur summarischen Erfassung von Kohlenstoffverbindungen im Wasser. Da Wasserproben eine Vielzahl unterschiedlicher Kohlenstoffverbindungen enthalten können, werden diese als folgende Summenparameter angegeben:

- TC Gesamter Kohlenstoff (Total Carbon),
- TIC Gesamter Anorganischer Kohlenstoff (Total Inorganic Carbon),
- TOC Gesamter Organischer Kohlenstoff (Total Organic Carbon).

Der gesamte Kohlenstoff (TC) wird weiterhin nach seinen physikalischen Eigenschaften unterschieden:

- DOC Gelöster Organischer Kohlenstoff (Dissolved Organic Carbon),
- POC Ungelöster Organischer Kohlenstoff (Particulate Organic Carbon),
- VOC Flüchtiger Organischer Kohlenstoff (Volatile Organic Carbon),
- NVOC Nicht Flüchtiger Organischer Kohlenstoff (Non Volatile Organic Carbon).

Da insbesondere organische Substanzen Gewässer stark belasten, wird der Summenparameter TOC zur Quantifizierung dieser Belastungen herangezogen. Dabei ist der TOC eine exakt definierbare, absolute Größe und kann direkt gemessen werden. Insbesondere bei der Beurteilung schwer abbaubarer Substanzen ist der TOC der aussagekräftigste Summenparameter.

Die Methode zur TOC-Bestimmung erfolgt in zwei Schritten. Im ersten Schritt werden die gesamten organisch gebundenen Kohlenstoffatome zu CO_2 oxidiert; im zweiten Schritt wird dieses entstandene CO_2 quantitativ erfasst. Die Oxidation kann zum einen auf nasschemischem Wege erfolgen, wobei die Probe in Gegenwart von Sauerstoff und einem zusätzlichen Oxidationsmittel einer UV-Bestrahlung unterzogen wird. Eine andere Möglichkeit ist die Hochtemperatur-Oxidation bei ca. 950 °C mit Luftsauerstoff an Kobalt- oder Nickeloxid-Katalysatoren. Das bei der Oxidation entstandene CO_2 wird entweder als solches (IR-Spektroskopie, Coulometrie, Konduktometrie) oder nach Reduktion zu Methan (Wärmeleitfähigkeits- oder Flammenionisationsdetektion) quantitativ bestimmt. Abbildung 5.8 zeigt das Infrarotspektrum von CO_2.

Anorganisch gebundener Kohlenstoff (TIC) kann bei diesen Messmethoden Störungen verursachen. Um derartige Störungen zu vermeiden kann durch Ansäuern der Probe und anschließendes Ausblasen mit einem CO_2-freien Gas der anorganisch gebundene Kohlenstoff in Form von CO_2 ausgetrieben werden. Dabei muss beachtet werden, dass leicht flüchtige Komponenten wie Benzol, Chloroform, usw. beim Austreiben ebenfalls entweichen können. Als Alternative wird der gesamte Kohlenstoff (TC) sowie der anorganisch gebundene Kohlenstoff (TIC) gemessen und aus der Differenz der TOC bestimmt.

Die Bedeutung der TOC-Analytik hat in den vergangenen Jahren immer stärker zugenommen, da bei der CSB-Bestimmung toxische Stoffe verwendet werden. Die Bestimmung des TOCs ist mit einer geringeren Gefährdung verbunden, da für diese Bestimmung ungefährlichere Substanzen verwendet werden. Während der CSB den Sauerstoffbedarf ermittelt, wird beim TOC der Kohlenstoffgehalt bestimmt. Es gibt daher keinen festen Faktor um den TOC-Gehalt in den CSB-Gehalt umzurechnen. Das Verhältnis von CSB/TOC ändert sich sehr stark, je nachdem welche Substanzen im Abwasser enthalten sind. In Abbildung 5.9 sind daher die Verhältnisse CSB/TOC einiger organischer Substanzen zusammengestellt.

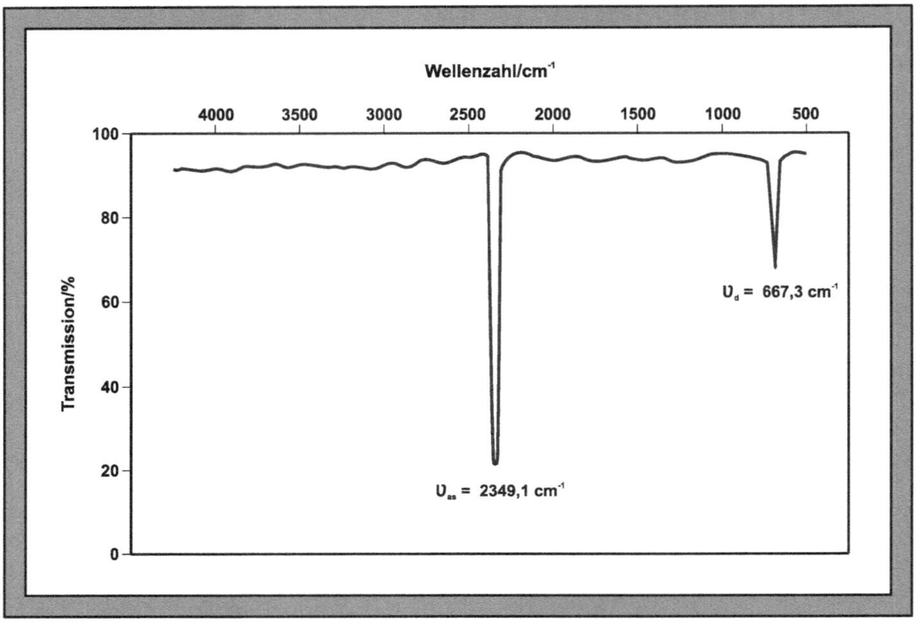

Abb. 5.8: IR-Spektrum von Kohlendioxid (CO_2)

Substanz	CSB in mg O_2/g		TOC in mg C/g	CSB/TOC
	theoretisch	DEV-Analyse*		
Ölsäure	2834	2380	894	2,66
Saccharose	1123	1097	491	2,23
Stärke	1185	1033	519	1,99
Glycin	640	610	373	1,64
Methanol	1500	1513	438	3,46

*DEV: Deutsche Einheitsverfahren zur Wasser-, Abwasser- und Schlammuntersuchung

Abb. 5.9: CSB/TOC-Verhältnis organischer Substanzen

5.6 Adsorbierbare Organische Halogene (AOX)

AOX ist ein Summenparameter, der adsorbierte organische Halogenverbindungen umfasst. Dazu zählen alle organischen Fluor-, Chlor-, Brom- und Iodverbindungen. Sie werden in großer Zahl industriell hergestellt (z.B. Lösungsmittel, Kühlflüssigkeiten, Pestizide, Herbizide) oder treten als natürliche Stoffe auf. Sie sind ebenfalls häufig Zwischenprodukte bei chemischen Synthesen. Viele dieser Stoffe sind gesundheitsgefährdend oder krebserregend und stellen somit ein Gefährdungspotenzial für Mensch und Umwelt dar. Im Abwasser werden sie als Summenparameter AOX erfasst.

Damit ist auch ein grundlegendes analytisches Problem verbunden. Mit dem AOX-Wert lässt sich nicht zwischen industriell (anthropogen) hergestellten und natürlich auftretenden organischen Halogenverbindungen unterscheiden. Mittlerweile sind mehrere tausend organische Halogenverbindungen entdeckt worden, die in der Natur von Bakterien, Pilzen, Algen und Insekten produziert werden. Bei den natürlich entstehenden Verbindungen spielen vor allem Chlormethan (CH_3Cl) und Brommethan (CH_3Br) eine wichtige Rolle. Man schätzt, dass die jährlich von der Natur freigesetzte Menge an Chlormethan mehr als fünf Millionen Tonnen, bei Brommethan mehr als 200.000 Tonnen beträgt.

Ein Großteil dieser Verbindungen entsteht bei der Zersetzung organischer Stoffe. Außerdem müssen entsprechende Salze (z.B. NaCl, NaBr), dreiwertiges Eisen (Fe^{3+}) und Wasser vorhanden sein:

$$\text{Humus} + Fe^{3+} + \text{Wasser} + \text{Salze} \longrightarrow CO_2 + \text{Halogenmethane}$$

Halogenmethane entstehen ebenfalls beim mikrobiellen Abbau von organischen Stoffen unter anaeroben Bedingungen.

Wie weit die AOX-relevanten Verbindungen in die Umwelt gelangen und dort Schädigungen hinterlassen hängt von mehreren Aspekten ab. Dazu zählen die Produktionsmenge und das Anwendungsmuster, wodurch die Grundlage für eine großräumige Verbreitung der Stoffe und eine Umweltbelastung gegeben sind. Die Persistenz umfasst die Lebensdauer und das Abbauverhalten dieser Verbindungen. Von daher ist es wichtig, die toxischen (Human-, Ökotoxizität) Auswirkungen organischer Halogenverbindungen zu kennen und ihre Emissionen zu verringern. Lebewesen nehmen die Verbindungen über die Nahrung (Resorption im Verdauungstrakt), die Atemwege oder häufig über die gesamte Körperoberfläche auf. Letztlich verbreiten sie sich damit in der gesamten Nahrungskette.

Für die AOX-Analyse wird die Wasserprobe mit Salpetersäure angesäuert. Es schließt sich eine Adsorption der in der Wasserprobe enthaltenen organischen Verbindungen an Aktivkohle an. Diese Anreicherung geschieht mit der:

- Säulenmethode,
- Schüttelmethode,
- Rührmethode.

Für die Säulenmethode werden mit Aktivkohle gefüllte Adsorptionssäulen verwendet. Bei der Schüttelmethode wird die Analyseprobe zusammen mit Aktivkohle in einen Erlenmeyerkolben gegeben, eine Stunde lang geschüttelt und anschließend filtriert. Bei der Rührmethode wird ein Aktivkohlevlies in die Analysenprobe eingetaucht und gerührt. Die AOX-Verbindungen adsorbieren bei allen Methoden an der Aktivkohle. Die anorganischen Halogenidverbindungen sind durch Waschen der Aktivkohle mit einer angesäuerten Nitratlösung zu entfernen, da es ansonsten zu Fehlbefunden kommen kann. Nach dieser Probenvorbereitung geschieht die eigentliche AOX-Analyse mit dem in Abbildung 5.10 gezeigten analytischen Verfahren.

5

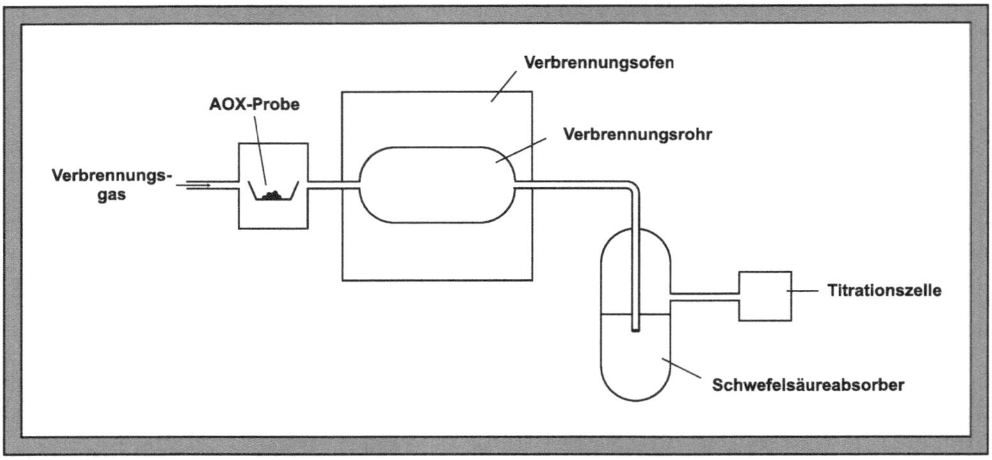

Abb. 5.10: Schematische Darstellung einer AOX-Apparatur [5.7]

Über einen Probeneinlass wird die AOX-haltige Aktivkohle in den Probenhalter gegeben und diese im Sauerstoffstrom bei 950°C verbrannt:

$$RX + O_2 \longrightarrow CO_2 + H_2O + HX$$

Im Absorber erfolgt die Trocknung der bei der Verbrennung entstandenen Halogenwasserstoffe mit konzentrierter Schwefelsäure. Es schließt sich die microcoulometrische Bestimmung des Halogenidions X^- an. Dazu werden die Verbrennungsgase in eine essigsaure Elektrolytlösung geleitet, in der eine ausreichende Konzentration an Ag^+-Ionen vorhanden ist. Diese reagieren mit den Halogenidionen (X^-) und bilden schwerlösliches Silberhalogenid (AgX):

$$Ag^+ + X^- \longrightarrow AgX$$

Durch diese Fällungsreaktion nimmt die Ag^+-Konzentration in der essigsauren Elektrolytlösung ab. Diese Ag^+-Abnahme wird über eine Indikatorelektrode gemessen. Über eine Generatoranode werden daraufhin solange Ag^+-Ionen erzeugt, bis die Ag^+-Ausgangskonzentration wieder hergestellt wurde. Aus der geflossenen Strommenge:

$$q = I \cdot t$$

lässt sich über das Faradaysche Gesetz die Masse an Halogenid berechnen. Die Angabe erfolgt summarisch als Chlor. F ist die Faraday-Konstante mit 96485 C/mol:

$$m(Cl) = \frac{I \cdot t \cdot M(Cl)}{F}$$

Die AOX-Bestimmung ist mit erheblichen Fehlerquellen behaftet. So führt eine unzureichende Abtrennung von anorganischen Chloridionen (Cl^-) durch Spülen mit der Nitratlösung zu deutlichen Mehrbefunden. Alkohole, Aromaten oder Carbonsäuren in der Analysenlösung können dagegen zu Minderbefunden führen. Um natürlich vorkommende Halogenverbindungen bei der Analyse auszuschließen, muss - wie bei jeder Analyse - zuvor eine Blindbestimmung durchgeführt werden.

Bei der AOX-Bestimmung werden alle halogenierten Verbindungen erfasst, die im Einzelnen nicht bekannt sind. Somit ist es auch nicht möglich eine genaue Gefährdungsbewertung über den AOX-Gehalt zu machen. So haben Untersuchungen zur Identifikation einzelner AOX-Bestandteile in unbelasteten Böden gezeigt, dass es sich hier hauptsächlich um natürlich vorkommende organische Halogenverbindungen handelt. Die starke Ausrichtung auf die Abwasseranalytik hat immer wieder Kritik an diesem Summenparameter verursacht. Die ökotoxikologische Bedeutung dieses Parameters ist nicht eindeutig, da sich unter den ermittelten AOX-Verbindungen von krebserzeugenden bis unkritischen Stoffen alles befinden kann. Die Aussagekraft dieses umweltanalytischen Parameters darf daher angezweifelt werden. Unstrittig ist jedoch, dass durch den AOX-Parameter und die damit verbundene Diskussion über die Belastung der Gewässer durch halogenorganische Verbindungen letztlich eine geringere Belastung erzielt wurde.

5.7 Gesamtstickstoff

Die im Abwasser enthaltenen Stickstoffverbindungen und deren mikrobiologische Umsetzung sind sowohl für den Gewässerschutz als auch für den Betrieb von Kläranlagen von erheblicher Bedeutung. Für den Abbau von organischen Kohlenstoffverbindungen im Abwasser benötigen die Mikroorganismen Stickstoff als zusätzliche Nährstoffquelle. Im Zulauf der biologischen Reinigungsstufe einer Kläranlage sollte das Verhältnis zwischen organischen Kohlenstoffverbindungen (BSB_5) und Stickstoff (N) etwa 100 : 5 betragen. Da Stickstoff sowohl in organischen als auch in anorganischen Verbindungen gebunden ist, muss aus den Einzelkonzentrationen von Nitrat (NO_3^-), Nitrit (NO_2^-), Ammoniak (NH_3) und organisch gebundenem Stickstoff der so genannte Gesamtstickstoff berechnet werden. 5

Nitrat (NO_3^-) ist das Anion der Salpetersäure (HNO_3). Da Pflanzen den Nitratstickstoff zum Aufbau von Stickstoffverbindungen benötigen, wird zusätzlich Nitrat in Form von Dünger zugeführt. Weil es ein leicht wasserlöslicher Stoff ist, gelangt Nitrat mit dem Regen in Oberflächengewässer und ins Grundwasser. Die Bestimmung geschieht fotometrisch mit Hilfe von 2,6-Dimethylphenol in schwefel- und phosphorsaurer Lösung. Die Methode eignet sich für Trink-, Grundwasser und wenig verschmutztes Oberflächenwasser:

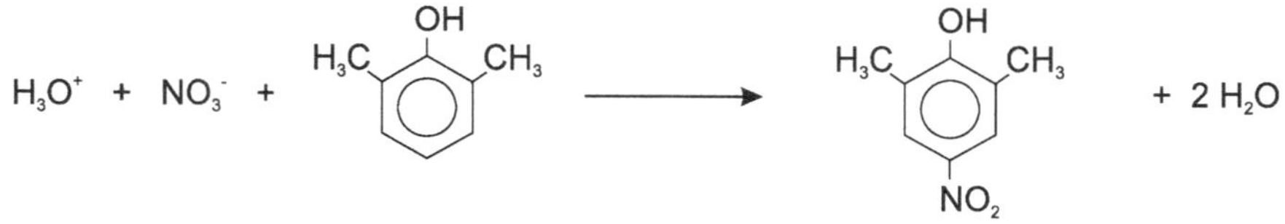

Eine alternative fotometrische Methode zur Nitratbestimmung beruht auf der Umsetzung mit p-Fluorphenol in stark schwefelsaurer Lösung:

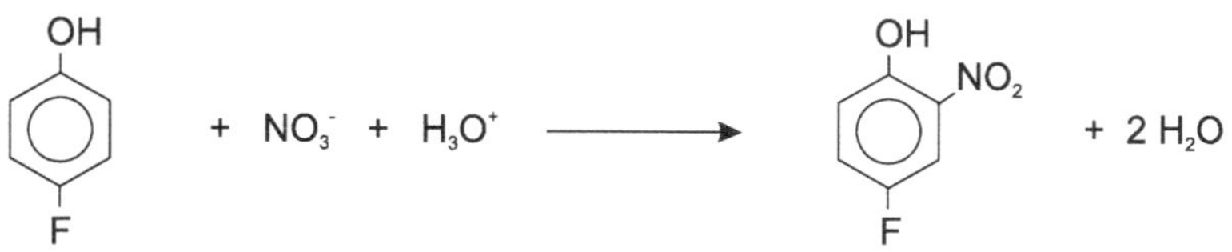

Mit Hilfe dieses Verfahrens können stark verschmutzte, gefärbte oder trübe Wässer untersucht werden. Das Reaktionsprodukt wird mittels Wasserdampfdestillation ausgetrieben und das Destillat fotometrisch vermessen.

Das Nitrition (NO_2^-) ist gesundheitsschädigend und verhindert den Sauerstofftransport im Blut. Aus Nitrit können sich krebserregende Nitrosamine bilden. Die fotometrische Bestimmung von Nitrit beruht auf der Umsetzung mit 4-Aminobenzol-sulfonamid in Gegenwart von Phosphorsäure und Salzsäure. Bei pH = 1,9 entsteht mit zugesetztem N-(1-Naphthyl)-1,2-diaminomethan ein rosa Farbstoff:

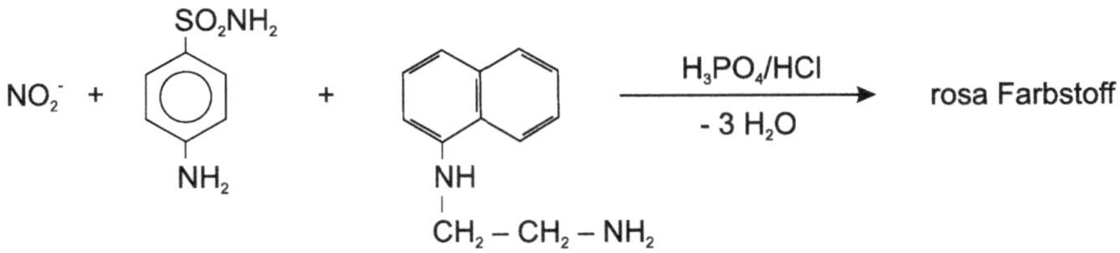

Ammonium (NH_4^+) ist die konjugierte Säure zur Base Ammoniak (NH_3), die im pH-abhängigen Gleichgewicht mit einander stehen:

$$NH_3 + H_2O \leftrightarrows NH_4^+ + OH^-$$

In der Natur entsteht Ammonium beim Abbau organischer Stickstoffverbindungen z.B. von Harnstoff. Durch nitrifizierende Bakterien kann es unter Sauerstoffverbrauch zu Nitrit (NO_2^-) und Nitrat (NO_3^-) oxidiert werden. Der fotometrische Nachweis von Ammoniumionen beruht auf der Umsetzung mit Hypochlorit (ClO^-) und Salicylsäure bei einem pH-Wert von 12,6 in Gegenwart von Natriumpentacyanonitrosylferrat als Katalysator zu einem blauen Farbstoff:

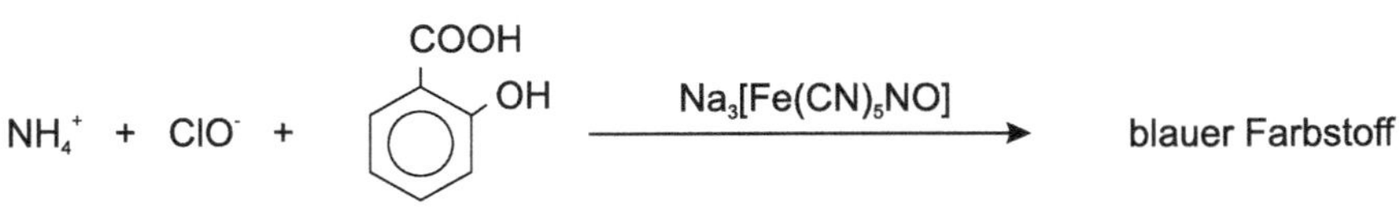

Der Gehalt an Biomasse im Wasser lässt sich über den organisch gebundenen Stickstoff bestimmen. Die Grundlage des Verfahrens beruht auf dem Aufschluss der Probe mit kaliumsulfathaltiger Schwefelsäure und Selen als Katalysator. Dabei werden die organischen Stickstoffverbindungen zu Ammoniumsulfat $(NH_4)_2SO_4$ umgesetzt. Durch anschließende Zugabe von Natronlauge wird Ammoniak freigesetzt, das sich titrimetrisch bestimmen lässt:

$$\text{organische Stickstoffverbindungen} + H_2SO_4 \xrightarrow{K_2SO_4/Se} (NH_4)_2SO_4 + \text{Restprodukte}$$

$$(NH_4)_2SO_4 + 2\,NaOH \longrightarrow 2\,NH_3 + Na_2SO_4\;\; 2\,H_2O$$

5.8 Wasserhärte

Unter der „Härte“ eines Wassers ist dessen Gehalt an Calcium (Ca^{2+})-, Magnesium (Mg^{2+})-, Strontium (Sr^{2+})- und Barium (Ba^{2+})-Ionen zu verstehen, wobei Strontium- bzw. Barium-Ionen im Trinkwasser praktisch vernachlässigt werden können, da ihre Konzentration sehr gering ist. Ca^{2+} und Mg^{2+} werden auch als „Härte-Ionen“ bezeichnet, da die Härte des Wassers mit zunehmender Konzentration dieser Ionen steigt.

Das in der Luft und vor allem im Boden durch Stoffwechsel der Mikroorganismen vorhandene Kohlendioxid bildet mit Wasser Kohlensäure. Diese Kohlensäure löst dann Calciumcarbonat unter Bildung von wasserlöslichem Calciumhydrogencarbonat, das in Wasser in Ca^{2+}- und HCO_3^--Ionen dissoziiert. Analog dazu entsteht auch lösliches Magnesiumhydrogencarbonat:

$$2\,H_2O + CO_2 \rightleftarrows H_3O^+ + HCO_3^-$$

$$CaCO_3 + H_3O^+ + HCO_3^- \rightleftarrows Ca(HCO_3)_2 + H_2O$$

$$Ca(HCO_3)_2 \leftrightarrows Ca^{2+} + 2\,HCO_3^-$$

Wenn Wasser beispielsweise durch Kalkgestein-Schichten sickert, geht das Calciumcarbonat in Lösung. Dies führt zu einer erhöhten Ca^{2+}-Konzentration und somit zu härterem Wasser.

Die Wasserhärte ist als Gehalt des Wassers an Mg^{2+}- und Ca^{2+}-Ionen definiert. Früher wurde die Wasserhärte in Grad deutsche Härte (°dH) angegeben. 1 °dH entspricht einer Menge von 10 mg/L Magnesiumoxid (MgO). Heute wird die Wasserhärte in mmol/L angegeben.

In ihrem Versorgungsgebiet machen die Wasserversorger Angaben zur Härte des Wassers und teilen es in vier Härtebereiche ein (Abb. 5.11).

Härtebereich	**° dH**	**Wasserhärte mmolL^{-1}**
1	< 7	< 1,3
2	7 - 14	1,3 - 2,5
3	14 - 21	2,5 - 3,8
4	> 21	> 3,8

Abb. 5.11: Härtebereich des Wassers

Bei der Berechnung von Ionenaustauschprozessen und der Auslegung von Ionenaustauschern zur Wasserenthärtung ist es üblich, die Stoffmengenkonzentrationen der Härte-Ionen (Ca^{2+} und Mg^{2+}) in diejenigen der Härte-Äquivalente (½ Ca^{2+} + ½ Mg^{2+}) umzurechnen.

Hartes Wasser bildet bei höheren Temperaturen Kesselstein:

$$Ca(HCO_3)_2 \xrightarrow{\text{Wärme}} CaCO_3 + H_2O + CO_2$$

$$Mg(HCO_3)_2 \xrightarrow{\text{Wärme}} MgCO_3 + H_2O + CO_2$$

Durch Entfernung von Ca^{2+}- und Mg^{2+}-Ionen lässt sich Wasser enthärten. Dazu wird hartes Wasser über ein Ionenaustauscherharz geleitet und die Calcium-/Magnesiumionen gegen Natriumionen ausgetauscht. Durch komplexometrische Titration lassen sich Ca^{2+}- und Mg^{2+}-Ionen bestimmen. Sie wird mit EDTA-Maßlösung als Titrationsmittel und Eriochromschwarz T als Indikator durchge-

5

führt. Der Indikator bildet mit den vorhandenen Ca^{2+}- und Mg^{2+}-Ionen einen rötlichen Komplex. Vereinfacht lässt sich die Reaktion folgendermaßen formulieren:

Me^{2+}	+	NaInd	⇆	$MeInd^{+}$ + Na^{+}
Metallion		Indikator Eriochromschwarz T (blau)		Metallindikator-Komplex (rot)

Bei der Titration mit EDTA entsteht ein farbloser Metall-EDTA-Komplex. Das Indikatorgleichgewicht wird von rechts nach links verschoben. Es kommt zu einem Farbumschlag von rot nach blau.

5.9 Wissensfragen

- Durch welche Größen lässt sich der Zustand eines Gewässers klassifizieren?
- Erläutern Sie den chemischen Sauerstoffbedarf (CSB), biologischen Sauerstoffbedarf (BSB_5) und den Total Organic Carbon (TOC).
- Was sind adsorbierbare organische Halogenverbindungen (AOX) und wie werden sie bestimmt?
- Was versteht man im Abwasserbereich unter Gesamtstickstoff und wie wird er bestimmt?
- Was versteht man unter der Wasserhärte und wie wird sie bestimmt?

5.10 Weiterführende Literatur

5.1 ATV-DVWK Deutsche Vereinigung für Wasserwirtschaft, Abwasser und Abfall e.V. (Hrsg.); *Halogenorganische Verbindungen*, **2000,** 3-933707-51-X

5.2 Bundesministerium für Umwelt, Naturschutz und Reaktorsicherheit (BMU); *Die Wasserrahmenrichtlinie - Auf dem Weg zu guten Gewässern,* **2010**

5.3 DIN 38409 Teil 6; *Summarische Wirkungs- und Stoffkenngrößen (Gruppe H) - Härte eines Wasser (H6),* Beuth, **Januar 1986**

5.4 DIN 38409-44; *Bestimmung des Chemischen Sauerstoffbedarfs (CSB) im Bereich 5 bis 50 mg/L,* Beuth, **Mai 1992**

5.5 DIN EN 1484; *Anleitung zur Bestimmung des gesamten organischen Kohlenstoffs (TOC) und des gelösten organischen Kohlenstoffs (DOC),* Beuth, **August 1997**

5.6 DIN EN 1899-2; *Bestimmung des Biochemischen Sauerstoffbedarfs nach n Tagen (BSB_n) Teil 2: Verfahren für unverdünnte Proben,* Beuth, **Mai 1998**

5.7 DIN EN ISO 9562; *Wasserbeschaffenheit - Bestimmung adsorbierbarer organisch gebundener Halogene (AOX)*, Beuth, **Februar 2005**

5.8 DIN ISO 15705; *Bestimmung des chemischen Sauerstoffbedarfs (ST-CSB) - Küvettentest,* Beuth, **Januar 2003**

5.9 European Environment Agency (EEA); *European Waters-assessment of status and pressures EEA Report No 8/2012,* **2012,** 978-92-9213-339-9

5.10 Feuerpfeil, I.; Botzenhardt, K. (Hrsg.); *Hygienisch-mikrobiologische Wasseruntersuchung in der Praxis,* Wiley-VCH, **2008,** 978-3-527-31569-7

5.11 Länderarbeitsgemeinschaft Wasser (LAWA); *Gewässergüteatlas der Bundesrepublik Deutschland - Gewässerstruktur in der Bundesrepublik Deutschland,* **2002**

5.12 Länderarbeitsgemeinschaft Wasser (LAWA); *Beurteilung der Wasserbeschaffenheit von Fließgewässern in der Bundesrepublik Deutschland - Chemische Gewässergüteklassifikation,* **1998**

5.13 Marcus, P.; *Entwicklung und Validierung eines Labor-Schnelltests zur Beurteilung der Adsorbierbarkeit von organischen Einzelstoffen an Aktivkohle,* TU Dresden, **2005**

5.14 Umweltbundesamt (UBA); *Daten zur Umwelt - der Zustand der Umwelt in Deutschland 2000,* **Februar 2001**

6 Nachweisverfahren

6.1 Der Lösungsweg einer analytischen Aufgabe

Mit modernen Analyseverfahren können heute sehr genaue Untersuchungen durchgeführt werden. Größte Fehlerquelle bei einer Analyse ist und bleibt die Probenahme. Der hier gemachte Fehler zieht sich durch alle Analyseschritte und verfälscht somit auch die Endergebnisse. Um exakte Analysenergebnisse zu erhalten, muss daher ein Qualitätsmanagementsystem alle Analysenschritte vom Kundenauftrag bis zum Kundenbericht umfassen.

Von großer Bedeutung ist die Qualität der Untersuchungsergebnisse für alle Folgerungen, die aus ihnen gezogen werden. In der Praxis kann es durch ungenaue oder falsche Analysenresultate zu entscheidenden Fehleinschätzungen kommen. Die Qualitätssicherung muss deshalb bei der Probenahme anfangen und bis zur Dokumentation der Analysenergebnisse reichen. Es ist unmöglich, Analysenfehler im Labor mit absoluter Sicherheit zu vermeiden. Durch die Auswahl des geeigneten Analysenverfahrens und mit Hilfe der statistischen Qualitätssicherung, lässt sich die Kontrolle der Fehler jedoch verbessern.

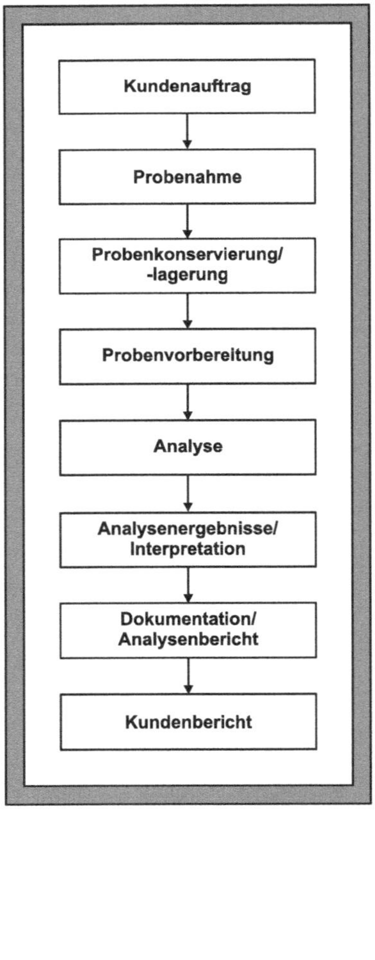

Abb. 6.1: Ablauf einer Analyse

Die Aufgabe des Analytikers besteht demnach nicht nur in der Ausführung der Analyse, sondern auch in der sorgfältigen Planung und in der Auswahl der am besten geeigneten Untersuchungsmethode. Die Durchführung der Probenahme, Konservierung und Lagerung sowie die Interpretation und Dokumentation der Analysenergebnisse gehören ebenfalls zur analytischen Methode (Abb. 6.1).

Vor der eigentlichen Analyse muss die Zielsetzung für die analytische Untersuchung klar formuliert werden:

- Wo soll etwas analysiert werden?

Aus dieser Frage sind der Probenort, das Untersuchungsobjekt (Gase, Flüssigkeiten, Feststoffe wie Luft, Wasser, Boden) und der Zeitpunkt herzuleiten. Mit dieser Frage ist die Probenahme verbunden:

- Was soll analysiert werden?

Soll z.B. ein Summenparameter bestimmt, die Zusammensetzung der Probe analysiert oder die Strukturformel einer Substanz ermittelt werden? Mit dieser Frage ist die Probenlagerung, -konservierung und die Auswahl des analytischen Verfahrens verbunden:

- Wozu soll etwas analysiert werden?

Werden die analytischen Daten z.B. als Kontrollmessung für die Steuerung von Prozessen benötigt? Soll mit ihnen die Einhaltung von Grenzwerten überprüft werden? Dienen die Messungen zur Charakterisierung bestimmter Produkteigenschaften? Mit diesen Fragen ist die Interpretation der Analyseergebnisse und deren Dokumentation verbunden.

Die einzelnen Prozessschritte der Analyse müssen jederzeit Auskunft über die Arbeitsweise und deren Durchführung geben können. Nur dann ist der analytische Prozess unter Kontrolle.

6.2 Von der Probenahme bis zur Angabe des Analyseergebnisses

6.2.1 Probenahme

Die Probenahmetechnik zur Bestimmung der Wasserbeschaffenheit gibt Auskunft über die Anwendungsbereiche, die Probenarten, die Probenahmegeräte, die Probenkennzeichnung sowie über Aufzeichnungen im Rahmen des Probenahmeprotokolls. Innerhalb der Wasseranalytik werden Parameter wie anorganische Substanzen, gelöste Mineralien oder Chemikalien, gelöste Gase, gelöste organische Substanzen, Schwebstoffe oder Bodenablagerungen bestimmt. Je nach Art der Bestimmung müssen bei der Probenahme vorgegebene Rahmenbedingungen eingehalten werden. Zudem ist ein Probenahmeprogramm zu planen. Die Qualität der Probenahme ist für das Analysenergebnis von entscheidender Bedeutung. Mögliche Fehler bei der Probenahme übertreffen häufig die Fehler bei den anschließenden Analysen.

Während der Probenahme müssen folgende Anforderungen gewährleistet sein:

- Die Probe soll das Untersuchungsobjekt repräsentieren. Sie muss also dem wahren Wert der Grundgesamtheit entsprechen. Dazu sollte eine homogene Probe vorliegen. Bei heterogenen Proben ist eine Homogenisierung erforderlich.
- Von großer Bedeutung ist die Probenahme zur richtigen Zeit am richtigen Ort.

- Von großer Notwendigkeit ist auch die richtige Probenahmemenge für die anschließende Analyse und bei veränderlichen Grundgesamtheiten das Erfassen zu möglichst vielen Zeitpunkten.
- Die Probe darf während der Entnahme nicht kontaminiert werden (zum Beispiel durch Luft, verunreinigte Aufbewahrungsbehälter, etc.).
- Die Probe muss in geeigneter Weise gelagert werden, so dass sie auch bei späterer Analyse unverändert ist.
- Eine genaue Kennzeichnung der Probe und Protokollierung von Werten wie beispielsweise Entnahmetemperatur, Uhrzeit und Menge ist unerlässlich.

Je nach Gewässerart sind unterschiedliche Probenahmearten durchzuführen. Generell muss durch die Art der Probenahme sichergestellt werden, dass das Analysenergebnis repräsentativ und reproduzierbar ist.

In der Abwasserverordnung sind verschiedene Probenahmearten definiert:

- **„Stichprobe“:** eine einmalige Probenahme aus einem Abwasserstrom,

- **„Mischprobe“:** eine Probe, die in einem bestimmten Zeitraum kontinuierlich entnommen wird, oder eine Probe aus mehreren Proben, die in einem bestimmten Zeitraum kontinuierlich oder diskontinuierlich entnommen und gemischt werden,

- **„qualifizierte Stichprobe“:** eine Mischprobe aus mindestens fünf Stichproben, die in einem Zeitraum von höchstens zwei Stunden im Abstand von nicht weniger als zwei Minuten entnommen werden,

- **„produktionsspezifischer Frachtwert“** (z.B. m^3/t, g/t, kg/t): der sich auf die der wasserrechtlichen Zulassung zugrunde liegende Produktionskapazität bezieht.

Unterschiedliche Proben sollten möglichst zufällig verteilt zu verschiedenen Zeiten an verschiedenen Tagen genommen werden. Bei Abwässern, deren Zusammensetzung sich schnell ändert, müssen Proben entsprechend häufiger genommen werden. Hierzu empfiehlt sich eine diskontinuierliche Mischprobennahme. Die Intervalle zwischen den Einzelproben sollten dabei möglichst kurz sein. Sie sollten bei der Zweistundendurchschnittsprobe 5 min. und bei der Tagesdurchschnittsprobe 30 min. nicht überschreiten. Soll der Wirkungsgrad einer Abwasserbehandlungsanlage oder einer Reinigungsstufe bestimmt werden, sind Proben sowohl vom Zu- als auch vom Ablauf zu nehmen. In der Regel nimmt man Durchschnittsproben über mehrere Tage oder Wochen.

Zur schnellen Erkundung bei Betriebsstörungen sollten Rückstellproben entnommen werden. Zweckmäßigerweise können hierfür sogenannte selbstentleerende und selbstreinigende Probenahmegeräte eingesetzt werden, die an wichtigen Stellen fest installiert im Dauerbetrieb sind. Für systematische Untersuchungen, wie sie beispielsweise zur Ermittlung von Korrelationen und zur Aufstellung von Bilanzen notwendig sind, können zahlreiche Durchschnittsproben erforderlich sein.

Zur Frachtermittlung kommen bei gleich bleibenden oder nur geringen Schwankungen unterliegenden Volumenströmen die zeitproportionale oder durchflussproportionale Probenahme in Frage (Abb. 6.2).

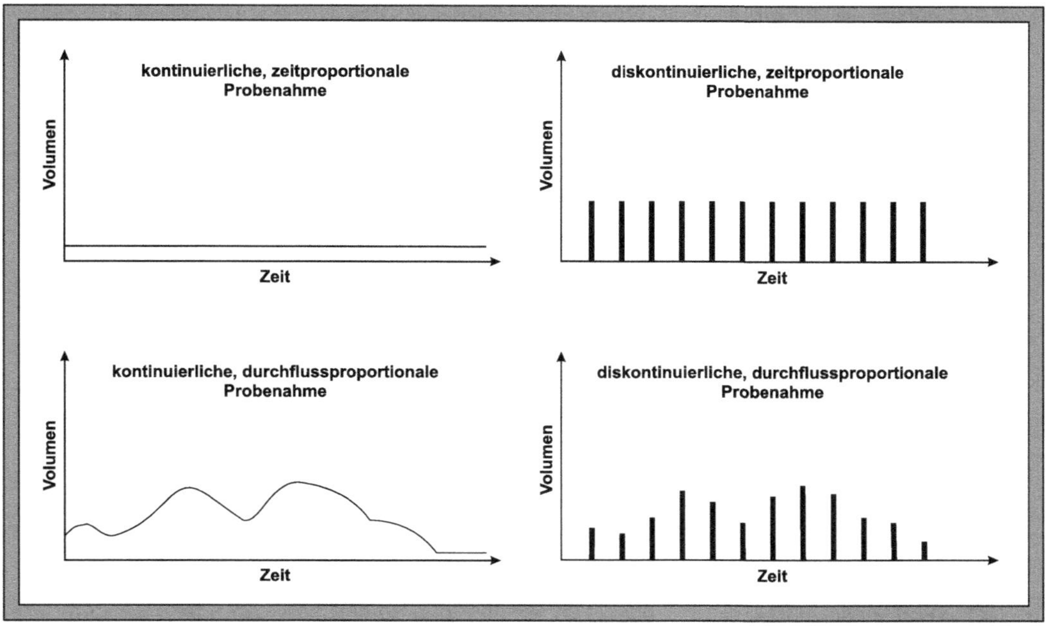

Abb. 6.2: Möglichkeiten der Probenahme [6.14]

6.2.2 Probenahmegeräte und Probenbehälter

Neben der Probenahmeart spielt die Wahl der Probenahmegeräte und der Probenbehälter eine entscheidende Rolle. Die häufigsten Fehler werden durch Adsorption der zu bestimmenden Substanzen an den Wänden des Probenahmegerätes oder des Probenbehälters, durch Verunreinigung des Probenahmegerätes oder des Probenbehälters vor der Probenahme und Verunreinigung der Probe durch den Werkstoff der Behälter selbst verursacht. Der Probenbehälter muss Verluste durch Adsorption (vor allem bei Spurenmetallen), Verflüchtigung oder Verunreinigung durch Fremdsubstanzen verhindern. Bei der Auswahl des Probenbehälters zum Sammeln und Aufbewahren der Proben sollten folgende Gesichtspunkte berücksichtigt werden:

- Beständigkeit gegen Temperaturen und/oder pH-Werte,
- chemische und biologische Beständigkeit,
- Bruchfestigkeit und Dichtigkeit,
- Gewicht, Verfügbarkeit und Preis,
- Reinigung, Wiederverwendbarkeit,
- Herabsetzen der Probenverunreinigung durch das Behältermaterial.

Für lichtempfindliche Substanzen sollte getöntes Glas verwendet werden. Bei längerer Aufbewahrungszeit sollten sie in lichtdichten Kästen gelagert werden und dürfen nicht einfrieren. Vor der Probenahme müssen die Behälter gründlich gereinigt werden. Die Art der Reinigung richtet sich nach den Determinanten und dem Behältermaterial. Für die generelle Spurenanalyse sollten die Flaschen mit einer Lösung von 1mol/L Salpetersäure oder Salzsäure gefüllt und mindestens einen Tag stehen gelassen werden. Anschließend werden sie mit destilliertem Wasser gespült.

Die Probenflaschen für organische Spurenstoffe sollten aus Glas sein, da nahezu alle Kunststoffbehälter die hochempfindliche Analyse stören. Der Verschluss sollte aus Glas oder Polytetrafluorethylen (PTFE) bestehen. Alternativ können auch Behälter aus nichtrostendem Stahl verwendet werden.

Die Probenbehälter für mikrobiologische Untersuchungen müssen den Temperaturen widerstehen, die während der Sterilisation herrschen. Außerdem darf das Behältermaterial während der Sterilisation oder der Probenaufbewahrung keine Substanzen erzeugen oder freisetzen, die die mikrobiologische Wachstumsfähigkeit hemmen oder fördern könnten.

Die Proben sind unmittelbar nach der Probenahme zu kennzeichnen. Diese Kennzeichnung muss die Probenherkunft und die Entnahmebedingungen enthalten und ist auf dem Probenbehälter anzubringen.

6.2.3 Probenkonservierung

Besonders Oberflächen- und Abwässer verändern sich durch chemische, physikalische und biologische Vorgänge. Die ablaufenden Reaktionen bewirken, dass sich das Ergebnis der Probenuntersuchung im Labor von dem unterscheidet, das zum Zeitpunkt der Probenahme erhalten worden wäre. Gründe für die Abweichungen können sein:

- Bakterien, Algen und andere Organismen können Inhaltsstoffe abbauen oder verändern. Dadurch werden auch die Konzentrationen von Sauerstoff, Kohlendioxid, Stickstoff- und Phosphorverbindungen beeinflusst.
- Einige Inhaltsstoffe (z.B. organische Stoffe, Fe(II)-Verbindungen, Sulfide) können ausgefällt werden (Calciumcarbonat, Metalle) oder ausgasen (z.B. O_2, Cyanide, Quecksilber).
- Durch Aufnahme von CO_2 aus der Luft können sich pH-Wert, Leitfähigkeit, CO_2-Konzentration, usw. ändern.
- Metallverbindungen können an das Behältermaterial adsorbieren oder von diesem desorbieren.
- Polymere können depolymerisieren und umgekehrt können einfache Verbindungen polymerisieren.

Wie stark diese Reaktionen ablaufen, hängt von der chemischen und biologischen Beschaffenheit der Probe sowie äußeren Faktoren (Temperatur, Lichteinwirkung, etc.) ab. Oft sind diese Reaktionen auch von der Jahreszeit abhängig und laufen so schnell ab, dass sich die Probe bereits in wenigen Stunden stark verändert. Da die Veränderungen einer Wasserprobe vielfach die Folge biologischer Prozesse sind, ist es allgemein erforderlich, von den vielen Möglichkeiten der Konservierung jene zu wählen, die eine unzulässige Kontaminierung ausschließt. Auch die Zeitspanne, über die eine konservierte Probe vor Durchführung der Analyse aufbewahrt werden kann, ist unterschiedlich.

Im Allgemeinen sind Verfahren zur Konservierung weniger wirksam bei Rohabwässern als bei gereinigten Abwässern (Abläufen biologischer Kläranlagen). Ebenso bleibt festzuhalten, dass sich Abwasserproben bei der Aufbewahrung unterschiedlich verhalten, je nachdem, ob sie kommunalen oder industriellen Kläranlagen entstammen. Andererseits können Oberflächen- und Grundwässer meist ohne größere Schwierigkeiten aufbewahrt werden. Das Problem bei Trinkwässern ist noch leichter zu lösen, da hier die Neigung zu chemischen und biologischen Reaktionsabläufen gering ist.

In Anbetracht aller dieser Möglichkeiten der Probenveränderung kann es erforderlich sein, für gewisse Bestimmungen anstatt einer Sammelprobe eine Einzelprobe zu entnehmen und sie sofort an

Ort und Stelle zu untersuchen. Die langfristige Aufbewahrung von Proben ist nur zur Bestimmung einer begrenzten Anzahl von Parametern möglich.

Behandlungs- oder Konservierungsmaßnahmen der Probe sind auf dem Probenahmeprotokoll zu vermerken. Nicht konservierbare Parameter (z.B. pH-Wert, absetzbare Stoffe) sind am Ort der Probenahme zu bestimmen. Zur Konservierung eignen sich Kühlung auf 4 °C oder einfrieren. Die Kühlung ist hierbei vorzuziehen, da sie die Probe so wenig wie möglich verändert. Nach dem Auftauen muss die Probe gut homogenisiert werden.

6.2.4 Dokumentation von Probenahmen

Für alle Probenahmen ist ein Probenahmeprotokoll zu erstellen, das folgende Mindestinformationen enthalten sollte (Abb. 6.3):

- Ort der Probenahmestelle, mit allen wichtigen ortsbezogenen Informationen sowie Einzelheiten über die Probenahmestelle und den Anlass der Probenahmen,
- Entnahmedatum, Entnahmezeit, Witterungsbedingungen, Probenahmetechnik und Name des Probenehmers,
- Art der Vorbehandlung sowie zugesetzte Konservierungs- und Stabilisierungsmittel, Lagerbedingungen der Probe und sonstige vor Ort ermittelte Daten.

Probebehälter müssen dauerhaft und lesbar gekennzeichnet sein.

6

Probename: ____________________
Datum/Uhrzeit: ____________________

Art der Probenahme: ____________________
Probenahmestelle: ____________________
zeitkontinuierlich ☐
zeitproportional ☐
durchflusskontinuierlich ☐
durchflussproportional ☐

Beobachtungen:		**Messung vor Ort:**	
Farbe:	________	Lufttemperatur:	________ °C
Schaumbildung:	________	pH-Wert:	________
Schwimmstoffe:	________	Wassertemperatur:	________ °C
Trübung:	________	Sauerstoffkonzentration:	________ mg/L
Geruch:	________	Sonstige:	________
Sonstige:	________		

Konservierungsmaßnahmen:
Konservierungsmittel und -menge: ____________________
Kühlung: ____________________
sonstige Bemerkungen: ____________________

Ausführung:
Name/Institut: ____________________
Unterschrift: ____________________

Abb. 6.3: Beispiel eines Probenahmeprotokolls

6.2.5 Probenvorbereitung

Ein wichtiger Schritt innerhalb einer Analyse ist die Probenvorbereitung. Ziel ist eine weitgehend störungsfreie Bestimmung eines Elements oder einer Verbindung.

Zur Probenvorbereitung zählen das Lösen, das Eluieren, das Aufschließen und das Schmelzen. Beim Lösen wird die Probe durch geeignete Lösungsmittel (Säuren, Laugen, Wasser, organische Lösungsmittel) in Lösung gebracht. Die Wahl des Lösungsmittels hängt dabei eng mit der jeweiligen analytischen Bestimmungsmethode zusammen. Die Elution wird meist bei der Untersuchung von Bodenproben angewendet. Dabei wird die feste Probe mit einem Lösungsmittel geschüttelt, die ungelösten Bestandteile durch Filtration abgetrennt und die gelösten Bestandteile für die Bestimmung verwendet.

Beim Aufschlussverfahren wird die inerte Matrix als Begleitkomponente zerstört, so dass man an die zu analysierende Komponente gelangt. Es gibt verschiedene Aufschlussmöglichkeiten, das Nass- und Trockenaufschlussverfahren.

Bei Abtrennungs- und Anreicherungsverfahren wird der zu untersuchende Stoff oder das Stoffgemisch von den Begleitkomponenten abgetrennt. Für die Abtrennung und Anreicherung können zahlreiche Verfahren verwendet werden. Dazu zählen z.B. die Destillation flüchtiger Verbindungen, die Fällung des in Spuren vorhandenen Analyten, die Flüssig-Flüssig-Extraktion, der Ionenaustausch, die Elektrolyse und die Chromatografie. Gasförmige Proben lassen sich durch Adsorptions- und Absorptionsverfahren behandeln.

Bei der Probenvorbereitung sind oft Verluste von Komponenten in der zu analysierenden Probe zu erwarten. Um diesen Fehler zu erkennen, werden interne (innere) Standards verwendet. Die als interner Standard verwendete Substanz ist eine probenfremde Substanz. Idealerweise ist sie der zu untersuchenden Probenkomponente chemisch und physikalisch sehr ähnlich.

Während der Probenvorbereitung und Analyse müssen sich Probenkomponente und interner Standard idealerweise gleich verhalten. Wenn sich die Konzentration des internen Standards ändert, lässt sich in gleicher Weise auch auf eine Konzentrationsänderung des Analyten schließen. Interner Standard und Probenkomponente sollten daher möglichst gleiches Ansprechverhalten in der analytischen Methode aufweisen. Ist dies nicht der Fall, kann das Analysenergebnis verfälscht werden.

6.2.6 Auswertung von Messungen

Untersuchungsergebnisse können nicht besser sein als die Qualität der Probenahme. Daher ist sowohl dem Probenahmeprogramm als auch der Technik der Probenahme eine besondere Aufmerksamkeit zu widmen.

Fehlerquellen bei der Probenahme können jedoch durch eine gezielte Probenahmeplanung, die schriftlich mit entsprechenden Detailinformationen und -vorgaben zu fixieren ist, wesentlich reduziert werden. Gleichzeitig ist sicherzustellen, dass nur qualifiziertes und gut ausgebildetes Personal die Probenahme durchführt.

Häufige Fehler bei der Probenahme sind unzureichende Durchmischung, Verwendung ungeeigneter Materialien und die Verwendung verschmutzter Geräte. Aber auch bei der weiteren Behandlung der entnommenen Proben werden oft Fehler gemacht. So können sich Proben verändern, wenn die vorgeschriebene Transport- oder Lagertemperatur nicht eingehalten wird, die Probe nicht luftdicht verschlossen, die Probe dem Licht ausgesetzt wird oder keine sachgemäße Konservierung der Probe stattfindet. Auch bei der Probenvorbereitung unmittelbar vor der Analyse können Fehler auftreten, wenn beispielsweise die Proben nicht die für die Analyse geforderten pH-Werte oder Temperaturen aufweisen oder wenn die Verdünnung nicht sachgemäß durchgeführt wird. Da aus den Messergebnissen Schlussfolgerungen auf den Zustand und die Wirksamkeit der Abwasserreinigung, der Trinkwasserqualität, der Belastung von Abwässern, usw. gezogen werden, sind die Ergebnisse für weitere Entscheidungen von großer Bedeutung.

Fehler sind jedoch nie mit absoluter Sicherheit zu vermeiden. Aus diesem Grund müssen auftretende Fehler genau analysiert werden, um die Ursachen zu ermitteln und für die Zukunft ausschließen zu können. Grundsätzlich wird zwischen systematischen und zufälligen Fehlern unterschieden (Abb. 6.4). Bei systematischen Fehlern liegen die Ergebnisse entweder oberhalb oder unterhalb des wahren Wertes. Sie können beispielsweise durch Gerätefehler wie Drift oder Methodenfehler entstehen. Bei zufälligen Fehlern wird die Präzision der Ergebnisse verschlechtert. Sie haben ihre Ursachen meist in Ungenauigkeiten in der Arbeitsweise und der Handhabung.

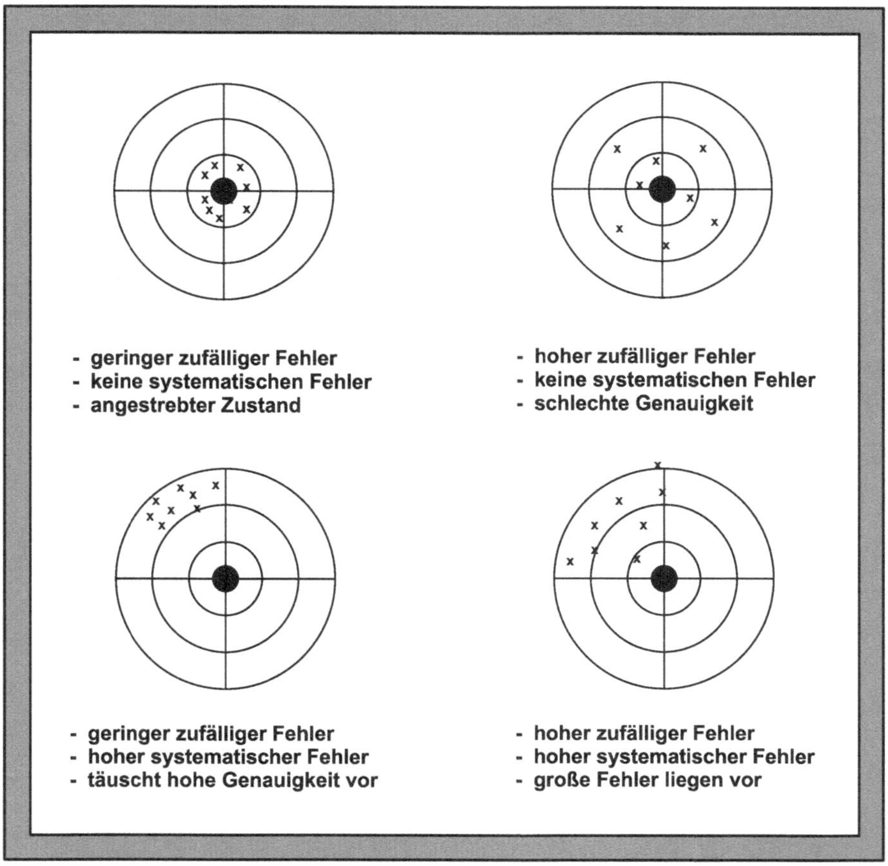

Abb. 6.4: Möglichkeiten der Fehlerstreuung bezüglich systematischer und zufälliger Fehler [6.36]

6.2.7 Angabe von Analyseergebnissen

Bei der Angabe der Messergebnisse unterscheidet man zwischen quantitativen und qualitativen Angaben. Alle quantitativen Angaben müssen in gesetzlichen Einheiten gemacht werden. Alle Größen sind als Produkt aus Zahlenwert und Einheit anzugeben.

Der Gehalt an Inhaltsstoffen eines Wassers wird normalerweise als Massenkonzentration angegeben. Um möglichst wenige abgeleitete Einheiten zu verwenden, bezieht man sich auf einen Liter (Einheitenzeichen l oder L) und gibt die Massenkonzentration in mg/L oder µg/L an. Angaben wie ppm oder ppb sind nicht zulässig, da sie die Dichte des Lösemittels nicht berücksichtigen.

Anorganische Summenparameter wie Säure-, Basekapazität und Härte werden als Stoffmengenkonzentration in mol/L angegeben. Auf wie viele Stellen das Analyseergebnis angegeben wird, hängt von der Genauigkeit der Analyse ab. Alle Zahlenwerte sollten aber auf möglichst wenige Stellen beschränkt werden. Ist es mit dem angewandten Verfahren nicht möglich, eine Substanz in der vorliegenden Konzentration zu bestimmen, muss auch das angegeben werden, z.B. „kleiner als die Bestimmungsgrenze" oder „nicht nachweisbar".

Qualitative Angaben beruhen nur auf der subjektiven Wahrnehmung des beauftragten Probenehmers. So kann z. B. angegeben werden:

- nicht wahrnehmbar,
- wahrnehmbar,
- stark wahrnehmbar.

Werden einzelne Parameter nicht untersucht, sind sie im Analysenformular mit „n. a." (nicht analysiert) einzutragen. Wird der Platz einfach frei gelassen, könnte der Eindruck entstehen, dieser Parameter sei vergessen worden. Die folgende Abbildung 6.5 zeigt ein Beispiel eines Analysenformulars. Die Parameter in diesem Formular sind beispielhaft. Je nach Aufgabenstellung sind sie zu ergänzen.

Firma/Institut: ____________ Probenehmer: ____________ Probenbezeichnung: ____________ Probenvolumen: ____________	Auftraggeber: ____________ Probenahmedatum: ____________ Anlass der Untersuchung: ____________
absetzbare Stoffe: _____ mg/L Wassertemperatur: _____ °C pH-Wert: _____ elektrische Leitfähigkeit bei 25°C: _____ µS/cm	Summenparameter: _____ mg/L - CSB - BSB_5 - TOC - AOX
Anionen: _____ mg/L - Nitrat - Phosphat - Chlorid - Sulfat -	Kationen: _____ mg/L - Nickel - Eisen - Chrom - Mangan - ....

Abb. 6.5: Beispiel für ein Analysenformular - Abwasser

6.3 Volumenmessgeräte

Die Titrimetrie ist eine klassische Methode in der chemischen Analyse. Das Prinzip beruht auf der Messung des verbrauchten Volumens einer Reagenzlösung mit bekannter Konzentration. Diese Lösungen werden oft auch als Maßlösung bezeichnet, dementsprechend nennt man die Titrimetrie auch Maßanalyse. Die Stoffmengenkonzentration c(X) der Maßlösung ergibt sich aus dem Quotienten der Stoffmenge n(X) und dem Volumen V_L der Lösung:

$$c(X) = \frac{n(X)}{V_L}$$

Über die zugrunde liegende chemische Gleichung für die jeweilige titrimetrische Bestimmungsmethode lässt sich mit Hilfe der Molmasse M(X) die Masse m(X) des nachzuweisenden Stoffes und damit dessen Konzentration c(X) bestimmen:

$$m(X) = n(X) \cdot M(X)$$

Bei den in der Titrimetrie verwendeten Gläsern handelt es sich häufig um Alkali-Erdalkali-Silikat-Gläser oder um Borosilikat-Gläser. Erstere weisen relativ hohe Ausdehnungskoeffizienten auf und werden bevorzugt für Gläser verwendet, die nur geringen thermischen Schwankungen ausgesetzt sind. Das Borosilikatglas hat dagegen sowohl eine höhere chemische Beständigkeit als auch einen kleineren thermischen Ausdehnungskoeffizienten.

Für Volumenmessgeräte existieren zwei Arten der Justierung. Geräte, die auf Einguss justiert sind, werden mit „In" gekennzeichnet. Bei Geräten, die auf Ablauf justiert sind, ist das Volumen, das im Gefäß zurückbleibt, in der Kalibrierung mit berücksichtigt. Ein auf Ausguss justiertes Gerät wird mit „Ex" beschriftet.

Die Maßanalyse benutzt verschiedene Geräte zur Volumenmessung. Dazu zählen insbesondere:

- Messkolben,
- Messzylinder,
- Pipetten,
- Büretten.

6

Messkolben

Ein Messkolben ist in Abbildung 6.6 abgebildet. Er wird hauptsächlich verwendet, um Reagenzlösungen mit bestimmter Konzentration herzustellen. Eine Ringmarke am Hals des Kolbens grenzt das Volumen exakt ein. Wenn der Flüssigkeitsmeniskus an seinem tiefsten Punkt auf dieser Linie ist, entspricht das Volumen im Gefäß bei der angegebenen Temperatur dem ausgewiesenen Nennvolumen.

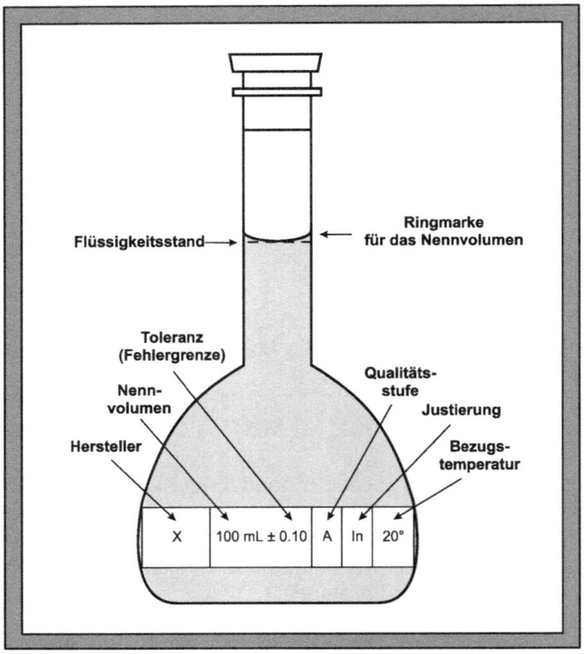

Abb. 6.6: Messkolben

Um einen Parallaxenfehler zu vermeiden, muss der Flüssigkeitsmeniskus immer auf Augenhöhe betrachtet werden. Für die Genauigkeit von Messkolben werden zwei Fehlerklassen angegeben. Die Fehlergrenze der Klasse B ist doppelt so groß wie die der Klasse A (Abb. 6.7).

Nennvolumen/mL	**Volumenfehler**	
	Klasse A/mL	**Klasse B/mL**
5	± 0,025	± 0,050
10	± 0,025	± 0,050
20	± 0,040	± 0,080
50	± 0,060	± 0,120
100	± 0,100	± 0,200
250	± 0,150	± 0,300
500	± 0,250	± 0,500
1000	± 0,400	± 0,800
2000	± 0,600	± 0,800

Abb. 6.7: Fehlergrenzen bei Enghals-Messkolben [6.11]

Messzylinder

Messzylinder (Abb. 6.8) sind einfache Geräte zur Abmessung bestimmter Volumina. Im Vergleich zum Messkolben sind sie nicht besonders genau. Der Messfehler ist stark durchmesserabhängig. Deswegen ist ein möglichst schmaler Messzylinder zu benutzen, um das gewünschte Volumen abzumessen.

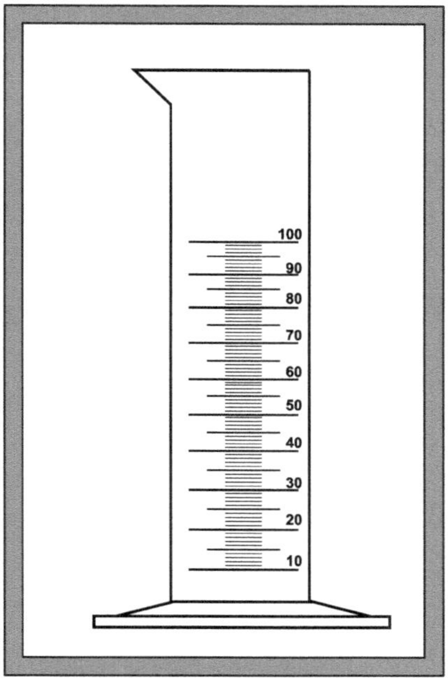

Abb. 6.8: Messzylinder

Hat ein Messzylinder eine Ringteilung an den Hauptmesspunkten, so hat er eine einfache Fehlergrenze. Wird das Volumen dagegen durch eine Strichteilung aufgeteilt, weist diese die doppelte Fehlergrenze auf (Abb. 6.9).

Nennvolumen/mL	Volumenfehler	
	Klasse A/mL	Klasse B/mL
5	± 0,05	± 0,1
10	± 0,1	± 0,2
20	± 0,25	± 0,5
50	± 0,5	± 1,0
100	± 0,5	± 1,0
250	± 1,0	± 2,0
500	± 2,5	± 5,0
1000	± 5,0	± 10,0
2000	± 10,0	± 20,0

Abb. 6.9: Fehlergrenzen bei Messzylindern [6.13]

Pipetten

Es gibt zwei Arten von Pipetten, Vollpipetten und Messpipetten (Abb. 6.10). Sie sind auf Ablauf („Ex") justiert. Um ein größeres Volumen aufnehmen zu können, sind Vollpipetten in der Mitte zylindrisch erweitert.

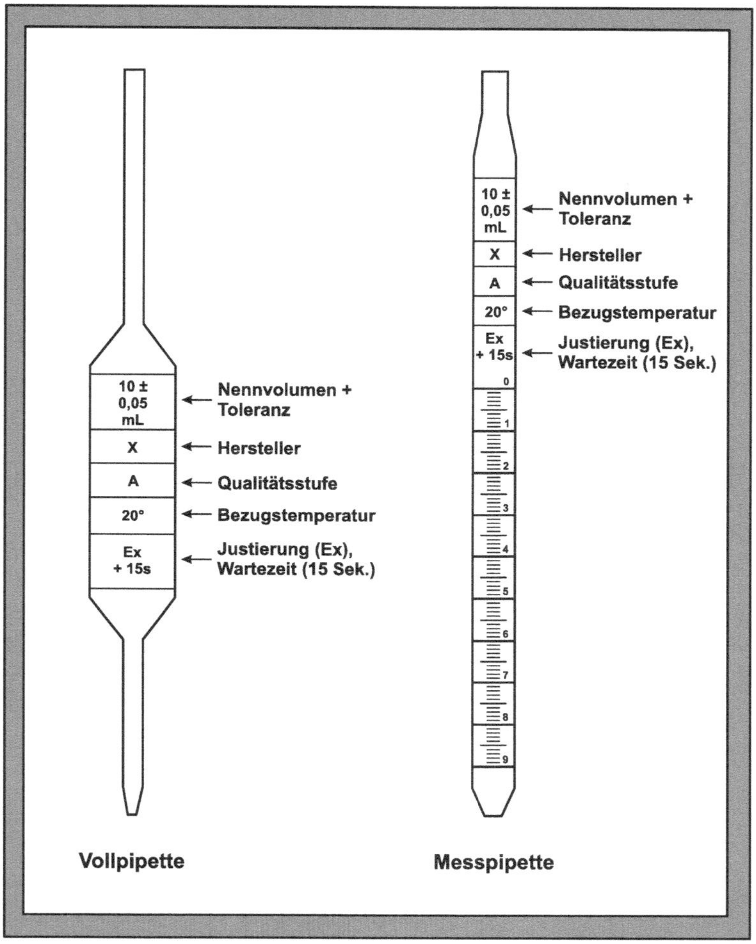

Abb. 6.10: Voll- und Messpipette

Die abzumessende Flüssigkeit wird mit ihrem Meniskus bis zur Ringmarke aufgezogen. Da Pipetten auf „Ex“ justiert sind, ist die angegebene Ablaufzeit zu beachten, wobei ein Restvolumen in der Pipette verbleiben kann. Für Vollpipetten gibt es zwei wesentliche Genauigkeitsklassen, A und AS bzw. B. Der Volumenfehler der Klasse B ist doppelt so groß wie der der Klasse A (Abb. 6.11).

Nennvolumen/mL	Volumenfehler	
	Klasse A und AS/mL	Klasse B/mL
1	± 0,008	± 0,015
2	± 0,010	± 0,02
5	± 0,015	± 0,03
10	± 0,02	± 0,04
20	± 0,03	± 0,06
25	± 0,03	± 0,06
50	± 0,05	± 0,10
100	± 0,08	± 0,15

Abb. 6.11: Fehlergrenzen bei Vollpipetten [6.9]

Im Gegensatz zu einer Vollpipette können bei einer Messpipette verschiedene Volumina innerhalb des Nennvolumens abgemessen werden. Sie besteht aus einem kalibrierten Glasrohr, dessen Volumenskala meist in entgegengesetzter Richtung läuft. Auch hier gibt es im Wesentlichen zwei Genauigkeitsklassen, A und AS bzw. B, wobei der Fehler der Klasse B etwa doppelt so groß ist wie bei der Klasse A (Abb. 6.12).

Nenn-volumen/mL	Unterteilung/ mL	Volumenfehler	
		Klasse A und AS/mL	Klasse B/mL
1	0,01	± 0,007	± 0,01
2	0,02	± 0,010	± 0,02
5	0,05	± 0,030	± 0,05
10	0,1	± 0,05	± 0,1
25	0,2	± 0,1	± 0,2

Abb. 6.12: Fehlergrenzen bei Messpipetten [6.10]

Flüssigkeiten werden niemals mit dem Mund angesaugt! Die Verwendung von Pipettierhilfen (Peleusball, Kolbenpipettierhilfen, Eppendorf-Pipette, etc.) ist daher ein Muss.

Büretten

Büretten sind lange, zylindrische Glasröhren, die am unteren Ende eine Regelung für den Ablauf haben. Sie sind auf Ablauf („Ex") justiert und tragen auf dem zylindrischen Rohr eine Graduierung (Abb. 6.13). Die gebräuchlichste Bürette hat einen Inhalt von 50 mL und ist in Zehntelmilliliter unterteilt. Bei besonders kleinen Volumina kommen Mikrobüretten mit Hundertstelmilliliter-Einteilung zum Einsatz. Ist die Bürette mit einem Schellbachstreifen versehen, kann das exakte Flüssigkeitsvolumen anhand von zwei Spitzen, die sich berühren, genau abgelesen werden.

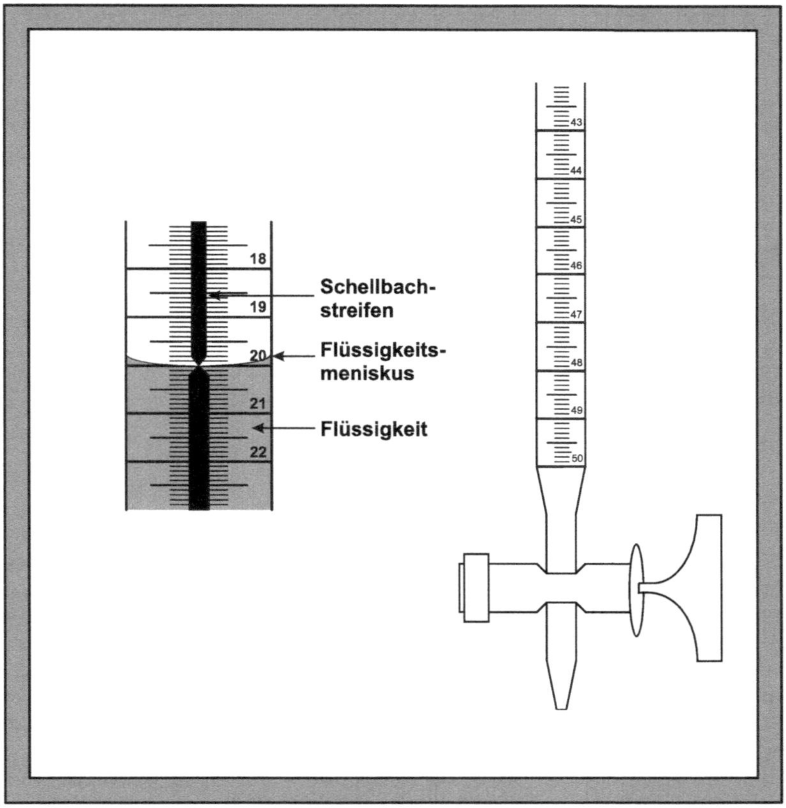

Abb. 6.13: Bürette mit Schellbachstreifen

Auch hier gibt es zwei Genauigkeitsklassen A bzw. AS und B, wobei der Fehler der Klasse B etwa doppelt so groß ist wie bei der Klasse A (Abb. 6.14).

Nenn-volumen/mL	Skalenteilung/ mL	Fehlergrenze	
		Klasse A und AS/mL	Klasse B/mL
5	0,01	± 0,01	± 0,02
10	0,02	± 0,02	± 0,05
25	0,05	± 0,03	± 0,05
50	0,10	± 0,05	± 0,10
100	0,20	± 0,10	± 0,20

Abb. 6.14: Fehlergrenzen bei Büretten [6.8]

6.4 Messung des pH-Wertes

6.4.1 Indikatoren

Als pH-Indikatoren werden Substanzen verwendet, die in Abhängigkeit vom pH-Wert unterschiedliche Farben aufweisen. Die allgemeine Reaktionsgleichung lautet:

$$\underset{\text{Farbe 1}}{HInd} + H_2O \leftrightarrows H_3O^+ + \underset{\text{Farbe 2}}{Ind^-}$$

So liegt z.B. Phenolphthalein bei niedrigem pH-Wert farblos vor und schlägt bei höherem pH-Wert nach rotviolett um (Abb. 6.15). Die meisten pH-Indikatorsubstanzen besitzen nur einen oder zwei deutliche Farbumschlagsbereiche. Für die Messung eines unbekannten pH-Wertes wurden daher so genannte Universalindikatorpapiere entwickelt. Sie bestehen aus einem Trägermaterial, das mit verschiedenen Indikatorlösungen präpariert wird. Mittels einer Vergleichsskala lässt sich anhand der Farbveränderung der pH-Wert von 1 bis 14 abdecken. Das pH-Indikatorpapier wird zur Messung einer Probelösung mit dieser befeuchtet. Sobald sich eine Verfärbung zeigt, kann der ungefähre pH-Wert abgelesen werden.

Diese Messmethode ist sehr einfach und schnell. Die Abweichungen können aber 0,5 - 1 pH-Einheit betragen. Spezialindikatorpapiere decken dagegen nur kleine pH-Bereiche ab. Ihre Genauigkeit kann aber bis zu 0,2 pH-Einheiten betragen. Für eine kontinuierliche pH-Messung sind sie ungeeignet. Hier ist die pH-Glaselektrode das Messmittel der Wahl.

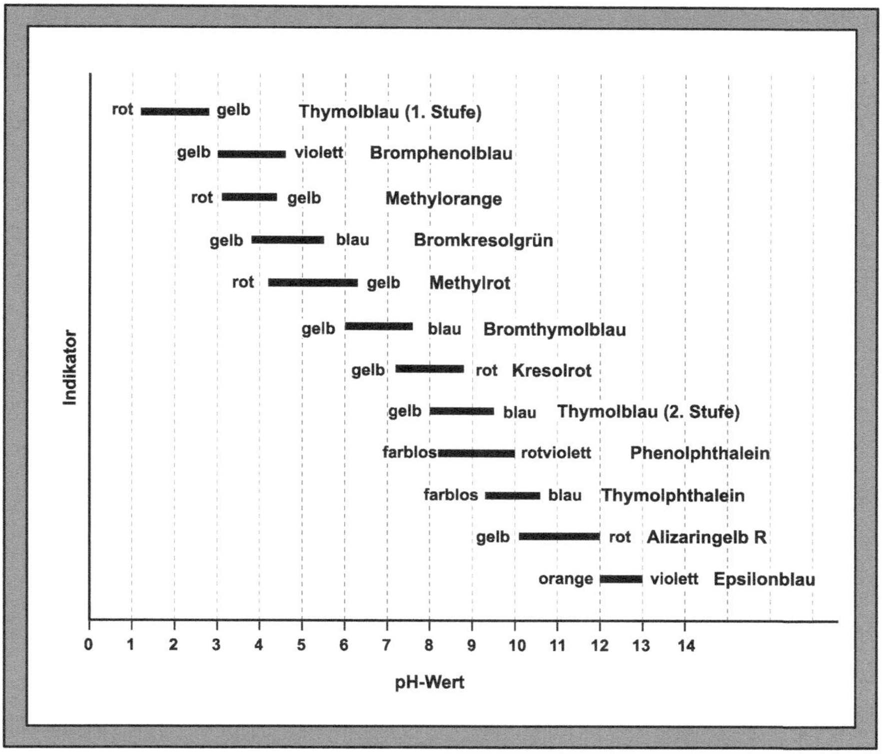

Abb. 6.15: Umschlagsbereiche für Indikatoren [6.20]

In der folgenden Reaktion ist der Farbumschlag für den Indikator „Methylorange“ verdeutlicht:

Methylorange

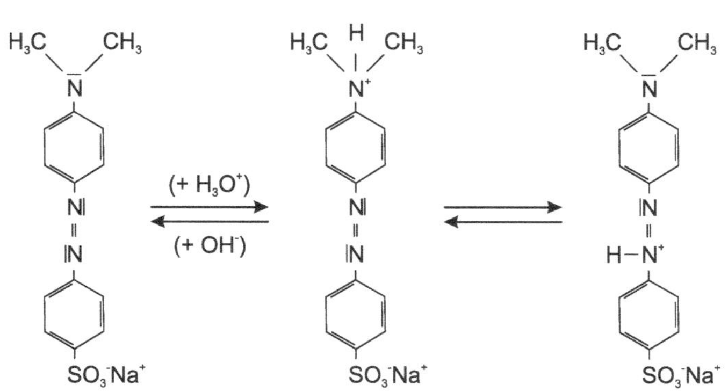

gelb (pH > 4,4) **rot (pH < 3,1)**

Die links des Gleichgewichtspfeiles stehende Verbindung ist gelb gefärbt. Wird der Lösung Säure zugegeben, färbt sich Methylorange durch die Aufnahme von Protonen rot. Vergleichbares tritt beim Phenolphthalein auf. Die Ausgangsverbindung ist farblos. Durch Zugabe von Lauge entsteht eine rosarote Färbung.

Phenolphthalein

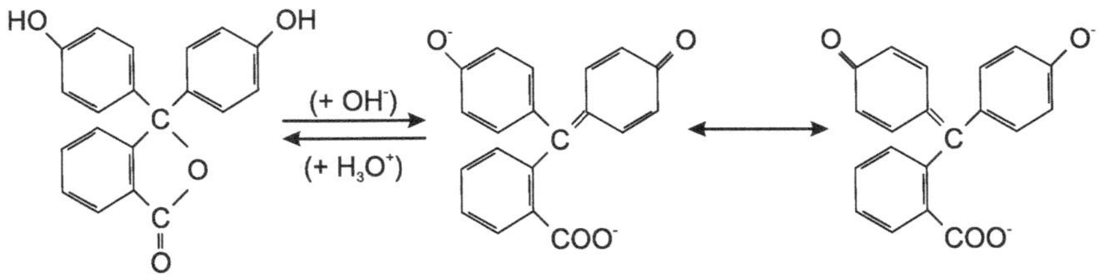

farblos (pH < 8,2) **rot (pH > 10,0)**

Die Farbwechsel von Indikatoren sind auf die unterschiedlichen Molekülstrukturen und damit auf die unterschiedlichen Lichtabsorptionen zurück zu führen.

6.4.2 pH-Elektroden

Zur Messung sind immer zwei Elektroden notwendig, die Glas- oder Messelektrode selbst und eine Bezugselektrode (Abb. 6.16). Die Einstabmesskette ist die am häufigsten eingesetzte Elektrode zur pH-Wert-Messung.

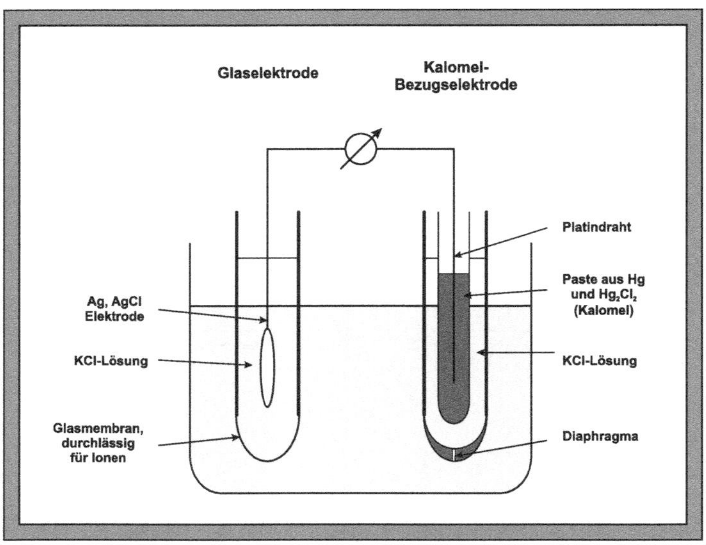

Abb. 6.16: Prinzipieller Aufbau einer pH-Glaselektrode

Bezugselektrode ist hier eine Paste aus Hg/Hg_2Cl_2 (Kalomel), die mit einem Platindraht kontaktiert wird. Während die Bezugselektrode ein gleich bleibendes Potenzial zur Verfügung stellt, ändert sich das Potenzial der Glaselektrode in Abhängigkeit vom pH-Wert bzw. der H_3O^+-Konzentration. Den mathematischen Zusammenhang beschreibt das Nernstsche Gesetz:

$$U = U_0 + \frac{RT}{nF} \cdot \ln[c(H_3O^+)]$$

$$U = U_0 - 0{,}0592 \cdot pH$$

U: Messpotenzial
U_0: Normalpotenzial
R: allg. Gaskonstante: 8,314 $Jmol^{-1}K^{-1}$
T: absolute Temperatur in K
F: Faraday-Konstante: 96487 As
n: Ionenwertigkeit
c: Konzentration

Eine sehr weit verbreitete Messkette ist die Glas-Einstab-Messkette (Abb. 6.17). Bei ihr werden Mess- und Bezugselektrode in einer Bauform vereint. Das innere Rohr enthält die Messelektrode, im äußeren Mantel befindet sich die Bezugselektrode und ist über ein Diaphragma mit der Probenlösung verbunden. Am unteren Ende des inneren Rohrs der Einstabmesskette befindet sich eine Glasmembran, die die eigentliche pH-sensitive Schicht darstellt. Das verwendete Glas enthält SiO_2, Na_2O und CaO. Natriumionen (Na^+) werden in einer Quellschicht gegen Wasserstoffionen ausgetauscht:

$$Na^+ \text{ (Glas)} + H^+ \text{ (Lösung)} \leftrightharpoons Na^+ \text{ (Lösung)} + H^+ \text{(Glas)}$$

Es entsteht ein reproduzierbares Ladungsgleichgewicht zwischen der Glasoberfläche (Quellschicht) und der Lösung. Die Wahl der Glaszusammensetzung für die Membran richtet sich nach einer Vielzahl von Faktoren, wie z.B. Temperatur der Messlösung, Druckverhältnisse an der Messstelle, notwendiger pH-Messbereich, etc.

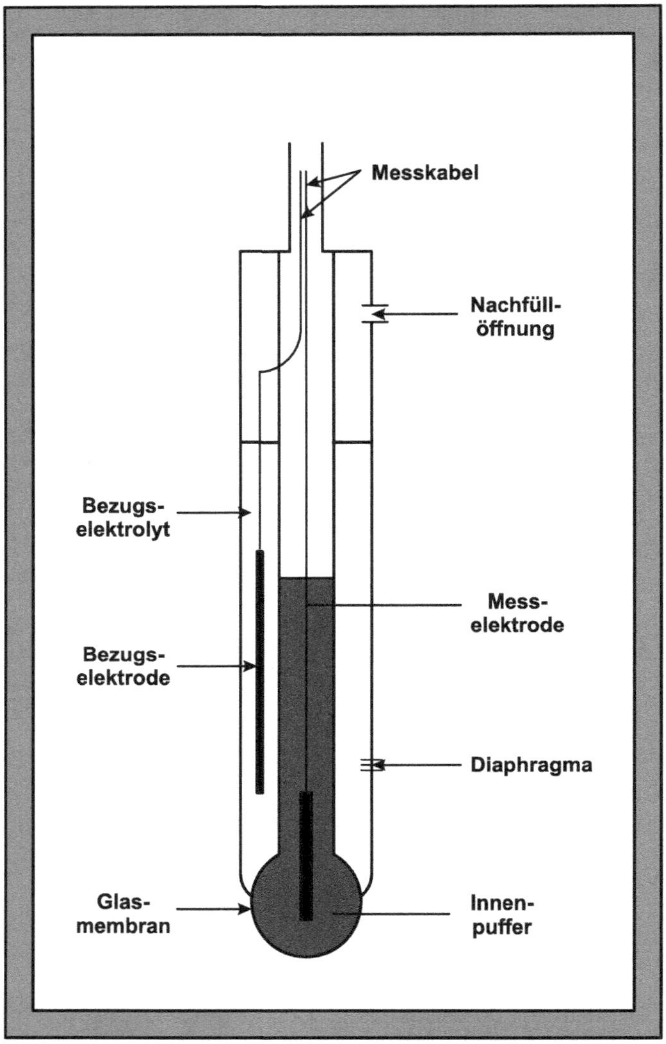

Abb. 6.17: Prinzipieller Aufbau einer Einstabmesskette [6.22]

Die Glasmembran hat innen und außen eine Quellschicht. In dieser Schicht werden Na^+-Ionen gegen Protonen (H^+) ausgetauscht. Während die Außenseite der Glasmembran Kontakt mit der zu messenden Lösung und einem veränderlichen pH-Wert hat, steht die Innenseite mit einer gepufferten Lösung in Kontakt. Auf der Glasinnenseite bleibt daher die H^+-Konzentration durch die Pufferlösung konstant. Im sauren Milieu lagern sich auf der Außenseite H^+-Ionen in die Quellschicht des Glases ein, im basischen Milieu werden H^+-Ionen aus der Quellschicht entfernt. Die unterschiedlichen H^+-Konzentrationen in der äußeren bzw. inneren Quellschicht verursachen dann ein Potenzial, das sich über die Elektroden messen lässt.

Zur Kalibrierung einer Einstabmesskette wird die pH-Elektrode in eine Pufferlösung mit bekanntem pH-Wert getaucht. Meistens wird mit mehreren Pufferlösungen eine Mehrpunktkalibrierung vorgenommen. Zur Einstellung des Spannungsnullpunktes verwendet man eine Pufferlösung mit pH = 7,0. Die Steilheit der Geraden wird durch weitere Puffer (pH = 4, pH = 10) eingestellt. Der Einfluss der Temperatur macht sich auch bei den Pufferlösungen bemerkbar (Abb. 6.18). Um eine Verfälschung des Messwertes zu vermeiden, arbeiten viele pH-Messgeräte mit einer Temperaturkompensation.

Referenz-pufferlösung	**Kalium-tetraoxalat**	**Kalium-hydrogen-phthalat**	**Phosphat**	**Natrium-carbonat/ Natrium-hydrogen-carbonat**
Molalität mol kg^{-1}	0,05	0,05	0,025 (KH_2PO_4) 0,025 (Na_2HPO_4)	0,025 (Na_2CO_3) 0,025 ($NaHCO_3$)
Temperatur °C	**pH-Werte**			
5	1,668	4,004	6,950	10,248
10	1,670	4,001	6,922	10,180
15	1,672	4,001	6,900	10,121
20	1,676	4,003	6,880	10,066
25	1,680	4,008	6,865	10,014
30	1,685	4,015	6,853	9,970
35	1,694	4,028	6,841	9,911
40	1,697	4,036	6,837	9,892
45	1,704	4,049	6,834	9,856
50	1,712	4,064	6,833	9,830

Abb. 6.18: Temperaturabhängigkeit von Referenzpufferlösungen [6.4]

Wie bei jeder Messmethode treten auch bei der pH-Messung verschiedene Messfehler auf. Bei sehr niedrigen bzw. sehr hohen pH-Werten kommt es zu nichtlinearen Prozessen in der Quellschicht der Glasmembran. Bei hohen pH-Werten dringen sowohl Alkalimetallionen als auch Wasserstoffionen in die Quellschicht ein. Dadurch wird der gemessene pH-Wert niedriger ausgewiesen als der tatsächlich vorhandene. Die Abweichung wird als Alkalifehler bezeichnet. Von geringerer Bedeutung ist der Säurefehler. Starke Säuren entwässern die Quellschicht und erhöhen so die Wasserstoffionenkonzentration. Es werden zu hohe pH-Werte gemessen (Abb. 6.19).

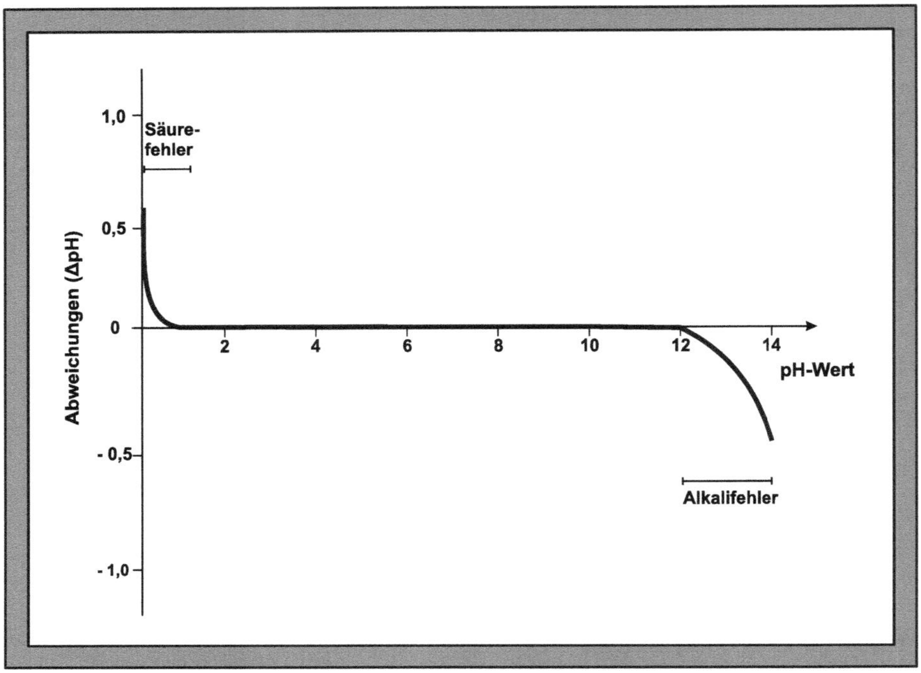

Abb. 6.19: Säure- und Alkalifehler bei der pH-Wertmessung [6.38]

6.5 Bestimmung der elektrolytischen Leitfähigkeit

Leitfähigkeit im allgemeinen Sinne sagt aus, wie gut ein Stoff den elektrischen Strom leitet. Bei Metallen kommt der Stromfluss durch die Elektronen zu Stande, bei wässrigen Lösungen geschieht der Ladungstransport durch Ionen. Salze, Säuren und Basen werden zusammenfassend als Elektrolyte bezeichnet. Werden diese Stoffe in Wasser gelöst, bilden sich Kationen und Anionen:

$$NaCl \xrightarrow{H_2O} Na^+ + OH^-$$

$$NaOH \xrightarrow{(H_2O)} Na^+ + OH^-$$

$$HCl + H_2O \longrightarrow H_3O^+ + Cl^-$$

Bei diesem Vorgang der Dissoziation werden starke und schwache Elektrolyte gebildet. In wässriger Lösung sind „starke“ Elektrolyte vollständig dissoziiert. „Schwache“ Elektrolyte dissoziieren dagegen nur teilweise. Hier liegt eine Gleichgewichtsreaktion vor:

$$HNO_3 + H_2O \longrightarrow H_3O^+ + NO_3^-$$

$$CH_3COOH + H_2O \leftrightarrows H_3O^+ + CH_3COO^-$$

Die Lösung eines starken Elektrolyten leitet bei gleicher Stoffmengenkonzentration aufgrund der vollständigen Dissoziation den elektrischen Strom besser als ein schwacher Elektrolyt. Grundsätzlich hängt die Leitfähigkeit einer Lösung von der Ionenkonzentration ab. Angegeben wird sie als spezifische Leitfähigkeit (κ) der Lösung, wobei gilt:

$$\kappa = \frac{I}{U} \cdot \frac{l}{A}$$

Der Ausdruck Stromstärke/Spannung (I/U) ist der Kehrwert des Widerstandes R der Lösung und wird als Leitfähigkeit G bezeichnet. Seine Einheit ist Siemens (S). In der Messung der elektrolytischen Leitfähigkeit ist der Ausdruck Elektrodenabstand/Elektrodenfläche (l/A) die sog. „Zellkonstante k" der Leitfähigkeitsmesszellen. Für die spezifische Leitfähigkeit folgt dann:

$$\kappa = G \cdot k$$

Einen genauen Wert der Zellkonstante liefern Kalibriermessungen mit einer Referenzlösung. Die Leitfähigkeit G einer Lösung nimmt mit steigendem Abstand l der Leitfähigkeitselektroden ab und mit größerer Elektrodenfläche A zu.

Dividiert man die spezifische Leitfähigkeit κ durch die Stoffmengenkonzentration c, so erhält man die molare Leitfähigkeit Λ_m:

$$\Lambda_m = \frac{\kappa}{c}$$

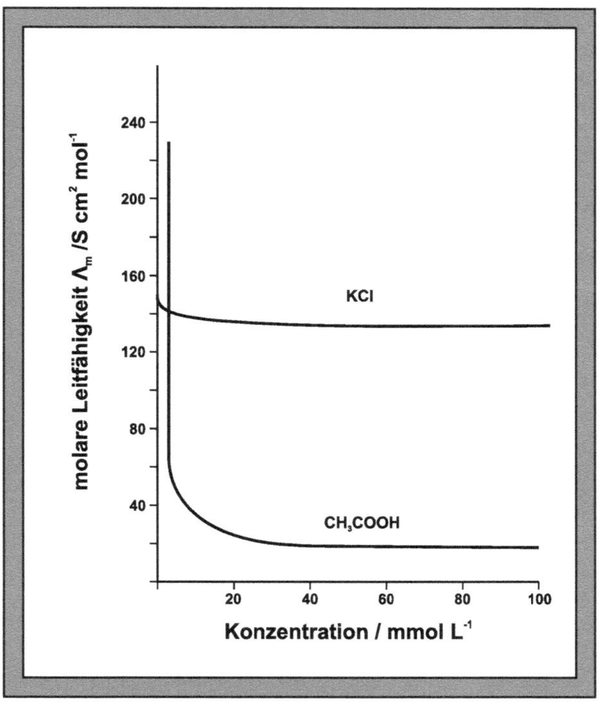

Abb. 6.20: Konzentrationsabhängigkeit der molaren Leitfähigkeit Λ_m [6.23]

Mit Hilfe der molaren Leitfähigkeit lassen sich starke von schwachen Elektrolyten unterscheiden (Abb. 6.20). Für starke Elektrolyte (z.B. KCl) ändert sich die molare Leitfähigkeit nur unwesentlich mit der Konzentration. Für schwache Elektrolyte (z.B. CH_3COOH) ändert sich die molare Leitfähigkeit jedoch mit zunehmender Verdünnung sehr stark.

In einer wässrigen Lösung hängt die spezifische Leitfähigkeit u.a. von der:

- Konzentration des Elektrolyten,
- Ionenart,
- Temperatur der Lösung und
- Viskosität der Lösung

ab. Mit zunehmender Ionenkonzentration steigt die spezifische Leitfähigkeit bis zu einem Maximum an, danach nimmt sie wieder ab (Abb. 6.21). Eine Ursache der Abnahme ist in der stärkeren Wechselwirkung der Ionen untereinander zu suchen.

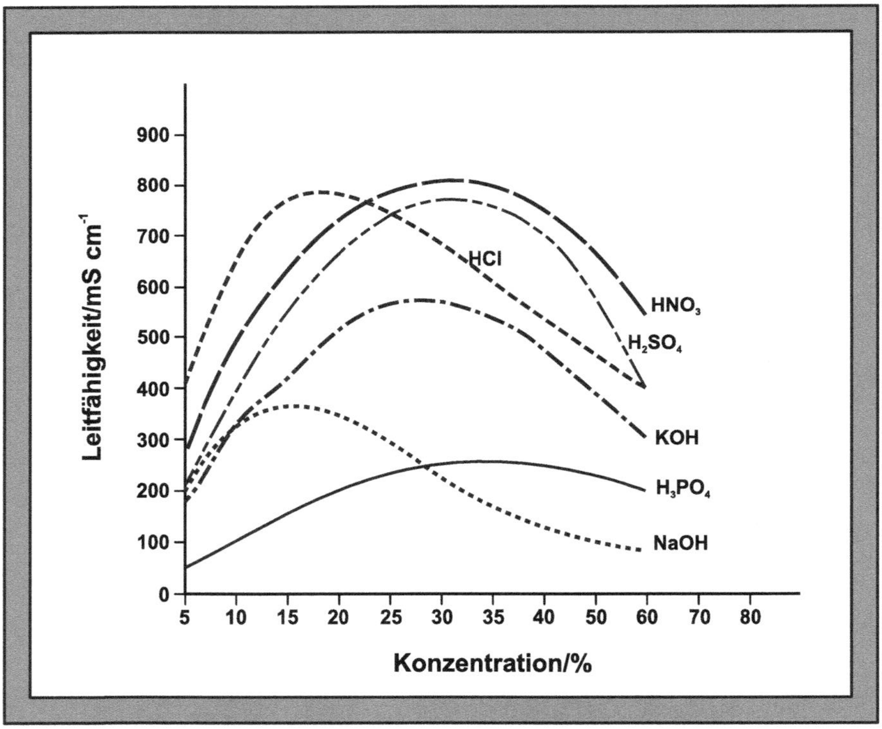

Abb. 6.21: Konzentrationsabhängigkeit der spezifischen Leitfähigkeit K

Mit steigender Temperatur nimmt die Viskosität einer Lösung ab und damit die Beweglichkeit der Ionen zu, womit auch die spezifische Leitfähigkeit ansteigt (Abb. 6.22). Die Temperaturabhängigkeit ist eine spezifische Größe für jeden Elektrolyten. Bei Metallen nehmen die Leitfähigkeiten mit steigender Temperatur ab, bei Elektrolyten dagegen zu.

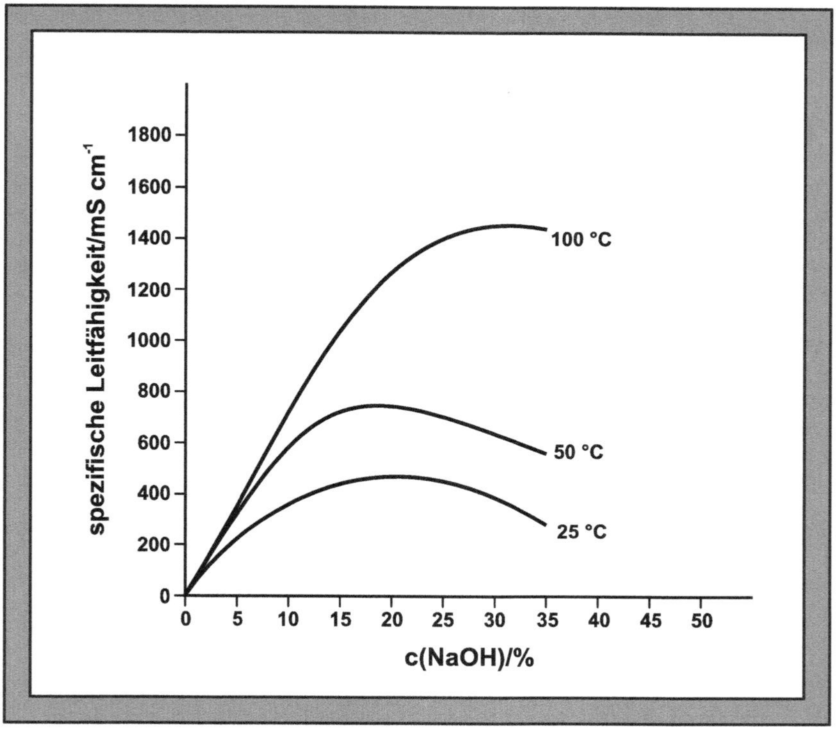

Abb. 6.22: Temperaturabhängigkeit der spezifischen Leitfähigkeit von NaOH

Grundsätzlich lässt sich die Konzentration von Ionen in wässriger Lösung durch Leitfähigkeitsmessungen bestimmen.

Beim konduktiven Messprinzip tauchen zwei oder auch vier Messelektroden in die Lösung. Gewünscht ist eine kleine Zellkonstante, da diese ein großes Messsignal liefert. Bei einer kleinen Zellkonstanten muss die Elektrodenoberfläche groß und der Elektrodenabstand klein sein. Die Elektrodenoberfläche ist für die Güte der Messung ebenfalls entscheiden. Bei kleinen Zellkonstanten ($k \leq 0{,}1\ cm^{-1}$) wählt man glatte Oberflächen, bei größeren Zellkonstanten ($k > 0{,}1\ cm^{-1}$) dagegen rauhere Oberflächen. Damit lassen sich Polarisationserscheinungen verringern. Konduktive Messzellen mit vier Elektroden haben zwei Elektrodenpaare. Ein Paar misst den Strom der Messlösung, das andere Paar die über der Lösung angelegte Spannung. Solche Messzellen sind unempfindlicher gegenüber Verschmutzungen und Polarisationen.

Der Effekt der Polarisation lässt sich bei induktiven Messzellen völlig vermeiden. Bei diesem Messprinzip handelt es sich um eine elektrodenlose Messung. Die Elektroden werden durch zwei Spulen (Erreger- und Empfängerspule) ersetzt. Die Messlösung durchströmt den Kern der Erregerspule, in der Wechselstrom ein Magnetfeld erzeugt. Das Magnetfeld induziert in der Messlösung einen Stromfluss, der wiederum ein Magnetfeld in der Empfängerspule hervorruft. Durch diese Kopplungseffekte entsteht in der Empfängerspule eine Spannung, die direkt von der spezifischen Leitfähigkeit der Messlösung abhängt. Da Magnetfelder auch über Kunststoff hinweg wirken können, ist ein direkter Kontakt der Spulen mit der Messlösung nicht notwendig. Problemlos können aggressive Medien (z.B. Säuren, Laugen) über längere Zeiträume gemessen werden, ohne dass es zu einem Teileverschleiß oder Polarisationseffekten kommt. Induktive Messzellen sind unempfindlich gegen Verschmutzungen und decken einen großen Messbereich zwischen 10µS/cm und 2000 mS/cm ab.

6.6 Fotometrie

Die Fotometrie ist eine seit Jahrzehnten als Standardverfahren eingesetzte wichtige Analysenmethode. Sie kommt ohne komplizierte apparative Ausrüstung aus und liefert gute Ergebnisse. Im weitesten Sinne beschäftigt sich die Fotometrie mit der Messung von Lichtintensitäten. Da jede Substanz ein von der Molekülstruktur abhängiges charakteristisches Absorptionspektrum besitzt, kann die Fotometrie auch zur Stoffcharakterisierung verwendet werden.

In der Fotometrie wird elektromagnetische Strahlung im Wellenlängenbereich von 180 - 780 nm verwendet. Ab 380 nm beginnt der sichtbare Bereich; darunter liegt der UV-Bereich. Die prinzipielle Messmethode der Fotometrie ist in Abb. 6.23 dargestellt. Von einer Lichtquelle wird Strahlung mit der Intensität I_0 durch die Probe gesandt. Ein Teil der Strahlung wird absorbiert und die austretende Strahlung mit der geringeren Intensität I durch einen Detektor gemessen.

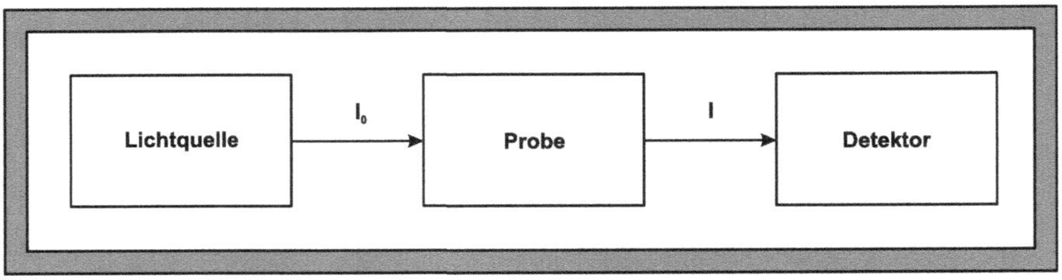

Abb. 6.23: Messprinzip eines Fotometers

Das Verhältnis zwischen eingestrahltem Licht (I_0) und austretendem Licht (I) wird als Durchlässigkeit (D) bezeichnet:

$$D = \frac{I}{I_0}$$

Die Durchlässigkeit der Probe ist immer D ≤ 1. Für völlig undurchlässige Proben ist D = 0. Häufig wird statt der Durchlässigkeit (D) der Transmissionsgrad (T) angegeben. Er gibt den prozentualen Anteil der Strahlungsintensität an, die die Probe verlässt.

$$T = \frac{I}{I_0} \cdot 100\,\%$$

Ein weiterer Begriff ist die Absorption (A), für die gilt:

$$A = 1 - T$$

Sie gibt an, wie viel Prozent der Strahlung durch die Probe absorbiert wurde.

Lambert-Beer`sches Gesetz

Das Lambert-Beer`sche Gesetz liefert den grundlegenden Zusammenhang für eine fotometrische Konzentrationsbestimmung. Mit der Extinktion (E):

$$E = -\lg \frac{I}{I_0}$$

erhält man eine lineare Funktion für die Konzentrationsbestimmung, die durch den Nullpunkt verläuft (Abb.6.24):

$$E = \varepsilon \cdot c \cdot d$$

Die Größe ε ist der wellenlängenabhängige und stoffspezifische molare Extinktionskoeffizient; c die Konzentration der Lösung und d die Schichtdicke der Küvette.

Abb. 6.24: Verlauf des Lambert-Beer`schen Gesetzes

Das Lambert-Beer`sche Gesetz gilt nur für sehr verdünnte Lösungen. Bei höheren Konzentrationen ($c \geq 0{,}01$ mol/L) nimmt die Extinktion aufgrund von stärkeren Wechselwirkungen zwischen den Teilchen nicht mehr linear zu. Der Abstand zwischen den Molekülen ist so gering, dass die Elektronendichteverteilung und damit der Absorptionsquerschnitt für die Strahlung beeinflusst wird und es zu Abweichungen von der Linearität kommt.

Aufbau eines Fotometers

Für eine fotometrische Messung werden immer zwei Messungen durchgeführt. Die Probenlösung enthält alle Bestandteile wie Lösungsmittel, nachzuweisende Substanz und Inertstoffe. Um die Einflussfaktoren des Lösungsmittels und der Inertstoffe zu eliminieren, wird eine zusätzliche Messung mit einer Referenzlösung durchgeführt. Mit dieser Referenzlösung wird der Nullpunkt der Absorption eingestellt und dann die Probenlösung vermessen.

Zur Messung werden in der Fotometrie zwei Arbeitsweisen unterschieden:

- Einstrahlfotometer und
- Zweistrahlfotometer.

Beim Einstrahlfotometer werden Referenzlösung und Probenlösung nacheinander vermessen. Beim Zweistrahlfotometer wird der Lichtstrahl der Lampe in zwei gleiche Strahlen geteilt. Ein Strahlenbündel durchstrahlt die Referenzlösung, das andere Strahlenbündel parallel die Probenlösung. Die beiden Strahlengänge von Referenz- und Probenküvette werden über Umkehrspiegel wieder zusammengeführt, zum Fotodetektor geleitet, in ein elektrisches Signal umgewandelt und angezeigt (Abb. 6.25).

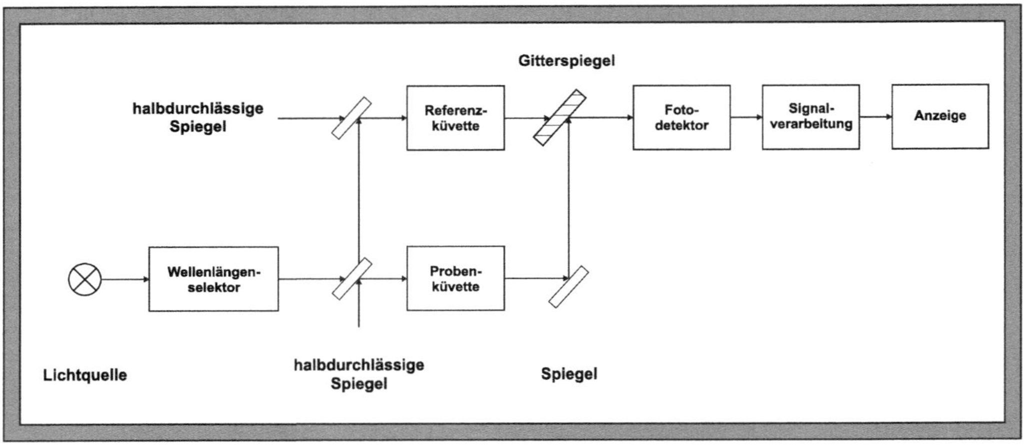

Abb. 6.25: Prinzipieller Aufbau eines Zweistrahlfotometers

Absorptionsspektrum

Die fotometrische Bestimmung einer Substanz geschieht bei einer substanzspezifischen Wellenlänge, die sich aus einem Absorptionsspektrum ermitteln lässt. Aus der Auftragung der Extinktion gegen die Wellenlänge erhält man eine Absorptionsbande, aus der der maximale Absorptionspeak entnommen werden kann.

Abbildung 6.26 zeigt beispielhaft das Absorptionsspektrum für die Nitratbestimmung. Dazu wird in schwefel-/phosphorsaurer Lösung das Nitration (NO_3^-) mit 2,6-Dimethylphenol zu 4-Nitro-2,6-dimethylphenol umgesetzt:

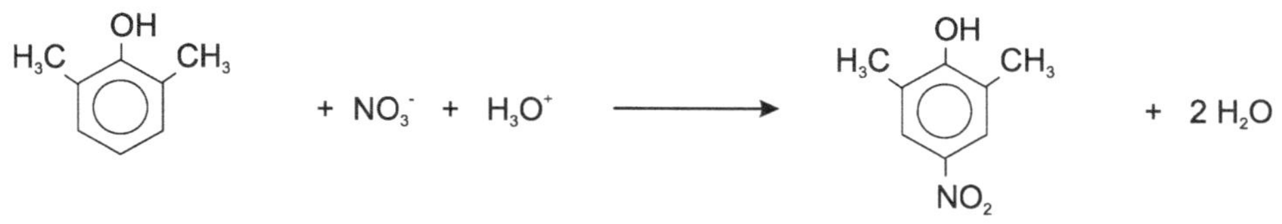

Das Maximum der Absorption ist die substanzspezifische Absorptionswellenlänge, bei der die Kalibrierung und Probenmessung durchgeführt wird. In diesem Punkt ist die Änderung der Extinktion bezogen auf die Konzentration am größten. Somit kann eine maximale Messempfindlichkeit erzielt werden. Für Standardverfahren ist die Absorptionswellenlänge bekannt und braucht nicht separat ermittelt zu werden.

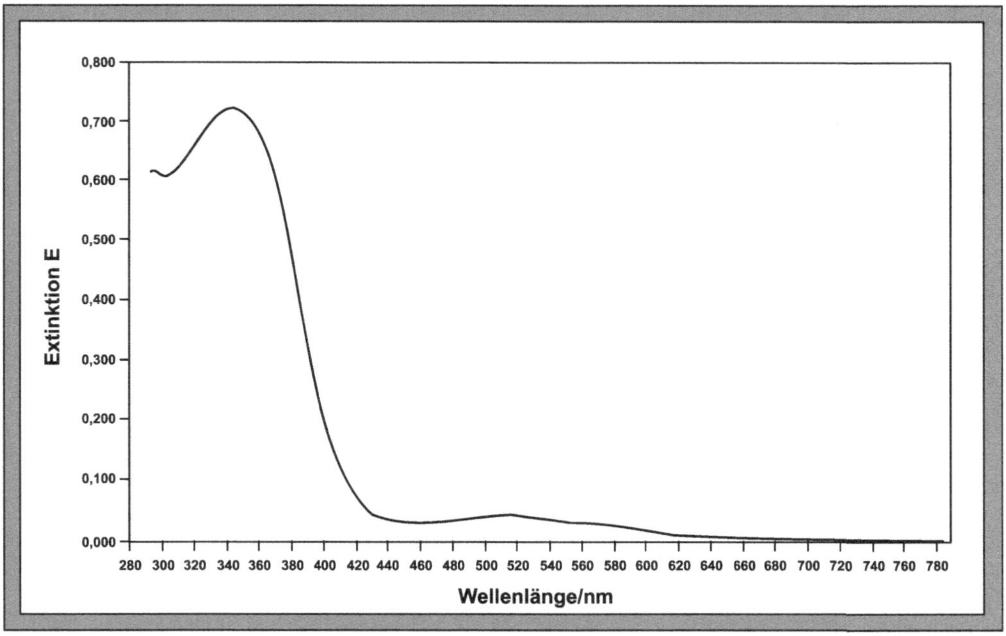

Abb. 6.26: Absorptionsspektrum der Nitratbestimmung

Kalibrierung und Messung

Für eine fotometrische Messung wird im 2. Schritt für verschiedene Stoffkonzentrationen eine Kalibriergerade aufgenommen. Die Standards sollten in ihrer Matrix (Lösungsmittel und Begleitstoffe) der Zusammensetzung der Probe entsprechen. Dazu werden fünf bis zehn Lösungen mit definierten Konzentrationen hergestellt und deren Extinktionswerte gegen die Konzentration aufgetragen. Der Konzentrationsbereich sollte den Bereich abdecken, der für die Analyse der Probe erwartet wird. Es sollte sich eine Gerade ergeben, die durch den Nullpunkt verläuft (Abb. 6.27). Eine Messung außerhalb des Kalibrierbereiches bei höheren Konzentrationen ist nicht erlaubt, da hier Abweichungen von der Linearität des Lambert-Beer`schen Gesetzes vorliegen können.

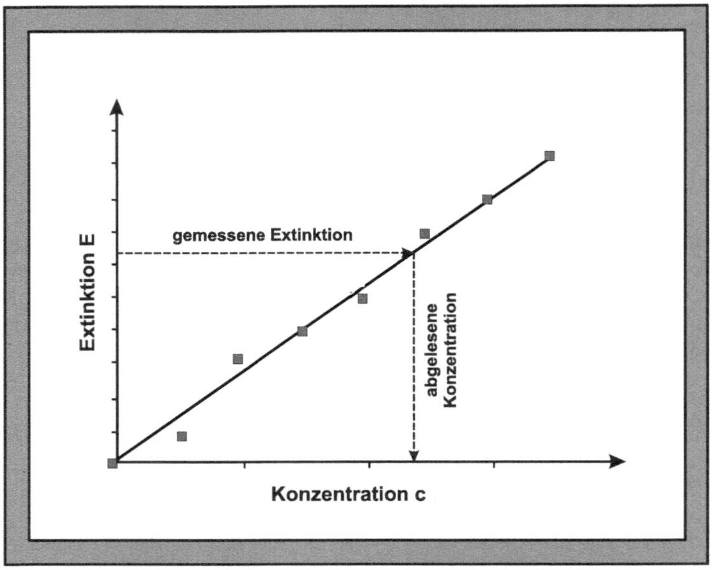

Abb. 6.27: Kalibriergerade und Ermittlung der Konzentration eines Stoffes

Erst nach diesen beiden vorbereitenden Schritten ist es möglich, in einem 3. Schritt eine Probe unbekannter Konzentration zu analysieren. Dazu wird die Extinktion dieser Probe bestimmt und im Diagramm mittels der Kalibriergeraden die zugehörige Konzentration abgelesen. Eine weitere, mathematische Berechnungsmöglichkeit ergibt sich durch direkte Verwendung des Lambert-Beer`schen Gesetzes.

Für fotometrische Messungen stehen heute vollautomatische Fotometer zur Verfügung. Die Ermittlung der Absorptionswellenlänge und die Erstellung der Kalibriergeraden werden geräteintern mit einer entsprechenden Software ausgeführt. Auch gibt es für viele Substanzen stoffspezifische Küvettentests. In diesen Küvetten befinden sich chemische Substanzen, die sich mit dem zu bestimmenden Stoff zu einer spezifischen Verbindung umsetzen. Über einen Barcode an der Küvette erkennt das Fotometer die zu bestimmende Substanz, stellt automatisch die entsprechende Absorptionswellenlänge ein, misst die Extinktion und berechnet im dritten Schritt die Konzentration.

6.7 Atomabsorptionsspektroskopie

Die Atomabsorptionsspektroskopie (AAS) ist eine breit anwendbare elementaranalytische Methode. Mit ihr lassen sich die meisten Elemente bis in den µg/L-Bereich bestimmen. Ein Atomabsorptionsspektrometer besteht aus (Abb. 6.28):

- Strahlungsquelle,
- Atomisierungseinheit,
- Monochromator,
- Detektor und Anzeige.

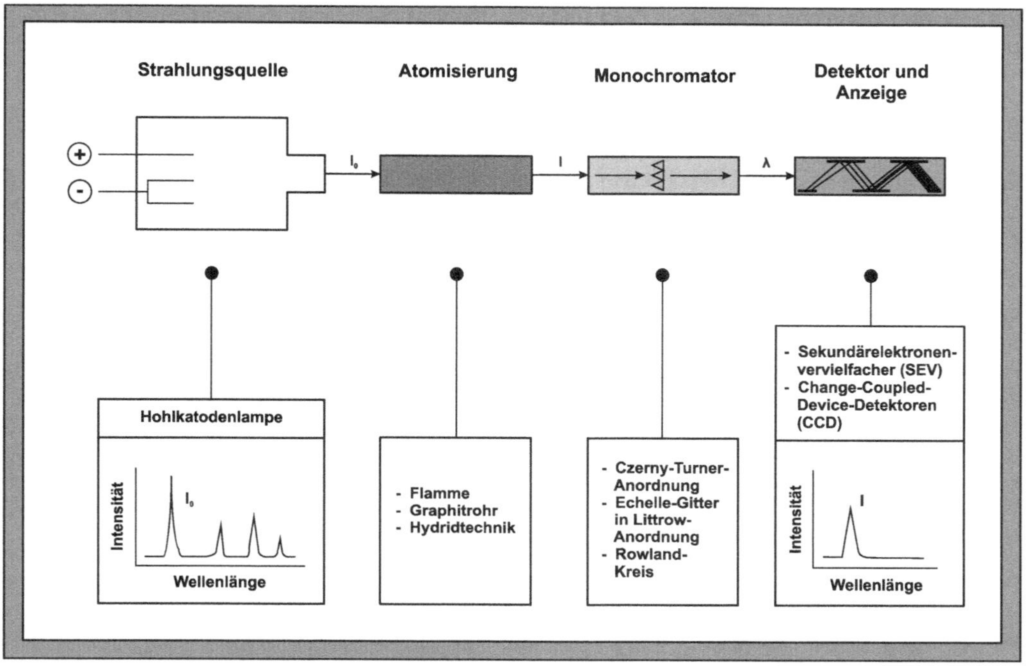

Abb. 6.28: Prinzip eines AAS-Gerätes

6.7.1 Strahlungsquelle

6

Jedes Element benötigt zu seiner Bestimmung eine eigene Strahlungsquelle, die praktisch nur das charakteristische Spektrum dieses Elements aussendet. Mehrere Elemente in einer Probelösung werden nach Wechseln der Lampe nacheinander bestimmt. Im Allgemeinen verwendet man Hohlkatodenlampen (HKL) oder in speziellen Fällen elektrodenlose Entladungslampen (EDL) als elementspezifische Strahlungsquellen.

Die Hohlkatodenlampe besteht aus einem Glaszylinder, in den zwei Elektroden eingeschmolzen sind. Gefüllt ist der Glaszylinder mit geringen Mengen an Edelgasen (Neon oder Argon). Die als Hohlzylinder geformte Katode besteht aus dem nachzuweisenden Element. Bei Quecksilber oder anderen Nichtmetallen wie Phosphor, ist die Hohlkatode mit diesem Element beschichtet. Die Anode besteht aus einem Nickel- oder Wolframdraht. Nachteilig ist, dass Einzelelement-Hohlkatodenlampen nur für das jeweilige Element verwendet werden können. Soll ein anderes Element bestimmt werden, muss die Lampe gewechselt werden. Aus diesem Grund wurden Mehrelementlampen entwickelt. Dazu werden verschiedene Metalle gepresst und gesintert. Dadurch lässt sich fast jede gewünschte Metallkombination herstellen. Bei diesem Lampentyp kann es jedoch zu spektraler Interferenz kommen. Im Monochromator lassen sich die einzelnen Spektrallinien aufgrund der zu geringen Auflösung nicht mehr sauber voneinander trennen.

Wird zwischen der Katode und Anode eine Gleichspannung (400 Volt) angelegt, entsteht eine Glimmentladung. Diese ionisiert die Edelgasatome, die aufgrund ihrer positiven Ladung zur Katode beschleunigt werden. Beim Aufprall der Edelgasionen werden aus der Katode oder ihrer Beschichtung Atome herausgeschlagen. Die energetisch angeregten Atome senden ein Emissionsspektrum mit wenigen schmalen Linien aus. Aufgrund der Bauform der Hohlkatodenlampe ist das Emissionsspektrum von hoher Intensität.

6.7.2 Atomisierungseinheit

Die Atomisierung ist der wichtigste Prozess in der AAS und entscheidet über die Qualität und Aussagekraft einer Analyse. Dazu werden die für den Betrieb wichtigsten Einrichtungen wie Brenner, Zerstäuber, Gasversorgung und Graphitrohrofen beschrieben.

Flammentechnik

Die Flammentechnik ist die älteste Variante der AAS-Techniken. Beim Atomisieren mit einer Flamme wird die Probe durch Zerstäuben in ein Aerosol überführt und in die Flamme eingebracht. Diese muss die Energie sowohl zum Verdampfen als auch zum Atomisieren der Analysenprobe aufbringen. Die chemische Zusammensetzung der Flamme kann dabei diese Vorgänge erheblich beeinflussen. Da in der AAS die Flamme zur Messung der Extinktion durchstrahlt wird, sollte sie eine möglichst geringe Eigenextinktion haben, da ansonsten das Grundrauschen zunimmt. Weiter sollten in der Flamme Folgereaktionen von Nebenbestandteilen der Probe vermieden werden.

Die Zerstäuber dienen dazu, die zu analysierenden Probeflüssigkeiten in Aerosole zu versprühen, damit diese in der Mischkammer mit dem Brennergas gemischt und anschließend über den Brenner durch thermische Anregung atomisiert werden. Der Mischkammerbrenner ist aufgrund seiner laminar brennenden Flamme der am häufigsten verwendete Brenner. Bei diesem Vorgang wird die Probenlösung in den Zerstäuber gesaugt und mit Hilfe eines Flügelrades mit Prallflächen oder einer Prallkugel in feinste Tröpfchen zerstäubt. Die Aerosole werden in die Mischkammer gesaugt und mit dem Brennergas und weiteren Oxidantien gründlich durchgemischt. Diese Mischung tritt durch einen Brennerschlitz, über dem die Flamme brennt. In Abbildung 6.29 sind eine Reihe von Flammen mit ihren speziellen Brennereigenschaften aufgelistet. Im Allgemeinen werden heute fast ausschließlich die Luft-Acetylen-Flamme und die Lachgas-Acetylen-Flamme verwendet.

Brennergas	**Brenngeschwindigkeit/cms^{-1}**	**Temperatur/°C**
Luft + Erdgas	55	1840
Luft + Propan	80	1930
Luft + Wasserstoff	440	2045
Luft + Acetylen	160	2300
Lachgas + Acetylen	180	2750
Sauerstoff + Wasserstoff	1150	2660
Sauerstoff + Acetylen	2480	3100
Sauerstoff + Cyanogen	140	4500

Abb. 6.29: Eigenschaften verschiedener Flammen

Graphitrohr

Für manche Aufgaben, etwa in Bereichen der Reinststoffanalyse oder bei der Analyse von Umweltmaterialien, reicht das Nachweisvermögen der Flammen-AAS nicht mehr aus. Hierfür liefert die Anwendung eines Graphitrohrofens eine wesentliche Verbesserung. Der Aufbau des Graphitrohr-AAS ist dem Flammen-AAS ähnlich. Der Unterschied besteht im Wesentlichen in der Atomisierungseinrichtung. Unterhalb des Probenaufgabeloches befindet sich innerhalb des Graphitrohrs die so genannte L`vov-Plattform, auf die die Probe gegeben wird. Dadurch ist die Probe nicht in direktem Kontakt mit dem heißen Graphitrohr und es wird gewährleistet, dass es nicht zu einer zu schnellen Atomisierung der Atome kommt und Interferenzen in der Gasphase auftreten. Als Schutzgas wird Argon mit entsprechend hoher Reinheit verwendet.

Das Graphitrohr wird elektrisch aufgeheizt. Durch stufenweises Erhöhen der Temperatur wird die Probe zunächst getrocknet, dann pyrolisiert und durch Abdampfen störender Begleitstoffe (z.B. Alkalisalze) gereinigt. Erst dann wird in einem weiteren Heizschritt auf die für die zu bestimmenden Elemente notwendige Atomisierungstemperatur hochgeheizt. Im letzten Schritt wird die Temperatur nochmals erhöht, restliches Probenmaterial entfernt und so das Graphitrohr gereinigt.

In Abbildung 6.30 sind vergleichend die Nachweisgrenzen für die Bestimmung einiger Elemente durch Flammen-AAS und durch Graphitrohr-AAS zusammengestellt. Letztere ist um 2 bis 3 Zehnerpotenzen empfindlicher als die Flammen-AAS.

Element		Nachweisgrenzen/µgL^{-1}	
		Flamme	Graphitrohr
Silber	Ag	0,9	0,005
Aluminium	Al	30	0,01
Arsen	As	140	0,2
Barium	Ba	8	0,04
Calcium	Ca	1	0,05
Cadmium	Cd	0,5	0,003
Kobalt	Co	6	0,02
Chrom	Cr	2	0,01
Kupfer	Cu	1	0,02
Eisen	Fe	3	0,02
Kalium	K	2	0,02
Lithium	Li	0,5	0,3
Magnesium	Mg	0,1	0,004
Natrium	Na	0,2	0,5
Nickel	Ni	4	0,1
Blei	Pb	10	0,05
Zinn	Sn	110	0,2
Titan	Ti	50	0,5
Thallium	Tl	9	0,1
Zink	Zn	0,8	0,001

Abb. 6.30: Vergleich der Nachweisgrenzen

6.7.3 Monochromator und Linienauswahl

Aus dem Emissionsspektrum der Hohlkatodenlampe und der von der Atomisierungseinrichtung ausgehenden Strahlung blendet der Monochromator die Analysenlinie des zu bestimmenden Elements aus. Durch die Atomabsorptionsspektroskopie (AAS) lassen sich Elemente zwischen 194 nm (Arsen) und 852 nm (Cäsium) bestimmen. Will man ein Element bestimmen, muss man zuerst eine analytisch verwertbare Spektrallinie auswählen (Abb. 6.31).

Element		wichtigste Resonanzlinie λ/nm	alternative Resonanzlinie λ/nm
Aluminium	Al	309,3	396,1
Blei	Pb	283,3	217,0
Cadmium	Cd	228,8	326,1
Calcium	Ca	422,7	239,9
Chrom	Cr	357,9	425,4
Eisen	Fe	248,3	252,3
Gold	Au	242,8	267,6
Kalium	K	766,5	404,4
Kupfer	Cu	324,7	222,6
Magnesium	Mg	285,2	202,5
Natrium	Na	589,0	330,2
Nickel	Ni	232,0	231,1
Quecksilber	Hg	253,7	-
Silber	Ag	328,1	-
Zink	Zn	231,8	307,6
Zinn	Sn	224,6	286,3

Abb. 6.31: Wichtigste bzw. alternative Resonanzlinien einiger Elemente

Befinden sich die zu messenden Spektrallinien in unmittelbarer Nähe zu den Spektrallinien eines anderen Elementes, kann es zu Überlappungen oder so genannten spektralen Störungen kommen. Im Falle einer solchen Überlappung bzw. Nähe wird auf eine alternative Spektrallinie ausgewichen.

6.7.4 Detektor und Anzeige

Der Detektor hat die Aufgabe, die von der ausgeblendeten elementspezifischen Spektrallinie ausgehende Strahlungsintensität (Fotonenstrom) in einen proportionalen Elektronenstrom umzuwandeln. Dies geschieht durch einen Sekundärelektronen-Vervielfacher (SEV oder Fotomultiplier). Diese enthalten in einem Quarzkolben eingeschmolzene Elektroden, von denen die Katode (Fotokatode) mit einer Alkalilegierung bedampft ist.

Im Fotomultiplier schlagen auftreffende Photonen aus einer Elektrode energiereiche Elektronen heraus. Die Elektronen werden in einem Spannungsfeld beschleunigt und treffen auf eine 2. Elektrode (Dynode), wo sie ihrerseits weitere Elektronen freisetzen. Dieser Vorgang wiederholt sich über 10 bis 13 Dynoden und führt zu einem lawinenartigen Anschwellen des Elektrodenstroms.

Dadurch verstärkt sich das ursprüngliche Signal um eine Faktor 10^6 bis 10^9. Das vom SEV gewonnene Signal wird von einem A/D-Wandler in ein digitales Signal umgewandelt und ausgewertet.

6.8 Ionenchromatografie

Die Ionenchromatografie umfasst alle Trennungen ionischer Spezies innerhalb der Flüssigchromatografie. Heute stehen für die Ionenchromatografie vielfältige Eluationssysteme, Trennsäulen und Detektoren zur Verfügung. Sie nimmt deshalb besonders in der Analytik von Anionen einen Stammplatz ein. Für die Kationen-Analytik existieren leistungsfähige atomspektroskopische Alternativen, so dass der Stellenwert der Kationen-Chromatografie im Vergleich zur Anionen-Chromatografie wesentlich geringer ist.

Betrachtet man ein Stoffgemisch und unterwirft dieses einer chromatografischen Trennung, so wird sich für jede Komponente ein Verteilungsgleichgewicht zwischen der mobilen und der stationären Phase ausbilden. Eine Stofftrennung ist nur dann erfolgreich, wenn sich die Verteilungskoeffizienten K der Komponenten zwischen den beiden Phasen hinreichend voneinander unterscheiden. K ist definiert als das Verhältnis der Konzentrationen eines Stoffes A in der stationären (Index „s") und der mobilen Phase (Index „m"):

$$K_A = \frac{c_s(A)}{c_m(A)}$$

Dementsprechend werden Stoffe mit einem hohen Verteilungskoeffizienten stärker zurückgehalten (retardiert) als solche mit einem kleinen Verteilungskoeffizienten.

Der Vorgang der chromatographischen Trennung wird in Form eines Chromatogrammes dargestellt (Abb. 6.32). Die Lage der Peaks ist abhängig vom Stoff, während die Signalfläche proportional zur Stoffkonzentration ist. Die Durchflusszeit der mobilen Phase (Lösungsmittel) durch die Trennsäule geschieht nahezu ohne Wechselwirkungen und wird als Totzeit (t_m) bezeichnet.

Probenbestandteile treten dagegen in Wechselwirkung mit der stationären Phase, wodurch sich eine zeitliche Verzögerung bis zur Ankunft im Detektor ergibt. Die entsprechenden Zeiten werden als Retentionszeiten (t_R) bezeichnet. Sie sind unter gegebenen Chromatografiebedingungen charakteristisch für eine Substanz und damit zur qualitativen Identifizierung geeignet.

Im dargestellten Chromatogramm sind drei Substanzen vorhanden. Der Substanzpeak 1 ist sauber von den beiden anderen Peaks getrennt. Bei den beiden Komponenten 2 und 3 ist die chromatografische Auflösung schlecht. Die Peaks überlappen teilweise und könnten im Extremfall in einem einzigen Peak zusammenfallen, was dann zu einer falschen Konzentration führt. Zur besseren Auftrennung der beiden Peaks müssen daher die Chromatografiebedingungen geändert werden.

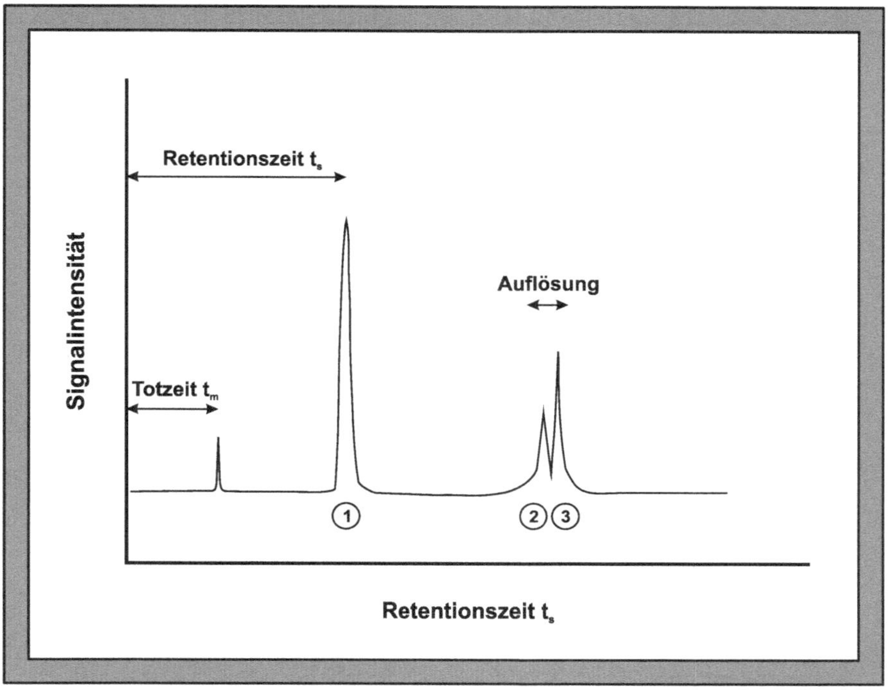

Abb. 6.32: Prinzipielles Aussehen eines Chromatogramms

Die Ionenchromatografie beruht auf einer Wechselwirkung zwischen Ionen in einer Lösung (mobile Phase) und einem üblicherweise festen Stoff der funktionelle Gruppen trägt (stationäre Phase) und aufgrund elektrostatischer Kräfte Ionen fixieren kann. Der Prozess des Ionenaustausches zwischen mobiler und stationärer Phase führt zu einem Gleichgewichtszustand. Auf welcher Seite das Gleichgewicht liegt, hängt von der Affinität der Ionen in der mobilen Phase zu den funktionellen Gruppen der stationären Phase ab. Den Aufbau eines Ionenchromatographen zeigt Abbildung 6.33.

Lösungsmittelversorgung

Die Lösungsmittelversorgung für die mobile Phase enthält einen oder mehrere Vorratsbehälter mit ca. 1000 mL Lösungsmittel. Häufig ist noch eine Filtervorrichtung (Fritte) vorhanden, um das Einbringen von Feststoffpartikeln aus dem Lösungsmittel in die Trennsäule zu verhindern. Ändert sich die Zusammensetzung der mobilen Phase während der Analyse nicht, so spricht man von einer „isokratischen Elution“. Wird das Volumenverhältnis von zwei oder mehreren Lösungsmitteln während der Analyse verändert, so spricht man von einer „Gradientenelution“. Nach Beginn der Analyse wird hier das Volumenverhältnis der Lösungsmittel schrittweise oder kontinuierlich verändert.

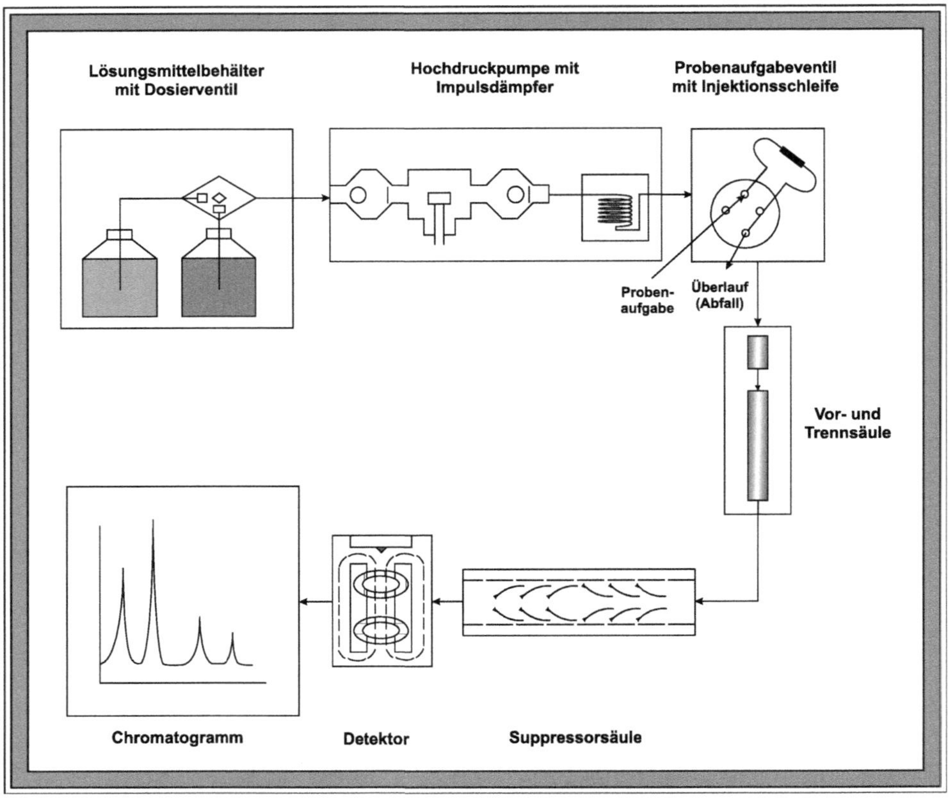

Abb. 6.33: Schematischer Aufbau eines Ionenchromatographen

Pumpen und Impulsdämpfer

An die Pumpen werden in der Flüssigchromatografie hohe Anforderungen gestellt. Sie müssen Drücke bis 400 bar erzeugen und einen pulsationsfreien Fluss zwischen 0,1 mL/min und 10 mL/min gewährleisten. Der am meisten verwendete Pumpentyp ist die Hubkolbenpumpe. Deren großer Nachteil ist das Erzeugen eines stark pulsierenden Eluentenflusses. Dieser muss gedämpft werden, um ein zu starkes Rauschen der Basislinie im Chromatogramm zu verhindern. Die Dämpfung erfolgt in einem Impulsdämpfer am Pumpenausgang. Er besteht z.B. aus elastischen Schlauchspiralen, die durch ihre Ausdehnungseigenschaften die Druckstöße der Hubkolbenpumpe kompensieren.

Injektor und Probenaufgabeventil

Bei den in der Flüssigchromatografie auftretenden Drücken kann das Probenvolumen nicht durch eine einfache Injektion auf die Trennsäule aufgebracht werden. Bewährt hat sich hier vielmehr ein Injektionsystem mit Probenschleife. Dazu wird im 1. Schritt bei Normaldruck die Schleife mit Probe gefüllt. Durch Umschalten der Schleifenstellung wird im 2. Schritt das definierte Probenvolumen in der Schleife auf die Trennsäule bei dem entsprechenden Chromatografiedruck aufgebracht. Austauschbare Probenschleifen erlauben es, Probenvolumina von 5 - 500 µL zu injizieren. Probenschleifen ermöglichen zudem eine hohe Genauigkeit bzgl. der aufgegebenen Probenvolumina.

Vor- und Trennsäule

Die eigentliche chromatographische Trennung von Ionen geschieht in der Trennsäule. Die Vorsäule hat die Funktion eines Filters und verhindert, dass die Trennsäule mit unerwünschten Partikeln beaufschlagt wird und dadurch ihre Funktionsfähigkeit verliert. Als Trägermaterial der stationären Phase werden in der Ionenchromatografie überwiegend organische Polymere eingesetzt. Von größter Bedeutung in diesem Bereich sind die Styrol-divinyl-benzol-Copolymere, die Polymethacrylat-, die Polyvinyl-Harze sowie Latex-Austauscher. Der größte Vorteil von Styrol-Divinylbenzol-Copolymeren ist ihre gute Stabilität über den gesamten pH-Bereich. Dieses Material wird mit Hilfe von Schwefelsäure an der Oberfläche sulfoniert und eignet sich zur Kationenanalyse. Für die Anionenanalyse befinden sich quaternäre Ammoniumgruppen an der Oberfläche des Polymers.

Das Trennprinzip der Ionenchromatografie beruht auf den unterschiedlichen Wechselwirkungen der Ionen in der mobilen Phase mit den an der stationären Phase gebundenen Austauschgruppen. Wird z.B. als mobile Phase ein Hydrogencarbonat-Carbonat-Eluent verwendet, so liegen die am Harz gebundenen kationischen Austauschergruppen ($-NR_3^+$) zunächst in der Hydrogencarbonatform vor:

$$\text{Harz} \sim\sim NR_3^+HCO_3^- + Cl^- \rightleftharpoons \text{Harz} \sim\sim NR_3^+Cl^- + HCO_3^-$$

$$\text{Harz} \sim\sim NR_3^+HCO_3^- + NO_3^- \rightleftharpoons \text{Harz} \sim\sim NR_3NO_3^- + HCO_3^-$$

Gibt man jetzt eine Probe mit verschiedenen Anionen (z.B. Cl^-; NO_3^-) auf die Trennsäule auf, so bilden sich verschieden starke Gleichgewichte aus. Aufgrund der unterschiedlichen Affinitäten der einzelnen Ionen zum Austauscherharz kommt es zu unterschiedlichen Verweilzeiten der einzelnen Ionen in der Chromatografiesäule und somit zu deren Trennung.

Suppressorsäule

Suppressorsäulen erleichtern die Detektion der in der Probe vorhandenen Ionen. So wird z.B. für die Analyse von Anionen sehr oft ein Hydrogencarbonat-Carbonat-Eluent ($NaHCO_3$/ Na_2CO_3) eingesetzt. Eine Leitfähigkeitsmesszelle dient dabei als Detektor. Die elektrolytische Leitfähigkeit der mobilen Phase setzt sich jetzt aus der Leitfähigkeit des verwendeten Eluenten und der in der Probe vorhandenen Ionen zusammen. Um die hohe elektrolytische Leitfähigkeit des $NaHCO_3/Na_2CO_3$-Eluenten zu vermindern, wird dieser in der Suppressorsäule zersetzt. In ihrer einfachsten Bauform liegt diese als Ionenaustauscher vor. Andere Bauarten sind Hohlfasermembransuppressoren, Mikromembransuppressoren oder elektrochemische Suppressoren. In der Suppressorsäule wird der $NaHCO_3/Na_2CO_3$-Eluent zu Wasser und Kohlendioxid zersetzt, wodurch sich die elektrolytische Leitfähigkeit des Eluenten drastisch vermindert. Es bleibt die hohe Leitfähigkeit der Ionen in der Probe für die Detektion übrig.

Detektor

Als Detektoren finden in der Ionenchromatografie einerseits spektroskopische Verfahren wie UV/Vis oder die Detektion über den Brechungsindex Anwendung. Auf der anderen Seite stehen die elektrochemischen Verfahren wie die Leitfähigkeitsdetektion, die beinahe universell einsetzbar ist. Sie stößt an ihre Grenzen, wenn durch unzureichende Dissoziation keine ausreichende elektrolytische Leitfähigkeit gegeben ist. Bei dieser Detektionsmethode wird der Leitfähigkeitsunterschied zwischen dem Eluenten (z.B. $NaHCO_3/Na_2CO_3$) und den Ionen der Probe gemessen. Die Grundlagen der Messprinzipien der elektrolytischen Leitfähigkeit wurden bereits beschrieben. Passiert die Analysenlösung mit den Ionen (z.B. Cl^-) die Messzelle, steigt die Leitfähigkeit an. Dies ist die direkte Methode der Leitfähigkeitsmessung. Es kann jedoch auch die indirekte Methode verwendet werden. Dazu wird ein elektrisch stark leitendes Elutionsmittel (z.B. KOH) verwendet. Dies führt dazu, dass bei Ankunft eines Ions in der Messzelle die Leitfähigkeit abnimmt. Die UV/Vis-Spektroskopie kann als Ergänzung oder Ersatz zur Leitfähigkeitsmessung angesehen werden. Sie hat große Vorteile bei Anwesenheit hoher Chloridkonzentrationen. Die Grundlagen der UV/Vis-Spektrokopie und des zur Auswertung notwendigen Lambert-Beer`schen Gesetzes wurden bereits beschrieben.

Anwendungsmöglichkeiten

Die Ionenchromatografie eignet sich für die Analyse einer Vielzahl von anorganischen und organischen Anionen und Kationen. Sie zeichnet sich zudem durch eine hohe Selektivität und Empfindlichkeit aus. Besonders im Gebiet der Anionenanalytik ist die Ionenchromatografie zu einem schnellen und bewährten Analyseinstrument geworden und hat zeitaufwändige und arbeitsintensive Methoden wie Titrimetrie, Fotometrie oder Gravimetrie weitest gehend abgelöst. Auch auf dem Gebiet der Kationenanalytik hat sich die Ionenchromatografie bewährt und ist damit eine Ergänzung zur Atomabsorptionsspektroskopie (AAS) und zur Atomemissionsspektroskopie (ICP-AES).

In der Ionenchromatografie ist zu Beginn der Analyse eine Kalibrierung unumgänglich. Ähnlich wie bei der Fotometrie wird mit Hilfe einer Kalibrierfunktion die Konzentration der einzelnen Ionen bestimmt. Die Kalibrierfunktion beschreibt dabei die Peakfläche in Abhängigkeit von der Konzentration der einzelnen Ionen.

Bei der Methode des „Internen Standards" wird der unbekannten Probe eine Standardsubstanz mit bekannter Konzentration zugesetzt. Die verwendete Standardsubstanz darf dabei nicht in der Analysenprobe vorkommen. Der Gehalt der Probe wird durch den Vergleich der Peakflächen des Standards mit der Probenfläche bestimmt. Diese Methode eignet sich für Proben, bei denen nicht alle Komponenten bestimmt werden müssen. Die zu analysierende Ionenart und die verwendete Standardsubstanz sollten bei Anwendung der Methode des internen Standards ähnliche chromatografische Eigenschaften besitzen.

Bei der Methode des „Externen Standards" wird mit bekannten Konzentrationen der Substanz eine Kalibrierfunktion erstellt. Dazu werden die Peakflächen über den Konzentrationen aufgetragen. Man erhält so eine stoffspezifische Kalibrierfunktion. Zur Bestimmung der einzelnen Probenbestandteile werden für jede Komponente entsprechende Referenzsubstanzen und Kalibrierfunktionen benötigt. Über die Peakflächen der Probenbestandteile lassen sich dann mit Hilfe der Kalibrierfunktion die Konzentrationen der einzelnen Ionen bestimmen.

Die Methode der „Standardaddition" wird dann verwendet, wenn sogenannte Matrixprobleme auftreten. Bei diesem Verfahren wird zuerst die Probe analysiert und die Peakfläche der interessierenden Komponente bestimmt. Danach wird eine bekannte Menge der gleichen Substanz zugesetzt und erneut analysiert. Aus der Veränderung der Peakfläche lässt sich der Gehalt der jeweiligen Komponente bestimmen.

Die Umwelt- und Trinkwasseranalytik ist wohl eines der wichtigsten Anwendungsgebiete der Ionenchromatografie. Abbildung 6.34 zeigt das Chromatogramm einer Wasseranalyse für Anionen.

In Abhängigkeit von der verwendeten Trennsäule ergibt sich folgende chromatografische Reihenfolge für Anionen:

$$F^- < Cl^- < NO_2^- < Br^- < NO_3^- < SO_4^{2-} < PO_4^{3-}$$

Die Retentionszeit dieser Ionen ist zum einen durch die Größe der einzelnen Ionen und zum anderen durch ihre Ionenladung bestimmt. Bei Ionen mit unterschiedlichen Ladungen besitzen normalerweise die Ionen mit einer höheren Ladungszahl aufgrund ihrer stärkeren Wechselwirkung mit der stationären Phase eine größere Retentionszeit. So erscheinen einfach negativ geladene Ionen (z.B. F^-; Cl^-) eher im Chromatogramm als mehrfach negativ geladene Ionen wie z.B. SO_4^{2-} oder PO_4^{3-}.

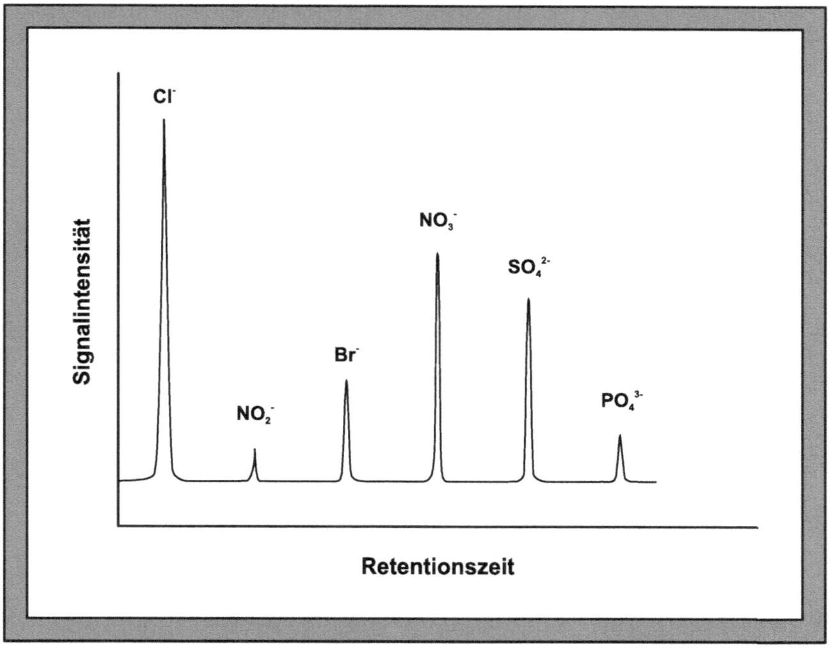

Abb. 6.34: Chromatogramm einer Anionenanalyse

Die Kationenchromatografie folgt dem Trennprinzip der Anionenchromatografie. In Abhängigkeit von den chromatografischen Trennbedingungen ergeben sich folgende Retentionszeiten für Kationen:

$$Li^+ < Na^+ < NH_4^+ < K^+ < Mg^{2+} < Zn^{2+} < Ni^{2+} < Ca^{2+} < Pb^{2+} < Ba^{2+}$$

Grundsätzlich lässt sich auch hier festhalten, dass einwertige Kationen vor mehrwertigen Ionen eluiert werden.

6.9 Wissensfragen

- Beschreiben Sie den Lösungsweg einer analytischen Aufgabe von der Probennahme bis zur Dokumentation der Analysenergebnisse.

6

- Wie lässt sich der pH-Wert mittels einer Glaselektrode bestimmen?
- Wie lässt sich die elektrolytische Leitfähigkeit einer wässrigen Lösung bestimmen?
- Erläutern Sie das analytische Verfahren der Fotometrie.
- Erläutern Sie die Atomabsorptionsspektroskopie (AAS).
- Erläutern Sie die Ionenchromatografie (IC).

6.10 Weiterführende Literatur

6.1 Bechmann, W.; Schmidt, J.; *Einstieg in die Physikalische Chemie für Nebenfächer,* Teubner, **2006,** 3-8351-0035-1

6.2 Bliefert, C.; *pH-Wert-Berechnungen,* Verlag Chemie, **1978,** 3-527-25788-8

6.3 DIN 19261; *pH-Messung - Messverfahren mit Verwendung potentiometrischer Zellen - Begriffe,* Beuth, **Juni 2005**

6.4 DIN 19266; *Referenzpufferlösungen zur Kalibrierung von pH-Messeinrichtungen,* Beuth, **Januar 2000**

6.5 DIN 19268; *pH-Messung - pH-Messung von wässrigen Lösungen mit pH-Messketten mit pH-Glaselektroden und Abschätzung der Messunsicherheit,* Beuth, **Mai 2007**

6.6 DIN 38402-11; *Probenahme von Abwasser,* Beuth, **Februar 2009**

6.7 DIN 38405-9; *Photometrische Bestimmung von Nitrat (D9),* Beuth, **September 2011**

6.8 DIN EN ISO 385; *Laborgeräte aus Glas - Büretten,* Beuth, **Juli 2005**

6.9 DIN EN ISO 648; *Laborgeräte aus Glas - Vollpipetten,* Beuth, **Januar 2009**

6.10 DIN EN ISO 835; *Laborgeräte aus Glas - Messpipetten,* Beuth, **Juli 2007**

6.11 DIN EN ISO 1042; *Laborgeräte aus Glas - Messkolben,* Beuth, **August 1999**

6.12 DIN EN ISO 4787; *Laborgeräte aus Glas - Volumenmessgeräte - Prüfverfahren und Anwendung,* Beuth, **Mai 2011**

6.13 DIN EN ISO 4788; *Laborgeräte aus Glas - Messzylinder und Mischzylinder,* Beuth, **August 2005**

6.14 DIN EN ISO 5667-1; *Anleitung zur Erstellung von Probenahmeprogrammen und Probenahmetechniken,* Beuth, **April 2007**

6.15 DIN EN ISO 10304-1; *Bestimmung von gelösten Anionen mittels Ionenchromatographie - Teil 1: Bestimmung von Bromid, Chlorid, Fluorid, Nitrat, Nitrit, Phosphat und Sulfat,* Beuth, **Juli 2009**

6.16 DIN EN ISO 10523; *Bestimmung des pH-Werts*, Beuth, **April 2012**

6.17 Eckhardt, St.; Gottwald W.; Stieglietz, B.; *1 x 1 der Laborpraxis,* Wiley-VCH, **2004,** 3-527-30573-4

6.18 Endress + Hauser (Hrsg.); *Abwasser Mess- und Regeltechnik,* **1992,** 3-9520220-0-4

6.19 Funk, W.; Dammann, V.; Donnevert, G.; *Qualitätssicherung in der Analytischen Chemie,* Wiley-VCH, **2005,** 978-3-537-31112-5

6.20 Galster, H.; *pH-Messung,* VCH, **1990,** 3-527-27836-2

6.21 Gottwald, W.; Heinrich, K.H.; *UIV/VIS-Spektroskopie für Anwender,* Wiley-VCH, **1998,** 3-527-28760-4

6.22 Gründler, P.; *Chemische Sensoren,* Springer, **2004,** 3-540-20984-0

6.23 Hamann, C.; Vielstich, W.; *Elektrochemie,* Wiley-VCH, **2005,** 978-3-527-31068-5

6.24 Hitzel, E.; *Bausteine praktischer Analytik,* Handwerk und Technik, **2007,** 3-582-01232-6

6.25 Honold, F.; Honold, B.; *Ionenselektive Elektroden,* Birkhäuser, **1991,** 3-7643-2560-7

6.26 Huber, M.; *Wissenswertes über die pH-Messung,* Schott Geräte, **1989**

6.27 Jander; Jahr; *Maßanalyse,* de Gruyter, **2012,** 978-3-11-024898-2

6.28 Kölle, W.; *Wasseranalysen - richtig beurteilt*, Wiley-VCH, **2009,** 978-3-527-32522-1

6.29 Kolb, B.; *Gaschromatographie in Bildern,* Wiley-VCH, **2003,** 978-3-527-30687-0

6.30 Kunze, U.; Schwedt, G.; *Grundlagen der quantitativen Analyse,* Wiley-VCH, **2009,** 978-3-527-32075-2

6.31 Nölte, J.; *ICP Emissionspektrometrie für Praktiker,* Wiley-VCH, **2002,** 3-527-30351-0

6.32 Oesterle, G.; *pH-Messung,* Oldenbourg, **1991,** 3-486-22099-3

6.33 Oesterle, G.; *Prozessanalytik,* Oldenbourg, **1995,** 3-486-22757-2

6.34 Otto, M.; *Analytische Chemie,* Wiley-VCH, **2006,** 978-3-527-31416-4

6.35 Schwedt, G.; *Analytische Chemie,* Wiley-VCH, **2008,** 978-3-527-31206-1

6.36 Schwedt, G.; *Taschenatlas der Analytik,* Thieme, **1996,** 3-13-759302-6

6.37 Schwedt, G.; Vogt, C., *Analytische Trennmethoden,* Wiley-VCH, **2010,** 978-3-527-32494-1

6.38 Skoog, D.A.; Leary, J.J.; *Instrumentelle Analytik,* Springer, **1996,** 3-540-60450-2

6.39 Degner, R.; *pH-Messung,* Wiley-VCH, **2008,** 978-3-527-32359-3

7 Abwasserbehandlungsprozesse

7.1 Übersicht Chargenbehandlungsanlage

Die Chargenbehandlung ist eine der am häufigsten verwendeten Methoden zur Abwasserreinigung im Bereich der metallbe- und -verarbeitenden Industrie. Sie eignet sich zur Behandlung von fast allen dort anfallenden Abwässern. Mit kontinuierlichen Durchlaufanlagen können in vielen Fällen die rechtlichen Vorgaben nicht eingehalten werden und sie sind somit nicht genehmigungsfähig. Dagegen haben Chargenanlagen einen erheblichen Vorteil. Der grundlegende Aufbau sowie die durchgeführten Verfahrensschritte und Prozessfolgen sind einfach konzipiert. Die Anlagen sind so gebaut, dass verschiedenartige Abwässer zur Behandlung gesammelt werden können. Durch die Abwasserführung lässt sich die neutralisierende Wirkung verschiedener Abwässer nutzen. Die Chargenbehandlung ist bei professioneller Bedienung die sicherste Reinigungsmethode. Erst nach vollständiger Behandlung und Prüfung kann das Abwasser die Anlage verlassen.

Die Chargenbehandlungsanlage hat aber auch einige Nachteile. Sie kann größere Abwassermengen nur mit sehr großen Auffangbehältern bewältigen. Generell benötigt sie mehr Platz als eine Durchlaufanlage. Die eigentlichen Reaktoren, in denen die Reaktionen stattfinden, sind in ihrer Kapazität begrenzt. Wird eine Reaktorgröße von 20 - 30 m^3 überschritten, kann eine sorgfältige Durchmischung und Reaktion nicht mehr unbedingt gewährleistet werden. Diskontinuierliche Anlagen können täglich ein- bis zweimal betrieben werden und verursachen somit unproduktive Totzeiten. Außerdem können stark verdünnte Abwässer nur mit Mehraufwand behandelt werden und bei der Eliminierung bestimmter Schadstoffe kann es zu langen Reaktionszeiten kommen.

Die Behandlung selbst läuft immer nach demselben Grundschema ab (Abb. 7.1). An die einzelnen Prozessbäder schließen sich verschiedene Spülprozesse an. Je nach Art des Produktionsverfahrens können unterschiedliche Stoffe (z.B. Säuren, Cyanide, Schwermetalle) anfallen. Säuren, metallhaltige und chrom(VI)-haltige Abwässer lassen sich zusammenführen. Cyanidhaltige Abwässer dürfen mit alkalischen Abwässern zusammengeführt werden. Dagegen darf cyanidbelastetes Abwasser mit saurem Abwasser auf keinen Fall in einem Vorratsbehälter gesammelt werden, da es zu einer starken Entwicklung von Blausäure (HCN) kommt.

An die Spülprozesse schließen sich verschiedene Entgiftungsverfahren an. Nitrithaltige Abwässer sind durch entsprechende Reaktionen unschädlich zu machen. Bei cyanidhaltigen Abwässern werden die Cyanidkomplexe aufgebrochen und das Cyanidion zerstört. Hochtoxische Cr(VI)-Verbindungen sind in weniger giftige Cr(III)-Verbindungen umzuwandeln. Komplexbildnerhaltige Abwässer sind zu spalten, der Ligand (z.B. EDTA) zu zerstören und das Zentralatom (z.B. Cu^{2+}) ist freizusetzen. Die Entgiftungsverfahren lassen sich auf chemischem Wege, durch Elektrolyse oder durch UV-Oxidation durchführen. Durch die Elektrolyse kann man auch Edelmetalle (z.B. Ag, Au) aus cyanidischen Bädern zurückgewinnen.

Ist genügend Abwasser für eine Behandlung vorhanden, finden im Chargenbehandlungsbecken die chemischen Fällungsreaktionen statt. Als Fällungs- und Neutralisationsmittel für saure Abwässer werden basische Substanzen wie Natronlauge (NaOH) oder Kalkmilch ($Ca(OH)_2$) verwendet. Zur Neutralisation basischer Abwässer werden Schwefelsäure (H_2SO_4) oder Salzsäure (HCl) eingesetzt. Durch Zugabe von Flockungshilfsmitteln wird die sich anschließende Sedimentation und Filtration unterstützt.

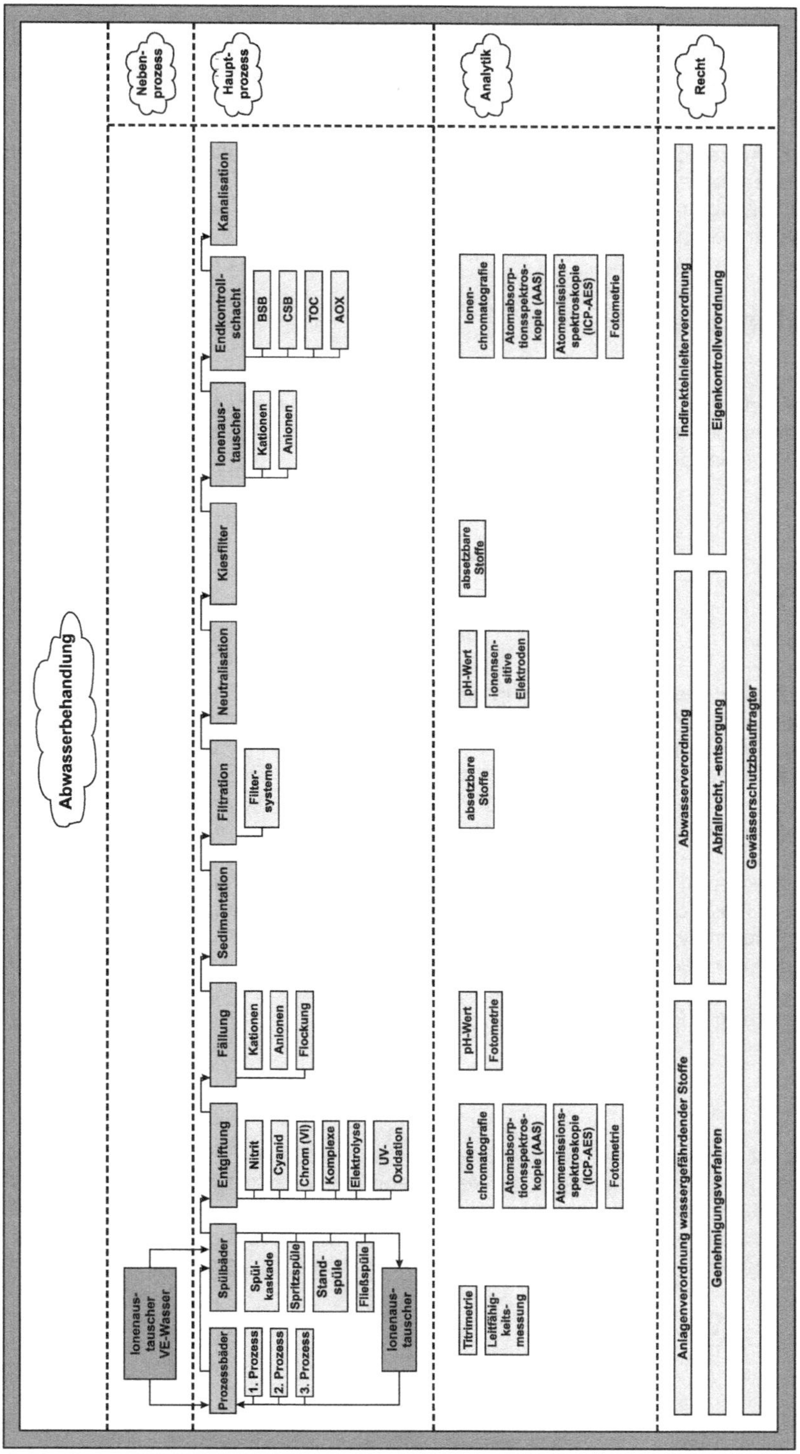

Abb. 7.1: Prinzipielle Aspekte der Abwasserbehandlung

7

Die Sedimentation kann entweder im gleichen Behältnis wie die Chargenbehandlung oder in einem nachgeschalteten Behälter stattfinden. Der sich bei der Sedimentation absetzende Schlamm wird über eine Kammerfilterpresse entwässert und als Sondermüll deponiert oder unter wirtschaftlichen Gesichtspunkten weiterverwertet.

Um die letzten Schwebstoffe zurückzuhalten findet eine Schlussfiltration statt. Über einen Ionenaustauscher werden letzte Reste an Kationen und Anionen entfernt, bevor der pH-Wert auf den genehmigten Einleitungs-pH-Wert eingestellt wird. Im Endkontrollschacht können (Rückstell-)Proben des fertig behandelten Abwassers gezogen werden.

7.2 Spülprozesse

Spültechniken werden angewandt, damit so wenig Chemikalien wie möglich von einem Prozessbad ins nächste gelangen. Außerdem sollen auf der Oberfläche eines Werkstückes keine anhaftenden Lösungen mehr vorhanden sein. Die Qualität eines Spülprozesses lässt sich mit dem sogenannten Spülkriterium c_0/c beschreiben:

$$\frac{c_0}{c} = \frac{\dot{S}}{\dot{V}}$$

c_0: Konzentration des Stoffes im Prozessbad g/m^3

c: Konzentration des Stoffes im Spülbad g/m^3

$\dot{S}$: Volumenstrom des Spülbades m^3/h

$\dot{V}$: Volumenstrom der Verschleppung m^3/h

Das Spülkriterium stellt das Gleichgewicht in einem Spülprozess dar. In Abhängigkeit vom Prozess und der geforderten Oberflächenwerte ist auf entsprechende Erfahrungswerte zurück zugreifen. Die in die Spülbäder ausgeschleppten Stoffmengen bedeuten nicht nur einen Substanzverlust in den Prozessbädern, sondern auch einen erheblichen Aufwand für den Spülprozess mit seinen Ionenaustauschern und für die nachfolgende Abwasserbehandlung. Deshalb sind die Verschleppungs- und Abwassermengen so gering wie möglich zu halten.

Durch eine Verminderung der Verschleppung lässt sich auch der Volumenstrom des Spülbades herabsetzen. Die Größe der Verschleppung ist u.a. von der Form und Größe des Werkstückes, von der Aufhängung und von der Abtropfzeit abhängig. Mit steigender Viskosität der Behandlungslösung nimmt auch die Verschleppung zu. So ist z.B. bei alkalischen Lösungen gegenüber sauren Lösungen mit einer meist höheren Viskosität zu rechnen. Weitere Faktoren sind die Konzentration der Prozesslösung und die Badtemperatur.

Fließspülung

Eine Fließspüle ist meistens Bestandteil einer Kaskadenspülung. Für das Spülkriterium einer Fließspüle wird angenommen, dass sich die Verschleppung sofort mit dem Spülwasser vollständig vermischt. Unter dieser Annahme liegt zu jeder Zeit ein Gleichgewicht vor. Ist der Spülwasserstrom im Vergleich zur verschleppten Badmenge klein, muss die angegebene Gleichung für das Spülkriterium korrigiert werden. Das verschleppte Badvolumen ist bei der Verdünnung mit zu berücksichtigen:

$$\frac{c_0}{c} = \frac{(\dot{S} + \dot{V})}{\dot{V}}$$

In der Praxis ist ein kleiner Spülbehälter am besten geeignet, da sich in einem kleinen Behälter das Gleichgewicht am schnellsten einstellt. Damit sich das Gleichgewicht noch schneller einstellt, sollte eine große Relativbewegung zwischen Werkstück und Spülwasser herrschen. Dazu eignen sich verschiedene Möglichkeiten:

- Umpumpen des Spülwassers,
- Einleiten von Luft,
- Bewegen des Werkstückes im Spülbad.

Durch eine Leitfähigkeitsmessung lässt sich das einzuhaltende Spülkriterium überwachen.

Standspülung

Wird die Ware vor der Fließspülung in einem nicht ständig durchflossenen Bad abgespült, spricht man von einer Standspülung. Durch die Standspülung wird die Hauptmenge der anhaftenden Prozessflüssigkeit im Standspülbad zurückgehalten. Die Bestandteile der Prozessbäder reichern sich mit der Zeit an. Um entsprechende Volumenverluste auszugleichen, lässt sich das Standspülbad ins Prozessbad zurückführen. Allerdings ist bei diesem Rückführungsverfahren zu beachten, dass nicht nur die Konzentration an Wertstoffen, sondern auch die von Badverunreinigungen beeinflusst wird. Durch Rückführung von Standspülwässern können sich Verunreinigungen allmählich in den Prozessbändern anreichern. Deshalb ist regelmäßig ein Teil des Standspülbades zur Konzentratbehandlung auszuschleusen. Erst nach Eintauchen und Spülen in der Standspülung wird die Ware in das Fließspülbad überführt (Abb. 7.2).

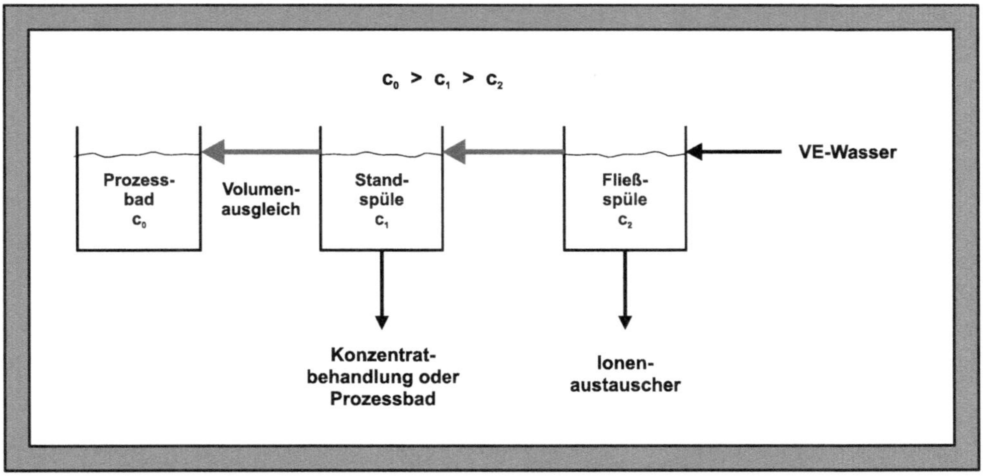

Abb. 7.2: Verfahrensprinzip Standspüle-Fließspüle [7.11]

Das aufkonzentrierte Standspülwasser bildet eine günstige Basis für die Wertstoffrückgewinnung oder Weiterverwendung. Wenn keine Verwertung möglich ist, erleichtert die höhere Konzentration des Standspülwassers die Abwasseraufbereitung, da erheblich geringere Volumina zu bewältigen sind. Die Fließspülen werden stark entlastet, so dass über Ionenaustauscher das Spülwasser günstig aufbereitet werden kann.

7

Spritzspülung

Die Spritzspülung entspricht dem Prinzip der Vielfachkaskade, da jede neue Spülwasserzugabe wie eine gesonderte Spülstufe wirkt. Durch eine Spritzspüle lässt sich der Platz- und Wasserbedarf auf ein Minimum reduzieren. Vorteilhaft wirkt sich außerdem der mechanische Effekt beim Auftreffen der Wasserstrahlen auf die Warenoberfläche aus. Das auftreffende Wasser sorgt aufgrund der hohen Turbulenz für eine effektive Vermischung und Reinigung. Dadurch wird der Spülvorgang verkürzt. Die zu reinigenden Teile sollten daher eine möglichst große Fläche haben, um den Wasserstrahlen eine hohe Angriffsfläche zu bieten. Vorteilhaft ist es, wenn in mehreren Intervallen kurz gespült wird. Insgesamt sind die Anordnung der Spritzdüsen, der Spritzwasserdruck, die Spritzzeit sowie die Anzahl der Spritzintervalle wichtige Parameter.

Kaskadenspülung

Bei der Kaskadenspülung werden das zu spülende Werkstück und das Spülwasser gegenläufig durch mehrere Spülbehälter geführt (Abb. 7.3). Daher wird zuerst im konzentriertesten und zuletzt im saubersten Wasser gespült. Durch die Mehrfachnutzung des Spülwassers wird wesentlich weniger Wasser verbraucht. Gleichzeitig ist der Spüleffekt intensiver als bei der einfachen Fließspülung. Das Spülkriterium im letzten Spülbehälter berechnet sich nach:

$$\frac{c_0}{c} = \left(\frac{\dot{S}}{\dot{V}}\right)^n$$ n: Anzahl der Spülbehälter

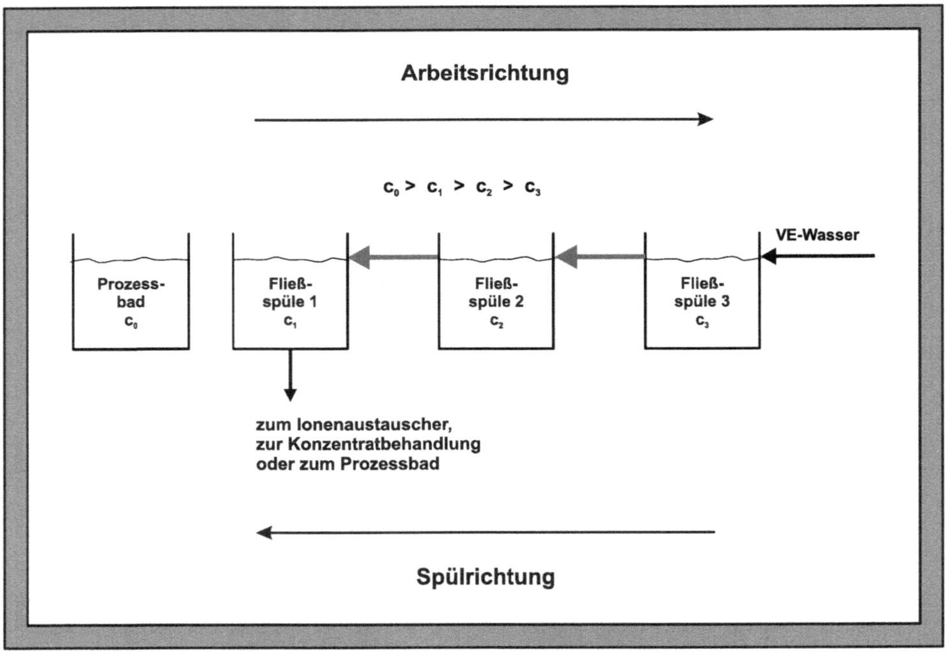

Abb. 7.3: Verfahrensprinzip 3-fach Spülkaskade [7.11]

Bei dieser Gleichung wird nicht berücksichtigt, dass durch den Spülwasserstrom bis zum Ablauf aus dem ersten Spülbehälter verschleppte Stoffmengen zurücktransportiert werden. Gleichzeitig tritt durch die Verschleppungen eine Volumenänderung ein. Dies lässt sich durch eine Erweiterung der Gleichung berücksichtigen:

$$\frac{c_0}{c} = \left[\frac{(\dot{S} + \dot{V})}{\dot{V}}\right]^n$$

Spülkaskaden lassen sich mit Spritz- und Standspülen kombinieren. Die Anzahl der Kaskadenstufen ergibt sich durch die geforderte Spülqualität im letzten Spülabteil.

7.3 Ionenaustauscher

7.3.1 Austauscherreaktionen

Ionenaustauscher können aus Elektrolytlösungen Ionen (z.B. Na^+) aufnehmen, wobei sie gleichzeitig eigene Ionen (z.B. H^+) abgeben. Je nach Ladungsvorzeichen der austauschbaren Ionen unterscheidet man zwischen Kationenaustauscher (KAT):

$$KAT\text{-}SO_3^-H^+ + NaCl \rightleftarrows KAT\text{-}SO_3^-Na^+ + HCl$$

und Anionenaustauscher (AAT):

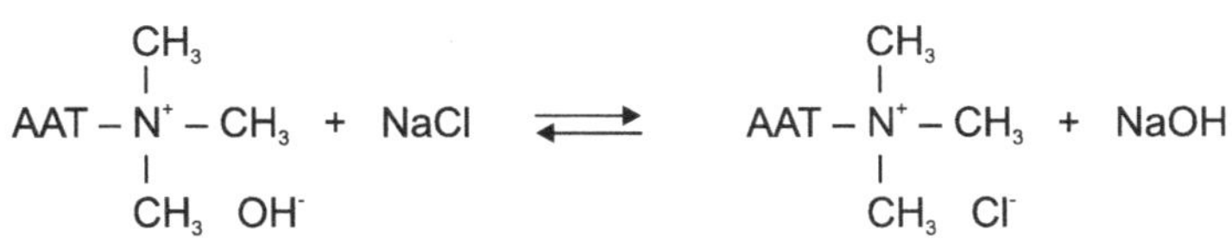

Ionenaustauscher können aus organischen oder anorganischen Stoffen bestehen. Außerdem wird je nach funktioneller Gruppe zwischen stark- und schwachsauren Kationen-austauschern bzw. stark- und schwachbasischen Anionenaustauschern unterschieden. Im oben gezeigten Beispiel werden am Kationenaustauscher Protonen (H^+) gegen Natriumionen (Na^+) der Lösung ausgetauscht, so dass eine säurehaltige Lösung (HCl) entsteht. Im Beispiel der Anionenaustauscherreaktion werden Hydroxidionen (OH^-) gegen Chloridionen (Cl^-) ausgetauscht, worauf sich eine Lauge (NaOH) bildet.

Die Reaktion am Ionenaustauscher lässt sich als Gleichgewichtsreaktion formulieren. Aus der Gleichgewichtskonstanten K_{KAT} bzw. K_{AAT} lässt sich erkennen, auf welcher Reaktionsseite das chemische Gleichgewicht liegt. Ist $K > 1$, so liegt das Gleichgewicht auf der Produktseite. Bei $K < 1$ liegt dagegen das Gleichgewicht mehr auf der Seite der Ausgangsstoffe (Eduktseite).

In Abhängigkeit von den Konzentrationen der einzelnen Stoffe lässt sich das Gleichgewicht auf die linke oder rechte Seite der Austauschreaktion verschieben. Es ist jedoch auch erkenntlich, dass aufgrund des chemischen Gleichgewichtes eine vollständige Abreinigung des Abwassers mit Hilfe von Ionenaustauschern niemals möglich ist. Eine Restkonzentration an Kationen und Anionen wird immer im Abwasser verbleiben.

Das chemische Gleichgewicht ist die eine Seite der Austauscherreaktion, die Reaktionsgeschwindigkeit als zeitliche Komponente die andere Seite. Die Reaktionsgeschwindigkeit am Ionenaustauscher ist normalerweise langsam. Dies hängt mit dem Transport der Ionen aus der Lösung zu den austauscheraktiven Gruppen am Ionenaustauscher und dem entgegengesetzt verlaufenden Transport der ausgetauschten Ionen in die Lösung zusammen. Im Einzelnen sind dies folgende Schritte:

- Diffusion des Ions (Kation, Anion) in der Lösung zur Austauscheroberfläche,
- Filmdiffusion durch die Phasengrenzfläche zwischen Lösung und Festkörperoberfläche,
- Korndiffusion im Harzgel bis zur austauscheraktiven Gruppe,
- chemische Reaktion.

An diese Diffusionsschritte schließen sich in umgekehrter Reihenfolge die Diffusionsvorgänge für das vom Austauscher an die Lösung abgegebene Ion an. Die Reaktionsgeschwindigkeit wird durch die Film- und/oder Korndiffusion als langsamste Vorgänge bestimmt. Die treibende Kraft für die Diffusion ist das Konzentrationsgefälle Δc über die Diffusionsgrenzschichten.

Ist das Konzentrationsgefälle klein, so hängt die Reaktionsgeschwindigkeit überwiegend von der Filmdiffusion ab. Ist Δc aber groß, dann passieren die Ionen sehr schnell diese Diffusionsschicht und die Reaktionsgeschwindigkeit ist primär von der Korndiffusion abhängig.

Die Stoffeigenschaften von Austauscherharzen wie Porosität, Vernetzung und Quellung wirken sich neben der Ionenwertigkeit und dem Durchmesser des hydratisierten Ions sowie der Temperatur auf die Diffusion aus. Bei der Regeneration von Ionenaustauschern (konzentrierte Lösung) muss daher für die Entfernung mehrwertiger Ionen mehr Zeit als bei einwertigen Ionen aufgewendet werden. Im Gegensatz dazu ist bei der Kreislaufführung von Spülwasser die Konzentration der Ionen in der Lösung klein. Hier wird die Filmdiffusion durch gute strömungsmechanische Verhältnisse an der Phasengrenzfläche beeinflusst.

Im Betrieb wird der Durchbruch von Ionenaustauscherkolonnen in der Regel durch die Messung der elektrischen Leitfähigkeit festgestellt. So ist die Leitfähigkeit von H^+- und OH^--Ionen aufgrund des besonderen Leitungsmechanismus erheblich größer als die der anderen Kationen und Anionen.

Abbildung 7.4 zeigt das Konzentrationsprofil eines teilbeladenen Ionenaustauschers. Beim Durchbruch des Kationenaustauschers fallen die Kationen mit der geringsten Affinität zum Austauscherharz im austretenden Eluat an. Dies ist oft das Natriumion, weshalb das Phänomen auch als Natriumschlupf bezeichnet wird. Da die Natriumionen nicht restlos entfernt werden können, führt dies im nachgeschalteten Anionenaustauscher zur Bildung von Natronlauge.

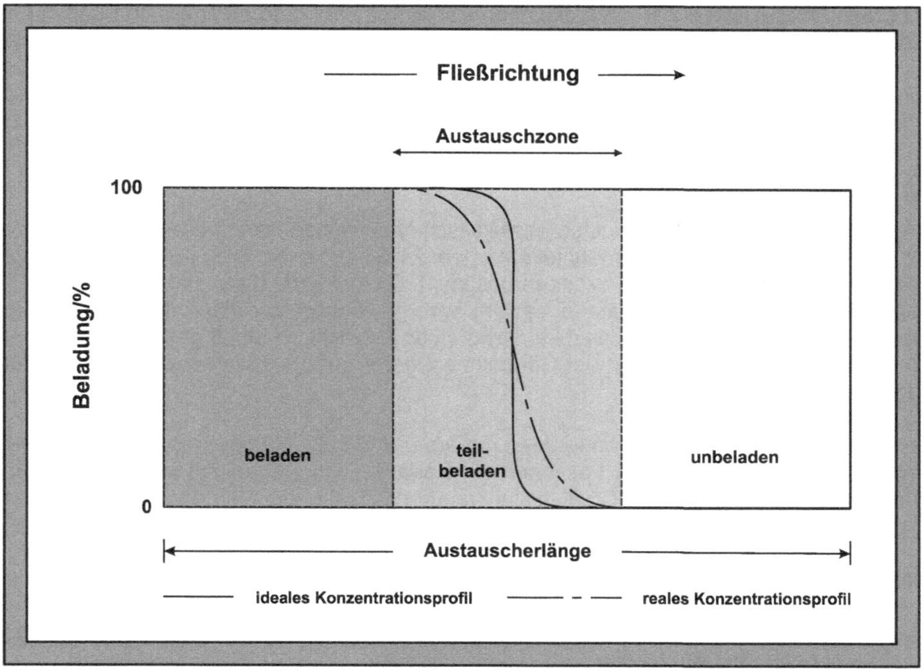

Abb. 7.4: Konzentrationsprofile bei einem teilbeladenen Ionenaustauscher [7.25]

7.3.2 Herstellung von Ionenaustauscherharzen

Die heute verwendeten Ionenaustauscher sind überwiegend Kunstharze. Die Polymerketten werden mit Querverbindungen in verschiedenem Grad vernetzt. Für die chemische und mechanische Beständigkeit des Harzes ist der Grad der Quervernetzung in hohem Maße ausschlaggebend. An diesem als Matrix bezeichneten Grundgerüst sitzen die austauschaktiven Gruppen. Diese Ankergruppen sind die Träger der leicht beweglichen, austauschbaren Ionen.

Die Quellbarkeit ist eine wichtige physikalische Eigenschaft der Ionenaustauscherharze, da sie dadurch Wasser aufnehmen können. Im gequollenen Zustand stellt das Harz einen festen Elektrolyten dar. Seine Phasengrenzfläche zur Lösung lässt sich als semipermeable Membran betrachten. Eine weitere Eigenschaft ist die Porosität, die die Diffusionsgeschwindigkeit der Ionen beeinflusst. Über die Selektivität wird der Austausch der einzelnen Ionen beeinflusst. Ist z.B. die Ladung der Ionen gleich hoch, werden kleinere Ionen bevorzugt ausgetauscht.

Mikroporige oder Gelaustauscher-Harze zeichnen sich durch eine hohe Kapazität aus. Die Porosität wird durch die Vernetzung im Herstellungsprozess während der Polymerisation oder Polykondensation erreicht. Die Poren im Austauscher sind so groß, dass sich anorganische Ionen darin bewegen können. Mikroporöse Austauscherharze besitzen eine Porengröße von 0,5 - 2 nm. Sie werden hauptsächlich bei starksauren und starkbasischen Ionenaustauschern eingesetzt. Nachteilig ist die Neigung zur Hydrolyse. Besonders Schwermetallkationen wirken als Katalysatoren für die hydrolytische Spaltung der Harze. Die entstehenden Zersetzungsprodukte werden im nachgeschalteten Anionenaustauscher festgehalten und führen langsam zur Unwirksamkeit des Ionenaustauschers. Durch eine stärkere Quervernetzung lässt sich der Hydrolyse entgegenwirken und die Oxidationsbeständigkeit erhöhen.

7

Makroporöse Ionenaustauscherharze zeichnen sich durch eine gute mechanische und chemische Stabilität aus. Die Porengröße liegt bei über 10 nm, so dass auch organische Moleküle problemlos in die Hohlräume dieses Austauschers passen. Zur Aufrechterhaltung der porösen Struktur ist eine stärkere Quervernetzung der Matrix erforderlich. Es ergeben sich geringere Quellungsunterschiede bei gleichzeitig höherer Abriebbeständigkeit und längerer Lebensdauer. Makroporöse Harze sind den im laufenden Betrieb auftretenden Beanspruchungen im Vergleich zu mikroporigen Harzen besser gewachsen. Nachteilig sind ihre geringere Kapazität und die teurere Regenerierung.

Die Kapazität gehört zu den wichtigsten physikalisch-chemischen Kenngrößen eines Ionenaustauschers. Sie ist ein Maß für das Aufnahmevermögen der Gegenionen. Die Größe der Kapazität wird in erster Linie durch die Zahl der Festionen bestimmt. Da sich jede Kapazitätsangabe auf eine bestimmte Menge an Austauschermaterial bezieht, wird gewöhnlich zwischen der Gewichtskapazität und der Volumenkapazität unterschieden. Sowohl das Gewicht als auch das Volumen einer Austauschermenge hängen von der Art der Gegenionen, der Art und Menge weiterer absorbierter Stoffe und vom Quellungszustand ab.

Für den praktischen Bereich verwendet man die auf das Schüttvolumen des gequollenen Austauscherharzes bezogene Anzahl an Festionen als Kapazität. Im Gegensatz zur Gewichtskapazität hängt die Volumenkapazität vom Quellungszustand und damit vom Vernetzungsgrad ab. Je stärker die Quellung des Austauschers ist, desto geringer ist die Kapazität pro Volumeneinheit.

Die Kapazität stark saurer und stark basischer Austauscher ist über einen weiten pH-Bereich ($1{,}5 \leq pH \leq 12{,}5$) konstant und von der Natur des Gegenions unabhängig. Schwachsaure Kationenaustauscher erreichen ihre maximale Kapazität im Gegensatz zu schwachbasischen Anionenaustauschern erst bei hohen pH-Werten.

Die Synthese eines Ionenaustauscherharzes muss zu einer räumlich vernetzten Matrix mit eingebauten sauren oder basischen Ionengruppen führen. In den beiden folgenden Reaktionen stellt das erste Beispiel eine Polymerisation, das zweite Beispiel eine Polykondensation dar:

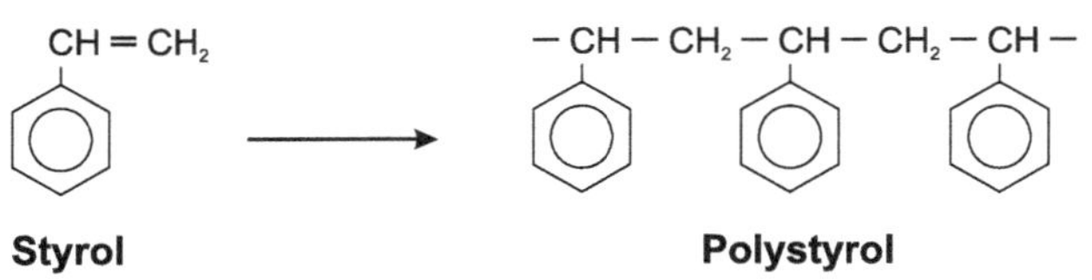

Die Polymerisation von Styrol führt zu Polystyrol. Durch die Zugabe von Divinylbenzol wird eine Vernetzung erreicht. Der Einbau des Divinylbenzols schlägt bei der Polymerisation eine Brücke zwischen zwei Polystyrolketten. Die Vernetzung kann durch die Konzentration des Divinylbenzols gesteuert werden. Je höher der Divinylbenzolanteil ist, umso stärker ist die Vernetzung. Die Harze werden zunehmend oxidationsbeständiger und quellen weniger auf.

Starksaure Kationenaustauscher können durch Sulfonieren von vernetztem Polystyrol hergestellt werden. Schwachsaure Austauscher werden hingegen durch Polymerisation von Acrylsäure oder Acrylsäurederivaten mit geeigneten Brückenbildnern hergestellt:

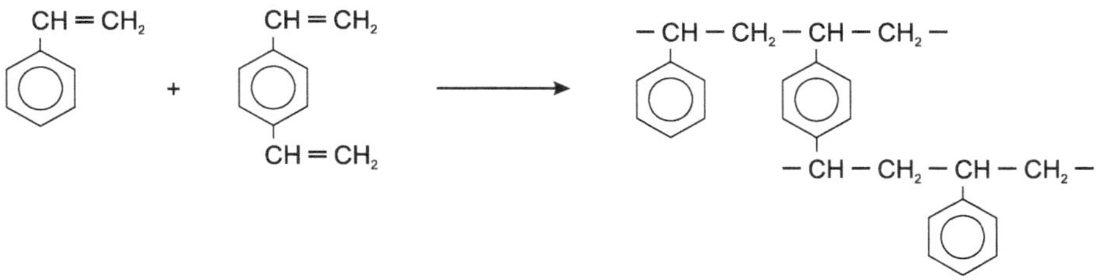

Styrol **Divinylbenzol**

Die Polykondensation von p-substituiertem Phenol mit Formaldehyd führt unter Wasseraustritt zu einem linearen Molekül:

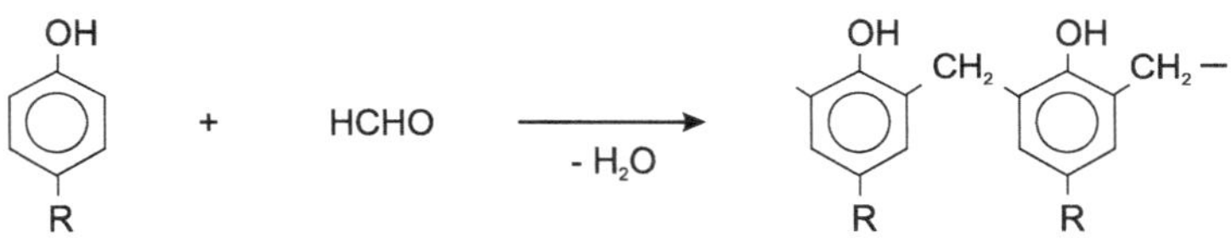

p-substituiertes Phenol **Form-aldehyd**

Durch Zusatz von nicht substituiertem Phenol wird eine Vernetzung erreicht. Durch das Konzentrationsverhältnis von Phenol und Formaldehyd kann auch bei der Polykondensation die Vernetzung gesteuert werden, wobei das unsubstituierte Phenol die Kettenverzweigung bewirkt. Aufgrund der leicht sauren Eigenschaften der phenolischen OH-Gruppe sind die entsprechenden Phenolharze schwachsaure Kationenaustauscher. Weitere wichtige Festionen sind schwachsaure Carboxylgruppen (– COOH), starksaure Sulfonsäuregruppen (– SO_3H) und mittelstarksaure Phosphorsäuregruppen (– PO_3H):

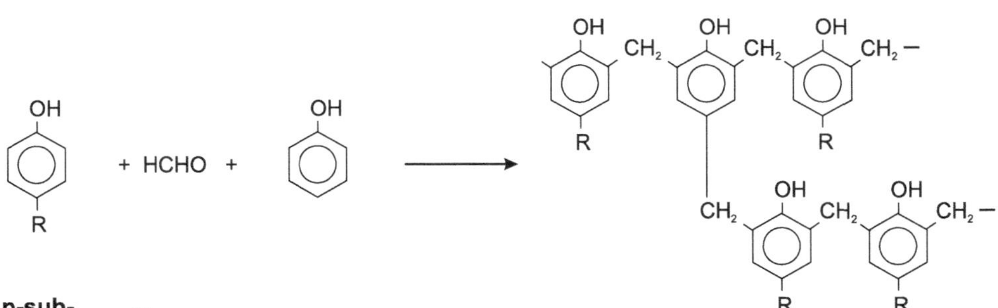

p-substituiertes Phenol **Form-aldehyd** **Phenol**

Auch bei den Anionenaustauschern sind die Polymerisationsharze die gebräuchlichsten und leistungsfähigsten Austauscher. Durch Chlormethylieren und Umsetzen mit Ammoniak (NH_3) oder Aminen ($R - NH_2$, $R_2 - NH$, R_3N) können Basen in vernetztes Polystyrol eingeführt werden. Starkbasische Anionenaustauscher mit quartären Ammoniumgruppen (– NR_4^+) erhält man bei der Verwendung von tertiären Aminen (NR_3). In allen anderen Fällen entstehen schwachbasische Anionenaustauscher.

7.3.3 Kationen- und Anionenaustauscher

Im Folgenden werden die Strukturen und Eigenschaften der verschiedenen Austauscher näher beschrieben. Je besser die Austauscherharze dissoziieren, desto stärker sind sie.

Starksaure Kationenaustauscher

Basis der starksauren Kationenaustauscherharze ist Polystyrol. Die austauschaktiven Gruppen sind Sulfonsäuregruppen (– $SO_3^-H^+$). Um eine Vernetzung zu erreichen, liegt der Divinylbenzolanteil bei 5 - 10%.

Aufgrund ihrer ausgewogenen Vernetzung sind die starksauren Kationenaustauscher sehr oxidationsbeständig. Aufgrund der mechanischen Festigkeit und Kornstabilität erfolgt nur ein geringer Abrieb und Kornbruch. Harzverluste sind mit 1 - 5 % pro Jahr zu erwarten und auf mechanische und chemische Einflüsse zurückzuführen. Mechanische Einflüsse machen sich durch die Anzahl der Regenerationen und Rückspülungen bemerkbar. Der Austauscher ist in einem Bereich von pH = 1 - 14 beständig und verträgt Temperaturen von ca. 100 °C. Aufgrund seiner guten Beständigkeiten ist der starksaure Kationenaustauscher am robustesten und mit den wenigsten Problemen zu betreiben. Er wird daher bevorzugt eingesetzt.

Die einzelnen Kationen besitzen verschiedene Selektivitäten zum Austauscherharz. Sie hängen vor allem von ihrer Wertigkeit ab. So werden hochgeladene Kationen stärker gebunden als niedriggeladene Kationen. Daraus ergibt sich für starksaure Kationenaustauscher folgende Selektivitätsreihe:

$$Cr^{3+} > Al^{3+} > Pb^{2+} > Fe^{2+} > Ni^{2+} > Cd^{2+} > Cu^{2+} > Zn^{2+} > Ag^+ > NH_4^+ > Na^+ > H^+$$

Schwachsaure Kationenaustauscher

Basis der schwachsauren Kationenaustauscher sind Polyacrylate, die mit Divinylbenzol vernetzt sind. Die austauschaktiven Gruppen sind hier die Carboxylgruppen (– COO^-H^+). Diese Austauscher kommen als makroporöse Harze zur Anwendung. Sowohl die Kornbeständigkeit als auch die Oxidationsbeständigkeit ist gut. Die Temperaturbeständigkeit liegt auch hier bei ca. 100 °C.

Da sich diese Austauscher wie schwache Säuren verhalten, bilden sie eine wenig dissoziierte Verbindung. In dieser Form können sie fast keine anderen Kationen austauschen. Sie besitzen daher eine hohe Selektivität zu Wasserstoffionen (H^+):

$$H^+ > Cu^{2+} > Pb^{2+} > Fe^{2+} > Zn^{2+} > Ni^{2+} > Cd^{2+} > Ca^{2+} > Mg^{2+} > NH_4^+ > K^+ > Na^+$$

Daher können diese Austauscher nur mit Lösungen beaufschlagt werden, die möglichst hohe pH-Werte (pH > 4) besitzen.

Starkbasische Anionenaustauscher

Die Basis der starkbasischen Anionenaustauscher sind Polystyrol oder Polyacrylat. Die austauschaktiven Gruppen sind hier quartäre Ammoniumgruppen (– $NR_3^+OH^-$).

Starkbasische Anionenaustauscher sind gegenüber alkalischen Verbindungen am wenigsten beständig. Die austauschaktiven Gruppen werden unter Bildung von Aminen abgebaut. Metallkationen unterstützen katalytisch die Oxidation durch im Abwasser gelösten Sauerstoff. Aufgrund ihrer hohen Anfälligkeit werden die starkbasischen Austauschern meist anderen Austauscher nachgeschaltet.

Aufgrund ihres Verhaltens als starke Base können diese Anionenaustauscher auch Anionen schwacher Säuren austauschen. Es ergibt sich folgende Selektivitätsreihe:

$$NO_3^- > CrO_4^{2-} > PO_4^{3-} > Cl^- > F^- > CH_3COO^- > HCO_3^- > CN^- > OH^-$$

Schwachbasische Anionenaustauscher

Basis der schwachbasischen Anionenaustauscher sind Polystyrol und Polyacrylamid. Die austauschaktiven Gruppen sind tertiäre Ammoniumgruppen (– $NR_2H^+OH^-$).

Im Gegensatz zu den starkbasischen Anionenaustauschern sind sie gut oxidationsbeständig. Um oxidierende Anionen zu entfernen, werden sie diesen daher vorgeschaltet. Aufgrund ihres Verhaltens als schwache Basen werden bevorzugt Anionen starker Säuren ausgetauscht. Sie besitzen eine hohe Selektivität gegenüber Hydroxidionen (OH^-). In dieser Hinsicht verhalten sie sich vergleichbar wie die schwachsauren Kationenaustauscher in deren Eigenschaft als schwache Säuren. Die hohe Affinität gegenüber OH^--Ionen hat auch Auswirkungen auf den pH-Anwendungsbereich. So sind diese Austauscher im alkalischen Bereich nicht anwendbar. Es ergibt sich folgende Selektivitätsreihe:

$$OH^- > CrO_4^{2-} > SO_4^{2-} > HPO_4^{2-} > NO_3^- > Cl^- > HCOO^- > C_2O_4^{2-} > F^-$$

7.3.4 Regeneration von Ionenaustauschern

Der mit Fremdionen (Kationen, Anionen) beladene Ionenaustauscher muss in bestimmten Zyklen regeneriert werden, wodurch er wieder in seinen Ausgangszustand zurückgeführt wird. Die Regeneration besteht aus vier Schritten:

7

- Rückspülung des Harzbettes,
- Aufgabe des Regeneriermittels (Säure, Lauge),
- Verdrängung der Regenerierchemikalien,
- Auswaschen bis zur geforderten Leitfähigkeit.

Vor dem eigentlichen Regenerieren erfolgt eine Rückspülung des Harzbettes, um die Ionenaustauschermasse aufzulockern und mechanische Verunreinigungen zu entfernen. Nach dem Rückspülen wird der Austauscher eluiert. Dieser Vorgang wird mit ca. 10 %iger Säure (HCl, H_2SO_4) für Kationenaustauscher und ca. 5 %iger Lauge (NaOH) für Anionenaustauscher durchgeführt. Beim Verdrängen mit Wasser werden nicht verbrauchte Regenerierungschemikalien, die sich zwischen den Ionenaustauscherpartikeln und in den -poren befinden, entfernt. Das abschließende Waschen wird mit entsalztem Wasser bis zur geforderten Leitfähigkeit durchgeführt.

Die Gegenstromregenerierung erfolgt gegen die ursprüngliche Beladungsrichtung des Ionenaustauschers. Bei dieser Methode ist der Auslaufteil bereits nach kurzer Zeit regeneriert, während der Einlaufteil noch einen hohen Anteil an Fremdionen aufweist. Dies ist ein Vorteil der Gegenstromregenerierung. Bei einer erneuten Harzbeladung treten die Fremdionen nicht wie beim Gleichstromverfahren unmittelbar aus der Austauscherkolonne aus, sondern müssen noch den gesamten Ionenaustauscher durchlaufen, wodurch kein anfänglicher Ionenschlupf stattfinden kann. Dieses Regenerierungsverfahren kommt normalerweise mit weniger Chemikalien aus.

Nach einer gewissen Betriebsdauer können sich Stoffe auf dem Austauscherharz abgesetzt haben, die mit einer normalen Regeneration nicht mehr zu entfernen sind. Dann ist eine so genannte Wechselregeneration notwendig, die bei starksauren Kationenaustauschern in folgenden Schritten abläuft:

- normale Regeneration mit ca. 10 %iger Säure,
- Aufgabe von ca. 5 %iger Lauge,
- Überführung des Ionenaustauschers mit ca. 10 %iger Säure in die H-Form.

Eine ähnliche Vorgehensweise bietet sich bei schwachbasischen Anionenaustauschern an:

- normale Regeneration mit ca. 5 %iger Lauge,
- Aufgabe von ca. 10 %iger Säure und
- Überführung des Ionenaustauschers mit ca. 5 %iger Lauge in die OH-Form.

Durch diese Behandlung lassen sich vom Kationenaustauscher laugelösliche Stoffe und vom Anionenaustauscher säurelösliche Stoffe entfernen.

7.3.5 Anwendungsbeispiele

Anwendungsbeispiele für den Einsatz von Ionenaustauschern sind z.B.:

- Enthärtung,
- Entcarbonisierung,
- Vollentsalzung,
- Spülwasserkreisläufe.

Enthärtung

Beim Enthärtungsvorgang wird ein starksaurer Kationenaustauscher in der Natrium-Form eingesetzt, da dieser die im Wasser vorhandenen Calcium (Ca^{2+})- und Magnesium (Mg^{2+})-Ionen gegen Natrium (Na^{+})-Ionen austauscht:

$$Ca^{2+} + 2\,R\text{-}SO_3Na \longrightarrow Ca(R\text{-}SO_3)_2 + 2\,Na^{+}$$

Das „harte" Rohwasser wird so in „weicheres" Wasser überführt. Der beladene Kationenaustauscher lässt sich mit einem Überschuss an Kochsalzlösung regenerieren.

Entcarbonisierung

Bei der Entcarbonisierung kommen schwachsaure Kationenaustauscher zum Einsatz. Sie können lediglich Kationen schwacher Säuren wie z.B. HCO_3^- oder CO_3^{2-} gegen Wasserstoffionen austauschen. Die entstehende Kohlensäure (H_2CO_3) zerfällt und das entstehende Kohlendioxid (CO_2) wird ausgetrieben:

$$2\,R\text{-}COOH + Ca(HCO_3)_2 \longrightarrow Ca(R\text{-}COO)_2 + 2\,H_2CO_3$$

$$H_2CO_3 \longrightarrow H_2O + CO_2$$

Vollentsalzung

Bei der Vollentsalzung von Wasser werden alle Kationen und Anionen entfernt und man erhält sogenanntes VE-Wasser. Dieses wird heute anstelle von destilliertem Wasser eingesetzt. Oft wird VE-Wasser auch synonym als destilliertes Wasser bezeichnet. Die Vollentsalzung wird in zwei Schritte unterteilt, der:

- Entbasung und der
- Entsäuerung.

Im ersten Schritt wird das Rohwasser über einen starksauren Kationenaustauscher geschickt (Abb. 7.5). Im abfließenden Wasser sind jetzt ausschließlich Anionen und die entsprechend ausgetauschten Protonen (H^+) enthalten. Das Wasser hat einen pH-Wert kleiner 7 und ist somit sauer:

$$R\text{-}SO_3^-H^+ + NaCl \longrightarrow R\text{-}SO_3^-Na^+ + HCl$$

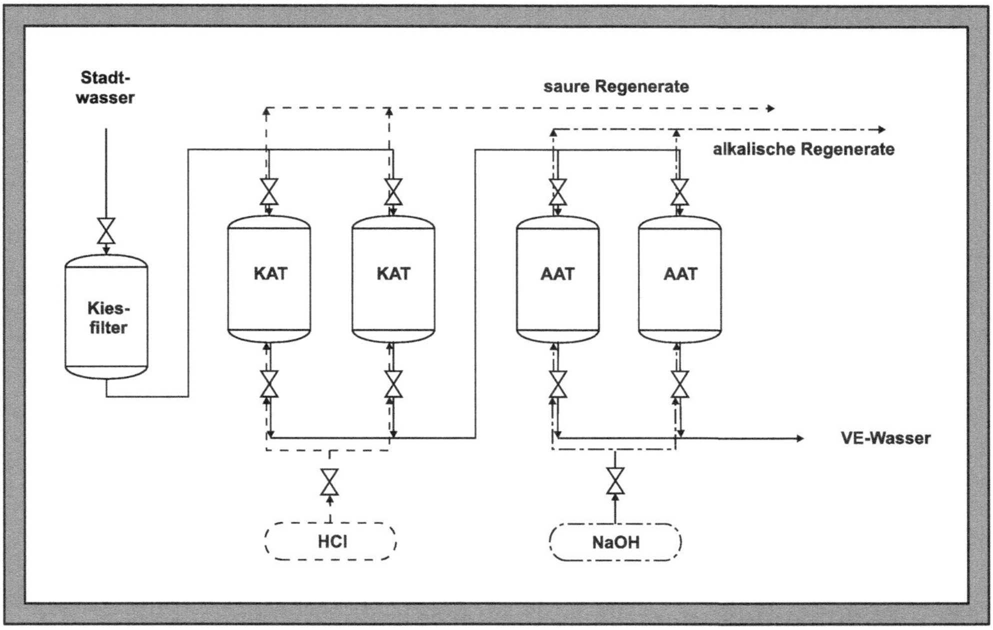

Abb. 7.5: Ionenaustauscheranlage zur Herstellung von VE-Wasser

Im zweiten Schritt der Vollentsalzung - der Entsäuerung - gelangt das saure Wasser auf einen schwachbasischen Anionenaustauscher. Es entsteht vollentsalztes Wasser:

Ionenaustauscheranlagen enthalten immer zwei Kationenaustauscher- oder Anionenaustauscherkolonnen. Während eine Kolonne in Betrieb ist, wird die andere Kolonne regeneriert. Die Qualität des VE-Wassers lässt sich über Leitfähigkeitsmessungen bestimmen. VE-Wasser besitzt eine sehr geringe Leitfähigkeit von ca. 0,1 - 1 µS/cm. Durch die Messung der Leitfähigkeit lässt sich auch die Funktionsweise des Ionenaustauschers überwachen. Steigt die Leitfähigkeit des Wassers an, muss der Austauscher regeneriert werden.

Spülwasserkreisläufe

Ein weiteres wichtiges Einsatzgebiet von Ionenaustauschern ist die Behandlung von Spülwässern, wodurch der Wasserverbrauch und damit der Abwasseranfall drastisch gesenkt werden kann. Die Kreislaufführung von Spülwässern über Ionenaustauscheranlagen stellt im Prinzip eine Entsalzung dar. Die Kosten für eine Kreislaufführung des Spülwassers hängen im Wesentlichen von der Konzentration der enthaltenen Stoffe ab. Diese sollte gering sein, da sonst die Zahl der notwendigen Regenerationen stark ansteigt und die Betriebsdauer des Ionenaustauschers sinkt. Eine geringe Konzentration des Spülwassers wird durch Standspülbäder als erstes Spülbad nach den eigentlichen Prozessbädern erreicht. Hier wird der Hauptanteil der Verschleppungen zurückgehalten. Um mechanische Verunreinigungen zu vermeiden, wird das Spülwasser vor der Behandlung im Ionenaustauscher über einen Filter gepumpt.

7.4 Entgiftungsverfahren

Vielfach liegen die in einem Abwasserbehandlungsprozess anfallenden Stoffe in einer Form vor (z.B. Komplexverbindungen), die eine Fällung der Schwermetallionen erschwert. Andererseits können sehr giftige Stoffe vorliegen (z.B. Cyanide), die zuerst in weniger giftige Verbindungen umgewandelt werden müssen. Entgiftungsverfahren befassen sich hauptsächlich mit der Entgiftung von:

- Cyaniden,
- Cr(VI)-Verbindungen und
- Nitriten.

Zu den Entgiftungsverfahren zählen auch die Elektrolyse und die UV-Oxidation.

7.4.1 Cyanidentgiftung

Neben Schwermetallen und chlorierten Kohlenwasserstoffen gelten Cyanide als die gefährlichsten Stoffe im Abwasser. Der Reaktionsmechanismus ihrer Entgiftung wurde sehr intensiv untersucht. Während die einfachen Schwermetallcyanide meistens schwerlöslich sind, gehen die Alkali- und

Erdalkalicyanide leicht in Lösung. Viele Cyanide liegen auch als Komplexverbindungen vor und müssen vor der Schwermetallfällung zerstört werden.

Im Zusammenspiel mit Kohlendioxid und Feuchtigkeit reagiert Kaliumcyanid (KCN) zu Blausäure (HCN):

$$2\,KCN + H_2O + CO_2 \leftrightarrows 2\,HCN + K_2CO_3$$

In sauren Lösungen kommt es leicht zur Bildung von HCN. Cyanidhaltige Lösungen dürfen deshalb nicht angesäuert werden.

Die hemmende Wirkung des Cyanids auf die Zellatmung führt beim Menschen und anderen Organismen zu Atemlähmungen und Erstickungsanfällen. Die inhalative Aufnahme von Cyanwasserstoff hat besonders schwere Schädigungen der Atmungsorgane sowie des Nerven- und Herz-Kreislaufsystems zur Folge. Der für Blausäure typische bittermandelartige Geruch ist als Indikator für eine HCN-Belastung ungeeignet, da ⅓ der Menschen genetisch bedingt diesen Geruch nicht wahrnehmen können. Für die inhalative Aufnahme gelten für den Menschen folgende letale Konzentrations-Zeit-Beziehungen: 110 ppm/1 Stunde, 135 ppm/30 Minuten, 180 ppm/10 Minuten, 270 ppm/einige Sekunden.

Die Entgiftung von Cyanidionen (CN^-) erfolgt durch Oxidation zu Cyanationen (CNO^-) im alkalischen Milieu:

$$CN^- + 2\,OH^- \longrightarrow CNO^- + H_2O + 2\,e^-$$

Durch diese Reaktion wird die Giftigkeit um das 1000-fache reduziert.

Entgiftung mit Natriumhypochlorit (NaClO)

Die Cyanidentgiftung mit Natriumchlorat(I) oder Natriumhypochlorit wird sehr häufig eingesetzt. Die Entgiftungsreaktion verläuft in 2 Stufen:

$$2\,CN^- + 2\,ClO^- + 2\,H_2O \longrightarrow 2\,ClCN + 4\,OH^-$$

$$2\,ClCN + 4\,OH^- \longrightarrow 2\,CNO^- + 2\,Cl^- + 2\,H_2O$$

$$\Sigma: \quad 2\,CN^- + 2\,ClO^- \longrightarrow 2\,CNO^- + 2\,Cl^-$$

Im 1. Schritt wird das Cyanid (CN^-) zum sehr giftigen Chlorcyangas (ClCN) umgesetzt, das im 2. Schritt mit den entstehenden Hydroxidionen (OH^-) sofort zum weniger giftigen Cyanation (CNO^-) reagiert. Mit der Bildung dieses Ions ist die Entgiftung noch nicht beendet. Die Folgereaktionen hängen von den weiteren Reaktionsbedingungen ab. Im neutralen Milieu kann sich Stickstoff (N_2) bilden:

$$2\,CNO^- + 3\,ClO^- + H_2O \longrightarrow N_2 + 2\,CO_2 + 3\,Cl^- + 2\,OH^-$$

Im sauren Bereich bilden sich Ammoniumionen (NH_4^+):

$$CNO^- + H_2O + H_3O^+ \longrightarrow NH_4^+ + HCO_3^-$$

Dagegen reagiert das CNO^- im alkalischen Bereich zu Ammoniak (NH_3):

$$CNO^- + H_2O + OH^- \longrightarrow NH_3 + CO_3^{2-}$$

Üblicherweise wählt man für die Cyanidentgiftung einen pH-Wert von pH = 10. Abbildung 7.6 zeigt ein vereinfachtes Verfahrensschema.

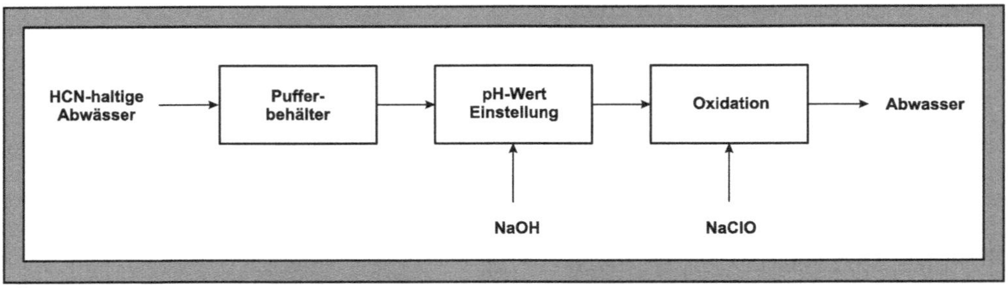

Abb. 7:6: Cyanidentgiftung mit Natriumhypochlorit

Die Oxidation des Cyanidions (CN^-) zu Chlorcyan (ClCN) verläuft mit einer hohen Reaktionsgeschwindigkeit. Das Gleichgewicht der Reaktion liegt vollkommen auf der Produktseite. Chlorcyan ist ein sehr giftiges Gas und löst sich gut in Wasser. Reaktionstemperaturen über 50 °C sind zu vermeiden, da sonst der Dampfdruck zu stark zunimmt. Obwohl die Entgiftungsreaktion in der Praxis bei pH-Werten von 10 innerhalb von 20 Minuten beendet ist, wird aus Sicherheitsgründen oft eine längere Reaktionszeit von 40 - 60 Minuten gefordert.

Da Abwässer immer auch organische Verbindungen enthalten, reagieren diese mit NaClO zu halogenierten organischen Verbindungen. Es kann dann zu einer Erhöhung der AOX-Werte kommen. Außerdem ist dieses Entgiftungsverfahren mit einer Aufsalzung des Abwassers verbunden.

Entgiftung mit Wasserstoffperoxid (H_2O_2)

Die Reaktionsgeschwindigkeit der Cyanidentgiftung mit Wasserstoffperoxid hängt von der Cyanidkonzentration, Temperatur, Katalysator und H_2O_2-Überschuss ab. Die mittleren Reaktionszeiten liegen bei 30 - 90 Minuten:

$$CN^- + H_2O_2 \longrightarrow CNO^- + H_2O$$

Sobald die Reaktion abgeschlossen ist, wird das überschüssige Wasserstoffperoxid durch im Abwasser enthaltene Schwermetallionen zersetzt. Wie bei der Entgiftung mit NaClO erfolgt anschließend die hydrolytische Spaltung des Cyanations (CNO^-). Das Verfahrensschema entspricht der Abbildung 7.6. Bei der Entgiftung mit Wasserstoffperoxid wird NaClO durch H_2O_2 ersetzt.

Eine Verbesserung der Entgiftung mit H_2O_2 lässt sich durch den zusätzlichen Einsatz von UV-Strahlung erreichen. Sie spaltet das Wasserstoffperoxid in sehr reaktionsfähige OH-Radikale auf:

$$H_2O_2 \xrightarrow{UV} 2\,OH\cdot$$

Sie können auch starke Cyanokomplexe zerstören und die Reaktionsdauer deutlich verkürzen.

Entgiftung mit Ozon (O_3)

Ozon ist sehr reaktionsfreudig und zählt zu den stärksten Oxidationsmitteln. Mit Cyanidionen reagiert es wie bei allen Entgiftungsverfahren zu Cyanationen:

$$CN^- + O_3 \longrightarrow CNO^- + O_2$$

Im Anschluss läuft wieder die hydrolytische Spaltung des Cyanations ab. Liegt das Ozon im Überschuss vor, bilden sich Hydrogencarbonationen (HCO_3^-) und elementarer Stickstoff (N_2):

$$2\,CNO^- + 3\,O_3 + H_2O \longrightarrow 2\,HCO_3^- + 3\,O_2 + N_2$$

Ozon wird mit einem Ozongenerator direkt vor Ort erzeugt. Die Reaktionsdauer beträgt 10 - 30 Minuten. Mit Ozon lassen sich fast alle Cyanokomplexe zerstören. Durch zusätzliche UV-Bestrahlung lassen sich schließlich alle Komplexverbindungen abbauen.

Entgiftung durch anodische Oxidation

Die anodische Oxidation wird vor allem bei Belastungsfaktoren wie Cyanid (CN^-), Komplexbildnern oder dreiwertigem Chrom (Cr^{3+}) eingesetzt. Zur Reinigung von cyanidhaltigen Konzentraten ist die anodische Oxidation in Abwesenheit von Chlorid-Ionen die umweltfreundlichste und wirtschaftlichste Methode. Gegenüber den üblichen Cyanidentgiftungsverfahren weist die elektrochemische Methode mit Bleidioxid-Anode einige Vorteile auf:

- vollständige Oxidation von komplex gebundenem Cyanid,
- kein Einsatz von Chemikalien,
- keine zusätzliche Aufsalzung des Abwassers,
- keine AOX-Bildung wie bei der Oxidation mit NaClO.

Gleichzeitig ist eine Abscheidung von Schwermetallen an der Katode möglich. An der Anode läuft im ersten Schritt die Bildung des instabilen, giftigen Dicyangases $(CN)_2$ ab:

$$2\,CN^- \longrightarrow (CN)_2 + 2\,e^-$$

Dieses reagiert im alkalischen Milieu sofort zum Cyanation (CNO^-) weiter:

$$(CN)_2 + 4\,OH^- \longrightarrow 2\,CNO^- + 2\,H_2O + 2\,e^-$$

Weitere mögliche Reaktionen sind:

$$CNO^- + 10\,OH^- \longrightarrow NO_3^- + 5\,H_2O + CO_3^{2-} + 8\,e^-$$

$$NO_3^- + 6\,H_2O + 8\,e^- \longrightarrow NH_3 + 9\,OH^-$$

Im alkalischen Medium kann das Cyanation auch zu Stickstoff reagieren:

$$2\,CNO^- + 4\,OH^- \longrightarrow 2\,H_2O + N_2 + 2\,CO_2 + 6\,e^-$$

7

Die anodische Oxidation ist vor allem bei hohen Cyanidkonzentrationen $c(CN^-)$ = 50 - 100 g/L sinnvoll. Bei niedrigen Konzentrationen $c(CN^-)$ = 0,1 g/L dauert die Entgiftung zu lange und der Energieeinsatz wird unverhältnismäßig hoch. Dann ist es sinnvoll, das restliche Cyanid mit einem anderen Verfahren zu eliminieren.

Entgiftung durch thermische Verfahren

Die thermische Entgiftung beruht im Prinzip auf der Hydrolyse oder der Oxidation bei höheren Temperaturen. Aufgrund des relativ hohen Energieverbrauchs wurde dieses Verfahren hauptsächlich für Konzentrate entwickelt. Bei Temperaturen zwischen 140 - 220 °C und Drücken bis 100 bar werden Cyanide in einem Rohrreaktor hydrolytisch zu Formiat ($HCOO^-$) und Ammoniak (NH_3) gespalten:

$$CN^- + 2\,H_2O \longrightarrow HCOO^- + NH_3$$

Mit einem zweiten, nachgeschalteten Rohrreaktor lassen sich auch Abwässer behandeln, die neben Cyaniden auch Nitrite (NO_2^-) enthalten. Bei 150 °C und pH = 6 reagiert das Nitrition nach folgender Gleichung:

$$NH_4^+ + NO_2^- \longrightarrow N_2 + 2\,H_2O$$

$$3\,HCOOH + 2\,NO_2^- + 2\,H_3O^+ \longrightarrow N_2 + 3\,CO_2 + 6\,H_2O$$

Cyanokomplexe können nur bei höheren Temperaturen gespalten werden. Die Metalle fallen dabei als Oxide oder Hydroxide an.

In einem anderen Verfahren werden konzentrierte Cyanidlösungen auf einen pH-Wert von 2 bis 6 eingestellt. Die entstehende Blausäure (HCN) wird aus dem Abwasser mit Luft gestrippt und an einem Platinkatalysator bei 300 °C verbrannt:

$$4\,HCN + 5\,O_2 \longrightarrow 2\,N_2 + 4\,CO_2 + 2\,H_2O$$

Abbildung 7.7 fasst die wesentlichen Kennzeichen der verschiedenen Verfahren zur Cyanidentgiftung zusammen.

Verfahren	Kennzeichen
Natriumhypochlorit (NaClO)	• wirtschaftlich günstigstes Verfahren • pH-Wert ≥ 10 • Verweilzeit 40 - 60 min • Entstehung von giftigem Chlorcyan (ClCN) • Temperaturen über 50 °C sind zu vermeiden, um kein ClCN auszutreiben • Schwierigkeiten bei der Zerstörung einiger Cyanokomplexe aufgrund ihrer Stabilität • AOX-Bildung
Wasserstoffperoxid (H_2O_2)	• teures Verfahren • pH-Wert ≈ 9 - 10 • Reaktionszeiten 30 - 90 min • höhere Temperaturen (40 °C) verkürzen die Reaktionszeiten • UV-Strahlung verbessert die Entgiftung, insbesondere bei Cyanokomplexen • keine AOX-Bildung
Ozon (O_3)	• teures Verfahren • pH-Wert ≈ 10 - 12 • Reaktionszeiten 10 - 30 min • geringer Temperatureinfluss auf die Reaktionsgeschwindigkeit • UV-Strahlung verbessert die Entgiftung, insbesondere bei Cyanokomplexen • keine AOX-Bildung
Anodische Oxidation	• bei Anwesenheit von Chloridionen (Cl^-) umweltfreundlichstes und wirtschaftlichstes Verfahren • AOX-Bildung bei Cl^--Anwesenheit aufgrund der Bildung von Hypochloridionen (ClO^-) • pH-Wert ≥ 11 • starker Temperatureinfluss auf die Abbaugeschwindigkeit • vollständige Oxidation von (komplex gebundenen) Cyaniden • Abscheidung von Edel-/Schwermetallen

Abb. 7.7: Verfahren zur Cyanidentgiftung

7

7.4.2 Entgiftung von Cr(VI)-Verbindungen

Eigenschaften

Bei Betrachtung der Toxizität müssen die unterschiedlichen Oxidationsstufen des Chroms berücksichtigt werden. So sind Cr(VI)-Verbindungen wesentlich giftiger als die dreiwertigen Chromverbindungen. Zum Beispiel gehen von Chrom(VI)oxid (CrO_3) akute und chronische Gesundheitsgefahren aus. Dazu zählen ätzende Wirkung auf Schleimhäute und Haut, die Gefahr schwerer Augen- und Lungenschädigung und einer sensibilisierende Wirkung. Nieren, Blut und Leber werden geschädigt und es kann zu Atemwegs- und Krebserkrankungen kommen.

Chromtrioxid löst sich leicht in Wasser und bildet eine stark saure Lösung (Chromsäure):

$$CrO_3 + H_2O \longrightarrow H_2CrO_4$$

Die Verbindung ist umweltgefährlich und hat eine hohe Bakterien- und Fischtoxizität. Ähnliches gilt für Natriumchromat (Na_2CrO_4) und Natriumdichromat ($Na_2Cr_2O_7$). Beide Stoffe sind starke Oxidationsmittel und stehen in einer wässrigen Lösung im Gleichgewicht:

$$2\,CrO_4^{2-} + 2\,H_3O^+ \leftrightarrows Cr_2O_7^{2-} + 3\,H_2O$$

Von ihnen gehen akute und chronische Gesundheitsgefahren aus (Schädigung der Haut, Schleimhäute, Atemwege, Nieren, Blut, Leber). Beide Verbindungen sind als stark wassergefährdende Stoffe eingestuft.

Entgiftung von 6-wertigen Chromverbindungen

Sollen Cr(VI)-Verbindungen entgiftet werden, müssen sie zu dreiwertigen Chromverbindungen reduziert und bei der anschließenden Neutralisationsfällung als schwerlösliches Chromhydroxid $Cr(OH)_3$ ausgefällt werden. Nur bei der Eliminierung sämtlicher 6-wertiger Chromverbindungen ist eine quantitative Fällung möglich.

Im sauren Milieu findet folgende Entgiftungsreaktion statt:

$$Cr_2O_7^{2-} + 14\,H_3O^+ + 6\,e^- \longrightarrow 2\,Cr^{3+} + 21\,H_2O$$

Im alkalischen Medium läuft dagegen folgende Reaktion ab:

$$CrO_4^{2-} + 4\,H_2O + 3\,e^- \longrightarrow Cr(OH)_3 + 5\,OH^-$$

Entgiftung mit Schwefelverbindungen

Wenn sich das Chrom(VI) im sauren Medium befindet, wird mit Schwefeldioxid (SO_2), Natriumhydrogensulfit ($NaHSO_3$) oder Natriumsulfit (Na_2SO_3) entgiftet. Der pH-Wert des zu entgiftenden Abwassers muss für eine quantitative Umsetzung bei 2 bis 2,5 liegen. Das Hydrogensulfition (HSO_3^-) ist bei den oben aufgezählten Einsatzmitteln der eigentliche Reaktionspartner. Es gibt unterschiedliche Wege, um das gewünschte reaktive Hydrogensulfition zu erzeugen.

In größeren Anlagen wird meist Schwefeldioxid (SO_2) eingesetzt. Dazu wird das Gas bei 10 bis 20° C in das Abwasser eingeleitet. Ein geringer Teil reagiert mit Wasser zu schwefliger Säure (H_2SO_3):

$$SO_2 + H_2O \leftrightarrows H_2SO_3$$

In einem weiteren Schritt dissoziiert die schweflige Säure zum Hydrogensulfition (HSO_3^-):

$$H_2O + H_2SO_3 \leftrightarrows H_3O^+ + HSO_3^-$$

Natriumhydrogensulfit ist nur als Lösung bekannt. Das zur Erzeugung des Ions verwendete Salz ist Natriumdisulfit ($Na_2S_2O_5$). Die Reaktion des Salzes läuft nach folgender Gleichung ab:

$$S_2O_5^{2-} + H_2O \leftrightarrows 2\,HSO_3^-$$

Beim Einsatz von Natriumsulfit (Na_2SO_3) dissoziiert das Salz in Wasser. Das entstehende Sulfition (SO_3^{2-}) bildet in einer Gleichgewichtsreaktion das Hydrogensulfition (HSO_3^-):

$$SO_3^{2-} + H_2O \leftrightarrows HSO_3^- + OH^-$$

Die Reaktionsgleichung für die Entgiftung des 6-wertigen Chroms mit Hydrogensulfit (HSO_3^-) lässt sich folgendermaßen formulieren:

$$Cr_2O_7^{2-} + 3\,HSO_3^- + 8\,H_3O^+ \longrightarrow 2\,Cr^{3+} + 3\,HSO_4^- + 12\,H_2O$$

Während der Reaktion lässt sich an den unterschiedlichen Stufen der Farbänderung das Voranschreiten der Entgiftung beobachten. Sie verläuft von gelb über orange (Chromat) nach grün (Farbe des Cr^{3+}-Ions).

Im alkalischen Bereich ist Natriumdithionit ($Na_2S_2O_4$) ein geeignetes Mittel zur Reduktion von Cr(VI)-Verbindungen. Das entstehende dreiwertige Chrom fällt als schwerlösliches Chromhydroxid $Cr(OH)_3$ aus:

$$2\,CrO_4^{2-} + 3\,S_2O_4^{2-} + 2\,H_2O + 2\,OH^- \longrightarrow 2\,Cr(OH)_3 + 6\,SO_3^{2-}$$

Entgiftung mit Eisen(II)-Verbindungen

Zur Entgiftung von 6-wertigem Chrom ist Eisen(II) sowohl im sauren als auch im alkalischen Bereich ein geeignetes Reduktionsmittel. Für die Reduktion des Chromats mit Eisen(II)-Verbindungen im sauren Medium lautet die Reaktionsgleichung:

$$Cr_2O_7^{2-} + 6\,Fe^{2+} + 14\,H_3O^+ \longrightarrow 2\,Cr^{3+} + 6\,Fe^{3+} + 21\,H_2O$$

Die Menge an zuzusetzender Säure ist größer als bei der Reaktion mit Hydrogensulfit. Des Weiteren ist die Menge des anfallenden Schlammes durch das Eisen(III) bei der darauf folgenden Neutralisationsfällung erheblich. Wie bei der Reaktion mit Hydrogensulfiten verläuft diese Reaktion nur ausreichend schnell und quantitativ, wenn genügend Säure vorhanden ist. Der pH-Wert für die Reaktion sollte daher $\leq 2{,}5$ sein.

Zwischen einem pH-Wert von 2,5 bis 7 sind Eisen(II)-Salze für die Reduktion von Chromat ungeeignet. Liegt der pH-Wert jedoch über 7, so sind diese Salze in Form von Eisen(II)-hydroxid sehr gute Reduktionsmittel. Die Reaktionsgleichung für einen pH-Wert zwischen 8,5 und 12 lautet: 7

$$CrO_4^{2-} + 3\,Fe(OH)_2 + 4\,H_2O \longrightarrow Cr(OH)_3 + 3\,Fe(OH)_3 + 2\,OH^-$$

Katodische Reduktion

Die katodische Reduktion von Chromatverbindungen verläuft nach folgender Reaktionsgleichung:

$$Cr_2O_7^{2-} + 14\,H_3O^+ + 6\,e^- \longrightarrow 2\,Cr^{3+} + 21\,H_2O$$

Wie aus der Reaktionsgleichung zu erkennen ist, verläuft diese Reduktion nur im sauren Medium bei pH-Werten um 1. Als Elektrodenmaterial wird Graphit verwendet, da hier die Wasserstoffüberspannung groß genug ist, um die Abscheidung von Wasserstoff zu vermeiden. Unter geeigneten Bedingungen lassen sich Stromausbeuten von 95 - 100 % erzielen. Da bei der katodischen Reduktion auf Chemikalienzusätze verzichtet werden kann, ist dies das umweltfreundlichste Verfahren zur Entgiftung von Cr(VI)-Verbindungen.

Abbildung 7.8 fasst die wesentlichsten Kennzeichen der verschiedenen Verfahren zur Entgiftung von Cr(VI)-Verbindungen zusammen.

Verfahren	Kennzeichen
Hydrogensulfition (HSO_3^-)	• Einsatz verschiedener Schwefelverbindungen (SO_2, $NaHSO_3$, Na_2SO_3) möglich • pH-Wert ≤ 2,5 • Temperatur 20 °C • Reaktionszeiten 5 - 20 min • Giftigkeit von SO_2
Natriumdithionit ($Na_2S_2O_4$)	• pH-Wert ≥ 7 • Erhöhung des CSB-Wertes aufgrund von Sulfit-bildung (SO_3^{2-})
Eisen(II)-Verbindungen	• Einsatz im sauren und alkalischen Bereich möglich • erhöhte Schlammmengen • entstehendes $Fe(OH)_3$ wirkt im alkalischen Bereich als Flockungsmittel
Katodische Reduktion	• nur im sauren Milieu bei pH ≤ 1,5 möglich • hohe Stromausbeuten bei 95 - 100 % • umweltfreundlichste Art der Chromatentgiftung

Abb. 7.8: Verfahren zur Cr(VI)-Entgiftung

7.4.3 Nitritentgiftung

Nitrite sind umweltgefährlich und stark fischgiftig. So gehen z.B. von Natriumnitrit ($NaNO_2$) akute und chronische Gesundheitsgefahren aus. Zu den akuten Wirkungen zählen Reizwirkungen auf die Schleimhäute, Störung des Sauerstofftransportes durch das Blut und Relaxation der Gefäßmuskulatur. Chronische Wirkungen sind Reizungen der Haut und der Schleimhäute sowie eine Störung des Allgemeinbefindens.

Die Entgiftung von Nitriten kann durch Oxidation zum Nitration (NO_3^-):

$$NO_2^- + H_3O^+ \longrightarrow NO_3^- + 3\,H^+ + 2\,e^-$$

oder durch Reduktion zu elementarem Stickstoff (N_2) geschehen:

$$2\,NO_2^- + 8\,H_3O^+ + 6\,e^- \longrightarrow N_2 + 12\,H_2O$$

Grundsätzlich ist diese Reaktion zu bevorzugen, da hier der Stickstoff aus dem Wasser entfernt wird und nicht als Nitrat verbleibt.

Oxidation mit Natriumhypochlorit (NaClO)

Die Oxidation mit Natriumchlorat(I) oder Natriumhypochlorit verläuft am schnellsten im schwach sauren Bereich bei pH = 3 - 4 nach folgender Gleichung:

$$NO_2^- + ClO^- \longrightarrow NO_3^- + Cl^-$$

Bei Anwesenheit organischer Substanzen kann es zu einer unerwünschten Bildung chlorierter Kohlenwasserstoffe kommen, die den AOX-Wert erhöhen können.

Oxidation mit Wasserstoffperoxid (H_2O_2)

Auch hier verläuft die Oxidation in schwach saurer Lösung bei einem pH = 3 - 3,5 nach folgender Gleichung:

$$NO_2^- + H_2O_2 \longrightarrow NO_3^- + H_2O$$

Gegenüber dem zuerst beschriebenen Entgiftungsverfahren mit NaClO erfolgt hier keine zusätzliche Aufsalzung des Abwassers. Bei hohen Nitritkonzentrationen kann es jedoch zur Bildung unerwünschter nitroser Gase (NO_x) kommen:

$$NO_2^- + 2\,H_3O^+ + e^- \longrightarrow NO + 3\,H_2O$$

$$2\,NO + O_2 \longrightarrow 2\,NO_2$$

Reduktionsverfahren

Im schwach sauren Bereich bei pH = 3 - 4 lassen sich Nitritionen mit Amidosulfonsäure (NH_2SO_3H) zu elementarem Stickstoff (N_2) reduzieren:

$$NO_2^- + NH_2SO_3H \longrightarrow HSO_4^- + H_2O + N_2$$

Ähnliches lässt sich durch die Reaktion mit Harnstoff erreichen. Jedoch sind für eine vernünftige Reaktionsdauer eine höhere Temperatur (60 °C) und ein Katalysator notwendig:

$$(H_2N)_2C=O + 2\,NO_2^- \longrightarrow 2\,N_2 + CO_3^{2-} + 2\,H_2O$$

Abbildung 7.9 fasst die wesentlichsten Kennzeichen der verschiedenen Verfahren zur Entgiftung von Nitritionen zusammen.

Verfahren	Kennzeichen
Natriumhypochlorit (NaClO)	• wirtschaftlich günstigstes Verfahren • pH-Wert ≈ 3 - 4 • AOX-Bildung möglich
Wasserstoffperoxid (H_2O_2)	• teures Verfahren • pH-Wert ≈ 3 - 3,5 • keine AOX-Bildung
Amidosulfonsäure (NH_2SO_3H)	• pH-Wert ≈ 3 - 4 • Reaktionszeiten 5 - 10 min
Harnstoff 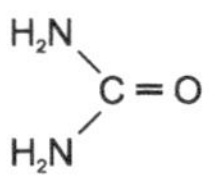	• pH-Wert ≈ 3 - 4 • höhere Temperatur (60 °C) und Katalysator notwendig

Abb. 7.9: Verfahren zur Nitritentgiftung

7.4.4 UV-Nassoxidation

UV-Strahlen sind elektromagnetische Wellen mit einer Wellenlänge von λ = 100 - 380 nm. Der UV-Bereich wird allgemein in drei Bereiche aufgeteilt (Abb. 7.10), die unterschiedliche biologische Wirkungen haben.

Bereich	Wellenlänge	Biologische Wirkung
UV-A	315 - 380 nm	Sofortige Bräunung, Hautalterung und Faltenbildung. Praktisch keine sonnenbrandererzeugende Wirkung.
UV-B	280 - 315 nm	Dringt in tiefe Hautschichten vor, hohes Hautkrebsrisiko, starke sonnenbranderzeugende Wirkung. Bildung einer Schutzschicht auf der Haut.
UV-C	100 - 280 nm	Sehr kurzwellig, gelangt nicht bis zur Erdoberfläche. Absorption durch die obersten Luftschichten der Atmosphäre. Unterhalb von 200 nm wird durch die Fotolyse des Luftsauerstoffs (O_2) Ozon (O_3) erzeugt.

Abb. 7.10: Biologische Wirkung der UV-Strahlung

Bei der UV-Oxidation werden organische Verunreinigungen durch Zugabe von H_2O_2 und durch intensive Bestrahlung mit ultraviolettem Licht zu Wasser, Kohlendioxid und weiteren weniger schädlichen Verbindungen zerlegt. Das energiereiche UV-Licht spaltet das H_2O_2-Molekül in zwei OH-Radikale auf. Treffen die reaktiven Teilchen auf organische Bestandteile, brechen sie die Kohlenstoffketten auf und bauen die organischen Verbindungen ab. Die UV-Oxidation wurde erfolgreich z.B. zur Entgiftung chlorierter Kohlenwasserstoffe (CKW's), von cyanidischen Lösungen und EDTA-haltigen Komplexen eingesetzt.

Abbau von Chlorkohlenwasserstoffen

Um Chlorkohlenwasserstoffe mit Hilfe der UV-Oxidation abbauen zu können, müssen die Absorptionsbanden des Schadstoffs hinreichend mit den Emissionslinien des UV-Strahlers überlappen. Wie aus Abbildung 7.11 ersichtlich ist, haben die in der UV-Anlage eingesetzten Quecksilber-Strahler ihre wesentlichen Spektrallinien bei einer Wellenlänge von λ = 185 nm und 254 nm. Im Vergleich dazu liegt z.B. das Absorptionsmaximum von Tetrachlorethen bei λ = 205 nm und das von Wasserstoffperoxid bei λ = 190 nm.

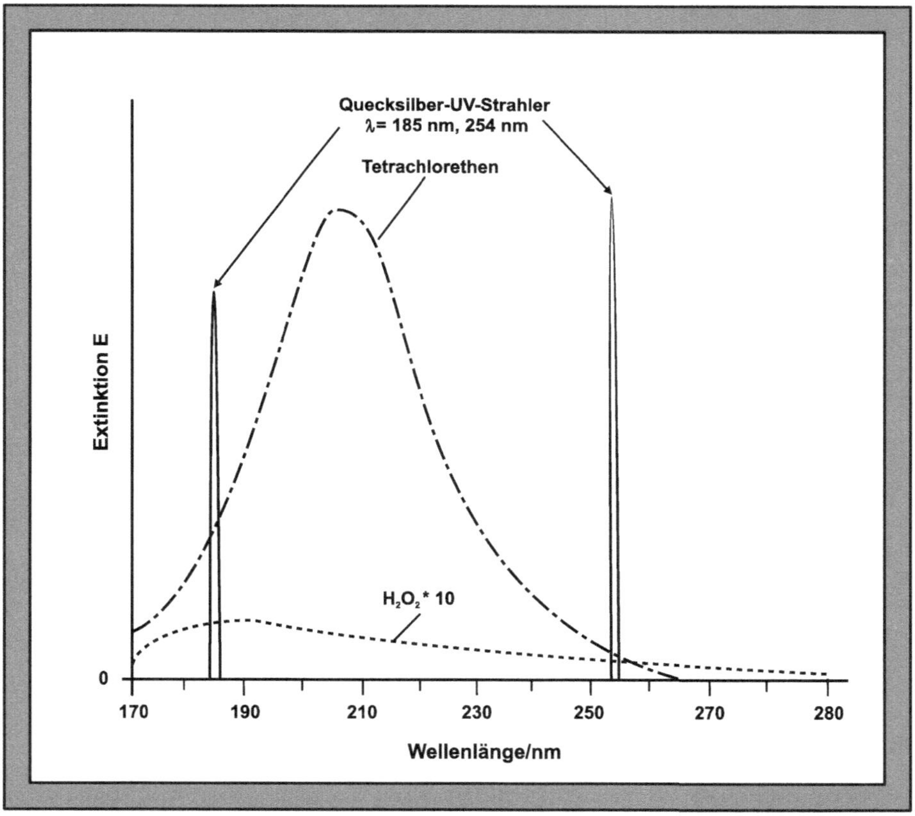

Abb. 7.11: Spektrum des Quecksilberniederdruckstrahlers im Vergleich mit den Absorptionsspektren verschiedener Verbindungen

Die Fotolyse von Wasserstoffperoxid führt zur Bildung des Hydroxidradikals (OH•):

$$H_2O_2 \xrightarrow{h\nu} 2\,OH\cdot$$

Dem Primärschritt folgen sehr schnelle radikalische Kettenreaktionen, die theoretisch zur vollständigen Mineralisierung der Schadstoffmoleküle zu CO_2, H_2O und HCl führen sollten. Durch Rekombination der Radikale kommt es zum Kettenabbruch. Gleichzeitig ist die Verweilzeit der Schadstoffe im UV-Reaktor relativ kurz. Beide Faktoren bedingen einen unvollständigen Abbau der Chlorkohlenwasserstoffe. Abbildung 7.12 zeigt ein Verfahrensschema zur UV-Oxidation von CKW-haltigem Grundwasser.

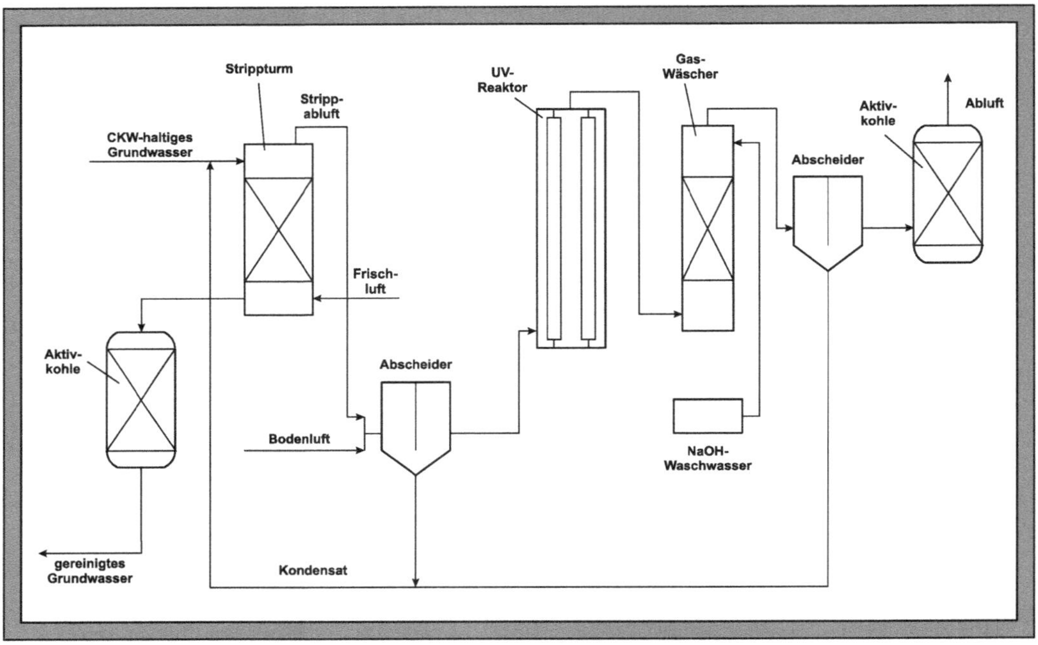

Abb. 7.12: Verfahrensschema einer Anlage zur UV-Oxidation [7.19]

Der dem UV-Reaktor nachgeschaltete Gaswäscher (Waschturm) hat die Aufgabe, das bei der Oxidation gebildete HCl zu neutralisieren. Dies geschieht mit Natronlauge (pH = 9), die im Gegenstrom durch den Gaswäscher gepumpt wird. In regelmäßigen Zeitabständen muss das NaCl-haltige Waschwasser zur weiteren Abwasserbehandlung ausgeschleust werden.

Entgiftung von Cyaniden

Die moderne Cyanidentgiftung mittels UV-Strahlung wird in einem mehrstufigen Behandlungsprozess durchgeführt. In einer Voroxidation reagiert Wasserstoffperoxid (H_2O_2) mit freiem Cyanid (CN^-) zu Cyanat (CNO^-) und Wasser (H_2O):

$$H_2O_2 \xrightarrow{h\nu} 2\,OH\cdot$$

$$CN^- + 2\,OH\cdot \longrightarrow CNO^- + H_2O$$

In dieser Vorentgiftung werden bereits das freie Cyanidion und ein erheblicher Teil der komplexen Cyanidverbindungen entgiftet. Im Anschluss daran erfolgt die Hauptoxidation bei abgesenktem pH-Wert unter Einbindung der UV-Reaktoren. Dadurch werden die komplexen Cyanidverbindungen vollständig zerstört.

Ein weiterer H_2O_2-Überschuss führt zur Bildung von Carbonat- und Nitrationen:

$$CNO^- + 8\,OH\cdot \longrightarrow CO_3^{2-} + NO_3^- + 2\,H_3O^+ + H_2O$$

In der dritten und abschließenden Stufe erfolgt die Konditionierung zur Fällung der Schwermetalle. Durch die UV-Behandlung lassen sich Cyanidkonzentrationen bis zu 80 g/L in Abwässern behandeln.

UV-Spaltung von Komplexbildnern

Ethylendiamintetraessigsäure (EDTA) ist ein in der Oberflächentechnik häufig eingesetzter Komplexbildner. Als sechszähniger Ligand stehen die beiden freien Elektronenpaare der Stickstoffatome und die vier Elektronenpaare der Carboxylgruppen zur Verfügung. Mit Metallionen kommt es zur Bildung sehr stabiler Chelatkomplexe:

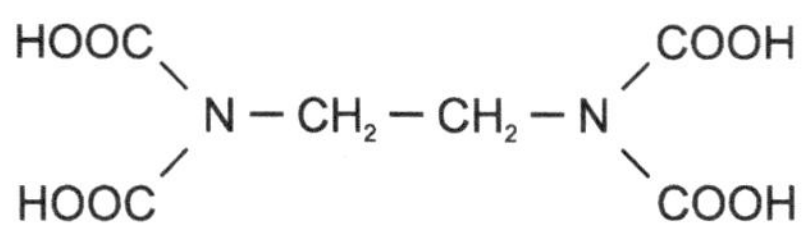

Ethylendiamintetraessigsäure (EDTA)

Gibt man in eine Lösung mit einem EDTA-Komplex geringerer Stabilität und ohne freies EDTA ein Metallion, das einen stabileren Komplex mit EDTA zu bilden vermag, dann erfolgt eine Umkomplexierung, z.B. vom Zinkkomplex auf den Kupferkomplex:

$$[ZnEDTA]^{2-} + Cu^{2+} \leftrightarrows [CuEDTA]^{2-} + Zn^{2+}$$

Sobald EDTA in Gewässer gelangt, vermag die besonders große Stabilität der EDTA-Komplexe schwerlösliche Metallverbindungen zu remobilisieren. Nachteilig ist es, dass EDTA biologisch schwer abbaubar ist und so die Schwermetalle (z.B. Hg, Pb, Cd) gelöst im Gewässer verbleiben können. Mittels der UV-Oxidation lassen sich die EDTA-Komplexe zerstören und die entstehenden Verbindungen biologisch weiter abbauen.

7.4.5 Elektrolytische Verfahren

In industriellen Abwässern liegen teilweise wertvolle Bestandteile wie z.B. Silber- oder Goldionen vor. Mit Hilfe eines elektrolytischen Verfahrens lassen sich diese abtrennen und wiederverwerten. Die Katodenreaktion ist hauptsächlich für die Metallabscheidung verantwortlich. Im Gegensatz dazu wird bei der Regeneration von Prozessbädern die Anodenreaktion angewandt. Hier wird vor allem Reoxidation betrieben, d.h. die verbrauchten Oxidationsmittel von Prozessbädern werden regeneriert. Elektrolytische Verfahren finden nicht nur in der Abwasserbehandlungstechnik ihren Einsatz. Weitere Einsatzgebiete sind z.B. Galvanisierung, Eloxierung und Formentgraten. Auch bei der großtechnischen Herstellung von Wasserstoff, Sauerstoff, Natronlauge und Chlor wird mit diesem Verfahren gearbeitet.

Bei jedem elektrolytischen Verfahren sind zwei Elektroden notwendig. Sie werden als Anode (positiv) und Katode (negativ) bezeichnet. Bei dem Gebrauch der Begriffe Anode bzw. Katode ist jedoch Vorsicht geboten. Bei Elektrolyseverfahren ist die Katode stets negativ und die Anode positiv geladen. An der negativ geladenen Katode werden bei der Elektrolyse die positiv geladenen Kationen entladen, an der positiv geladenen Anode dagegen die negativ geladenen Anionen.

Die Bauform der Anode und Katode hängt vom gewünschten Einsatz ab. Die Elektrodenform kann aus Blechen, Folien, Lamellen, Drahtnetzen, Partikeln, etc. bestehen. Vielfach verwendete Elektrodenmaterialien sind Graphit, Edelstähle, Titan, Silber oder andere Metalle. Als Auswahlkriterien gelten einerseits die Resistenz des Elektrodenmaterials gegenüber den Elektrolytbestandteilen. Andererseits spielt die Elektrodenform für die Stromausbeute und den Anlagenbetrieb eine wichtige Rolle.

Elektrolysezellen sind im Allgemeinen nach dem in Abbildung 7.13 dargestellten vereinfachten Schema aufgebaut. Die elementaren Bestandteile der Zelle sind die beiden Elektroden, der Elektrolyt und die Gleichspannungsstromquelle. Der Elektronenfluss wird durch eine Verbindung von Katode und Anode gewährleistet. Der Katoden-Anoden-Abstand ist bei sämtlichen Verfahren ein wichtiger Faktor. Bei kleinen Abständen kann die Spannung herabgesetzt werden. Dies kann jedoch zu Kurzschlüssen des Systems führen, da Schichten an den Elektroden anwachsen können. Durch ausfallende Stoffe kann es auch zu Bodenablagerungen kommen, die wiederum zu Kurzschlüssen führen können.

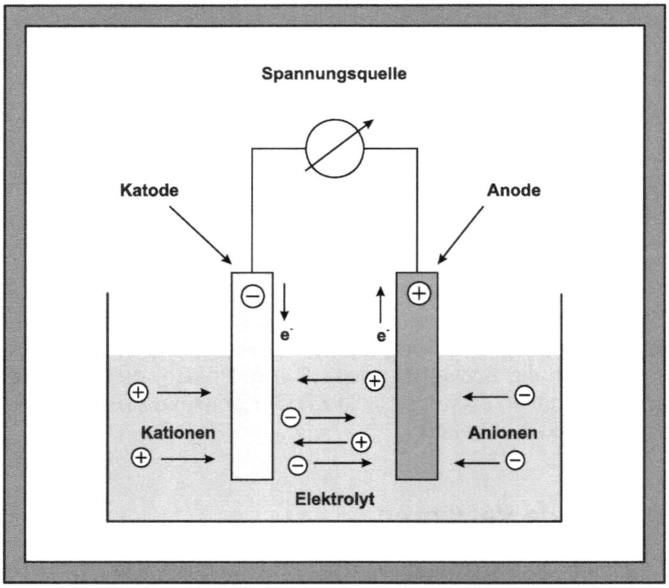

Abb. 7.13: Schematischer Aufbau einer Elektrolysezelle

In Abbildung 7.14 sind die wichtigsten Metalle für die elektrolytische Abwasserbehandlung mit ihrem Elektrodenpotenzial aufgeführt. Mit Hilfe der Spannungsreihe bzw. dem Normalpotenzial lassen sich Aussagen über Abläufe in elektrochemischen Zellen treffen. Da die Einzelpotenziale nicht messbar sind, wird das Normalpotenzial mit Hilfe einer Bezugselektrode, der Normalwasserstoffelektrode definiert. Deren Potenzial wurde willkürlich gleich „0 Volt" gesetzt. Das für die Gesamtreaktion notwendige Potenzial errechnet sich zu:

U(Gesamtreaktion) = U(Katode) - U(Anode)

Nicht immer ist die errechnete Spannung ausreichend, um eine Elektrolyse zu betreiben. Aufgrund verschiedener Faktoren kommt es zur sogenannten Überspannung, die sich letztlich in einer geringeren Stromausbeute bzw. einem kleineren Wirkungsgrad bemerkbar macht.

Elektrodenreaktion	Normalpotenzial/V
$K \rightleftharpoons K^+ + e^-$	-2,92
$Ca \rightleftharpoons Ca^{2+} + 2\,e^-$	-2,84
$Mg \rightleftharpoons Mg^{2+} + 2\,e^-$	-2,38
$Al \rightleftharpoons Al^{3+} + 2\,e^-$	- 1,66
$Zn \rightleftharpoons Zn^{2+} + 2\,e^-$	-0,76
$Cr \rightleftharpoons Cr^{3+} + 3\,e^-$	- 0,71
$Fe \rightleftharpoons Fe^{2+} + 2\,e^-$	-0,44
$Cd \rightleftharpoons Cd^{2+} + 2\,e^-$	-0,40
$Ni \rightleftharpoons Ni^{2+} + 2\,e^-$	-0,23
$Sn \rightleftharpoons Sn^{2+} + 2\,e^-$	- 0,14
$Pb \rightleftharpoons Pb^{2+} + 2\,e^-$	- 0,126
$Fe \rightleftharpoons Fe^{3+} + 3\,e^-$	- 0,036
$H_2 \rightleftharpoons 2\,H^+ + 2\,e^-$	± 0,00
$Cu \rightleftharpoons Cu^{2+} + 2\,e^-$	+ 0,34
$Hg_2 \rightleftharpoons Hg_2^{2+} + 2\,e^-$	+ 0,798
$Ag \rightleftharpoons Ag^+ + e^-$	+ 0,799
$Pt \rightleftharpoons Pt^{2+} + 2\,e^-$	+ 1,2
$Au \rightleftharpoons Au^{3+} + 3\,e^-$	+ 1,42

Abb. 7.14: Elektrochemische Spannungsreihe (Normalpotenziale bei 25 °C)

Das Faradaysche Gesetz stellt den Zusammenhang zwischen abgeschiedener Masse (m) des Stoffes und der Stromstärke (I) her:

$$m = \frac{M \cdot I \cdot t}{z \cdot F}$$

m: abgeschiedene Masse
M: Molmasse
I: Stromstärke
t: Zeit
z: Anzahl Ladungen des Ions
F: Faraday-Konstante 96485 $Cmol^{-1}$

Die Faraday-Konstante (F) ergibt sich aus der Elementarladung (q) für ein Elektron und der Avogadrozahl (N_A) für die Teilchenzahl pro Mol.

Um eine Elektrolyse durchführen zu können, ist eine Mindestspannung erforderlich. Wird die Spannung kontinuierlich erhöht, steigt der Strom nach dem Ohmschen Gesetz an. Am Anfang fließt nur ein sehr geringer Strom, der erst nach Erreichen der Zersetzungsspannung U(Me) des Metallions stark ansteigt. Wird eine bestimmte Grenzstromdichte I_G erreicht, nimmt der Strom vorerst nicht mehr zu. Erst bei der Zersetzungsspannung des nächsten Inhaltsstoffes der wässrigen Lösung (z.B. Wasserstoff, H_2) kommt es wieder zu einem Stromanstieg. Allerdings sinkt ab diesem Punkt die Stromausbeute, da neben dem Metall in unerwünschter Weise Wasserstoff abgeschieden wird.

Umgekehrt ist die Situation bei einem unedleren Metall als Wasserstoff. Hier wird zunächst die Zersetzungsspannung des edleren Wasserstoffs $U(H_2)$ erreicht. Die Spannung muss dementsprechend weiter erhöht werden, um die Zersetzungsspannung des Metalls U(Me) zu erreichen. Je geringer die Konzentration der Wasserstoffionen ist, umso schneller gelangt man zum Punkt der Metallabscheidung. Um diesen energetisch günstigeren Zustand zu erreichen, werden unedle Metalle meist in gepufferten Systemen oder im alkalischen Bereich abgeschieden.

7.4.6 Elektrodialyse

Die Elektrodialyse (ED) ermöglicht die Anreicherung elektrisch geladener Ionen aus wässrigen Lösungen. Dazu macht man sich die entgegen gesetzten Wanderrichtungen unterschiedlich geladener Ionen im Gleichspannungsfeld zunutze. Gelöste Anionen (z.B. Cl^-, SO_4^{2-}, NO_3^-) wandern im elektrischen Gleichspannungsfeld in Richtung Anode, Kationen (z.B. K^+, Na^+, Ca^{2+}) dagegen in Richtung der Katode. Kontrolliert wird diese Ionenwanderung mit Hilfe von ionenselektiven Membranen.

Anionenaustauschermembrane (AAM) sind permeabel für Anionen, Kationen dagegen werden zurückgehalten, entsprechend gegenteiliges Verhalten zeigen Kationenaustauschermembrane (KAM). Die abwechselnde Anordnung von AAM und KAM teilt ein von der Salzlösung durchströmtes Volumen in einzelne hydraulisch getrennte Zellen. Liegt nun orthogonal zu den Membranen eine elektrische Gleichspannung an, wandern die Anionen durch die AAM, werden aber von der folgenden KAM zurückgehalten. Entsprechend passieren Kationen bei entgegen gesetzter Wanderrichtung die KAM und werden von der folgenden AAM zurückgehalten. Als Ergebnis finden in aufeinander folgenden Zellen abwechselnd eine Konzentration und eine Verdünnung der ionogenen Lösungsbestandteile statt. Die Zusammenführung der jeweils an Ionen verarmten bzw. konzentrierten Einzelströme liefert schließlich einen entsalzten Diluat- und einen Konzentratstrom (Abb. 7.15).

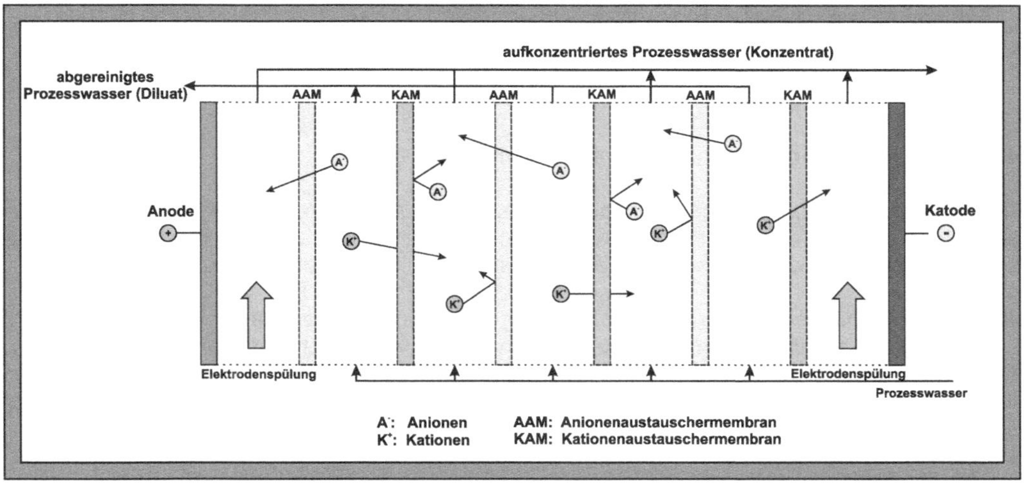

Abb. 7.15: Prinzip der Elektrodialysezelle [7.21]

Der wichtigste Teil einer Elektrodialyse-Anlage ist der Membranstapel, auch Stack genannt. Er beinhaltet die Membranelemente und kann aus bis zu 100 Zellpaaren aufgebaut sein, wobei die auf das Modulvolumen bezogene Membranfläche bis zu 500 m^2/m^3 beträgt. Der Membranstapel wird zwischen den Modulendplatten mit Hilfe von zwei Spannrahmen über Verschraubungen zusammengepresst. In den Modulendplatten befinden sich die Elektroden und die Kreislaufanschlüsse der Elektrodenspülung bzw. Zellkammern. Die Zellrahmen werden dabei von Rahmendichtungen zwischen den Membranen voneinander abgetrennt. Kanäle in den Dichtrahmen sorgen dafür, dass die Kreisläufe in die jeweiligen Kammern ein- und ausgeleitet werden. Zwischen jeder Zellkammer sind Membranabstandhalter (Spacer) eingelegt, die für eine über den Querschnitt konstante Zellkammerdicke sorgen und die Membranen mechanisch stützen. Ihre Stärke beträgt zwischen 0,5 und 2 mm.

Eine wichtige Stellung nehmen die beiden äußeren - die Elektroden enthaltenden - Kammern des Membranstapels ein, die Elektrodenspülkammern. An den Elektroden findet der Übergang vom Stromtransport durch den Elektronenfluss auf den ionogenen Stromtransport in der Lösung statt. Dieser ist durch Elektronenübertragung zwischen Ionen und Elektroden gekennzeichnet und stellt somit eine chemische Reaktion dar. Die jeweilige Elektrodenreaktion richtet sich nach der verwendeten Lösung. Die Elektrodenspülkammern werden durch einen gesonderten Kreislauf, zur Abführung von Elektrodengasen und weiterer möglicher Reaktionsprodukte, gespült.

Anwendungen der Elektrodialyse

Die Elektrodialyse eignet sich für die Grobreinigung stärker verunreinigter Lösungen. Sie bewährt sich damit vor allem im Grenzgebiet zwischen der Feinreinigung (etwa durch Ionenaustausch) und den klassischen Verfahren zur Behandlung von Lösungen, etwa durch Eindampfen. Zu den Prozessen, bei denen sie erfolgreich eingesetzt wird, zählen u.a.:

- Trink- und Prozesswasserreinigung aus Brack- und Grundwässern,
- Aufarbeitung von Waschwässern aus der Galvanik,
- Reinigen von Abwässern der chemischen Industrie,
- Milchsäuregewinnung aus Molkereispülwässern,

- Entfernung von Kaliumtartrat aus Wein,
- Entsäuerung von Fruchtsäften,
- Reinigung von Deponiesickerwässern.

Herstellung von Ionenaustauschermembranen

Die Einteilung der einzelnen Herstellungsverfahren richtet sich in erster Linie nach der Technologie, mit der die ortsfesten Ladungen (Festionen) in die Polymermatrix der Membran eingebaut werden. Dabei wird zwischen heterogenen und homogenen Membranen unterschieden.

Heterogene Membrane werden durch Einbettung von kolloidalen Ionenaustauscherharzen (d ~ 1 µm) in ein inertes Bindepolymer gewonnen. Als Binder verwendet man Polyethylen, Polystyrol oder Kautschuk. Die Polymerlösung wird entweder mit den Harzpartikeln vermischt und durch Verdampfung des Lösemittels in eine feste Form überführt oder aufgeschmolzen und die Harzpartikel eingepresst.

Der Harzpartikelanteil schwankt dabei zwischen 50 und 75 Volumenprozent. Durch die Unregelmäßigkeiten des Harzpartikelanteils und den unterschiedlichen Eigenschaften von Polymer und Harzpartikeln bezüglich ihrer Quellung weisen diese Membranen eine eher geringe mechanische Beständigkeit auf.

Durch Polymerisation oder Polykondensation werden für homogene Membranen Polyelektrolyte gewonnen, die anschließend ihrer Bestimmung nach modifiziert werden. Dies geschieht z.B. durch Sulfonieren bei Kationenaustauschermembranen und Aminieren bei Anionenaustauschermembranen. Dabei findet eine sehr gleichmäßige Ladungsverteilung statt, wodurch sehr dünne Membranen hergestellt werden können. Durch die Einbringung eines Stützgewebes wird eine gute mechanische Stabilität erreicht. Als Festionen werden auch:

- $-COO^-$, $-PO_3^{2-}$, $-HPO_2^-$, $-AsO_3^{2-}$, $-SeO_3^-$ für Kationenaustauschermembrane und

- $-NH_3^+$, $-RNH_2^+$, $-R_3P^+$, $-R_2S^+$ für Anionenaustauschermembrane

verwendet. Für einen wirtschaftlichen Betrieb sind folgende Eigenschaften besonders wichtig:

- hohe Selektivität bezüglich einer Ionensorte,
- geringer elektrischer Widerstand,
- hohe mechanische Beständigkeit,
- hohe chemische Beständigkeit.

Alle Forderungen sind aufgrund der teilweise enthaltenen Widersprüche nur schwer zu realisieren. So bewirkt z.B. eine hohe Festionenkonzentration eine hohe Selektivität und einen geringen Widerstand. Gleichzeitig sinkt durch die verstärkte Quellung aber die mechanische Stabilität.

Die Abbildung 7.16 zeigt beispielhaft den Konzentrationsverlauf für SO_4^{2-}-Anionen an einer Anionenaustauschermembran in Abhängigkeit von der Behandlungsdauer.

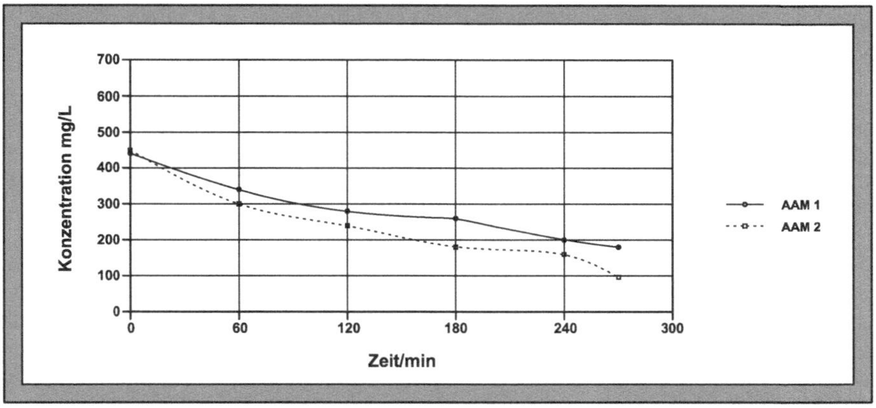

Abb. 7.16: Konzentrationsverlauf der SO_4^{2-}-Ionen bei Anionenaustauschermembranen (AAM)

Die Abbildung 7.17 zeigt beispielhaft den Konzentrationsverlauf für Mg^{2+}-Kationen an einer Kationenaustauschermembran in Abhängigkeit von der Behandlungsdauer.

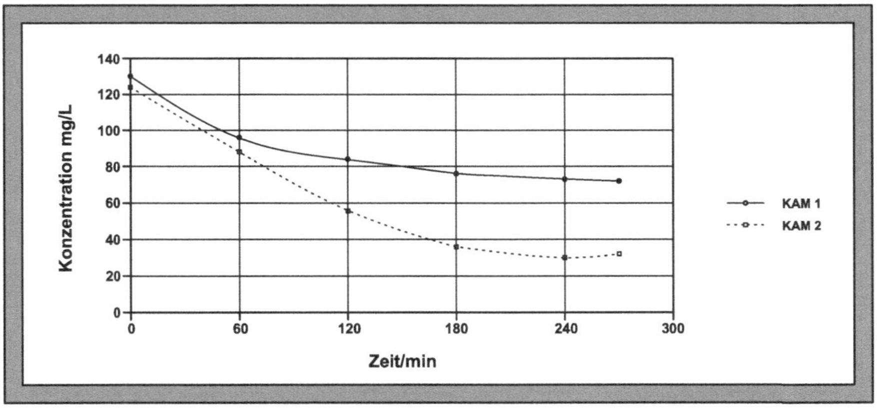

Abb. 7.17: Konzentrationsverlauf der Mg^{2+}-Ionen bei Kationenaustauschermembranen (KAM)

7

7.5 Fällung und Flockung

7.5.1 Neutralisation und Neutralisationsmittel

Abwässer dürfen nur eingeleitet werden, wenn der pH-Wert in einem Bereich zwischen 6,5 und 9 liegt. Gründe hierfür sind der Schutz von Fauna und Flora im Vorfluter, Schutz der Kanalisation vor Korrosion und der Schutz der biologischen Reinigungsstufe der kommunalen Kläranlagen.

Im Bereich der industriellen Abwasserreinigung wird jedoch unter Neutralisation nicht nur die Einstellung des pH-Wertes auf den neutralen Bereich verstanden. Die Neutralisation wird vielmehr als

Verfahren zur Abreinigung metallhaltiger Abwässer durch Fällung eingesetzt. Dieses Verfahren wird auch als Neutralisationsfällung bezeichnet.

Grundsätzlich wird durch eine entsprechende Zugabe von Säuren oder Basen neutralisiert. Dabei muss man jedoch beachten, dass der pH-Wert eine logarithmische Größe ist. Je weiter der pH-Wert vom Neutralpunkt entfernt ist, desto mehr Neutralisationsmittel muss pro pH-Einheit eingesetzt werden. Am Neutralpunkt selbst wird eine genaue Dosierung sehr schwer, insbesondere wenn starke Säuren oder Basen verwendet werden (Abb. 7.18).

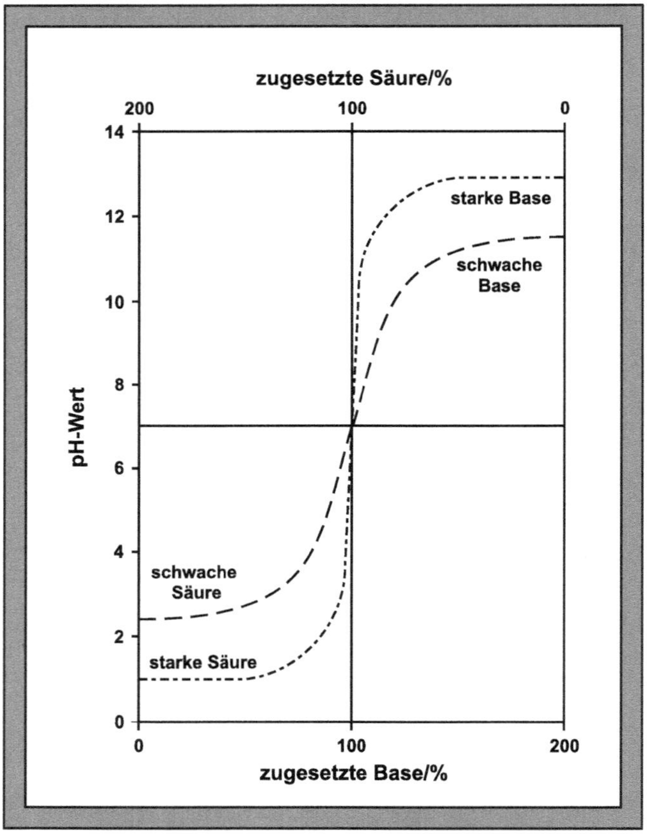

Abb. 7.18: Verlauf des pH-Wertes beim Zusatz von starken bzw. schwachen Säuren bzw. Basen

Die starke Änderung des pH-Wertes bei Zugabe von geringen Mengen an Laugen bzw. Säuren im Neutralbereich stellt eine hohe Anforderung an die Regelungstechnik bei der Neutralisation. Sie ist bei Beachtung folgender praktischer Regeln exakt durchführbar:

- Einsatz eines Regelgerätes mit Proportional-Integral-Verhalten (PI-Verhalten), d.h. die Dosierung des Neutralisationsmittels erfolgt als Funktion der Regelabweichung.
- Abstimmung der Dosierleistung und/oder der Konzentration des Neutralisationsmittels auf das anfallende Abwasser.

- Anpassung der Mischleistung an die Größe des Reaktors. Da die Neutralisationsreaktion spontan abläuft kommt es vor allem darauf an, mit welcher Geschwindigkeit die Reaktionspartner zusammengebracht werden.

Zur Neutralisation saurer Lösungen kommen normalerweise starke Basen, wie Natronlauge (NaOH) oder Aufschlämmungen von Calciumhydroxid ($Ca(OH)_2$, Kalkmilch), zum Einsatz. Natronlauge ist teurer als Kalkmilch. Sie besitzt jedoch eine hohe Löslichkeit, so dass zur Neutralisation geringere Volumina dosiert werden können. Ihr Einsatz trägt nicht zur Erhöhung der Schlammmenge bei.

Die anfallenden Metallhydroxidschlämme sind häufig schlechter sedimentierbar und lassen sich schlechter filtrieren. Kalkmilch oder Calciumhydroxid wird bevorzugt zur Neutralisationsfällung größerer Abwassermengen verwendet. Obwohl bei der Fällung mit Calciumhydroxid größere Schlammmengen - und damit höhere Abfallkosten - entstehen, wird dieses Verfahren bevorzugt angewandt, da die Schlämme besser sedimentierbar und filtrierbar sind.

Um alkalische Lösungen zu neutralisieren, werden starke Säuren wie Schwefelsäure (H_2SO_4) oder Salzsäure (HCl) eingesetzt. Schwefelsäure ist normalerweise billiger als Salzsäure. Nachteilig ist der erhöhte Sulfatgehalt des Abwassers. Der Einsatz von Salzsäure setzt eine entsprechende Absaugung voraus. Nachteilig ist auch hier der erhöhte Chloridgehalt des Abwassers, da sowohl Sulfat- als auch Chloridionen korrosiv sind. Abbildung 7.19 fasst die wesentlichsten Kennzeichen der verschiedenen Neutralisationsmittel zusammen.

Neutralisationsmittel	**Kennzeichen**
Calciumhydroxid (Kalkmilch, $Ca(OH)_2$)	• preisgünstige Base • gute Sedimentierbarkeit/Filtrierbarkeit der anfallenden Schlämme • erhöhtes Schlammvolumen mit höheren Abfallkosten • Ca^{2+}-Ionen binden Anionen (z.B. F^-, SO_4^{2-}, PO_4^{3-})
Natronlauge (NaOH)	• teurer als Kalkmilch • hohe Löslichkeit und gut dosierbar • schlechtere Filtrierbarkeit der Metallhydroxidschlämme • keine Erhöhung des Schlammvolumens, damit niedrigere Abfallkosten
Schwefelsäure (H_2SO_4)	• preisgünstige Säure • Erhöhung des Sulfatgehaltes im Abwasser • Sulfationen sind korrosiv (Betonkorrosion)
Salzsäure (HCl)	• Absaugung wegen HCl-Dämpfen notwendig • Erhöhung des Chloridgehaltes im Abwasser • Chloridionen sind korrosiv

Abb. 7.19: Übersicht zu verschiedenen Neutralisationsmitteln

7.5.2 Fällung und Flockung von Kationen

Bei der Fällung werden gelöste Inhaltsstoffe im Abwasser in schwerlösliche Verbindungen überführt. Metallionen werden durch Zugabe von Lauge in entsprechende Metallhydroxide überführt:

$$Me^{m+} + m\,OH^- \longrightarrow Me(OH)_m$$

Die Fällung wird durch eine Reihe von Parametern beeinflusst. Dazu gehören:

- Fällungs-pH-Wert,
- verwendetes Fällungsmittel,
- Anwesenheit anderer Kationen und Anionen,
- Anwesenheit von Neutralsalzen,
- Anwesenheit von Komplexbildnern.

Starke Komplexbildner wie Cyanide (CN^-) oder Ethylendiamintetraessigsäure (EDTA) verhindern eine vollständige Fällung. Solche Komplexbildner müssen daher vor der eigentlichen Fällung zerstört werden. Hohe Gehalte an Neutralsalzen können die Löslichkeit der ausgefällten Metallhydroxide erhöhen.

In der Praxis wird häufig mit einem Überschuss an Fällungsmittel gearbeitet. Dadurch wird die Reaktion in Richtung der schwerlöslichen Verbindung verschoben. Bei einem zu hohen Überschuss an Lauge gehen einige Metallhydroxide unter Komplexbildung wieder in Lösung. Dazu gehören z.B. die Hydroxide von Zinn, Zink, Aluminium und Chrom:

$$Al(OH)_3 + 3\,NaOH \longrightarrow 3\,Na^+ + [Al(OH)_6]^{3-}$$

$$Sn(OH)_2 + 2\,NaOH \longrightarrow 2\,Na^+ + [Sn(OH)_4]^{2-}$$

Die verschiedenen Metallkationen besitzen somit einen spezifischen, optimalen Fällungsbereich (Abb. 7.20).

Metallion		Konzentration mg/L (Anhang 40 AbwV)	Löslichkeitsprodukt Metallhydroxid	Fällungs-pH-Wert	Auflösungs-pH-Wert
Aluminium	Al^{3+}	2	$1{,}9 \cdot 10^{-33}$ mol^4/L^4	4,5	8,7
Eisen	Fe^{2+}	3	$1{,}6 \cdot 10^{-15}$ mol^3/L^3	8,7	
Blei	Pb^{2+}	0,5	$4{,}2 \cdot 10^{-15}$ mol^3/L^3	9,6	
Cadmium	Cd^{2+}	0,1	$2{,}3 \cdot 10^{-14}$ mol^3/L^3	10,2	
Chrom	Cr^{3+}	0,1	$6{,}7\ 10^{-31}$ mol^4/L^4	5,8	8,3
Cobalt	Co^{3+}	1	$2{,}5 \cdot 10^{-43}$ mol^4/L^4	1,4	
Kupfer	Cu^{2+}	0,5	$1{,}6 \cdot 10^{-19}$ mol^3/L^3	7,2	
Nickel	Ni^{2+}	0,5	$3{,}2 \cdot 10^{-17}$ mol^3/L^3	8,3	
Quecksilber	Hg_2^{2+}	0,05	$3{,}0 \cdot 10^{-26}$ mol^3/L^3	4,5	
Silber	Ag^{+}	0,1	$2{,}0 \cdot 10^{-8}$ mol^2/L^2	12,3	
Zinn	Sn^{2+}	2	$3{,}0 \cdot 10^{-27}$ mol^3/L^3	3,1	9,2
Zink	Zn^{2+}	2	$1{,}8 \cdot 10^{-17}$ mol^3/L^3	7,9	10,8

Abb. 7.20: Fällungsbereiche für einige Metallhydroxide mit NaOH

Wie aus der Abbildung 7.21 hervorgeht lassen sich die Metallionen nicht alle gleichzeitig fällen. Bei einem Abwasser, das z.B. Chrom- und Bleiionen enthält, fällt Bleihydroxid erst dann aus, wenn Chromhydroxid unter Komplexbildung wieder in Lösung geht. Dies ist bei der Behandlung von Abwässern zu berücksichtigen. Unter Verwendung von Kalkmilch als Fällungsmittel lassen sich die Fällungs-pH-Bereiche für einige Metallionen erweitern.

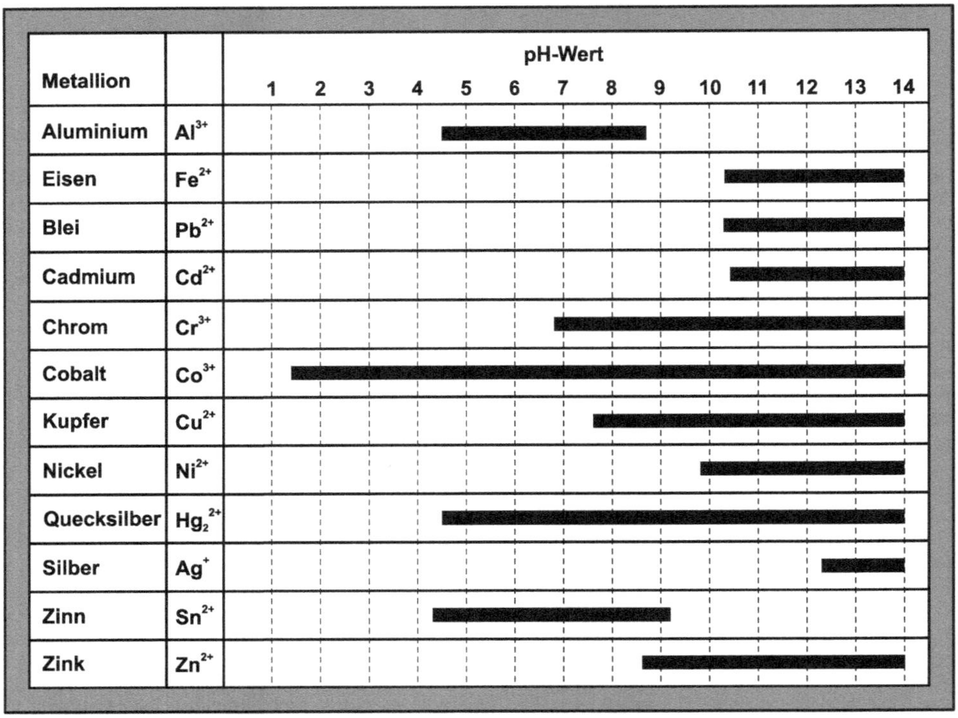

Abb. 7.21: Fällungsbereiche für einige Metallhydroxide mit $Ca(OH)_2$ [7.11]

Flockung

Bei der Fällung entstehen feindisperse bis kolloidale Teilchen, deren elektrostatische Abstoßung eine Zusammenballung zu größeren Flocken verhindert. Durch den Zusatz von Flockungsmitteln werden die abstoßenden Kräfte aufgehoben und es bilden sich besser sedimentierbare und abtrennbare Flocken.

Als Flockungsmittel werden hauptsächlich Eisen- und Aluminiumsalze ($FeCl_3$, $FeSO_4$, $AlCl_3$) eingesetzt. Durch Zugabe von Flockungshilfsmitteln lässt sich die Sedimentation beschleunigen und die Filtration verbessern. Flockungshilfsmittel sind kettenförmige organische, wasserlösliche Polymerverbindungen. Je nach ihrer Ladung werden sie in verschiedene Gruppen eingeteilt:

- anionische Polymere (Polyacrylate, Polymethacrylate),
- kationische Polymere (Polyethylenimine),
- nichtionische Polymere (Polyacrylamide).

Die Wirkungsweise der Polymere bei der Flockung ist sehr vielfältig. Elektrostatische Anziehung, Ausbildung von Wasserstoffbrücken oder adsorptive Wechselwirkungen sorgen für eine entsprechende Flockenbildung.

7.5.3 Nachweis und Fällung von Anionen

7.5.3.1 Nachweis und Fällung von Fluoriden

Fluoride sind Salze der Flusssäure, die giftig und leicht flüchtig ist. Als Flusssäure bezeichnet man eine Lösung von Fluorwasserstoff (HF) in Wasser:

$$HF + H_2O \leftrightarrows H_3O^+ + F^-$$

In fast allen Grund- und Oberflächenwässern findet man Fluoride (F^-). Die Konzentration hängt von den hydrogeologischen Verhältnissen ab und liegt meistens unter 1 mg/L. Bestimmte industrielle Abwässer, z.B. aus der Metallindustrie können auch höhere Konzentrationen aufweisen. So werden zum Beizen von Edelstählen und siliziumhaltigen Metalllegierungen flusssäurehaltige Materialien verwendet.

Nachweis von Fluoriden

Durch Zugabe von heißer, konzentrierter H_2SO_4 werden Fluoride bei der Kriech- bzw. Ätzprobe in gasförmigen Fluorwasserstoff überführt. Da Schwefelsäure eine hohe Viskosität besitzt, entweicht das Gas nur sehr langsam, indem kleine Gasbläschen an der Innenwand des Reagenzglases hoch kriechen („Kriechprobe"):

$$CaF_2 + H_2SO_4 \longrightarrow CaSO_4 + 2\,HF$$

Bei der anschließenden „Ätzprobe" reagiert der freigesetzte Fluorwasserstoff mit der Reagenzglaswand, die SiO_2 enthält, zu flüchtigem SiF_4. Dabei wird die Glasoberfläche der Innenwand angeätzt:

$$4\,HF + SiO_2 \longrightarrow SiF_4 + 2\,H_2O$$

An einem schwarzen, feuchten Filterpapier hydrolisiert SiF_4 zu weißer Metakieselsäure (H_2SiO_3):

$$3\,SiF_4 + 3\,H_2O \longrightarrow H_2SiO_3 + 2\,H_2SiF_6$$

Bei Trink- und Oberflächengewässern sowie verschiedenen Abwässern mit einer Konzentration an gelöstem Fluorid von ca. 0,2 bis 2000 mg/L kann die Bestimmung von Fluorid mittels Fluoridionenselektiver Elektrode direkt angewendet werden.

Das Elektrodenpotenzial wird durch Temperatur und Ionenstärke beeinflusst und ist vom pH-Wert abhängig. Deshalb müssen Ionenstärke und Temperatur konstant gehalten werden und bei der Kalibrierung und der Messung übereinstimmen. Der pH-Wert sollte in einem Bereich von 5 bis 7 liegen.

Bei hochbelasteten Abwässern dampft man die Wasserprobe alkalisch ein und schließt den Rückstand mit Hilfe von Natriumhydroxid auf. Danach trennt man das Fluorid mittels Wasserdampf-Destillation in Gegenwart eines Phosphorsäure-Schwefelsäure-Gemisches ab. Mit einer fluoridselektiven Elektrode wird die Konzentration des Fluorids im Destillat gemessen. Durch die Destillation werden z.B. Störungen durch gewisse Kationen oder Bor beseitigt.

Fällung des Fluorids

Fluorid kann als freies Fluorid-Ion oder in Komplexverbindungen, wie Hexafluoroaluminat $[AlF_6]^{3-}$, Tetrafluoroborat $[BF_4]^-$ oder Hexafluorosilikat $[SiF_6]^{2-}$ in Abwässern vorkommen. In der Abwassertechnik wird das giftige Fluorid-Ion bei einem pH > 7 als schwerlösliches Calciumfluorid ausgefällt:

$$2\,F^- + Ca^{2+} \longrightarrow CaF_2$$

7.5.3.2 Nachweis und Fällung von Phosphat

Eigenschaften

In verschiedenen organischen Verbindungen ist Phosphor eine wichtige Komponente und somit gleichzeitig ein unverzichtbarer Bestandteil in der Tier- und Pflanzenwelt. Phosphate liefern dieses notwendige Element und sind erforderliche Nährstoffe für Mikroorganismen und Wasserpflanzen. In der Landwirtschaft sind Phosphate neben Stickstoffverbindungen wichtige Bestandteile von Düngemitteln.

Vor allem in stehenden Gewässern oder Stauseen führt das große Nährstoffangebot zu einem übermäßigen Wachstum an Algen. 1 g Phosphat ist der Nährstoff für 3 kg Algen, die wiederum den Sauerstoffgehalt von 45 m^3 Wasser verbrauchen können. Dadurch bildet sich in den betroffenen Gewässern ein anaerobes Milieu, das zum Umkippen der Gewässer führt und verheerende Auswirkungen auf die Fischpopulation hat. Die Eutrophierung der Gewässer durch Phosphate erfolgt aber nicht allein durch die Landwirtschaft.

Im Haushalt gelangen Phosphate nicht nur durch die Reinigungsmittel der Wasch- und Spülmaschinen in das Abwasser, sondern auch durch die in Lebensmitteln enthaltenen Zusatzstoffe Natriumphosphat (E339) und Kaliumphosphat (E340), die mit der Nahrung aufgenommen und wieder ausgeschieden werden. Auch die sogenannten Weichmacher oder Enthärter, die Natriumpolyphosphate enthalten, tragen zur Phosphatbelastung der Gewässer bei.

Phosphate fallen in der Industrie und in Gewerbebetrieben bei der Oberflächenreinigung (alkalische Entfettungs- und Reinigungsbäder), beim Beizen mit Phosphorsäure und beim Phosphatieren, bei chemischen und elektrolytischen Glänz- und Polierprozessen sowie beim Einsatz von phosphorsauren Elektrolyten an.

Analytik von Phosphaten

In saurer Lösung reagieren Phosphat-Ionen mit Molybdat- und Antimon-Ionen und bilden einen Antimon-Phosphormolybdat-Komplex. Wenn man diesen Komplex mit Ascorbinsäure reduziert, entsteht ein stark blau gefärbter Molybdänblau-Komplex. Mit Hilfe von Phosphat-Standardlösungen lässt sich nach jeweiliger Bildung des Antimon-Phosphormolybdat-Komplexes, Reduktion mit Ascorbinsäure und anschließender Extinktionsmessung eine Kalibriergerade erstellen. Anhand dieser Kalibriergeraden kann nach entsprechender Behandlung der Analysenlösung und Messung der Extinktion die Konzentration des in der Analyse enthaltenen Phosphats bestimmt werden.

Will man den Gesamtphosphorgehalt einer Probe bestimmen, muss der in organischen Verbindungen enthaltene Phosphor per Aufschlussverfahren zu Phosphat umgesetzt werden. Die fotometrische Messung des anorganischen und des aufgeschlossenen organischen Phosphors erfolgt in beiden Fällen bei 880 nm.

Fällung des Phosphats

Bei der physikalisch-chemischen Fällung von Phosphat gibt es mehrere Möglichkeiten. Zum einen mit Kalkmilch und zum anderen mit Salzen dreiwertiger Metalle. Der Einsatz von Kalkmilch $Ca(OH)_2$ bei hohen pH-Werten (pH > 9,5) führt zu einer Ausfällung des gelösten Phosphates als schwerlösliches Calciumhydroxophosphat:

$$3\ H_3PO_4 + 5\ Ca(OH)_2 \longrightarrow Ca_5(OH)(PO_4)_3 + 9\ H_2O$$

Wird Kalkmilch bei niedrigeren pH-Werten eingesetzt (pH = 4 - 6) fällt Calciumhydrogenphosphat ($CaHPO_4$) aus, das im Vergleich zu Calciumhydroxophosphat leichter löslich ist:

$$H_3PO_4 + Ca(OH)_2 \longrightarrow CaHPO_4 + 2\ H_2O$$

Damit man den pH-Wert bei der Fällung mit Kalkmilch nicht erhöhen muss, eignet sich das Einsetzen von Salzen dreiwertiger Metalle bei niedrigem pH-Wert. Dazu verwendet man toxisch unbedenkliche Eisen(III)- und Aluminiumsalze. Bei den Fällungsprodukten handelt es sich jedoch nicht um reine Metallphosphate, sondern um basische Phosphate der Zusammensetzung:

$$x\ MePO_4 \cdot y\ Me(OH)_3$$

Um die Löslichkeit der entsprechenden Phosphatverbindungen möglichst gering zu halten, führt man die Fällung mit Aluminiumsalzen z.B. bei einem pH-Wert von knapp unter 6 durch.

Dem Abwasser der Metallindustrie müssen in Bezug auf Phosphate in der Regel keine Metallsalze hinzugefügt werden, da Metalle bereits im Abwasser enthalten sind und diese spätestens bei der Neutralisationsfällung zusammen mit dem Phosphat ausfallen. In Kläranlagen gibt es bei der Fällung von Phosphaten keine Schwierigkeiten. Auch Polyphosphate bereiten hier keine Komplikationen, da sie in der Regel auf ihrem Weg in die Kläranlage zum größten Teil hydrolysieren. Bei der Behandlung von Industrieabwasser sind Polyphosphate jedoch störend. Diese kondensierten Phosphate eignen sich sehr gut zur Komplexbildung mit Metallen und können diese gut in Lösung halten. Durch eine saure Hydrolyse oder besser noch durch Alkalisieren bei hohen Temperaturen lassen sich die Polyphosphate zu Phosphat dissoziieren.

7.5.3.3 Nachweis und Fällung von Sulfat

Eigenschaften

Sulfate sind Salze der Schwefelsäure. Sie sind in Form von Gips, Anhydrit, Magnesium- und Natriumsalzen weit verbreitet. Die meist geogen bedingten Sulfatgehalte des Grundwassers betragen durchschnittlich 10 - 30 mg/L. Regenwasser kann aufgrund von SO_2-Emissionen über 100 mg/L enthalten. Eintrittspfade des Sulfats in die Umwelt sind das Aufbringen von Kunstdünger, industrielle Abwässer, Rauchgase, Grubenwässer sowie Sickerwässer aus Mülldeponien. Auch durch die Lösung von Gips in Wasser ($CaSO_4 \cdot 2\ H_2O$), die chemische sowie biochemische Oxidation von Sulfiden gelangt Sulfat in das Grundwasser. Sulfat-Ionen entstehen auch bei der biochemischen Oxidation von Schwefelwasserstoff und beim aeroben Abbau organischer Schwefelverbindungen.

Hohe Sulfatkonzentrationen im Trinkwasser können zu Geschmacksbeeinträchtigungen führen. Darüber hinaus hat eine hohe Sulfatkonzentration (> 500 mg/L) eine abführende Wirkung. Die Konzentration des Sulfat-Gehalts bei der Einleitung in das öffentliche Abwasser wird meist auf 400 bis 600 mg/L begrenzt. Hinsichtlich der Toxizität ist Sulfat das harmloseste Anion. Jedoch wirkt Sulfat bei Überschreitung bestimmter Konzentrationen betonaggressiv. Es kommt zur Rissbildung und schließlich zur Zerstörung des Betons.

Analytik von Sulfaten

Bei der Bestimmung von Sulfat-Ionen mittels komplexometrischer Titration nach Kationen-Austausch durchläuft die Wasserprobe einen Ionenaustauscher. Dabei werden die in der Wasserprobe enthaltenen Kationen durch Wasserstoffionen ersetzt. Nach dem Ionenaustausch werden die Sulfationen der Wasserprobe durch Bariumionen als Bariumsulfat ausgefällt:

$$SO_4^{2-} + Ba^{2+} \longrightarrow BaSO_4$$

Die überschüssigen, nicht an der Fällung beteiligten Bariumionen werden komplexometrisch durch Titration bestimmt. Grundlage hierfür ist die Chelatbildung von Erdalkaliionen mit Ethylendiamintetraessigsäure (EDTA) und Eriochromschwarz T als Indikator. Die Sulfat-Ionenkonzentration wird aus der Differenz des Volumens der vorgegebenen und zurücktitrierten Barium-Ionenlösung berechnet. Dieses Verfahren kann für Trink-, Betriebs- und Oberflächenwasser bei Sulfat-Ionenkonzentrationen zwischen 20 und 300 mg/L angewendet werden. Wasserproben mit geringerer Sulfat-Ionenkonzentration müssen durch Eindampfen aufkonzentriert werden.

Die gravimetrische Bestimmung von Sulfationen beruht auf der Fällung mittels Bariumionen in einer salzsauren Lösung. Dabei fällt Bariumsulfat aus. Aus dem Gewicht des ausgefällten und ausgeglühten Bariumsulfats lässt sich die Konzentration der Sulfationen in der Wasserprobe berechnen. Das Verfahren ist für höhere Sulfatgehalte (> 100 mg/L) anwendbar. Wasserproben mit geringerer Sulfatkonzentration müssen durch Eindampfen aufkonzentriert werden.

Fällung des Sulfats

Sulfat bildet mit den Erdalkaliionen von Calcium, Strontium und Barium schwerlösliche Verbindungen. Bariumsulfat hat das niedrigste Löslichkeitsprodukt. Jedoch werden in der Regel zur Sulfatfällung Calciumverbindungen verwendet. Gründe hierfür sind die geringeren Kosten und vor allem die toxische Wirkung des Bariums. Die Fällung des Sulfats mit Calciumverbindungen erfolgt nach folgender Reaktionsgleichung:

$$SO_4^{2-} + Ca^{2+} \longrightarrow CaSO_4$$

Zu Störungen bei der Fällung kommt es, wenn die Konzentration an Neutralsalzen (z.B. NaCl) höher ist als die Konzentration des Sulfats. So halten 0,01 mol/L NaCl etwa 1500 mg/L Sulfat in Lösung. Grund dafür ist der Einfluss anderer Ionen in der Lösung. Durch elektrostatische Kräfte erhöhen die anwesenden Neutralsalze die Löslichkeit des Bodenkörpers.

7.6 Filtration

Mit Hilfe eines Filtermittels werden Partikel aus Flüssigkeiten abgetrennt. Von Trenn-, Scheide- oder Eindickfiltration spricht man, wenn die Gewinnung des Feststoffes aus der Suspension vorrangiges Ziel der Filtration ist. Ist das Filtrat der Wertstoff, so nennt man das Verfahren Klärfiltration. Beide Ziele stehen bei der Abwasserbehandlung gleichermaßen im Vordergrund. Neben dem gereinigten Abwasser soll ein möglichst trockener Filterrückstand gewonnen werden, der als Abfall oder Wertstoff deponiert, verbrannt oder verwertet werden kann. Die Filtration ist eine der wichtigsten Grundprozesse in der Abwasser- und Recyclingtechnik.

Oberflächenfiltration

Sie findet auf Sieben, Tüchern und Porenmembranen statt. Aus den Partikeln der Suspension bildet sich ein stetig wachsender Filterkuchen. Mit geeigneten Maßnahmen lässt sich dieser abnehmen und so in reiner Form gewinnen.

Tiefenfiltration

Sie findet an der inneren Oberfläche einer Schüttung aus Kies, Sand, Kieselgur, Aktivkohle und auch in einem Faserbett aus Cellulose oder Glasfasern statt. Zur eigentlichen Filterwirkung kommen bei der Tiefenfiltration Sedimentationsvorgänge dazu. Um diese Vorgänge nutzen zu können, werden Tiefenfilter üblicherweise von oben nach unten durchströmt. Die Durchlässigkeit des Filtermittels nimmt im Laufe der Filtration ab. So ist für Feststoffe die Aufnahmekapazität gering. Deshalb liegt ihr Einsatzgebiet bei Suspensionen mit geringer Feststoffbeladung. Die Tiefenfiltration wird häufig als Nachreinigungsverfahren oder zur Trinkwasseraufbereitung eingesetzt. Als Filtermittel setzt man beispielsweise Quarzsandschüttungen mit Korngrößen von 0,5 - 4 mm und Schütthöhen von 0,5 - 3 m ein.

7.6.1 Filtersysteme

Kuchenfiltration

Bei dieser Filtrationsmethode baut sich der Filterkuchen über dem Filtermaterial auf. Der Kuchen bildet eine poröse Schicht, die im Laufe der Filtration an Dicke zunimmt. Nach einer Anlaufphase übernimmt der Filterkuchen die eigentliche Abtrennung der Teilchen. Das Durchströmen des Filterkuchens und des Filtermaterials ist meist mit erheblichen Druckverlusten verbunden. Die für die Beaufschlagung notwendigen Druckkräfte müssen durch Filterstützen abgefangen werden. Für die Kuchenfiltration werden hauptsächlich Metall- und spezielle Textilgewebe, Filze (insbesondere Nadelfilze), metallische Sinterwerkstoffe und poröse Kunststoffe als Filtermittel eingesetzt.

Um zu hohe Druckverluste zu vermeiden, wird die Porengröße des Filtermittels meist etwas größer als die feinsten noch abzuscheidenden Partikel gewählt. Das Filtrat läuft dann zu Beginn des Filtrationsvorganges noch etwas trübe ab und muss zurückgeführt werden. Nachdem sich der Filterkuchen aufgebaut hat, erhält man ein klares Filtrat. Um das Verstopfen des Filters zu verhindern, können sog. Filterhilfsmittel auf die Filtermittel aufgebracht werden. Es handelt sich dabei beispielsweise um Kieselgur, Perlite und Zellstoffe. Enthält die Suspension Stoffe, die zur Verstopfung des Filterkuchens führen können, können diesen Suspensionen Filterhilfsmittel zudosiert werden. Der entstandene Filterkuchen muss je nach Art der Weiterverarbeitung bestimmten Reinigungs- bzw. Entwässerungsschritten unterzogen werden. Dadurch sind oft recht aufwendige Schritte innerhalb eines Filtrationszyklus durchzuführen:

- Eigentliche Filtration: Kuchenbildung und Gewinnung des Filtrats.
- Eventuelles Zwischenentfeuchten: Verdrängen der ursprünglichen Flüssigkeit (Mutterlauge) aus dem Lückenvolumen des Filterkuchens mittels Durchpressen von Luft oder einem anderen Gas.
- Waschen des Filterkuchens zur Entfernung der Mutterlauge.
- Entfeuchten des Filterkuchens kann durch Durchblasen von Gasen bzw. das Pressen des Filterkuchens erfolgen.
- Entfernen des Kuchens vom Filtermaterial.
- Reinigung des Filtermittels durch Auswaschen oder Ausblasen.

Druckfiltration

Der Druck, der aufgebracht werden muss, um die durch Filterkuchen, Filtermittel und Filterstütze entstehenden Druckverluste zu überwinden, kann auf unterschiedliche Weise erzeugt werden. Das einfachste Prinzip ist die Schaffung eines Höhenunterschiedes zwischen Suspensat- und Filtratseite (hydrostatische Druckdifferenz). Auch die Beaufschlagung der Suspensatseite mit Druck bzw. die Schaffung eines Unterdruckes auf der Filtratseite sind weitere Möglichkeiten. Hier wird dann zwischen Druckfiltration bzw. Vakuumfiltration unterschieden.

Dünnflüssige Schlämme fallen bei der Abtrennung von Verunreinigungen aus dem Abwasser an. Das verfahrenstechnische Ziel ist neben der Abwasserreinigung die Gewinnung eines möglichst stark entwässerten, stichfesten Filterkuchens. Hierfür hat sich die Kammerfilterpresse sehr bewährt. Filterpressen ermöglichen nicht nur die mit hohem Filtrationsdruck betriebene Oberflächenfiltration sondern auch das Waschen und Trocknen des Filterkuchens. Meist werden die Filterpressen als Rahmen- oder als Kammerfilterpressen eingesetzt.

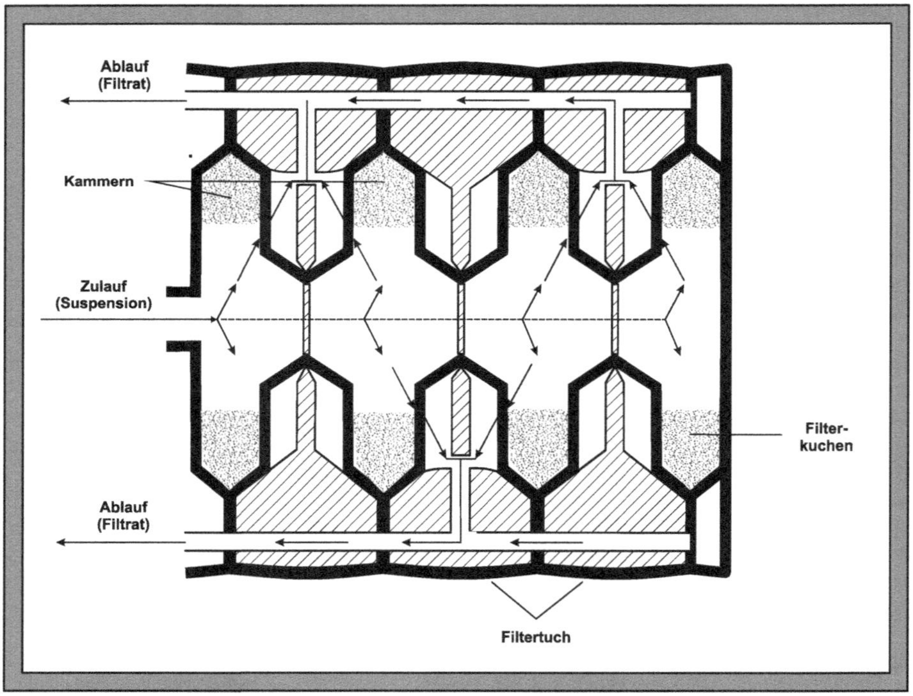

Abb. 7.22: Schematischer Längsschnitt durch eine Kammerfilterpresse [7.31]

In Abbildung 7.22 sieht man einen schematischen Längsschnitt durch eine Kammerfilterpresse. Ein Filterelement besteht aus einer mit feinen Kanälen versehenen Stützplatte, über die ein Filtertuch gespannt ist. Eine Kammer entsteht, indem die Filterfläche gegenüber den Plattenrändern zurücksteht und so mit dem benachbarten Filterelement eine Kammer bildet. Um ein Austreten der Suspension aus den Kontaktbereichen zwischen den einzelnen Platten zu verhindern, wird das auf den Rändern aufliegende Filtertuch imprägniert oder ein spezieller Werkstoff ausgewählt. So wirkt es zusätzlich noch als Dichtung.

In der Mitte der Filterelemente ist der Suspensionszulauf angeordnet und durch außen liegende Kanäle fließt das Filtrat ab. Die einzelnen Filterelemente sind als Plattenpakete auf einem Trägergerüst angeordnet. Die rechteckigen Plattenpakete werden zum Betrieb über Hydraulikstempel oder über eine Spindel zusammengedrückt.

Im Unterschied zu den Kammerfilterpressen besitzen Rahmenfilterpressen anstelle einer zurückstehenden Filterfläche Rahmen als Abstandshalter zwischen den einzelnen Filterelementen. Um eine Anpassung an wechselnde Filterkuchenhöhen möglich zu machen, werden unterschiedlich breite Rahmen eingesetzt (Abb. 7.23).

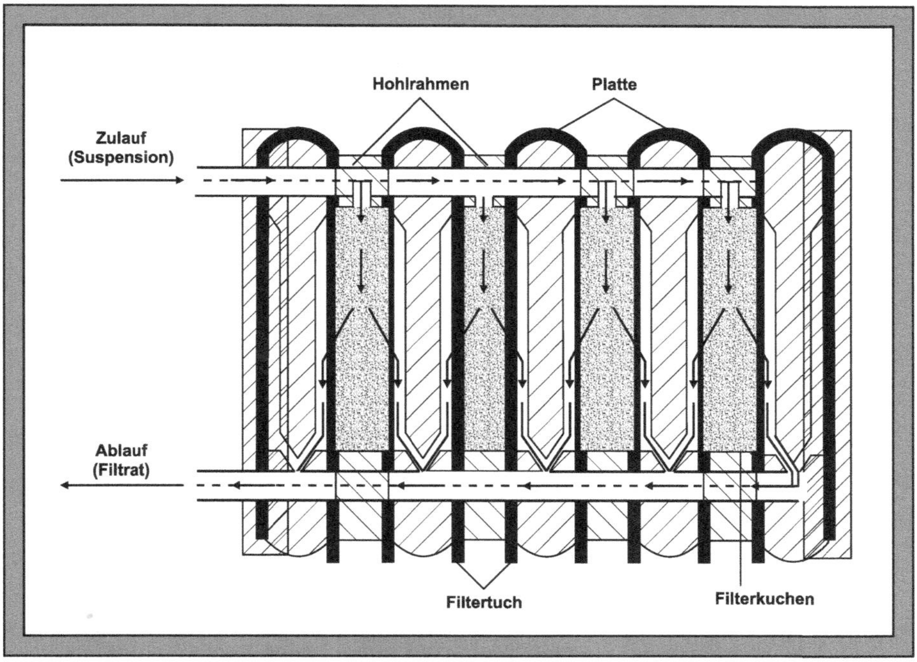

Abb. 7.23: Schematischer Längsschnitt durch eine Rahmenfilterpresse [7.12]

Eine zusätzliche mechanische Entwässerung des Filterkuchens und einen geringeren Energiebedarf als die üblichen Kammerfilterpressen besitzen Membranfilterpressen, die deshalb immer öfter eingesetzt werden. Bei dieser Filterpresse ist jedes zweite Filterelement zusätzlich mit einer elastischen, undurchlässigen Membran ausgerüstet. Diese Membran befindet sich zwischen der Stützplatte und dem Filtertuch und ist mit Rillen versehen.

Zu Beginn der Filtration liegt das Membran-Filtertuch am Trägergerüst an. Der Filterkuchen hat sich noch nicht aufgebaut und es wird ein hoher Durchsatz erzielt (Abb. 7.24 a). In Abbildung 7.24 b hat sich der Filterkuchen ausgebildet. Der Filtrationswiderstand steigt mit zunehmender Schichtdicke an und der Durchsatz fällt ab. Im dritten Schritt wird der Zulauf abgeschaltet und mit einem entsprechenden Pressmedium der Filterkuchen vom Membranfiltertuch abgesprengt (Abb. 7.24 c). Er fällt nach unten und wird ausgetragen (Abb. 7.24 d).

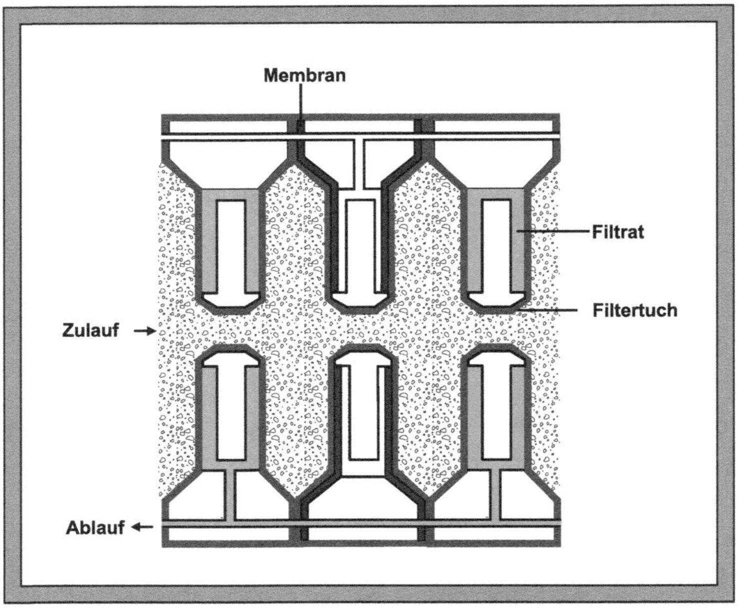

Abb. 7.24 a: Funktion Membranfilterpresse, Schritt 1

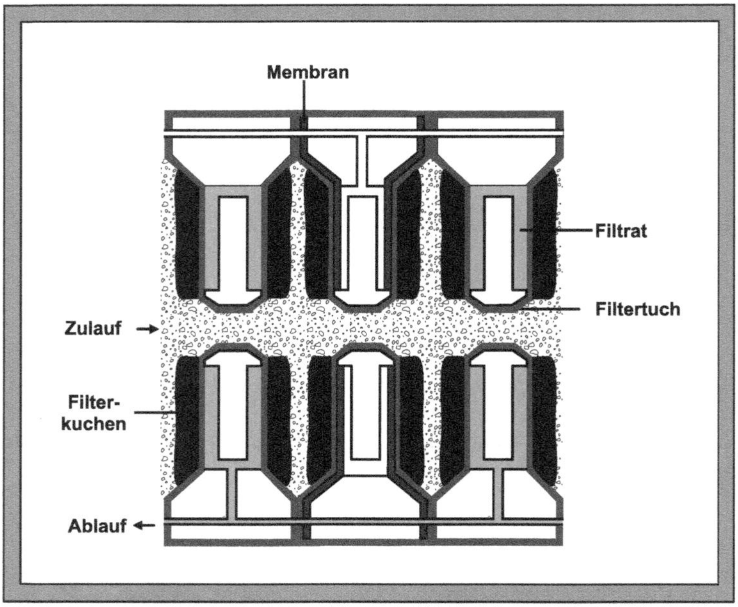

Abb. 7.24 b: Funktion Membranfilterpresse, Schritt 2

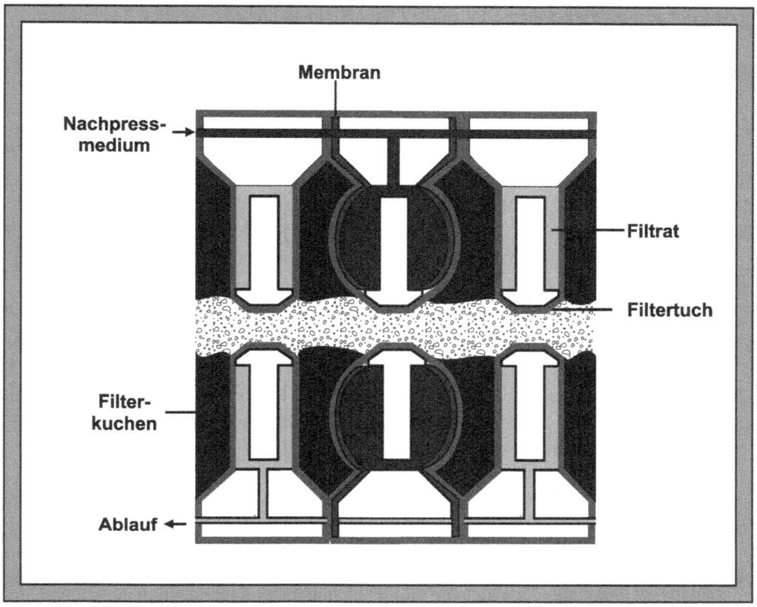

Abb. 7.24 c: Funktion Membranfilterpresse, Schritt 3

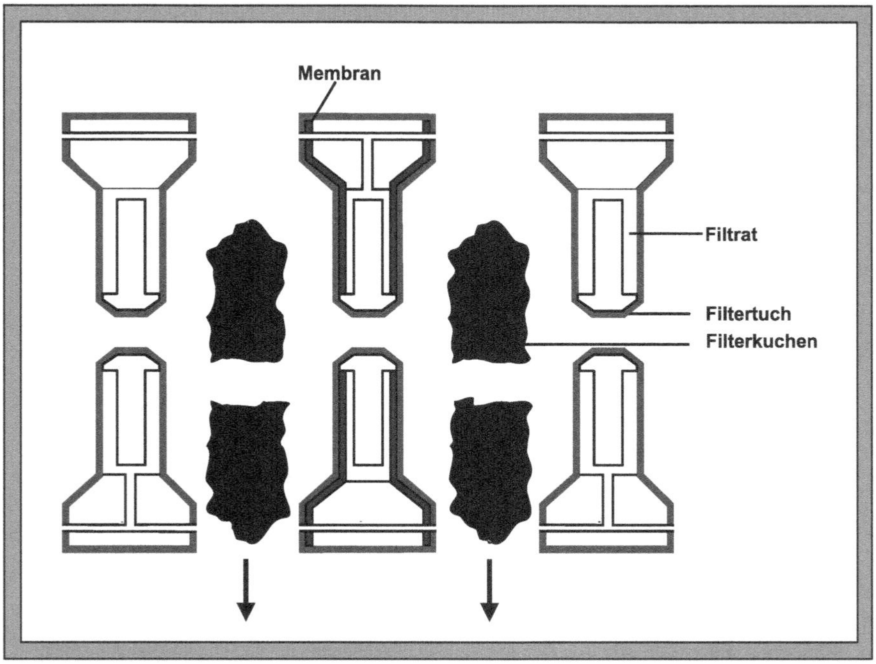

Abb. 7.24 d: Funktion Membranfilterpresse, Schritt 4

7.6.2 Membranverfahren

7.6.2.1 Verfahrensprinzipien

Seit Jahrzehnten hat sich die Membrantechnik in der Wasser- und Abwasserbehandlung gut bewährt. Rohwässer können zu entsprechend hochwertigen Wässern aufbereitet werden. Die Vorteile von Membranverfahren liegen meist in der besseren Energieeffizienz, der einfacheren Handhabbarkeit und der besseren Qualität des Endproduktes im Vergleich zu anderen Verfahren. Im Falle von Rohwässern oder der Abwasserreinigung stehen die Membranverfahren im Wettbewerb zur Flockung, Sedimentation, Filtration, Ionenaustausch und biologischen Reinigung.

Eine Kombination von klassischer Verfahrenstechnik mit modernen Membranverfahren kann zu einem kosteneffizienten und qualitätsmäßig sicheren Betrieb führen. Nachteilig bei Membranverfahren ist ihre Empfindlichkeit in Bezug auf Fouling oder chemische Beständigkeit. Ferner sind die Membranen mechanisch nicht sehr robust und können bei Fehlfunktionen im laufenden Betrieb zerstört werden. Durch neue Entwicklungen werden Membrane unempfindlicher, thermisch stabiler und robuster gegen Betriebsstörungen.

Der Stofftransport durch die Membran kann durch eine Temperaturdifferenz (ΔT), einen Konzentrationsunterschied (Δc) und/oder eine Druckdifferenz (Δp) hervorgerufen werden. Prozesse basierend auf dem hydrostatischen Druck sind Umkehrosmose, Nano-, Ultra- und Mikrofiltration. Zu den Prozessen mit Konzentrationsgradient gehören z.B. die Dialyse oder Pervaporation. Die zu trennende Mischung wird als „Feed" bezeichnet. Die zurückbleibende Komponente nennt man „Retentat". Die die Membran passierende Komponente bezeichnet man als „Permeat". Bei der Mikro- und Ultrafiltration wird die Bezeichnung „Filtrat" verwendet.

Die Bewegung einer Komponente durch die Membran ist hauptsächlich durch die Struktur und das Material der Membran gegeben. Prinzipiell gibt es bei Membrantrennverfahren zwei verschiedene Transportmechanismen, das:

- Porenmodell und das
- Diffusionsmodell.

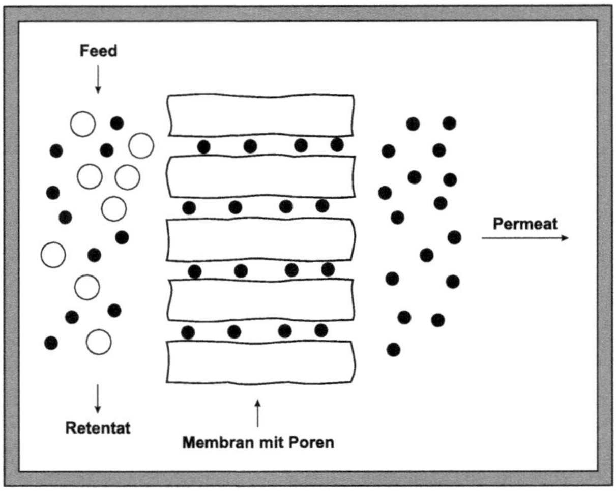

Abb. 7.25: Porenmodell des Membranverfahrens [7.21]

Im Porenmodell (Abb. 7.25) ist die Porengröße für die Trennung verantwortlich. Damit spielt der Teilchendurchmesser in diesem Modell eine wesentliche Rolle. Anwendungsgebiete finden sich in der Mikro- und Ultrafiltration.

Beim Diffusionsmodell weist die Membran keine Poren mehr auf. Diffusionsmembrane verwendet man überwiegend bei der Nanofiltration und bei der Umkehrosmose. Treibende Kräfte sind hier zum Beispiel Konzentrations- und Druckunterschiede (Abb. 7.26).

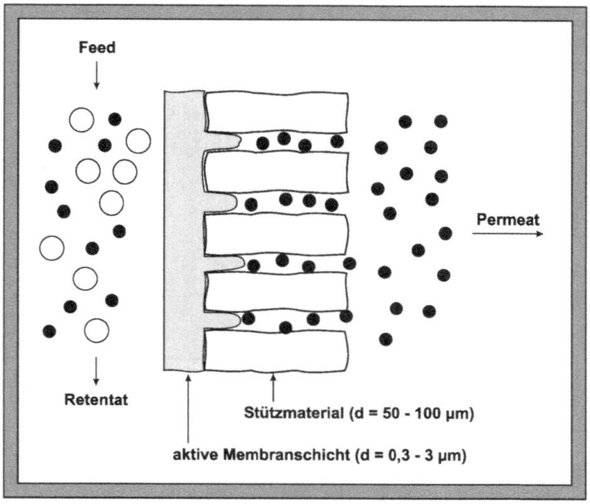

Abb. 7.26: Diffusionsmodell des Membranverfahrens [7.21]

In der folgenden Abbildung 7.27 sind die technisch relevanten Membranverfahren zusammengefasst.

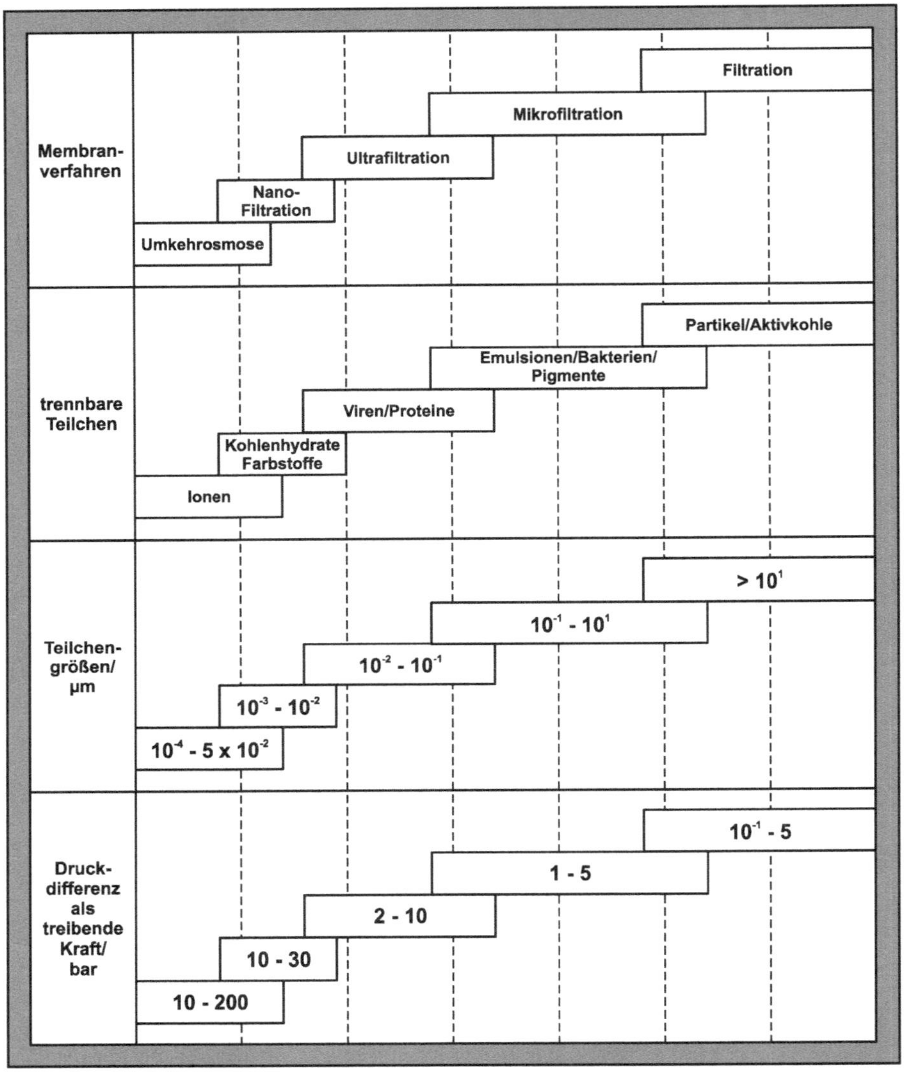

Abb. 7.27: Eigenschaften technisch wichtiger Membranverfahren

Mikrofiltration

Bei der Mikrofiltration werden relativ große Partikel im Bereich von 0,1 - 10 µm filtriert. Bevorzugt wird sie zur Aufkonzentrierung von Suspensionen eingesetzt, so z.B. nach der Flockung oder Fällung in einem Prozess. Ein weiteres großes Einsatzgebiet ist das Abtrennen von Ölen aus Entfettungsbädern. Bei der Behandlung von Kühlschmierstoffen muss vorher eine Ozonisierung stattfinden.

Die Mikrofiltration wird als Querstromfiltration durchgeführt. Die zu trennende Suspension wird mit 1 - 5 bar durch die Apparatur gepresst. Damit sich kein Filterkuchen ausbilden kann, muss die

Strömungsgeschwindigkeit entsprechend groß sein. Dennoch kommt es im laufenden Betrieb zur Filterkuchenbildung, so dass regelmäßig rückgespült werden muss.

Ultrafiltration

Die Ultrafiltration übertrifft mit ihrer Trennleistung von 0,1 - 0,01 µm die Mikrofiltration und hat ein größeres Anwendungsspektrum. In der metallverarbeitenden Industrie wird dieses Verfahren sehr gerne verwendet. So werden Emulsionen und hochmolekulare Lösungen behandelt und aufkonzentriert. Wasserlösliche anorganische Salze und organische Stoffe können die Membran als Permeat passieren. Im Retentat befinden sich dann unpolare organische Stoffe wie Fette, Öle, Schleifabriebe, etc.

Nanofiltration und Umkehrosmose

Die Nanofiltration kann sowohl für die Behandlung von schwach als auch stark verschmutzten Abwässern eingesetzt werden. Hier ist eine CSB-Reduzierung von bis zu 90% möglich. Teilweise werden auch größere Ionen anorganischer Stoffe zurückgehalten.

Die Umkehrosmose dient zur Abtrennung von Ionen. Werden z.B. eine salzhaltige Lösung und das reine Lösungsmittel durch eine Membran getrennt, diffundiert das Lösungsmittel durch die Membran, wodurch ein Konzentrationsausgleich angestrebt wird (Abb. 7.28). Die auftretende Druckdifferenz ist der osmotische Druck π.

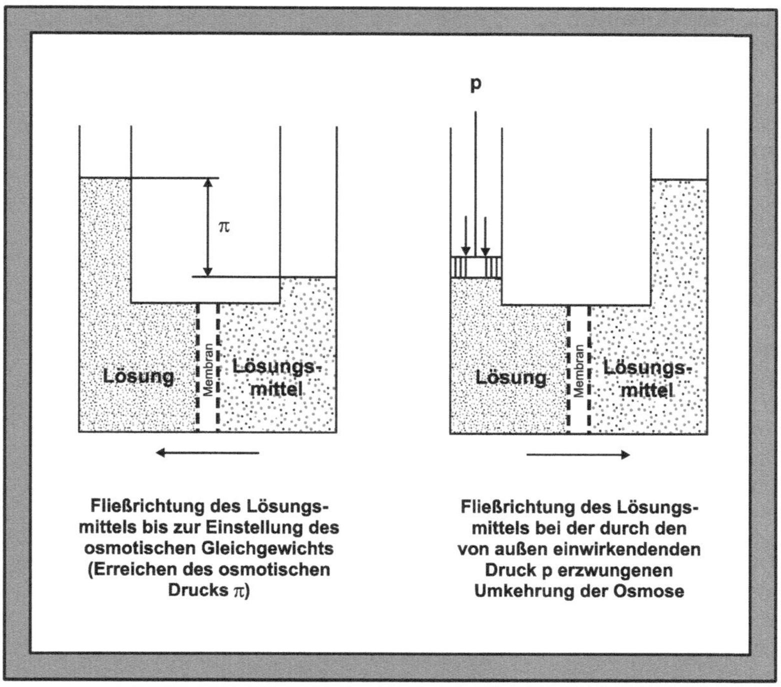

Abb. 7.28: Prinzip der Osmose bzw. Umkehrosmose [7.11]

Bei Abtrennung von Ionen wird dieser Vorgang umgekehrt. Durch Anlegen eines Druckes von 10 - 200 bar auf der Lösungsseite wird das reine Lösungsmittel aus der Lösung durch die Membran getrieben. Ein klassisches Einsatzgebiet der Umkehrosmose ist die Gewinnung von Trinkwasser aus Meerwasser.

7.6.2.2 Membranherstellung

An Membranen werden große Anforderungen bzgl. einer hohen Permeatleistung und einer hohen Selektivität gestellt, wobei auch eine entsprechende mechanische Festigkeit gewährleistet sein muss. Ebenso wie die Temperaturbeständigkeit ist eine chemische und bakterielle Resistenz nötig, um eine ausreichende Beständigkeit gegenüber Reinigungsprozessen und Sterilisationsverfahren zu erzielen. Da die genannten Anforderungen teilweise sehr gegensätzlich sind, können sie kaum alle gleichzeitig realisiert werden. Bezüglich der großen Breite an Einsatzmöglichkeiten gibt es daher eine Vielzahl möglicher Membranwerkstoffe:

- Naturprodukte (abgewandelte Celluloseprodukte),
- Polymere (Polyamide, -vinyle, -carbonate, -ethylen, -propylen),
- anorganische Materialien (poröses Glas, Graphit, Silicon-Keramik, Sintermetall).

In der Umkehrosmose und Ultrafiltration finden Membranen aus Celluloseacetat und Polyamiden häufig Anwendung. Ist die Porenstruktur über den gesamten Membranquerschnitt nahezu gleichförmig, spricht man von einer symmetrischen Membran. Bei asymmetrischen Membranen ist die Porenstruktur gezielt ungleichförmig über den Membranquerschnitt verteilt.

Phaseninversionsverfahren

Der Großteil der heute eingesetzten Membranen besteht aus Polymerwerkstoffen, die durch Phaseninversion hergestellt werden. Dazu wird ein Polymer in einem geeigneten Lösungsmittel gelöst und anschließend zu einer Flachmembran vergossen oder zu einer Rohrmembran versponnen. Bei diesem Vorgang findet die Phaseninversion statt, d.h. durch bestimmte Verfahrensbedingungen wie:

- Verdunstung eines Teil des Lösungsmittels,
- Zugabe eines Fällungsmittels in die Polymerlösung,
- Temperaturänderung

wird die homogene Lösung in ein Zweiphasensystem überführt. Das Polymer fällt aus und bildet die Membranstruktur, wobei sich ein Teil des Lösungsmittels einlagert und so die Porenstruktur bildet.

Die Phaseninversion durch Verdunstung ist das älteste Verfahren zur Membranherstellung. Durch kontrollierte Verdunstung des leichter flüchtigen Lösungsmittels bilden sich Tröpfchen, die von polymerreichem Material umgeben sind. Bei nachfolgenden Trocknungsschritten lösen sich die Tröpfchen auf und es bleibt ein miteinander verbundenes Porensystem zurück. Durch dieses Verfahren werden hauptsächlich asymmetrische Membranen hergestellt, da der Stoffaustausch im Innern der Lösung wesentlich langsamer abläuft als an der Grenzfläche zur Luft. Die Luftseite ist somit polymerreicher. Die Verdunstungseigenschaften des Lösungsmittels beeinflussen sehr stark die Membranstruktur.

Durch Zugabe eines Fällungsmittels (z.B. Wasser) in die Polymerlösung kann die Membranbildung ebenfalls ausgelöst werden. Während das Polymer im Fällungsmittel unlöslich ist, löst sich das

Lösungsmittel sehr gut darin. Häufig wird die Polymerlösung direkt in einem Fällungsbad vergossen.

Zur Herstellung von Kapillarmembranen wird die Polymerlösung über eine Hohldüse, in der zentrisch das Fällungsmittel zugeführt wird, versponnen. Die Art und Eigenschaften des Fällungsmittels sind entscheidend für die Struktur und Dicke der Membran. Mit diesem Verfahren werden Membranen für die Mikro-, Ultrafiltration und Umkehrosmose hergestellt.

Manche Polymere wie z.B. Polypropylen lösen sich in einem geeigneten Lösungsmittel erst bei relativ hohen Temperaturen von über 100 °C. Eine Phasentrennung wird hier beim Vergießen durch eine rasche Abkühlung erreicht. Das Lösungsmittel wird vollständig im Porensystem eingeschlossen und kann durch nachfolgende Extraktionsschritte zurückgewonnen werden.

Anorganische Membranen

Membrane aus anorganischen Materialien sind meist aus Metall, Keramik, Glas oder Kohlenstoff gefertigt. Große Vorteile liegen in der hohen Druck- und Temperaturbeständigkeit, gerade bei der Dampfsterilisation. Sie finden daher besonders in der pharmazeutischen und biotechnologischen Industrie sowie in der Lebensmittelindustrie Anwendung. Anorganische Membrane haben ihre Trenngrenzen im oberen Bereich der Mikrofiltration und sind oft bei der Verarbeitung von Zuckern, Ölen und Naturstoffen anzutreffen.

Anorganische Membranen werden meist als asymmetrische Composite-Membran hergestellt. Auf einem grobporigen Stützkörper aus Siliciumcarbid, Aluminiumoxid oder Chrom-Nickelstahl wird eine 5 - 15 µm dicke Membranschicht aufgebracht. Das gängigste Herstellungsverfahren für solche Membrane ist das Sintern. Aus entsprechenden Pulvern wird unter Druck und Temperatur ein fester, jedoch poröser Körper erzeugt.

Bei keramischen Werkstoffen wird durch Zumischen von Flüssigkeit, Binder, Porenbildner, etc. zuerst eine plastische Masse geformt. In entsprechenden Formen lässt sie sich zu den gewünschten Membranen weiterverarbeiten. Die Hilfsmittel werden durch Sublimation oder Verdampfung entfernt. Die eigentliche Trennschicht der Membran wird in einem weiteren Prozessschritt aufgebracht. Neben Keramik können auch dünne Metallfaservliese zu Membranen gesintert werden.

Zur Herstellung von Mikromembranen wird eine kolloidale Lösung benutzt. Das kolloidale System wird in ein Gel überführt und durch Wärmebehandlung verfestigt.

Qualitätssicherung

Die Membraneigenschaften sind sehr stark an das Herstellungsverfahren gekoppelt und stellen ein wertvolles Know-how dar. Vor allem die Trenn- und Permeabilitätseigenschaften sind von entscheidender Bedeutung. Durch Versuche lassen sich so die nominalen Trenngrenzen und Permeabilitätskoeffizienten ermitteln, wobei bei der Ermittlung der Membrandaten im Labormaßstab meist andere Bedingungen herrschen, als sie in der Praxis vorliegen. Die vorhandenen Daten bilden somit eine Orientierungshilfe bei der Membranauswahl.

Für eine spezifische Trennaufgabe müssen weitere Felddaten gewonnen werden. So beeinflussen z.B. der pH-Wert der Suspension und oberflächenaktive Stoffe (Tenside) sowie das Membranmaterial selber sehr deutlich das Trennverhalten und die Abscheideleistung. Hydrophobe/hydrophile oder lipophile/lipophobe Materialeigenschaften beeinflussen die Benetzbarkeit und damit das Adsorptionsvermögen und die Durchlässigkeit für Stoffe.

7.6.2.3 Membranmodule und Betriebsweisen

Hinsichtlich der Betriebsweisen werden zwei Möglichkeiten unterschieden:

- Dead-End-Filtration,
- Cross-Flow-Filtration.

Liegt aufgrund einer geringen Partikelanzahl ein vernachlässigbarer Einfluss auf die Filterstandzeit vor, wird die Dead-End-Filtration häufig als sogenannter Polizeifilter eingesetzt. Hier ist die Partikelabscheidung sehr gering und soll nur eine zusätzliche Filtrationsstufe darstellen, um die gewünschte Reinheit zu erlangen. In einem anderen Fall bestimmt die Abscheidung der Partikel die Standzeit des Filters. Um die Filtrationsleistung zu steigern, ist hier die Anlagerung gewünscht. In beiden Fällen kommen Kerzenfilter mit entsprechender Porengröße zum Einsatz. Um die größere Oberfläche auszunutzen, werden sie von außen nach innen durchströmt.

Bei der Cross-Flow-Filtration (Abb. 7.29) strömt die Suspension durch eine Hohlfasermembran, wobei das Filtrat quer zur Fließrichtung die Membran durchdringen muss. Dadurch wird dem Anlagern von Partikeln an der Membran entgegengewirkt. Letztlich kann die Bildung einer Deckschicht jedoch nicht verhindert werden und die Membran muss rückgespült werden. Die Cross-Flow-Filtration ist das am häufigsten angewendete Filtrationsverfahren.

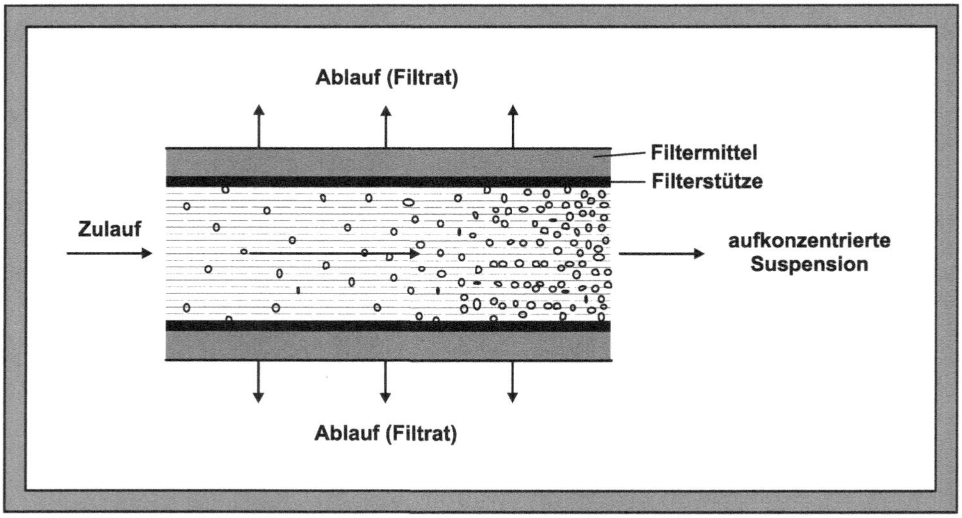

Abb. 7.29: Prinzip der Cross-Flow-Filtration [7.26]

Hinsichtlich der Filtrationsleistung spielt die Oberfläche von Membranmodulen eine mitentscheidende Rolle. In der Abbildung 7.30 sind dazu einige Daten zusammengestellt. Membranmodule bieten somit vielfältige Einsatzmöglichkeiten und finden bei einer Vielzahl von Verfahren in der Industrie ihren Einsatz.

Membranform	Modulform	Membranfläche pro Bauvolumen (m^2/m^3)
röhrenförmig	Rohrmodul (d_i > 4 mm) Kapillarmodul (d_i = 0,5 - 4 mm) Hohlfasermodul (d_i < 0,5 mm)	80 - 500 500 - 4000 > 4000
Flachmembran	Plattenmodul Wickelmodul Modul mit plissierter Membran	200 - 800 600 - 1000 400 - 1400

Abb. 7.30: Modulformen und Membranflächen

Je nach Modulaufbau wird zwischen Rohr-, Platten-, Wickel-, Kapillar- oder Hohlfasermodul unterschieden.

Beim Rohrmodul sind die Membranen innerhalb von druckfesten Rohren angebracht. Da diese Rohre undurchlässig für das Filtrat sind, ermöglichen Bohrungen den Abfluss. Zwischen Membran und äußerem Rohr liegt noch ein dünnes Rohr aus porösem Material als Stützrohr. Diese Schicht gewährleistet zusätzlich noch den Permeattransport zu den Bohrungen.

Plattenmodule bestehen aus einer Flachmembran, einer Platte zur Membranabstützung und Platten zur Strömungsführung. Der Zulauf fließt in Schleifenform durch flache Rechteckkanäle zwischen den Membranen.

Der am meisten eingesetzte Modultyp ist das Spiral- bzw. Wickelmodul. Sein größter Vorteil ist die hohe Packungsdichte bei einem relativ einfachen Aufbau. Über Feed- und Permeat-Abstandshalter werden die Membranen voneinander getrennt, um ein Filtratsammelrohr gewickelt und in ein Druckrohr verpackt.

7.7 Wissensfragen

- Geben Sie eine Übersicht zum möglichen Aufbau einer Chargenbehandlungsanlage.
- Beschreiben Sie Aufbau und Funktionsweise von Ionenaustauschern.
- Erläutern Sie die Möglichkeiten zur Cyanidentgiftung in der Abwasserreinigung.
- Wie lassen sich chrom(VI)-haltige Abwässer entgiften?
- Erläutern Sie das Prinzip der Elektrolyse und Elektrodialyse.
- Welche Auswirkungen hat der Einsatz von Natronlauge bzw. Calciumhydroxid auf die Fällung von Metallkationen?

- Wie lassen sich verschiedene Anionen (F^-, PO_4^{3-}, SO_4^{2-}) fällen bzw. im Abwasser nachweisen?
- Beschreiben Sie Filtrationsprozesse und erläutern Sie das Prinzip einer Kammerfilterpresse (Rahmen-, Membranfilterpresse).
- Erläutern Sie die grundlegenden Prinzipien von Membranverfahren.

7.8 Weiterführende Literatur

7.1 Abwassertechnische Vereinigung e.V. (Hrsg.); *Industrieabwasser,* Ernst & Sohn, **1999,** 3-433-01464-7

7.2 Abwassertechnische Vereinigung e.V. (Hrsg.); *Lehr- und Handbuch der Abwassertechnik, Band VII: Industrieabwässer mit anorganischen Inhaltsstoffen,* Ernst & Sohn, **1998,** 3-433-00908-2

7.3 Baker, R.; *Membran Technology and Applications,* John Wiley & Sons, **2004,** 978-0-470-85445-7

7.4 Bank, M.; *Basiswissen Umwelttechnik,* Vogel, **2007,** 978-8343-3060-4

7.5 Brauer, H. (Hrsg.); *Handbuch des Umweltschutzes und der Umwelttechnik, Band 4: Behandlung von Abwässern,* Springer, **1996,** 3-540-58061-1

7.6 European Commission; *Integrated Pollution Prevention and Control,* Reference Document on Best Available Techniques for the Surface Treatment of Metals and Plastics, **August 2006**

7.7 Fachausschuss für Metallurgische Aus- und Weiterbildung der GDMB (Hrsg.); *Prozesswasser/Abwasser/Kühlwasser,* GDMB Medienverlag, **2002,** 3-935797-06-0

7.8 Görner, K.; Hübner, K. (Hrsg.); *Gewässerschutz und Abwasserbehandlung,* Springer, **2002,** 3-540-42025-8

7.9 Gottschalk, Ch.; Libra, J.; Saupe, A.; *Ozonation of Water and Waste Water,* Wiley-VCH, **2010,** 978-3-527-31962-6

7.10 Gräf, R.; *Taschenbuch der Abwassertechnik,* Hanser, **1998,** 3-446-18041-9

7.11 Hartinger, L.; *Handbuch der Abwasser- und Recyclingtechnik,* Hanser, **2007,** 978-3-446-15615-9

7.12 Hemming, W.; Wagner, W.; *Verfahrenstechnik*, Vogel, **2011,** 978-3-8343-3243-1

7.13 Heyl, A.; *Elektrochemische Entchlorung von Schadstoffen im Abwasser mit Hilfe der Solid-Polymer-Electrolyte-Technologie,* Shaker, **2006,** 3-8322-4894-3

7.14 Jung, Th.; *Einsatz chemischer Oxidationsverfahren zur Behandlung industrieller Abwässer,* FIT, **2010,** 978-3-932252-49-5

7.15 Koltuniewicz, A.; Drioli, E.; *Membranes in Clean Technologies,* Wiley-VCH**, 2008,** 978-3-527-32007-3

7.16 Krebs, P.; et al; *Mobiles und modularisiertes Technologiesystem zur Behandlung von Produktionsabwässern (MOTES),* TU Dresden, **2008**

7.17 Lange, J.; Otterpohl, R.; *Abwasser,* Mall, **2000,** 3-9803502-1-5

7.18 Langefeld, E.; Müller, K.-J.; *Neue Verfahren der Abwasserbehandlung,* Nomos, **1998,** 3-7890-5299-X

7.19 LfU - Landesanstalt für Umweltschutz Baden-Württemberg; *UV-Oxidation in der Gasphase,* **1994**

7.20 Melin, Th.; Pinnekamp, J.; Dohmann, M.; *Membrantechnik in der Wasseraufbereitung und Abwasserbehandlung, 6. Aachener Tagung Siedlungswasserwirtschaft und Verfahrenstechnik,* **2005,** 3-86130-775-8

7.21 Melin, Th.; Rautenbach, R.; *Membranverfahren - Grundlagen der Modul- und Anlagenauslegung,* Springer, **2007,** 978-3-540-34327-1

7.22 Nunes, S.P.; Peinemann, K.-V.; *Membran Technology in the Chemical Industry,* Wiley-VCH, **2006,** 978-3-527-31316-7

7.23 Pinnekamp, J. (Hrsg.); *Membrantechnik in Nordrhein-Westfalen,* Aachen, **2007,** 978-3-938996-16-4

7.24 Rötzel-Schwunk, I.; Rötzel, A.; *Praxiswissen Umwelttechnik Umweltmanagement,* Vieweg, **1998,** 3-528-03854-3

7.25 Rüffer, H.; Rosenwinkel, K.-H.; *Taschenbuch der Industrieabwasserreinigung,* Oldenbourg, **1991,** 3-486-26131-2

7.26 Stieß, M.; *Mechanische Verfahrenstechnik 2,* Springer, **1994,** 3-540-55852-7

7.27 VA TECH WABAG GmbH (Hrsg.); *WABAG Handbuch WASSER,* Vulkan, **2000,** 3-8027-2549-2

7.28 Weiterbildendes Studium Wasser und Umwelt (Hrsg.); *Industrieabwasserbehandlung,* Universitätsverlag Weimar, **2009**, 978-3-86086-321-7

7.29 Wendler, B.; Wolters, R.; Schmidt, B; *Neues Kombinationsverfahren zur selektiven Metallabtrennung durch Membrankontaktoren aus Prozessbädern und Spülwässern,* **2009**

7.30 Wilhelm, St.; *Wasseraufbereitung,* Springer, **2008,** 978-3-540-25163-7

7.31 Winkel, P.; *Wasser und Abwasser,* Eugen G. Leuze, **1992,** 3-87480-080-6

7.32 Zimpel, J. et al; *Abwasser und Abfall der Metallindustrie,* expert, **1995,** 3-8169-1187-0

7.33 Zogg, M.; *Einführung in die Mechanische Verfahrenstechnik,* Teubner, **1987,** 3-519-06319-0

8 Prozesstechnik zur Abwasserbehandlung

8.1 Einleitung

In Sammelabwässern werden üblicherweise eine Fülle von Stoffen gefunden, die selbst nach ständigem Verbessern der mechanischen und biologischen Reinigungsverfahren die Abwasserreinigung ohne nennenswerte Abreicherung verlassen. Hier sind unter anderem ionisch gelöste Schwermetalle wie Quecksilber, Cadmium, Blei und organische Halogenverbindungen wie Pflanzenschutzmittel und ihre Vorprodukte, die insbesondere wegen der Fortschritte bei der Analytik im Blickpunkt der Öffentlichkeit stehen, zu nennen. Mechanisch schwer abzutrennende und biologisch schwer abzubauende Abwasserinhaltsstoffe können mittels einer zusätzlichen Abwasserbehandlung über thermische Verfahren entfernt werden. In der Regel ist es sinnvoll die „Problemabwässer" gezielt vorzubehandeln, d.h. so zu konditionieren, dass diese in eine Kläranlage oder direkt in Oberflächengewässer eingeleitet werden können. Die Abwasserbehandlung vor Ort wird rechtlich erzwungen, wenn die Abtrennung der Abwasserinhaltsstoffe in der Kläranlage erschwert oder gar unmöglich ist. Eine spezielle Aufarbeitung der Abwasserteilströme ermöglicht sogar die Zurückführung eines Teils der Abwasserinhaltsstoffe als Wertstoff in die Produktionsprozesse. Somit werden die Abwasserströme bis hin zu einem festen, deponiefähigen Rückstand aufgearbeitet.

Thermische Trennverfahren

Das Prinzip, auf dem alle thermischen Trennverfahren beruhen, ist der Konzentrationsunterschied einer Übergangskomponente in einer Abgeber- und einer Aufnehmerphase, wodurch der Stofftransport bis zur Einstellung des Phasengleichgewichtes bewirkt wird. In der Abwasserreinigung ist die verunreinigende Substanz die Übergangskomponente und das Abwasser die Abgeberphase. Im Gegensatz zur chemischen Verfahrenstechnik erfährt die Übergangskomponente während der Trennoperation keine Stoffumwandlung.

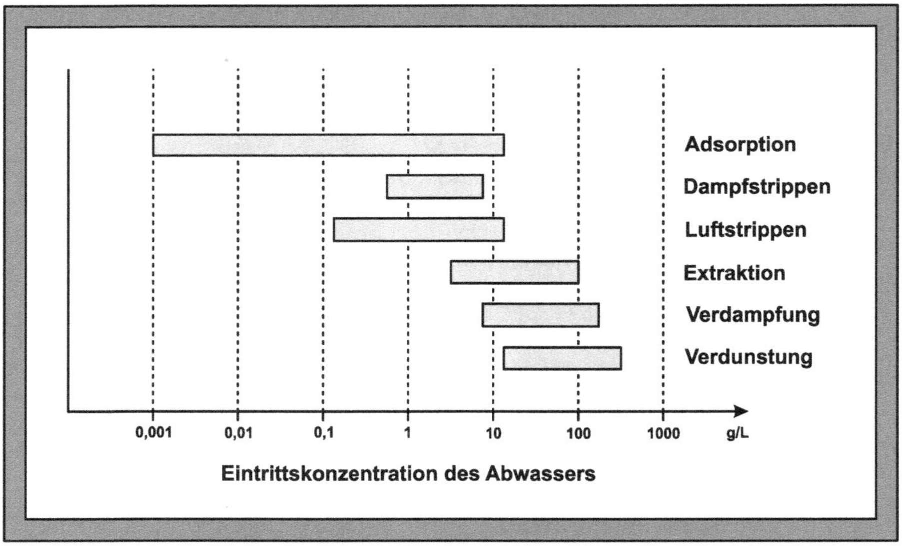

Abb. 8.1: Anwendungsbereiche der thermischen Abwasserreinigungsverfahren

Abbildung 8.1 zeigt mögliche Aufteilungsbereiche der thermischen Abwasserreinigungsverfahren in Abhängigkeit von der Zulaufkonzentration des zu reinigenden Abwassers. Die Abbildung verdeutlicht, dass Adsorption und Kristallisation den größten Einsatzbereich in der Abwasserbehandlung in Abhängigkeit von der Abwassereintrittskonzentration aufweisen. Extraktion, Verdampfung und Verdunstung können insbesondere zur Reinigung von stark konzentrierten Abwässern eingesetzt werden.

8.2 Adsorption

Adsorption ist die Anlagerung und Bindung bestimmter Komponenten aus Gas- bzw. Flüssigkeitsgemischen an der Oberfläche poröser, grenzflächenaktiver Feststoffe (Abb. 8.2):

$$\text{Adsorbens} + \text{Adsorptiv} \underset{\text{Desorption}}{\overset{\text{Adsorption}}{\rightleftarrows}} \text{Adsorpt} + \text{Adsorbens} = \text{Adsorbat}$$

Bei der Adsorption wird ein fester Hilfsstoff (Adsorbens) eingesetzt, mit dessen Hilfe die Verunreinigung aus dem Abwasser entfernt wird. Die adsorbierte Stoffmenge (Adsorbatmenge) hängt in erster Linie von der spezifischen Oberfläche - insbesondere der inneren Oberfläche - und von der Oberflächenstruktur des Adsorbens ab. Hochporöse und stark zerklüftete Stoffe mit großer innerer Oberfläche werden als Adsorptionsmittel eingesetzt. Der Trennmechanismus des Adsorptionsvorganges beruht auf zwischenmolekularen Kräften, die nur über sehr kurze Distanzen wirksam sind und eine Anreicherung von im Abwasser enthaltenen Stoffen an der inneren Oberfläche eines porösen Feststoffes bewirken.

Adsorptionskinetik

Die Adsorptionskinetik beschreibt den zeitlichen Verlauf des Adsorptionsvorgangs und die verschiedenen Transportmechanismen, die zur Annäherung an den Gleichgewichtszustand führen. Dabei müssen verschiedene Stofftransport- und Diffusionswiderstände überwunden werden. Die Kenntnis der Adsorptionskinetik spielt für die Auslegung von Adsorbern eine bedeutende Rolle. Beschrieben werden kann der Adsorptionsvorgang durch mehrere Teilschritte:

- Transport des Adsorptivs durch Konvektion an den Rand des Grenzfilms des Adsorbens,
- Transport des Adsorptivs durch Diffusion durch den Grenzfilm hindurch an den äußeren Rand des Adsorbenskorns (Filmdiffusion),
- Transport durch Diffusion in das Korninnere (Korndiffusion),
- eigentliche Adsorption an den zur Adsorption fähigen Platz; dabei wird das Adsorptiv an aktive Zentren des Adsorptionsmittels angelagert und elektrostatisch gebunden,
- bei kondensierbaren Gasen und Dämpfen kommt es zusätzlich zur sog. Kapillarkondensation an den porösen Stoffen.

8

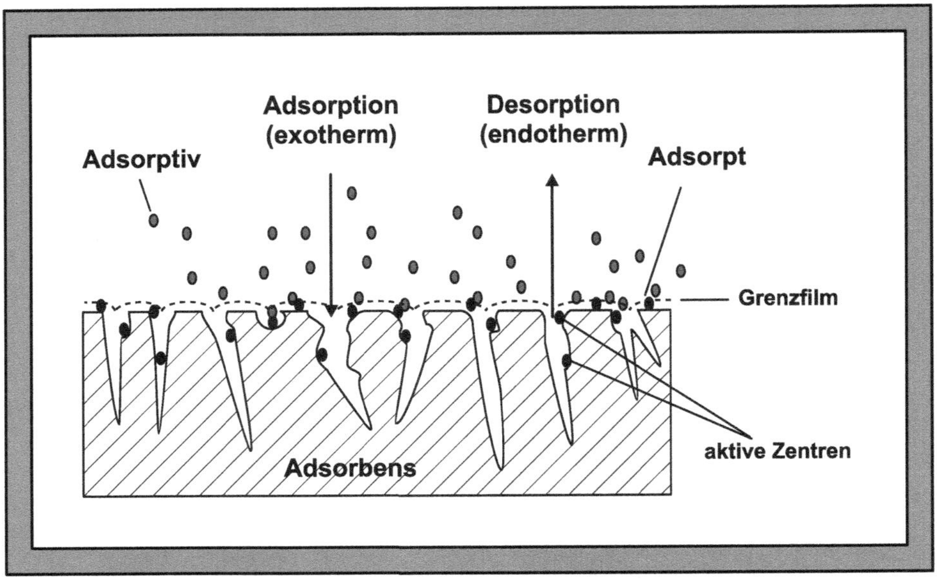

Abb. 8.2: Vorgänge bei der Adsorption [8.4]

Die Vorgänge treten oft gleichzeitig auf und lassen sich einzeln nur schwer erfassen. Deshalb spricht man bei der Entfernung von Gemischkomponenten aus Fluiden durch Stoffübergang an Feststoffe allgemein von Sorption. Bei der Bindung der Moleküle an das Adsorptionsmittel und bei der Kondensation handelt es sich um rein physikalische Vorgänge (Physisorption), die durch Umkehrung der Adsorptionsbedingungen (Temperatur, Druck) reversibel sind. Somit ist eine Rückgewinnung der adsorbierten Stoffe technisch möglich.

Manche Substanzen können jedoch auch chemische Verbindungen mit dem Adsorbens eingehen (Chemisorption). Damit ist eine einfache Umkehrung des Verfahrens durch Änderung der Betriebsparameter Druck und Temperatur nicht möglich. Durch die Bindung an das Adsorbens und die Kondensation wird Wärme frei, d. h. es handelt sich um einen exothermen Prozess. Diese freiwerdende Wärme muss abgeführt werden.

Allgemein werden verzweigte langkettige Moleküle besser adsorbiert als geradkettige. Die Adsorptionskapazität wird von Art und Position der Substituenten sowie von den Oberflächeneigenschaften des Adsorbens beeinflusst. Bei dissoziierbaren Verbindungen spielt der pH-Wert eine wesentliche Rolle und muss so gewählt werden, dass der zu adsorbierende Stoff in der molekularen Form vorliegt. Temperatureffekte sind für die meisten Abwässer vernachlässigbar. Durch Konkurrenz mehrerer adsorbierbarer Substanzen kommt es zu Überlagerungen und Verdrängungseffekten, wodurch die Beladungshöhe für jeden einzelnen Stoff erniedrigt wird.

Adsorptionsdynamik

Im Gegensatz zur Adsorptionskinetik, die nur die Zeitabhängigkeit der Adsorption berücksichtigt, erfasst die Adsorptionsdynamik zusätzlich die Ortsabhängigkeit in der Adsorbensschicht. Während des Adsorptionsvorgangs nimmt jedes Adsorbenskorn innerhalb der Schüttung solange Adsorptiv aus der vorbei fließenden Lösung auf, bis seine Beladung im Gleichgewicht mit der Zulaufkonzentration steht. Die Stoffübergangsprozesse laufen relativ langsam ab und es bildet sich über der Adsorbensschüttung ein Konzentrationsprofil aus. Der Bereich der Schüttung, der keine konstante Adsorptivkonzentration sondern ein Konzentrationsprofil aufweist, ist die Adsorptionszone oder die Massenübergangszone.

Die Schüttschicht eines Adsorbers lässt sich in verschiedene Zonen einteilen. In der ersten Zone ist das Adsorbens vollständig beladen und die Adsorptivkonzentration in der Lösung entspricht der Zulaufkonzentration. Aus der vorbei fließenden Lösung wird kein Adsorptiv mehr adsorbiert (Sättigung). In der Massenübergangszone läuft der Adsorptionsprozess ab. Über der Schüttung bildet sich ein Konzentrationsprofil aus, das durch die Gleichgewichtslage und die Adsorptionskinetik bestimmt wird (Teilbeladung). In der dritten Zone ist das Adsorbens noch unbeladen. Im Idealfall ist in dieser Zone die Adsorptivkonzentration in der abfließenden Lösung gleich Null. Diese Zone befindet sich zwischen Massenübergangszone und Adsorberausgang.

Während des Adsorptionsvorganges wandert die Massenübergangszone vom Adsorbereingang zum Adsorberausgang. Befindet sich die Massenübergangszone innerhalb des Adsorbers, tritt kein Adsorptiv aus dem Adsorber aus. Trifft die Massenübergangszone auf den Adsorberausgang, kommt es zum Anstieg der Adsorptivkonzentration in der Lösung am Ablauf. Der gemessene Konzentrations-Zeit-Verlauf im Adsorberablauf wird als Durchbruchkurve bezeichnet.

Adsorptionsgleichgewichte

Wie stark ein Adsorbens mit einem Schadstoff beladen werden kann, ist von den Stoffeigenschaften beider Komponenten (Adsorptiv und Adsorbens), den auftretenden Wechselwirkungen zwischen den beiden Komponenten, sowie von der Beladung mit dem Schadstoff, der Temperatur und dem Druck abhängig. Um etwas über das Adsorptionsverhalten verschiedener Systeme aussagen zu können, werden experimentell Adsorptionsisothermen ermittelt. Dabei wird die Beladung des Adsorbens gegen das Verhältnis aus Konzentration und adsorbierter Masse für eine bestimmte Temperatur aufgetragen.

Regenerierung/Desorption

Um einen Durchbruch, d.h. eine Übersättigung und damit den ungehinderten Durchgang der Schadstoffe durch das Adsorbens zu verhindern, muss das Adsorptionsmittel in regelmäßigen Zeitabständen regeneriert werden. Durch die Regenerierung werden die adsorbierten Stoffe von der Oberfläche des Adsorbens entfernt. Da die Adsorption durch erhöhten Druck und niedrige Temperatur begünstigt wird, ist beim Umkehrvorgang, der Desorption, bei tieferen Drücken und höheren Temperaturen zu arbeiten.

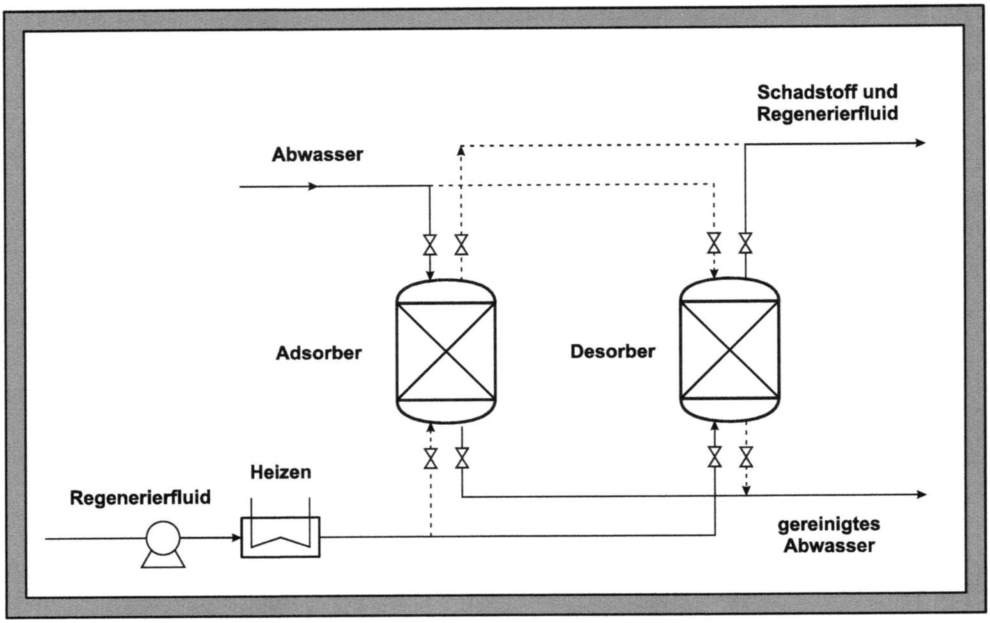

Abb. 8.3: Adsorptionsanlage [8.7]

In Abbildung 8.3 ist eine Adsorptionsanlage mit zwei baugleichen Festbettadsorbern dargestellt. Das eine Festbett (Adsorber) wird mit dem Schadstoff beladen, das andere Festbett (Desorber) wird regeneriert. Die Ventile sind so eingestellt, dass das zu behandelnde Abwasser durch den Adsorber strömt, während das erwärmte Regenerierfluid oder Regenierdampf den Desorber passiert.

Bei Regeneration des Adsorbens unterscheidet man zwischen folgenden Desorptionsverfahren:

- **Temperaturwechselverfahren**
  Bei diesem Verfahren wird das beladene Adsorbens mit Heißdampf oder Heißgas regeneriert.

- **Druckwechselverfahren**
  Hierbei wird nach Beendigung der Beladephase der erhöhte Druck im Adsorber durch Entspannen oder Evakuieren auf den gewünschten Wert gesenkt. Das Adsorptiv wird mit Hilfe eines Spülgases abgeführt bzw. abgesaugt.

- **Extraktion mit Lösungsmitteln**
  Das Adsorptiv wird mit einem geeigneten Lösungsmittel in Lösung gebracht und im gelösten Zustand von der Adsorbensoberfläche entfernt.

- **Reaktivierung**
  Eine Reaktivierung ist dann erforderlich, wenn das Adsorptiv mit dem Adsorbens eine irreversible chemische Reaktion eingegangen ist. Die Reaktivierung erfolgt durch eine Reaktion mit einem Trägergas oder mit einer flüssigen Phase und anschließender Abführung der Komponenten.

Adsorptionsmittel

Um zu einer optimalen Adsorption zu gelangen, ist die Auswahl des Adsorbens von entscheidender Bedeutung. Dabei sind folgende Anforderungen an das Adsorptionsmittel zu stellen:

- hohes Adsorptionsvermögen für die zu adsorbierenden Stoffe auch bei niedrigen Eingangskonzentrationen,
- hohe Selektivität für bestimmte zu adsorbierende Stoffe,
- leichte Desorbierbarkeit nach der Beladung,
- Beständigkeit gegenüber physikalischen und chemischen Einflüssen (Temperatur-/Säurebeständigkeit),
- hohe Abriebfestigkeit (besonders bei Bewegtbettadsorbern),
- geringer Druckverlust in der Schüttung,
- geringer Preis.

Adsorptionsmittel sind Stoffe mit sehr großen inneren Oberflächen. Bei bestimmten Aktivkohlesorten liegen sie bei bis zu 1500 m²/g. Die wichtigsten Adsorptionsmittel für die Abwasser- und Recyclingtechnik sind Aktivkohlen (Kornkohle, Pulverkohle), Adsorberharze, Kieselgel, Aluminiumoxid, natürliche Silikate und Kieselsäuren. Während die Aktivkohlen überwiegend hydrophob sind und zur Entfernung unpolarer organischer Verbindungen dienen, sind Aluminiumoxide und Kieselgel hydrophil. Diese beiden Adsorbentien vermögen die polaren Wassermoleküle zu adsorbieren und werden als Trockenmittel eingesetzt. Die Adsorberharze können, je nach Aufbau, sowohl für polare als auch für unpolare organische Substanzen verwendet werden (Abb. 8.4).

Adsorbens	**Zusammensetzung**	**spezifische Oberfläche/ m^2g^{-1}**	**Schüttgewicht/ gL^{-1}**
Aktivkohle	Kohlenstoff	600 - 1.500	300 - 500
aktiviertes Aluminiumoxid (Tonerde)	Aluminiumoxid und anorganische Salze	100 - 400	700 - 800
Kieselgel	granuliertes Siliziumoxid	250 - 850	400 - 800
Molekularsiebe	Alkali-/Erdalkali-/ Alumosilikate	500 - 1.000	600 - 800

Abb. 8.4: Zusammenfassung einiger wichtiger Adsorbientien

8

Abwasserreinigung

In der Abwasserreinigung wird das thermische Verfahren der Adsorption zur Entfernung von schwer abtrennbaren Geruchs-, Farb- und Geschmacksstoffen, von verschiedenen organischen Verbindungen und von einigen Schwermetallen eingesetzt. Wegen der geringen Selektivität und der eingeschränkten Möglichkeit zur Wiederverwendung des beladenen Adsorptionsmittels wird die Adsorption oft in Kombination mit anderen Reinigungsverfahren als letzte Stufe vor dem Vorfluter eingesetzt. Verfahrenstechnisch werden bei Adsorption das Einrührverfahren und das Perkolationsverfahren (Kolonnenverfahren) unterschieden.

Beim Einrührverfahren wird pulverisierte Aktivkohle in die zu reinigende Lösung eingerührt und nach gewissen Verweilzeiten abfiltriert oder abdekantiert. Dies kann diskontinuierlich oder kontinuierlich geschehen. Dabei spielt die Filtrierbarkeit der Adsorbentien eine wichtige Rolle. Dieses Verfahren wird bei geringen Abwasserströmen oder bereits vorhandenem Belebungsschlamm eingesetzt. Die häufigsten Adsorberbauarten beim Einrührverfahren sind:

- diskontinuierliche Adsorption im Mischer mit anschließender Filtration,
- kontinuierliche Adsorption im Mischer mit anschließender Filtration,
- kontinuierliche Adsorption im Mischer mit anschließender Sedimentation.

Das Perkolationsverfahren stellt ein Verfahren dar, bei dem gekörnte oder in Presslingen erzeugte Aktivkohle in Körnungen von ca. 2 - 3 mm in vertikale Kolonnen gefüllt wird. Diese werden von oben nach unten mit dem zu reinigenden Abwasser durchströmt. Die Schütthöhen der Adsorbentien betragen 2 - 3 m, wobei die Kontaktzeiten (Adsorptiv mit Adsorbens) zwischen 15 - 60 Minuten liegen. Aktivkohle in körniger Form ist das am häufigsten verwendete Adsorptionsmittel, das in Perkolationsverfahren eingesetzt wird. In Festbettadsorbern wird sie verwendet wenn das Abwasser suspendierte Feststoffteilchen enthält und der Adsorbensbedarf relativ gering ist.

Eine einzelne Adsorptionskolonne reicht aus, wenn die Durchbruchskurve eine große Steigung aufweist oder die Standzeit des Adsorbens sehr lang ist. Mehrkolonnensysteme kommen zum Einsatz, wenn der Adsorptionsprozess zu Regenerationszwecken nicht unterbrochen werden darf oder die Dimensionen einer einzelnen Kolonne für die vorgesehene Aufgabe nicht ausreichen. In einer parallelen Schaltung wird jede Adsorptionsstufe mit unbeladenem oder regeneriertem Adsorbens versorgt. Dies ist zur Erzielung hoher Reinheitsgrade notwendig. In einer seriellen Adsorptionsschaltung durchströmen Abwasser und Adsorbens die einzelnen Adsorptionsstufen in Gegenstrom, wodurch die Kapazität des eingesetzten Adsorbens optimal genutzt wird.

Grundwassersanierung

Zur Sanierung von Grundwasser wird häufig die Aktivkohle-Adsorption als Verfahren eingesetzt. Gelangen Schadstoffe in das Grundwasser, wird dieses abgepumpt und je nach Schadstoff in verschiedenen Anlagen gereinigt. Das gereinigte Wasser wird in die Kanalisation geleitet. Schlecht in Wasser lösliche, leichtflüchtige organische Stoffe können in Strippanlagen entfernt werden. Beispiele für im Wasser enthaltene Schadstoffe sind Mineralöle, Kohlenwasserstoffe, chlorierte Kohlenwasserstoffe, Pflanzenschutzmittel, etc.

Im Sanierungsbereich werden überwiegend Festbett-Adsorber (Aktivkohlefilter) eingesetzt. Die Arbeitsweise dieser Aktivkohlefilter ist relativ einfach. Das mit dem Schadstoff beladene Wasser strömt durch eine Schicht aus Aktivkohle und gibt den Schadstoff an die Aktivkohle ab. Es kommt zu einer Konzentrationsabnahme des Schadstoffs im Wasser und einem Beladungszuwachs auf der Aktivkohle.

In jedem Wasser kommen natürliche organische Verbindungen vor, die als Huminstoffe bezeichnet werden. Die Huminkonzentration ist oft größer als die Schadstoffkonzentration. Zwischen den Huminstoffen und den Schadstoffen kommt es am Aktivkohleadsorber daher zu einer Konkurrenzreaktion. Die Huminstoffe wandern im Aktivkohle-Festbett den organischen Schadstoffen voraus. Dies führt zu einer Voradsorption der Huminstoffe. Die noch frische Aktivkohle wird somit mit Huminstoffen belegt und hat für die folgende Adsorption von z.B. chlorierten und aromatischen Kohlenwasserstoffen nicht mehr die volle Beladungskapazität. Dieser Vorgang führt zu einer wesentlich geringeren nutzbaren Kapazität der Aktivkohle für die zu entfernenden Schadstoffe. Durch hintereinander schalten von mehreren Aktivkohleadsorbern lässt sich dieser Effekt vermindern.

8.3 Strippen

Strippen ist das Austreiben eines flüchtigen Stoffes aus dem Abwasser mittels Luft oder Dampf. Das Strippen ist der gegenläufige Prozess zur Absorption, die Aufnahme und Auflösung von Gasen und Dämpfen in Flüssigkeiten. Das Strippen ist wie die Vakuumentgasung, die Austreibung durch Entspannen oder die Desorption durch Temperaturerhöhung ein Desorptionsprozess. Beim Strippverfahren ist der Partialdruckunterschied der Schadstoffkomponente zwischen der Abwasserphase und der Luft- bzw. Dampfphase die treibende Kraft. Da die Löslichkeit der Übergangskomponente im Abwasser in der Regel bei tiefen Temperaturen und erhöhten Drücken begünstigt wird, sind bei der Desorption höhere Temperaturen und niedrige Drücke anzuwenden. Durch eine Strippung können speziell folgende Abwasserinhaltstoffe ausgetrieben werden:

- Schwefelwasserstoff (H_2S) und hydrolisierbare Sulfide,
- Ammoniak (NH_3),
- wasserdampfflüchtige Phenole,
- leichtflüchtige Kohlenwasserstoffe,
- aromatische Kohlenwasserstoffe.

Die treibende Kraft hinter dem Prozess des Strippens ist der Partialdruckunterschied der Schadstoffkomponente zwischen der Abwasserphase und der Luft- bzw. Dampfphase. Dabei muss der Partialdruck, das heißt der Gehalt des aus der Flüssigkeit zu entfernenden Stoffes, in der Flüssigkeit größer als im Gas sein.

Der Zusammenhang zwischen dem Molenbruch x_i einer Komponente in der Flüssigkeit und dem Partialdruck p_i im Gasraum ist durch das Henry´sche Gesetz gegeben (Abb. 8.5). Der Henry-Koeffizient H ist sowohl stoff- als auch stark temperaturabhängig. Durch die Strippgaszufuhr wird der Partialdruck der Schadstoffkomponente über der Flüssigkeit gesenkt. Da die Schadstoffkomponente das Bestreben hat den Partialdruck aufrecht zu erhalten (Verteilungsgleichgewicht), geht sie in die Gasphase über, wodurch der Anteil in der wässrigen Phase beständig sinkt.

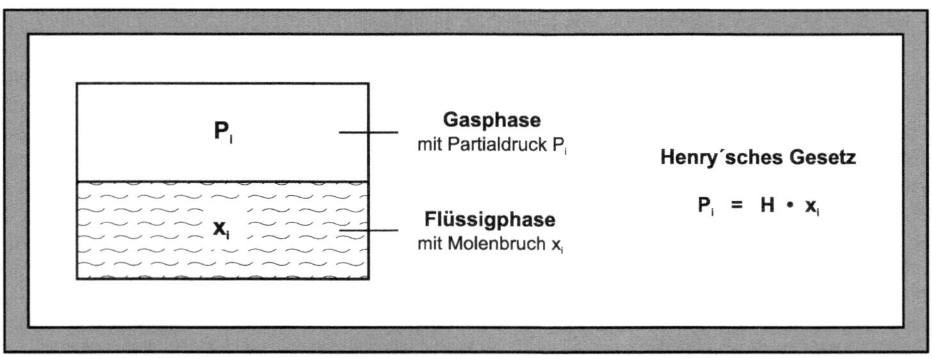

Abb. 8.5: Schematische Darstellung des Henry'schen Gesetzes

8

Wenn sich das Gleichgewicht eingestellt hat, ist die Gasphase nicht in der Lage, weitere Substanzen aufzunehmen. Um die Konzentration im Wasser dennoch weiter abzusenken, muss das Gleichgewicht gestört werden, indem das gesättigte Gas abgeführt und durch unbeladenes ersetzt wird. Beim Strippvorgang wird das Gleichgewicht kontinuierlich gestört, indem Luft bzw. Inertgas am beladenen Wasser entlang geführt wird. In Abbildung 8.6 sind der Dampfdruck sowie der Henry-Koeffizient für einige ausgewählte Schadstoffe zusammengestellt.

Schadstoff	Dampfdruck bei 25 °C/Pa	Henry-Koeffizient/ Pa $m^3 mol^{-1}$
1,1-Dichlorethan	78.800	1.510
Chlormethan	6.500	3.232
Benzol	12.700	562
Toluol	3.700	600
Xylol	800	537
Naphthalin	11	49
Phenol	47	1,3

Abb. 8.6: Dampfdruck und Henry-Koeffizient für einige ausgewählte Schadstoffe

Verfahren und Anlagen

Voraussetzung für einen Strippvorgang ist die Schaffung einer möglichst großen Phasengrenzfläche zwischen Strippgas und zu reinigendem Abwasser, sowie ein sehr rasches Abführen der beladenen Luft. Im Wasser dürfen keine Tenside, die die Phasengrenze zerstören würden, oder Schaumbildner die den Luftdurchsatz stören, vorhanden sein. Auch Fette und Öle müssen unbedingt vor dem Strippen aus dem Abwasser entfernt werden.

Von entscheidender Bedeutung bei diesem Vorgang ist der Dampfdruck der zu entfernenden Substanz. Ist der Dampfdruck hoch, so können mehr Teilchen in die Gasphase übergehen und die Substanz lässt sich leichter aus der Flüssigphase entfernen. In Abhängigkeit von den auszutreibenden Stoffen werden Drücke von 0,07 - 3,4 bar eingestellt. Der zweite ausschlaggebende Parameter für den Strippvorgang ist die gewählte Betriebstemperatur, so dass die Strippkolonnen in Abhängigkeit von den auszutreibenden Stoffen in einem Temperaturbereich von 40 - 140 °C betrieben werden. Hohe Temperaturen von mehr als 120 °C sind z.B. bei der Austreibung von Ammoniak erforderlich. So kann das Hydrolysegleichgewicht zugunsten des gasförmigen Ammoniaks verschoben werden.

Bei Füllkörperkolonnen wird das schadstoffbeladene Wasser direkt am Kopf der Kolonne fein auf Füllkörper verteilt (Abb. 8.7). Das Wasser rieselt über die Füllkörper in den unteren Teil der Anlage, den so genannten Sumpf. Im Gegenstrom dazu wird Luft von unten nach oben in die Kolonne geleitet. Dabei findet der Stoffaustausch statt, so dass sich die Luft zunehmend mit den leichtflüchtigen Schadstoffen belädt, während das gereinigte Wasser die Kolonne am Fuß verlässt. Die Füllkörper erzeugen eine möglichst große Stoffaustauschfläche, die den Stoffübergang von der flüssigen in die gasförmige Phase begünstigt. Bei einstufigen Standardanlagen werden z.B. Abscheidegrade für Tetrachlorethen von bis zu 99 % erreicht. Mit mehrstufigen Anlagen kann eine Vielzahl von leichtflüchtigen Verbindungen von der maximalen Sättigungskonzentration bis zur Nachweisgrenze entfernt werden. Bei mehrstufigen Anlagen sind die einzelnen Stufen in Reihe geschaltet. Das zu reinigende Wasser wird dabei aus einem Sumpf der vorhergehenden Stufe mittels einer niveaugeregelten Pumpe über den Düsenstock der folgenden Stufe versprüht und weiter von leichtflüchtigen Bestandteilen befreit.

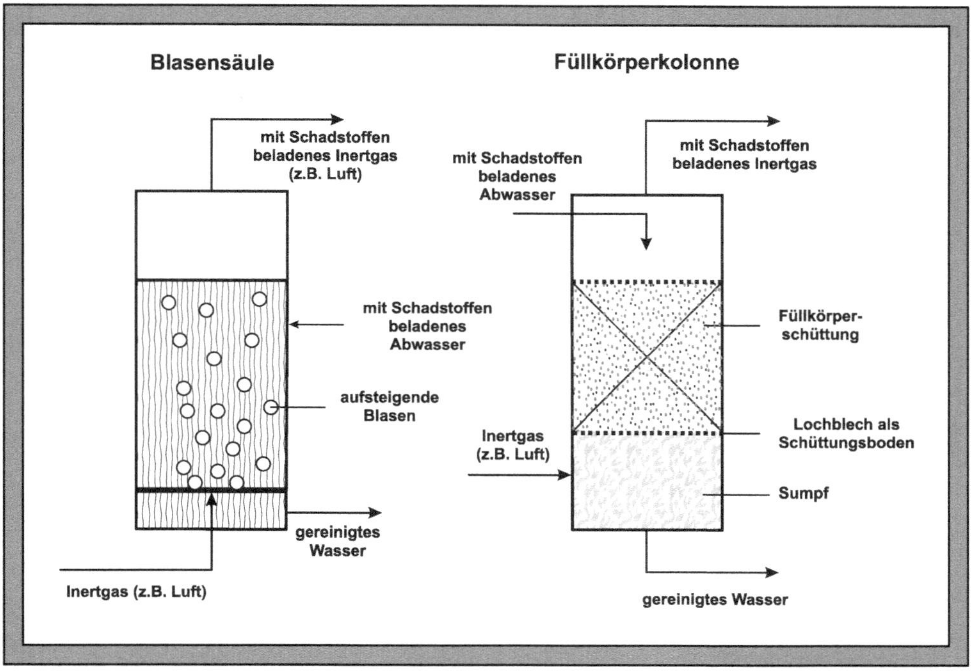

Abb. 8.7: Blasensäule und Füllkörperkolonne als Strippapparaturen

Grundwassersanierung

Schadstoffe gelangen über verschiedene Pfade ins Grundwasser:

- aus überdüngten landwirtschaftlichen Flächen,
- Pflanzenschutzmittel aus der Landwirtschaft,
- wassergefährdende Stoffe wie CKW´s durch unsachgemäßen Umgang,
- Sickerwässer aus schlecht abgedichteten Deponien,
- Freisetzung von Schwermetallen durch „sauren Regen“,
- Abwasser aus undichten Kanalisationen.

Von on-site-Strippung spricht man, wenn das Wasser zur Reinigung mit einer Pumpe an die Oberfläche gefördert und dort behandelt wird (Abb. 8.8).

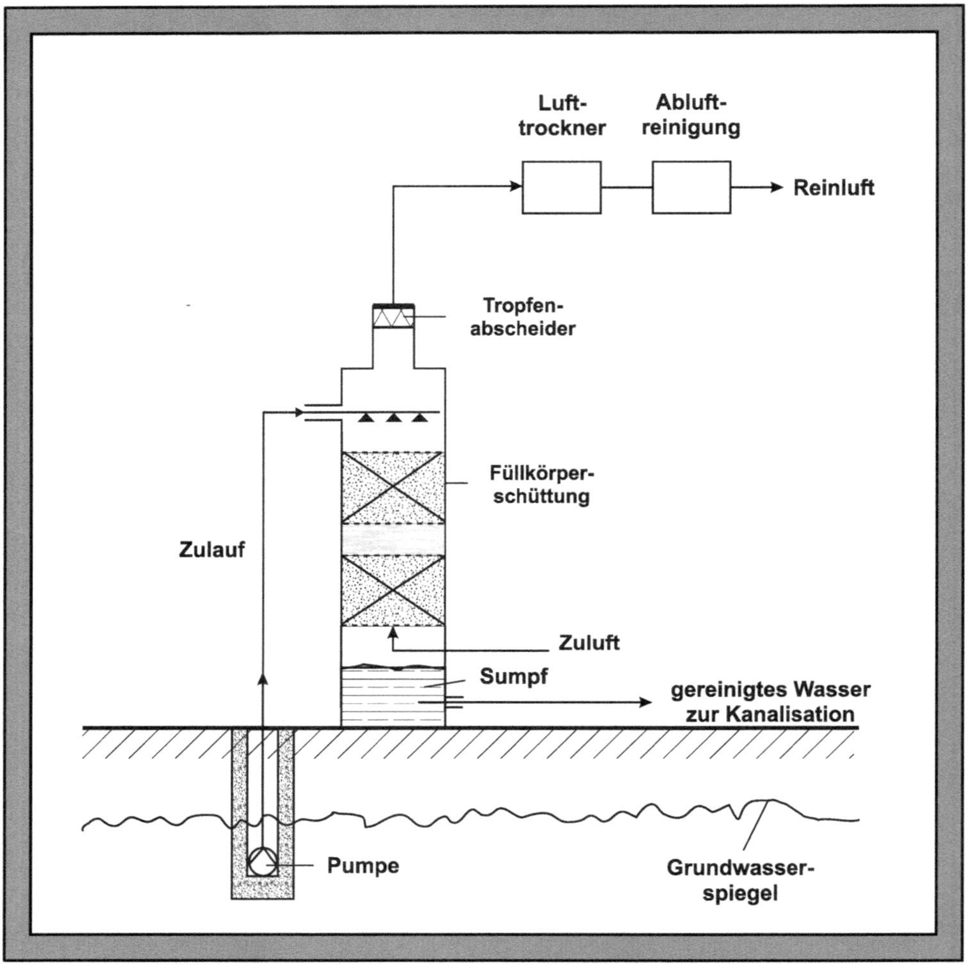

Abb. 8.8: Strippanlage zur on-site-Strippung [8.16]

In Strippanlagen wird neben den leichtflüchtigen Schadstoffen oft auch das im Wasser gelöste Kohlendioxid ausgetrieben. Dadurch fällt Calciumcarbonat aus und es kann zu Anlagenstörungen kommen:

$$Ca(HCO_3)_2 \longrightarrow CaCO_3 + H_2O + CO_2$$

Beim In-situ-Verfahren (Abb. 8.9) wird Druckluft direkt in den Grundwasserleiter gepresst und die aufsteigende Luft in der ungesättigten Bodenzone abgesaugt. Während des Aufstiegs der Druckluft gehen die im Wasser gelösten Schadstoffe in die Gasphase über. Die abgesaugte Luft wird einem Abluftreinigersystem zugeführt. Aufgrund von Bodenporositäten ist das abgesaugte Luftvolumen ist in der Regel wesentlich größer als die eingeblasene Luftmenge.

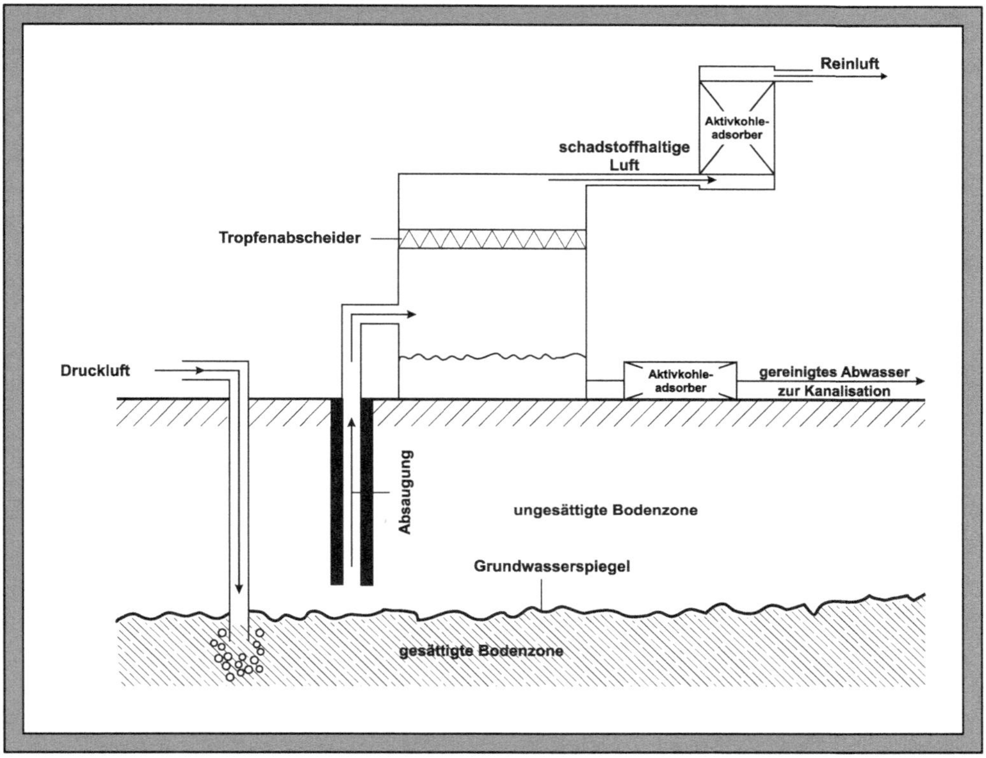

Abb. 8.9: In-situ-Strippung von Grundwasser [8.16]

Ob Luft oder Wasserdampf als Strippmedium eingesetzt wird, bestimmt u.a. das Stoffsystem Absorptiv/Absorber, Wasserlöslichkeit des Absorptivs, Betriebsbedingungen, Aufwand und Grenzwerte für die Nachreinigung des beladenen Strippmediums, Investitions- und Betriebskosten. Folgende Vor- und Nachteile der beiden Strippmedien können auftreten (Abb. 8.10).

Vorteile der Luftstrippung	Nachteile der Luftstrippung
• Entsorgungsmöglichkeit der Luft durch Verbrennung • Energie kann auf niedrigem Niveau eingesetzt werden, da nur Strom benötigt wird • bei Temperaturen unter dem Siedepunkt ist eine Normaldruckfahrweise möglich • keine Kalkausfällung durch Erwärmen • billige, korrosionsfähige Werkstoffe	• je niedriger die Stripptemperatur, desto größer der Luftbedarf und umso größer die Kolonne • falls die Abluft nicht zurückgeführt werden kann, muss der Schadstoff durch einen weiteren Verfahrensschritt aus der Strippluft eliminiert werden • Desorbat ist nicht kondensierbar • nur für Leichtsieder geeignet • adsorptive Nachreinigung erforderlich
Vorteile der Dampfstrippung	**Nachteile der Dampfstrippung**
• Schadstoffe können als wässrige Lösungen in der Zweikolonnenschaltung zurückgewonnen werden • besseres Gleichgewicht durch höhere Temperatur • auch für Hochsieder geeignet • Desorbat ist kondensierbar • keine adsorptive Nachreinigung erforderlich	• höheres Energieniveau oder Vakuumapparatur erforderlich • Dampf und Kühlwasser erforderlich • Kalkablagerungen und Salzausfällungen möglich • teure Werkstoffe zur Vermeidung von Korrosionen

Abb. 8.10: Vor- und Nachteile der Luft- und Dampfstrippung

Je nach Zielrichtung des Strippvorganges für die einzelnen Stoffgruppen und der Kolonnengröße können folgende Eliminationsgrade erreicht werden (Abb. 8.11).

auszutreibende Komponente	Eliminationsgrad/%
Schwefelwasserstoff	98 - 99
Ammoniak	90 - 94
Phenole	20 - 65
Cyanide	90 - 95
Aromaten	40 - 50

Abb. 8.11: Prozentuelle Reinigungsleistung des Strippens für häufige Abwasserinhaltsstoffe

8.4 Extraktion

Extraktion ist das selektive Herauslösen, Auswaschen oder Auslaugen bestimmter Substanzen als Übergangskomponenten aus flüssigen oder festen Stoffgemischen mit Hilfe von Lösungsmitteln. Die Extraktion zählt wie die Ab- und Adsorption und das Strippen zu den thermischen Trennverfahren, bei denen ein Hilfsstoff die Funktion des selektiv wirkenden Aufnehmers erfüllt. Aus einer Abgeberphase wird Wertstoff bzw. bei Reinigungsverfahren Schadstoff durch ein aufnehmendes Lösungsmittel in eine Aufnehmerphase überführt. Die unterschiedlichen Löslichkeiten der Spezies in einer Abgeber- und einer Aufnehmerphase bewirken die Abtrennung von Substanzen.

Die Extraktion führt im Gegensatz zu anderen Trennverfahren nicht direkt zu den nahezu reinen Komponenten. Die Abgeber- bzw. Raffinatphase enthält nach erfolgter Extraktion noch Lösungsmittel und Wert- bzw. Schadstoff. Die Regenerierung des Lösungsmittels und die Reinigung des Wertstoffes erfordern zusätzliche Trennprozesse, wie z.B. Rektifikation (Destillation).

Bei der Extraktion muss die Abgeberphase intensiv mit dem aufnehmenden Lösungsmittel vermischt werden. Dann ist eine ausreichend lange Kontaktzeit zwischen den Phasen gewährleistet. Nach erfolgtem Stoffaustausch müssen sich Raffinat- und Extraktphase sauber trennen. Mischung und Phasentrennung müssen in einer Extraktionseinrichtung meist mehrfach wiederholt werden.

Im Einzelnen besteht die Extraktion aus folgenden Verfahrensschritten (Abb. 8.12):

- innige Durchmischung des Abwassers mit dem Extraktionsmittel, bis sich ein Verteilungsgleichgewicht zwischen Extrakt- und Raffinatphase einstellt (Mischer),
- Trennung der beiden Phasen in einem Abscheider in eine Extrakt- und Raffinatphase (Settler),
- Aufarbeitung der Extraktphase durch Isolierung der extrahierten Stoffe und Rückgewinnung (z.B. mittels Rektifikation) des extraktiv wirkenden Lösungsmittels (Regenerierung),
- Entfernung der Lösemittelreste aus der Raffinatphase, im Allgemeinen mittels einer Dampfstrippung (Stripper).

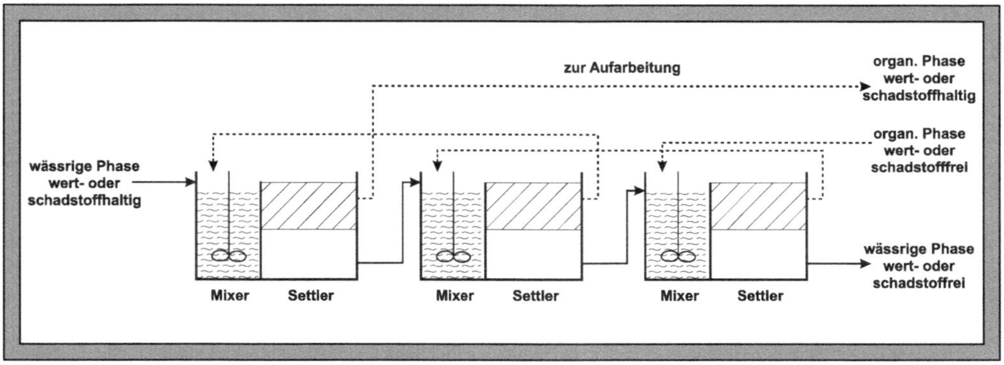

Abb. 8.12: Verfahrensschritte der Flüssig-Flüssig-Extraktion [8.9]

In der Abwasserbehandlung werden Extraktionsanlagen zur Abtrennung von Phenolen und aromatischen Kohlenwasserstoffen eingesetzt, wobei die Extraktion meist die erste Reinigungsstufe für höher konzentrierte Lösungen darstellt. Im Gegensatz zur Destillation hat die Extraktion nicht nur den Vorteil des wesentlich geringeren Energiebedarfs, sondern auch die Möglichkeit, Stoffe mit geringen Siedeunterschieden quantitativ aus dem Abwasser abzuscheiden. Für die Abwasserreinigung wurden in den letzten Jahren auch die Anwendungsmöglichkeiten der Hochdruckextraktion mittels überkritischem Kohlendioxid (CO_2) untersucht.

Extraktionsmittel

Die Auswahl des Extraktionsmittels spielt für eine spezifische Abwasserreinigung eine entscheidende Rolle. An das Lösungsmittel werden eine Reihe von Forderungen gestellt. Vorrangig soll nur die Verunreinigung aus dem Abwasser abgetrennt werden. Für eine quantitative Abtrennung muss die Selektivität möglichst groß sein. Dies liegt bei einem kleinen Mengenverhältnis von Extraktionsmittel zu Abwasser vor. Eine hohe Selektivität kann ebenfalls durch eine geringe gegenseitige Mischbarkeit von Extraktionsmittel und Abwasser erzielt werden.

Insbesondere die geringe Wasserlöslichkeit des Lösungsmittels ist ein Hauptkriterium für dessen Einsatzmöglichkeit, da dadurch die nachfolgenden Verfahrensstufen zur Entfernung des Lösungsmittels beeinflusst werden. Die Dichtedifferenz zwischen Extraktionsmittel und Abwasser sollte ebenfalls möglichst groß sein, da dies die Zeit der Phasentrennung minimiert.

Bei der Grenzflächenspannung sind mittlere Werte anzustreben, da bei kleinen Werten stabile Emulsionen gebildet werden, die nicht weiter verwendbar sind. Eine große Grenzflächenspannung führt zu einem für Dispergierung zu großen Energieaufwand. Eine niedrige dynamische Viskosität verringert den Stoffübergangswiderstand und erhöht die Durchsätze. Als weitere Forderungen sind geringe Korrosivität, Entflammbarkeit, Toxizität und Kosten zu erfüllen.

Extraktionsapparate

Man unterscheidet diskontinuierlich und kontinuierlich arbeitende Extraktionsapparate (Extrakteure). Der einfachste diskontinuierliche Extraktionsapparat ist der Rührkessel. Die Trennung von Extrakt- und Raffinatphase erfolgt durch Absetzen. Kontinuierliche Extrakteure sind Extraktionskolonnen, in denen die Raffinat- und Extraktphase im Gegenstrom geführt wird. Extraktionszentrifugen sind ebenfalls kontinuierlich arbeitende Extraktionsapparate.

Abbildung 8.13 zeigt eine Extraktionskolonne, bei der die Trennung von Extrakt- und Raffinatphase über eine Füllkörperschüttung geschieht. Das Extraktionsgut wird von oben und das Extraktionsmittel im Gegenstrom von unten in die Kolonne eingeführt. Das Produkt geht aus der Raffinatphase in die Extraktphase über. Aufgrund unterschiedlicher Dichten der beiden Phasen entmischen sich diese. Die leichte Extraktphase steigt nach oben und wird am Kopf der Kolonne entnommen. Die schwere Raffinatphase sinkt nach unten und wird am Boden der Kolonne abgezogen.

Extraktionskolonnen werden als Füllkörperkolonnen oder Bodenkolonnen gebaut. Siebbodenkolonnen werden häufig eingesetzt, Glockenbodenkolonnen hingegen selten. Besonders wirksam sind Extraktionskolonnen mit bewegten Teilen (mit Rührern), bei denen Rühr-/Mischzonen und Ruhezonen übereinander angeordnet sind.

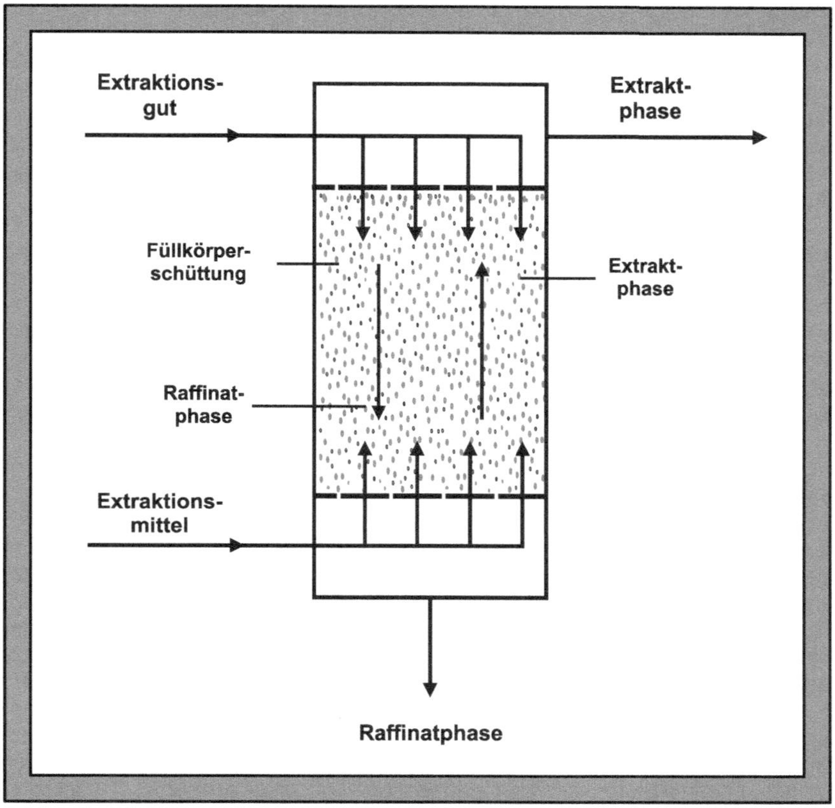

Abb. 8.13: Führung der Stoffströme in einer Extraktionskolonne [8.10]

8.5 Verdampfen

Die beiden Verfahren Verdampfen und Verdunsten, dienen der Rückgewinnung von Prozesslösungen aus Spülwasser. Es ist deshalb unerlässlich, eine Spültechnik einzusetzen, die ein Minimum an Spülwasser benötigt und ein Maximum der Konzentration der im Spülwasser verschleppten Badbestandteile bewirkt. Dazu kommt die Tatsache, dass sich im Spülwasser mit den Badbestandteilen auch die Fremdstoffe anreichern. Beim Wasserentzug konzentrieren sich sämtliche Bestandteile noch weiter auf. Vor der Rückführung der Prozesslösungen müssen diese Fremdstoffe entfernt bzw. auf konstante Konzentrationen gehalten werden, die keine nachteiligen Wirkungen auf die Prozesse ausüben.

Verdampfen und Verdunsten sind die wichtigsten Verfahren zur Vermeidung von Schlamm und Aufsalzung. In beiden Fällen wird das Wasser einer Lösung durch Überführung in den gasförmigen Zustand entzogen. Die Wege und die Mittel, die bei den beiden Vorgängen benutzt werden, sind jedoch so verschiedenartig, dass sie eine technische Unterscheidung erlauben.

Verdampfung

Unter Verdampfung versteht man die Abtrennung des Lösungsmittels bzw. der Verunreinigung aus einer Lösung durch Wärmezufuhr und damit verbundener Verdampfung. Da die Verdampfung als ein thermisches Trennverfahren zur Aufkonzentrierung von Prozessabwässern dient, wird sie oft in der Praxis in Kombination mit anderen Reinigungsschritten (z.B. Kristallisation) eingesetzt. Die Abwasserreinigung geschieht mittels Zerlegung des Abwassers in eine gasförmige Phase (Brüden) und eine flüssige Phase (Konzentrat).

Beim Verdampfen wird eine Flüssigkeit in den dampfförmigen Zustand überführt, nachdem die Oberfläche der Flüssigkeit die vom Druck abhängige Sättigungstemperatur (z.B. für Wasser beim Druck von 1 bar liegt die Sättigungstemperatur bei 100°C) erreicht hat. Die zum Verdampfen einer Masseneinheit Flüssigkeit (z.B. 1 kg) erforderliche Wärmemengen nennt man Verdampfungswärme. Die Verdampfungswärme wird mit abnehmendem Druck kleiner. Die zur Verdampfung des Abwassers notwendige Energie wird durch direkte oder indirekte Beheizung aufgebracht. Dabei werden die Brüden derselben oder weiterer Verdampfungsstufen zur Erwärmung verwendet.

Verdampferbauarten

Verdampfer werden unterteilt in Verdampfer mit direkter und indirekter Beheizung, diskontinuierlich und kontinuierlich arbeitende Verdampfer, Einkörper- und Mehrkörperverdampfer. Überwiegend werden kontinuierlich arbeitende Verdampfer mit indirekter Beheizung durch Dampf eingesetzt, die entweder als Einkörper- oder als Mehrkörperverdampfer betrieben werden. Beim Einkörperverdampfer wird die Eindampfung der Lösung bis zur gewünschten Endkonzentration in einem einzigen Verdampferkörper vorgenommen. Mehrkörperverdampfer bestehen aus mehreren Verdampferkörpern, die dampfseitig und auch meist lösungsseitig hintereinander geschaltet sind. Mehrkörperverdampfer erhöhen die Wirtschaftlichkeit der Verdampfung. Der Heizdampfverbrauch sinkt bei einer Dreikörperverdampferanlage auf 40 % des Verbrauches eines Einkörperverdampfers. Der im Verdampfer herrschende Druck verringert sich jedoch von Körper zu Körper. Dadurch ist eine Vakuumpumpe erforderlich. Dies ist der Nachteil des Mehrkörperverdampfers.

Bei den indirekt dampfbeheizten Verdampfern unterscheidet man, in Bezug auf die Zirkulation der verdampfenden Lösung, zwischen Verdampfern mit Naturumlauf und Verdampfern mit Zwangsumlauf. In Verdampfern mit Naturumlauf steigt die verdampfende heiße Lösung infolge ihrer geringeren Dichte an der Heizfläche nach oben. Die frische kühlere Lösung mit größerer Dichte strömt außerhalb der Heizfläche nach unten. Je größer die Umlaufgeschwindigkeit der Lösung ist, desto besser ist der konvektive Wärmeübergang. Die Umlaufgeschwindigkeit und der Wärmeübergang werden durch den Zwangsumlauf verbessert, wobei der Zwangsumlauf mit Hilfe einer Umwälzpumpe erfolgt. Es wird eine wesentlich größere Lösungsmittelmenge umgewälzt als verdampft. Dadurch werden Heizflächenverkrustungen durch auskristallisierende Feststoffe vermieden. Die Verdampfung setzt erst ein, wenn sich die Lösung nach Austritt aus dem Heizregister entspannt.

Umlaufverdampfer

Das Abwasser wird im Umlauf durch von außen beheizte Röhren geführt. Der Umlauf erfolgt dabei entweder natürlich durch thermischen Auftrieb oder zwangsweise durch Pumpen. Wenn die Strömungsgeschwindigkeiten günstig gewählt werden, eignen sich Umlaufverdampfer auch für Abwässer, die zu Verkrustungen oder zum Schäumen neigen.

Abbildung 8.14 zeigt einen unter Druck arbeitenden einstufigen Umlaufverdampfer, der zur Rückgewinnung von Elektrolyten aus Spülwasser eingesetzt wird. Dabei wird über eine Vakuumpumpe zunächst ein Unterdruck im Verdampfer erzeugt. Durch Öffnen des Ventils am Verdampfer wird das zu verdampfende Medium in die Apparatur gesaugt. Sobald ein bestimmter Füllstand erreicht ist, wird dem Verdampfer als Heizmedium Dampf zugeführt. Die verdampfte Flüssigkeit gelangt in das Trenngefäß, wo die Brüden von mitgerissenen Tröpfchen befreit und im nachgeschalteten Kondensator wieder kondensiert wird. Erreicht der Flüssigkeitsstand im Verdampfer eine untere Grenze, wird erneut Spülwasser angesaugt. Sobald eine gewünschte Konzentration im Trenngefäß erreicht ist, entspannt das Gefäß und das Ventil am Trenngefäß wird zum Ablassen des Konzentrats geöffnet. Danach wird der Vorgang wiederholt.

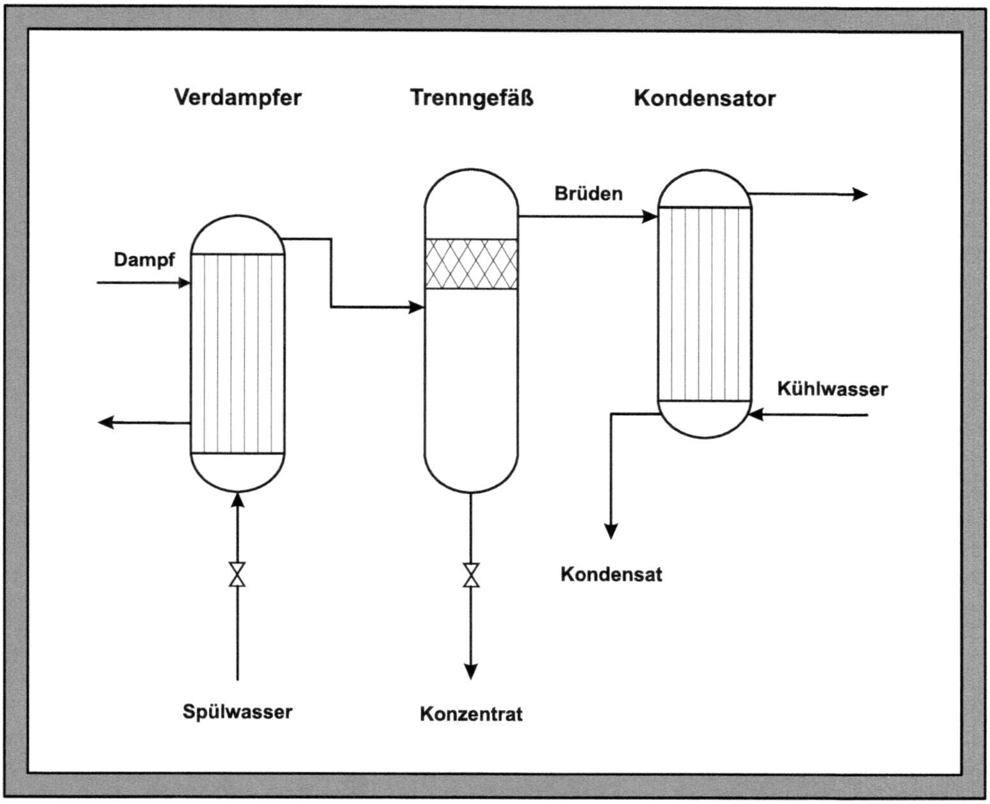

Abb. 8.14: Verdampfer zur Rückgewinnung von Elektrolyten aus Spülwasser [8.9]

Dünnschichtverdampfer

8

Beim Dünnschichtverdampfer läuft das Abwasser als dünner Film aufgrund der Schwerkraft an beheizten Flächen entlang. In der Regel ist dies ein vertikales Rohr, das am unteren Ende beheizt wird. Dünnschichtverdampfer haben den Vorteil, dass bis zur Trocknen eingedampft werden kann. Deshalb sind Dünnschichtverdampfer oft die letzte Stufe einer mehrstufigen Anlage.

Bei ungelösten Feststoffen, die im Abwasser enthalten sind oder während der Eindampfung entstehen, müssen Verdampfer mit geringer Neigung zur Krustenbildung und mit Abzugsmöglichkeiten für Feststoffe eingesetzt werden. Bei Inhaltsstoffen, die infolge thermischer Zersetzung flüchtige Substanzen oder Verharzungen bilden können, kommen Verdampfer mit geringer Aufenthaltszeit und/oder geringer Temperaturdifferenz zwischen Heiz- und Siederaum in Frage. Dies gilt auch für wasserdampfflüchtige Inhaltsstoffe, die zu einer Anreicherung im Brüdenkondensat führen. Bei obenflächenaktiven Stoffen, die Schaumbildung verursachen können, sind besondere Abscheidekonstruktionen oder/und Entschäumer zu verwenden.

Betriebsweisen von Verdampfern

Der Übergang von der Flüssig- in die Gasphase bei der Verdampfung erfordert viel Energie, was hohe Betriebskosten zur Folge hat. Die durch den Heizdampf zugeführte Wärmemenge kann besser genutzt werden, indem die erzeugten Brüden wieder als Heizdampf verwendet werden. Verwendung der in einem Verdampfer erzeugten Brüden als Heizdampf für denselben Verdampfer wird Brüdenkompression genannt. Mehrstufenverdampfung erfolgt dann, wenn die aus einem Verdampfer abgezogenen Brüden als Heizdampf für die anderen Verdampfer verwendet werden.

Bei der mechanischen Brüdenkompression werden mit Hilfe eines Verdichters die gesamten entstehenden Brüden auf einen höheren Druck und somit eine höhere Kondensationstemperatur gebracht und dann im gleichen Verdampfer, in dem sie entstanden sind, als Heizdampf verwendet. Der erforderliche Verdichtungsdruck muss so hoch sein, dass einerseits die Siedepunktserhöhung überwunden wird und andererseits noch ein hinreichend großes Temperaturgefälle für die Wärmeübertragung zur Verfügung steht. Sehr häufig werden einstufige Radialverdichter eingesetzt, in denen der Druck um den Faktor 1,8 erhöht wird, was zur Erhöhung der Siedetemperatur um 12 bis 18 °C führt. Die für den Verdichter notwendige Antriebsenergie liegt bei weniger als 10 % der bei direkter Heizung zuzuführenden Wärmeenergie. Die Investitionskosten sind jedoch durch die aufwendigere technische Konstruktion hoch.

Bei der thermischen Brüdenkompression wird mit Hilfe eines Dampfstrahlverdichters ein Teil der entstandenen Brüden komprimiert und in dem Verdampfer, wo sie entstanden sind, als Heizdampf verwendet. Der Druck des Treibdampfes wird in der Treibdüse des Dampfstrahlverdichters in Geschwindigkeit umgesetzt. Ein Teil der aus dem Verdampfer austretenden Brüden wird durch die Geschwindigkeit des Treibdampfes mitgerissen und in der Mischdüse mit dem Treibgas vermischt. Im angeschlossenen Diffusor wird die Geschwindigkeit des Gemisches in Druck umgesetzt. Die einfache Konstruktion und das Fehlen beweglicher Teile, sowie eine vollkommene Betriebssicherheit und eine lange Lebensdauer führen zu niedrigen Investitionskosten. Unter günstigen Bedingungen liegt der Treibdampfbedarf bei 50 % eines nur mit Frischdampf beheizten Verdampfers.

Bei der Mehrstufenverdampfung sind mehrere Verdampfer so hintereinandergeschaltet, dass die in einer Stufe erzeugten Brüden in der jeweils darauffolgenden Stufe als Heizdampf genutzt werden. Der Betriebsdruck muss von Stufe zu Stufe gesenkt werden. Die Dampfersparnis wird von Stufe zu Stufe geringer. In der Praxis werden am häufigsten Anlagen mit bis zu vier Stufen gebaut. Abbildung 8.15 zeigt eine Eindampfanlage, die dreistufig aufgebaut ist. Die einzelnen Verdampfer arbeiten nach dem Naturumlaufprinzip. Nach Vorwärmen im Brüdenkondensator wird das Abwasser in die erste Verdampferstufe gepumpt, die mit Frischdampf beheizt wird. Aus der ersten Verdampferstufe wird ein Teil des Konzentrates in die zweite geführt, die Brüden der ersten Stufe dienen als Heizmittel für die zweite. Verdampferstufe drei arbeitet analog, die Brüden dieser Stufe werden mittels des eintretenden Abwasserstromes und Kühlwassers kondensiert.

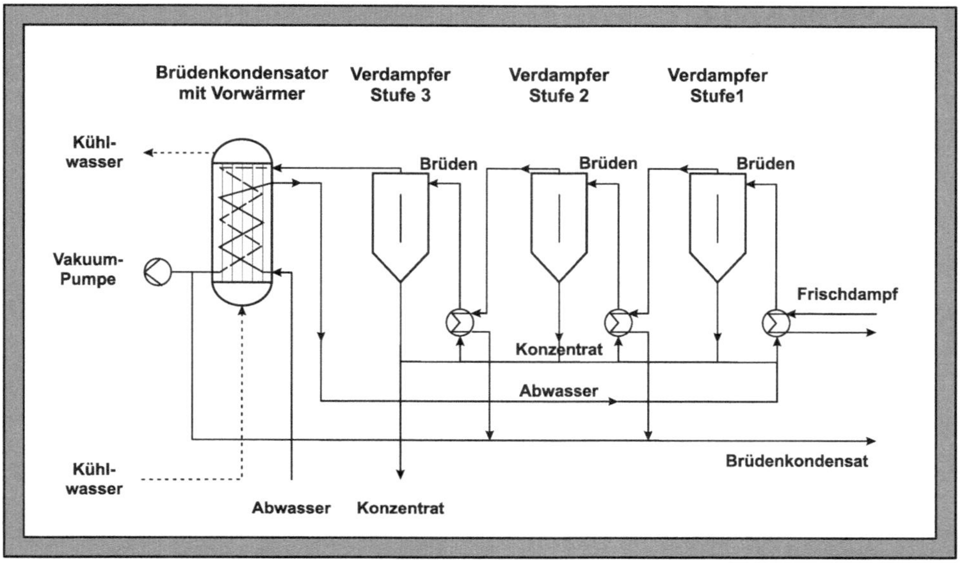

Abb. 8.15: Dreistufige Eindampfung für Abwasser [8.3]

Es werden drei Schaltungsvarianten bei der Stromführung von Abwasser und Brüden unterschieden.

Bei der Gleichstromschaltung strömen Brüden und Lösung durch die einzelnen Stufen in die gleiche Richtung. Mit dem höchsten Druck-Temperatur-Niveau tritt das Abwasser in die erste Stufe ein. Die Konzentration des Abwassers wird von Stufe zu Stufe höher. Die letzte Stufe verlässt dieses auf dem niedrigsten Druck-Temperatur-Niveau. Da das Konzentrat von Stufe zu Stufe durch das Druckgefälle gefördert wird, sind zwischen den einzelnen Stufen keine Pumpen erforderlich. Die Gleichstromschaltung wird zur Eindampfung temperaturempfindlicher Lösungen eingesetzt, da das Konzentrat in den letzten Stufen thermisch schonend behandelt wird.

Bei der Gegenstromschaltung strömen Brüden und Lösung durch die einzelnen Stufen in entgegengesetzter Richtung. Das Abwasser tritt in die erste Stufe auf dem niedrigsten Druck-Temperatur-Niveau ein und verlässt als Konzentrat die letzte Stufe auf dem höchsten Druck-Temperatur-Niveau. Vorteilhaft bei der Gegenstromschaltung ist die Verdampfung der konzentrierten Lösung mit der höchsten Temperatur, da der Wärmeübergang durch die geringer gewordene Viskosität besser wird. Nachteilig ist die Notwendigkeit von Pumpen zur Überwindung des Druckgefälles zwischen den einzelnen Stufen. Die Gegenstromschaltung empfiehlt sich bei kalten Ausgangslösungen, da eine geringere Menge der Flüssigkeit auf höhere Temperatur aufgeheizt wird.

Bei der Parallelstromschaltung wird das Abwasser auf die einzelnen Stufen verteilt und in jedem Verdampfer auf die geforderte Endkonzentration gebracht. Die Brüden passieren dabei die einzelnen Stufen hintereinander. Die Drücke in den einzelnen Stufen sind verschieden und somit unterscheiden sich auch die Temperaturen der anfallenden Konzentrate. Die Parallelstromschaltung wird bevorzugt, wenn bei der Eindampfung die Löslichkeitsgrenze unterschritten wird.

8.6 Verdunsten

Unter Verdunsten versteht man die Abtrennung des Lösungsmittels bzw. einer Verunreinigung aus einer Lösung durch einen Übergang der Wassermoleküle in die Luft. Der Übergang der Wassermoleküle in die Luft in Form von Dampf geschieht bei der Verdunstung solange, wie der Dampfdruck des Wassers kleiner ist als der Gesamtdruck der Luft. Ist er gleich groß, kommt es zur Verdampfung.

Verdunsterbauarten

Beim Rieselkühlturm (Abb. 8.16) wird die zu verdunstende Lösung über eine Füllkörperschüttung (z.B. Raschigringe, Torussättel, Pallringe) verregnet und im Gegenstrom von unten her Luft angesaugt. Die wasserdampfhaltige Luft wird von Tröpfchen in einem Tropfenabscheider befreit und an die Umgebung abgegeben. Der Tropfenabscheider wird in bestimmten Zeitabständen durch eine Spritzanlage zur Rückgewinnung der dort abgelagerten Elektrolytbestandteile und zur Reinigung abgespritzt. Die sich konzentrierende Lösung läuft in den mit einer Heizung ausgestatteten Vorlagebehälter zurück. Die Massenströme von Luft und Wasser, sowie die Kontaktzeit durch die Schüttungshöhe müssen aufeinander abgestimmt sein. Nur dann kann eine optimale Verdunstung erreicht werden. Ein zu großer Luftstrom führt dazu, dass die Flüssigkeit nach oben mitgerissen wird und nicht mehr abläuft.

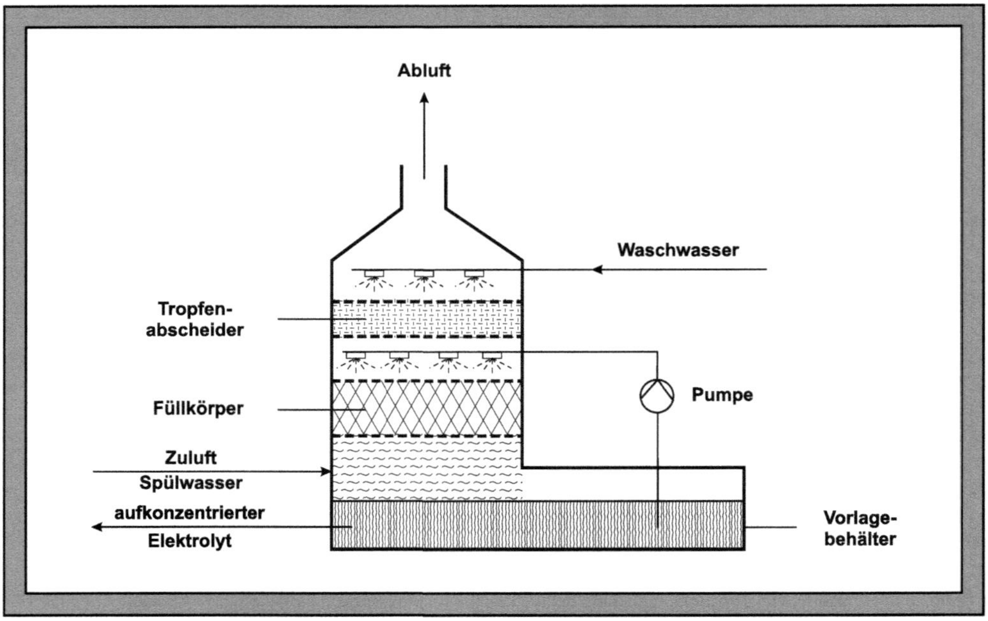

Abb. 8.16: Verdunsteranlage am Beispiel Rieselkühlturm [8.9]

Vergleich Verdunsten - Verdampfen

Das Verdunsten hat gegenüber dem Verdampfen bestimmte Vorteile. Verdunstungssysteme können auch zur Kühlung von Elektrolyten benutzt werden. Hohe Strombelastungen heizen die Elektrolyte auf und diese Wärme kann als Energie beim Verdunsten genutzt werden. Verdunster können aus kostengünstigen Werkstoffen (Kunststoffe, gummiertes Stahlblech) gefertigt werden.

Die Abluft der Dunstabsaugungen von Prozessbädern kann auch zum Verdunsten unter Nutzung ihres Wärmeinhalts eingesetzt werden. Die Verdunsteranlage ist mit der ohnehin erforderlichen Einrichtung zur Tropfenabscheidung ausgestattet.

Nachteilig beim Verdunsten ist, dass die Verdunsterleistung von Klimaeinflüssen oder von Einflüssen ihrer Vorbenutzung abhängt. Die Luftmenge, die zur Verdunstung von 1 kg Wasser erforderlich ist, wird mit den fallenden Temperaturen und mit dem Anstieg der relativen Luftfeuchtigkeit größer.

Tensidhaltiges Abwasser kann wegen der Schaumbildung nur sehr schwer oder gar nicht verdunstet werden. Für tensidhaltige Prozesslösungen sind nur Flächenverdunster geeignet, deren Leistung jedoch nur bei 30 - 40 % der des Rieselkühlturms liegt. Außerdem reichern sich Inhaltsstoffe in der Luft an. So reagiert das CO_2 der Luft z.B. mit Natriumhydroxid und bildet Soda (Na_2CO_3).

8.7 Flotation

Bei der Flotation wird der Dichteunterschied zwischen verschiedenen Feststoffpartikeln künstlich vergrößert, indem die Feststoffpartikel durch aufsteigende Gasblasen aus der Flüssigkeit transportiert werden. Voraussetzung hierfür ist, dass der Feststoff hydrophob, d.h. wasserabweisend, ist. Hydrophobe Stoffe lagern sich bevorzugt an Gase an (Abb. 8.17).

Eine weitere Forderung ist, dass die Adhäsionskräfte zwischen Feststoffpartikeln und Gasbläschen groß genug sind, um die Partikel durch die Flüssigkeit hindurch transportieren zu können. Feststoffpartikel, die durch aufsteigende Gasblasen aus der Flüssigkeit transportiert werden, lagern sich in Form eines schaumartigen Schwimmschlammes an der Wasseroberfläche ab, wo sie durch entsprechende Oberflächenräumer (Skimmer) abgezogen werden können. Die Schaumdecke muss daher stabil sein, damit die Partikel beim Räumen nicht wieder absinken.

Die Aufstiegsgeschwindigkeit der gasbeladenen Partikel ist meist viel größer als die natürliche Sedimentationsgeschwindigkeit der unbeladenen Teilchen. So sind nur 30 - 50 % der Klärfläche einer Sedimentationsanlage für eine Flotationsanlage nötig. Die Verweilzeit des Abwassers im Flotierbecken ist entsprechend kurz.

Die Flotation kann beispielsweise zur Reinigung öl-/fetthaltiger Abwässer aus der Nahrungsmittelindustrie (Emulsionsabtrennung), für faserhaltige Abwässer aus der Papierindustrie und zur Aufbereitung von lackhaltigen Abwässern aus der Lackiererei eingesetzt werden.

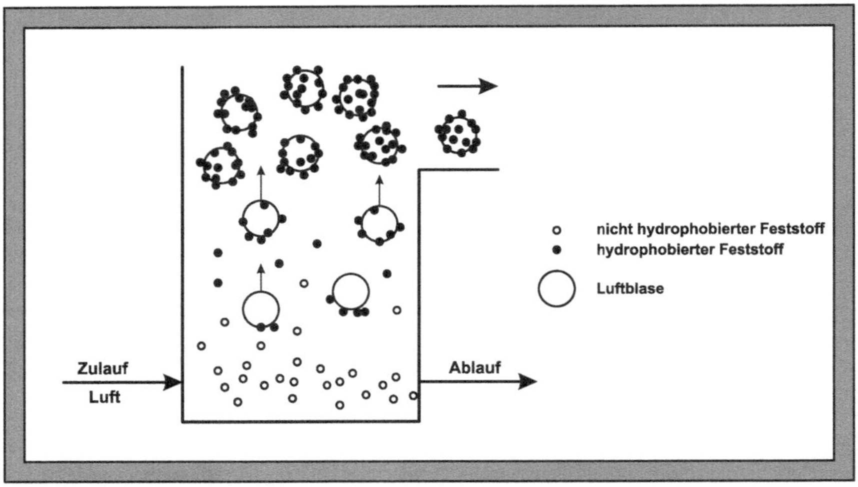

Abb. 8.17: Prinzip der Flotation

Die Gasbläschen im Wasser können auf unterschiedliche Weise erzeugt werden. Abbildung 8.18 zeigt eine Flotationszelle, bei der Luft mit Hilfe eines Rührers im Abwasser verteilt wird. Bei Druckluftzellen wird Druckluft direkt feinverteilt eingedüst.

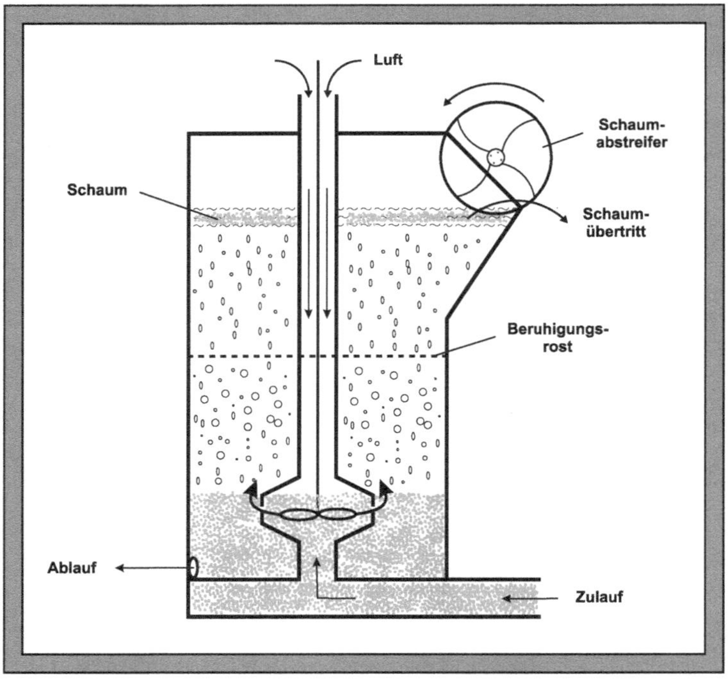

Abb. 8.18: Flotationszelle [8.10]

Druck-Entspannungs-Flotation

Bei dieser am häufigsten eingesetzten Art von Flotation wird das Abwasser mit Druckluft versetzt (Abb. 8.19). Wenn das luftgesättigte Wasser anschließend in einem geeigneten Ventil auf den Umgebungsdruck entspannt wird, perlt die Luft durch die Entspannung in kleinen Bläschen aus und trägt so die Partikel nach oben. Die Gasblasen haben eine Größe von < 100 µm. Dies genügt, um auch schwach hydrophobe (wasserabweisende) Partikel noch gut zu flotieren.

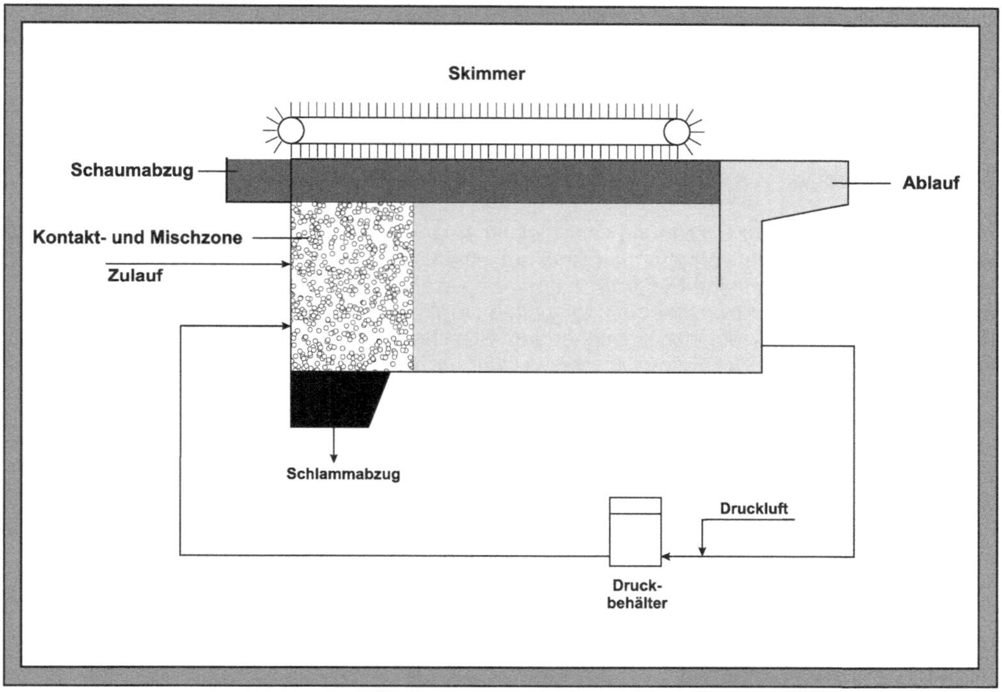

Abb.8.19: Druckentspannungsflotation

Begasungsflotation

Bei dieser Flotationsart leiten Zuführrohre Druckluft über den Beckenboden in das Wasser ein. Über das Scherfeld eines Stator/Rotorsystems wird die Blasengröße eingestellt. Von einem sternförmigen Rotor wird das Wasser/Luft-Gemisch zunächst radial beschleunigt und dann an den Statorspalten geschert, so dass kleine Gasblasen entstehen. Die beschleunigte Flüssigkeit hat so viel Energie, dass sich die Gasblasen gleichmäßig im Flotierbecken verteilen. Diese Bauart hat einen frei einstellbaren Luftmengeneintrag und eine einfache Bauart ohne voluminöse Druckbehälter. Jedoch lässt sich die Blasenfeinheit der Druck-Entspannungsflotation selten erreichen. Vorrangig wird die Begasungsflotation in der Erzaufbereitung eingesetzt.

Entgasungsflotation

Hier wird ebenfalls die unter Druck erhöhte Löslichkeit von Luft in Wasser genutzt. Im Zulaufschenkel eines U-förmigen Schachtes wird der Abwasserstrom abwärts geführt und über Filterkerzen oder Fritten mit Luft angereichert. Am tiefsten Punkt des Schachtes kommt es schließlich zu einer Luftsättigung des Abwassers. Im anderen Schenkel steigt der Abwasserstrom wieder aufwärts und die gelöste Luft entweicht. Durch die niedrigen Abwassergeschwindigkeiten läuft der Vorgang nur allmählich ab, so dass die Entweichung an den als Keimstellen wirkenden Schmutzpartikeln stattfindet. Somit entstehen die Luftblasen „in situ" an den Partikeln, so dass eine hohe Ausnutzung der vorhandenen Luftmenge möglich ist. Dieses Verfahren zeichnet sich durch den geringen Luftverbrauch aus und wird meist dort eingesetzt, wo bereits luftgesättigtes Abwasser unter entsprechendem Druck vorliegt, z.B. im Anschluss an eine Turmbiologie zur Abtrennung und Rückführung des biologischen Schlammes aus dem gereinigten Abwasser.

Elektroflotation

Eine weitere Methode zur Erzeugung sehr gleichmäßiger Blasen ist die Elektroflotation. Dazu wird das Abwasser chemisch vorbehandelt und auf einen entsprechenden pH-Wert eingestellt. Die Gasblasen werden durch eine Elektrolyse des Abwassers erzeugt. Es tauchen zwei Elektroden in das elektrisch leitfähige Abwasser ein und spalten die Wassermoleküle in gasförmigen Wasserstoff und Sauerstoff. Die Anzahl der entstehenden Bläschen ist direkt proportional zur angelegten Spannung, so dass die Elektroflotation sehr gezielt für bestimmte Trennaufgaben eingesetzt werden kann. Mit diesem Verfahren lassen sich Gasblasen mit einem Durchmesser $< 50\ \mu m$ erzeugen. Dies begünstigt eine gute Haftung an Schmutzpartikeln. Die Schmutzteilchen werden durch die elektrolytisch erzeugten Gasblasen an die Behälteroberfläche transportiert und dort abgezogen. Das gereinigte Abwasser fließt über eine Auslaufrinne ab. Wenn eine Opferanode aus Fe- oder Al-Verbindungen verwendet wird, lässt sich bei einigen Stoffen gleichzeitig mit der Blasenerzeugung eine Flockung erzielen. Dieses Flotationsverfahren ist allerdings kosten- und wartungsintensiver.

8.8 Leichtstoffabscheider und Skimmer

Wenn Öle und Fette (Leichtstoffe) frei im Wasser vorliegen, so dass sie in Form von Öltropfen auf der Wasseroberfläche schwimmen, können sie mit Hilfe von Ölabscheidern vom Wasser abgetrennt werden. Liegen die Öle emulgiert vor, sind beide Phasen so miteinander vermischt, dass keine freiwillige Trennung erfolgt. Der Einsatz eines Ölabscheiders ist hier nicht möglich. Für die Trennung von Ölen und Wasser durch Leichtstoffabscheider ist also unbedingt sicherzustellen, dass keine oberflächenaktiven Substanzen wie Tenside oder Emulgatoren im Wasser vorliegen.

Leichtstoffabscheider

In der DIN EN 858 „Abscheideranlagen für Leichtflüssigkeiten" werden für Leichtstoffabscheider die Bau- und Bemessungsgrundsätze definiert. Dem Abscheider ist ein Schwerstoffabscheider (Sand-/Schlammfang) vorzuschalten. Es muss sichergestellt werden, dass keine Emulsionen oder tensidhaltige Lösungen zugeführt werden. Werden die Baugrundsätze und entsprechende Sicherheitszuschläge berücksichtigt, lässt sich ein Abscheidegrad von 97 % und mehr erreichen (Abb. 8.20).

Je länger der Weg für das Aufsteigen der Leichtstoffpartikel ist, umso stärker wirkt sich die Koaleszenz, d.h. das Zusammenfließen einzelner Öltröpfchen zu einem größeren Tropfen aus. Voraussetzung zur optimalen Ausnutzung dieser Koaleszenz ist das Vermeiden von Turbulenzen, die diesem Vorgang entgegenwirken. Größere Tröpfchendurchmesser, größere Dichteunterschiede, abnehmende Viskosität und zunehmende Temperatur verkürzen die Koalenszenzzeiten. Durch spezielle Einbauten oder Füllkörper wird die Koaleszenz ebenfalls gefördert.

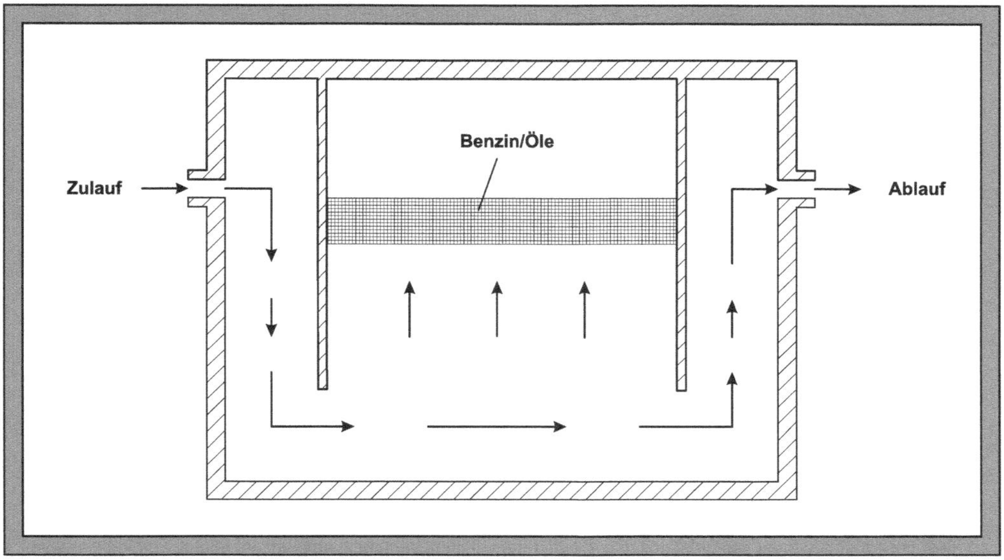

Abb. 8.20: Prinzipieller Aufbau eines Leichtstoffabscheiders [8.8]

Trotz guter Phasentrennung kann das Abwasser aufgrund anderer Inhaltsstoffe auch in Abwesenheit von Tensiden noch bis 30 mg/L und mehr an gelösten Mineralölen enthalten. Ist nach der Ölabscheidung eine Metallfällung durchzuführen, können diese Ölrückstände bei der Ausbildung der Metallhydroxide an diese adsorbiert werden. Dann können 0,5 bis 2 % der Trockensubstanz der Metallschlämme aus ölhaltigen Substanzen bestehen. Erfolgt keine Metallfällung zur weiteren Abwasserreinigung kann durch Zugabe von Eisen(III)- oder Aluminiumsalzen eine Adsorptionsmöglichkeit für die restlichen Öle und Fette geschaffen werden.

Koaleszenzabscheider

Um die Abscheidung zu begünstigen, macht sich dieser Abscheider die Bildung größerer Öltröpfchen zu nutzen. Speziell geformte Leitplatten werden parallel angeordnet. Die Flüssigkeit wird so geführt, dass eine schnelle Abscheidung der Öl/Fett-Anteile mit hoher Effektivität erfolgt. Solche Abscheider werden sowohl als Koaleszenz-Plattenabscheider (Abb. 8.21) als auch in anderen Bauformen, z.T. auch in Kombination mit Schwerkraftabscheidern, hergestellt.

8

Es wird angestrebt kleinere Tröpfchen möglichst rasch zu koalisieren, damit ihre Steiggeschwindigkeit zunimmt. Tröpfchen mit halbem Durchmesser steigen nur noch mit einem Viertel der Geschwindigkeit. Ordnet man Koalisier-Platten mit wenigen Millimetern Abständen übereinander an, kommt es zur schnellen Verbindung und zum schnellen Aufstieg der Tröpfchen. Das Zusammenwirken einer Vielzahl derartiger Platten zu einem Abscheidesystem führt zu einem entsprechend hohen Wirkungsgrad. Sofern keine emulgierten Anteile vorliegen, lassen sich mit Koaleszenzabscheidern Restölgehalte von < 5 mg/L erreichen.

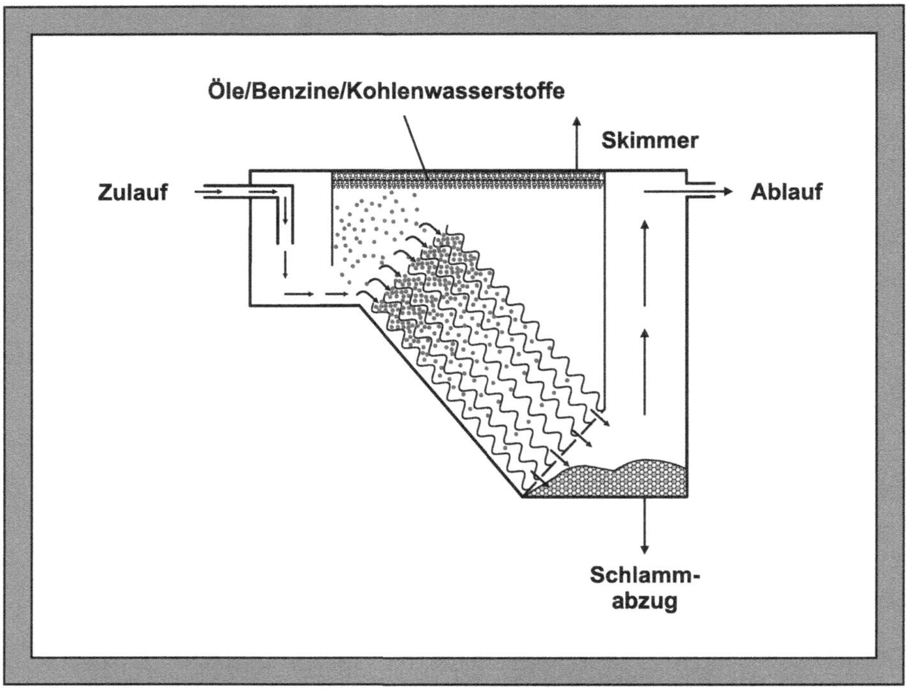

Abb. 8.21: Koaleszenzabscheider

Bandskimmer

Der bei der Schwerkraft-Ölabscheidung entstandene Ölfilm über der wässrigen Phase wird durch Skimm-Verfahren abgetrennt. Dabei kann das Skimmen durch verstellbare Überlaufrinnen, Schwimmskimmer oder Bandskimmer durchgeführt werden (Abb. 8.22).

Bei Bandskimmern werden oleophile Bänder, die das Öl sowohl durch Adhäsion als auch durch die Kapillarwirkung des eingesetzten Materials binden, von der Oberfläche abgezogen. Zum Einsatz kommen hier Nadelfilze aus Polyester, Polyethylen, Polypropylen, usw. Dabei vermag das Band das 40- bis 50-fache des eigenen Gewichts an Öl aufzunehmen. Dieses aufgenommene Öl wird durch Abquetschen mit Walzen wieder entfernt.

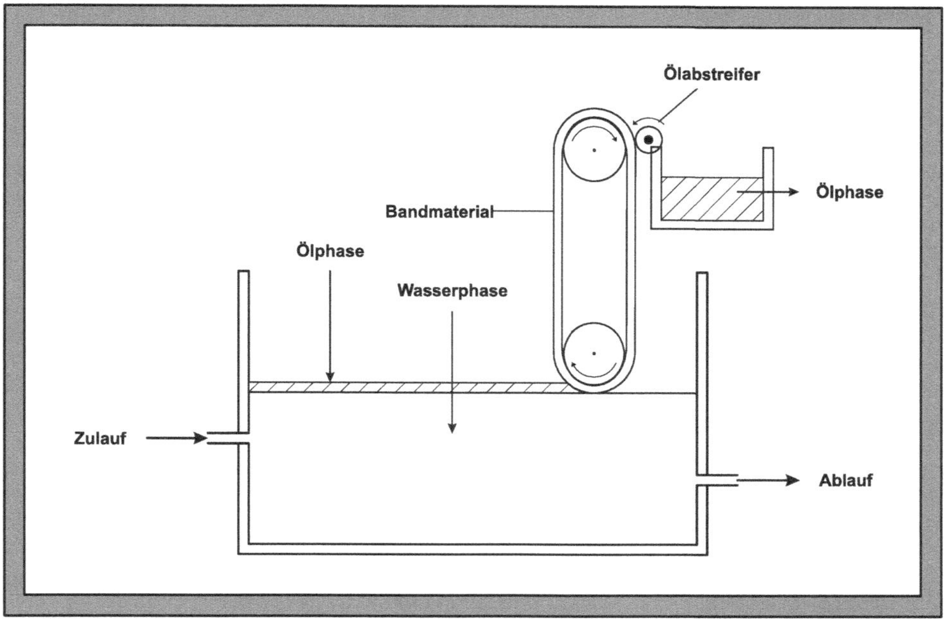

Abb. 8.22: Prinzipieller Aufbau eines Bandskimmers

8.9 Sedimentation

Der Begriff Sedimentation leitet sich vom lateinischen Wort „sedimentum - Bodensatz“ ab. Er bezeichnet grundsätzlich den Vorgang der fest-flüssig Suspensionstrennung unter Einfluss eines Beschleunigungsfeldes. Für die meisten Anwendungen wird die Erdanziehung ausgenutzt. Bei der Zentrifugation werden höhere Beschleunigungen zur Fest-Flüssig-Trennung genutzt. Die Sedimentationsgeschwindigkeit und die Zusammensetzung des Bodensatzes hängen von vielen Parametern ab. Dazu zählen z.B. Form, Größe und Oberflächenbeschaffenheit der Feststoffpartikel, deren Dichte sowie die Temperatur, Viskosität und Dichte der Flüssigkeit.

Probleme treten bei der Sedimentation auf, wenn zwischen den Feststoffpartikeln und der Flüssigkeit nur ein sehr geringer Dichteunterschied vorliegt. Eine Trennung nur mit Hilfe der Erdschwerkraft verläuft dann so langsam, dass die Größe des Absatzbeckens unverhältnismäßige Dimensionen einnehmen würde. In diesem Fall ist es häufig günstiger und notwendig auf eine andere Trennmethode (z.B. Zentrifugation) zurückzugreifen. Das Sedimentieren gilt als eine relativ preisgünstige Methode der Suspensionstrennung. Da die Erdanziehung als Beschleunigungsfeld dient, kann mit relativ geringem Energieaufwand eine gute Stofftrennung erfolgen. Ein Beispiel für Sedimentation ist die Abtrennung von Feststoffen aus Abwässern in Kläranlagen. Das Klassieren durch Sedimentation ist von der Goldwäsche oder vom Abtrennen der Sporen bei der Getreideverarbeitung her ebenfalls bekannt. Die Sedimentation dient damit nicht ausschließlich der Abtrennung von Feststoffen aus Flüssigkeiten, sondern sie kann auch zur Klassifizierung nach Dichte oder Korngröße genutzt werden.

Apparate zur Sedimentation

Die meisten der Absetzapparate arbeiten im kontinuierlichen Bereich. Klärbecken werden oft in Kläranlagen eingesetzt. Über den Einlauf gelangt das zu trennende Abwasser ins Klärbecken. Die schweren Feststoffteilchen sinken als Schlamm zu Boden. Dieser wird mit Räumwerkzeugen in eine Beckenvertiefung transportiert und über den Schlammabzug entnommen. Leichte Teilchen (Schwimmschlamm) bewegen sich an die Oberfläche und werden dort abgezogen. Für die Auslegung von Klärbecken ist die Absetzgeschwindigkeit entscheidend. Da bei kleinen Absetzgeschwindigkeiten die Größe der Apparate sehr groß werden würde, beschränkt sich deren Anwendungsbereich auf Sinkgeschwindigkeiten über 10^{-5} m/s.

Erfolgt die Sedimentation im Klärbecken, ist im Schlamm noch ein beträchtlicher Wasseranteil enthalten. Ein höherer Feststoffgehalt lässt sich mit Kläreindickern erreichen. Im oberen Bereich läuft das weitgehend saubere Wasser kontinuierlich ab. Nach unten hin sedimentieren die Partikel und ein mehrarmiges Krählwerk sorgt für eine bessere Schlammentwässerung. Am tiefsten Punkt wird der Schlamm kontinuierlich abgezogen.

Schrägklärer (Abb. 8.23) benötigen weniger Platz. Die lamellenartig eingebauten Böden dienen zur Vergrößerung der Absetzfläche. Im Vergleich zum Klärbecken benötigt ein Schrägklärer nur etwa ein Zehntel des Platzes. Das Abwasser strömt in den mittleren Bereich des Schrägklärers ein und wird über die geneigten Lamellen nach oben geführt. Hier sinken die Partikel ab und rutschen in den Schlammtrichter, wo der Schlamm kontinuierlich abgezogen wird. Das über den Auslauf austretende Wasser ist jetzt größtenteils von Feststoffen befreit.

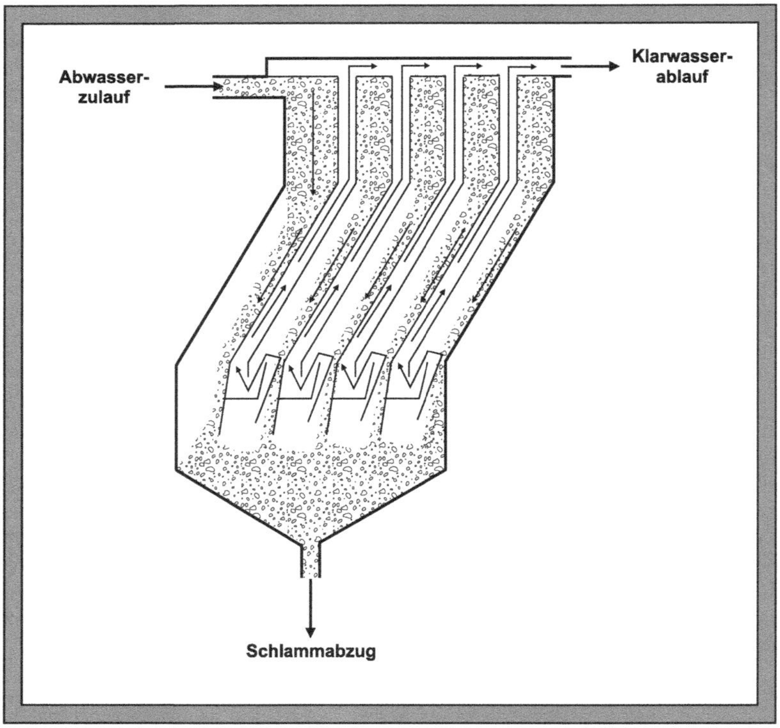

Abb. 8.23: Schrägklärer [8.19]

8.10 Zentrifugen

Bei der Sedimentation von kleinen Teilchen und insbesondere im Falle eines geringen Dichteunterschiedes zwischen der festen und flüssigen Phase treten sehr große Absetzzeiten auf. Durch Zentrifugieren in einem Fliehkraftfeld lässt sich eine schnellere und bessere Trennung erzielen. Dabei wird die Erdbeschleunigung als treibende Kraft für die Teilchenseparation durch die Zentrifugalbeschleunigung a_z ersetzt.

Als eine wichtige Kenngröße für die Zentrifugation gilt die Schleuderzahl Z. Sie wird auch als Schleuderziffer oder Zentrifugenkennzahl bezeichnet und stellt die Zentrifugalbeschleunigung als Vielfaches der Erdbeschleunigung dar. In technischen Zentrifugen liegt die Schleuderzahl meist bei Z = 200 - 20.000. Bei Ultrazentrifugen können Werte von Z = 50.000 - 100.000 erreicht werden. Mit steigender Schleuderzahl werden die Zentrifugalkräfte und somit auch die Absetzgeschwindigkeiten höher.

Zentrifugenbauarten

Eine der wichtigsten Zentrifugenbauarten ist die Vollmantel-Schneckenzentrifuge (Abb. 8.24). Die Schleuderzahlen liegen in den meisten Fällen unter 1.000. Ein großer Vorteil ist jedoch der große Durchsatz von Suspensionen mit einem hohen Feststoffanteil. Die Zentrifugentrommel ist teils zylindrisch und teils konisch mit sich verjüngendem Auslauf geformt. Die Besonderheit ist eine Schnecke, die das Sediment durch die Trommel nach außen befördert. Im konischen Trommelteil wird ein großer Teil der Flüssigkeit abgetrennt. Über den zylindrischen Trommelteil wird der Feststoff an der Außenwand verdichtet und die Flüssigkeit ausgetragen. Durch Regulieren der Drehzahl lassen sich der Durchsatz und die Restfeuchte einstellen.

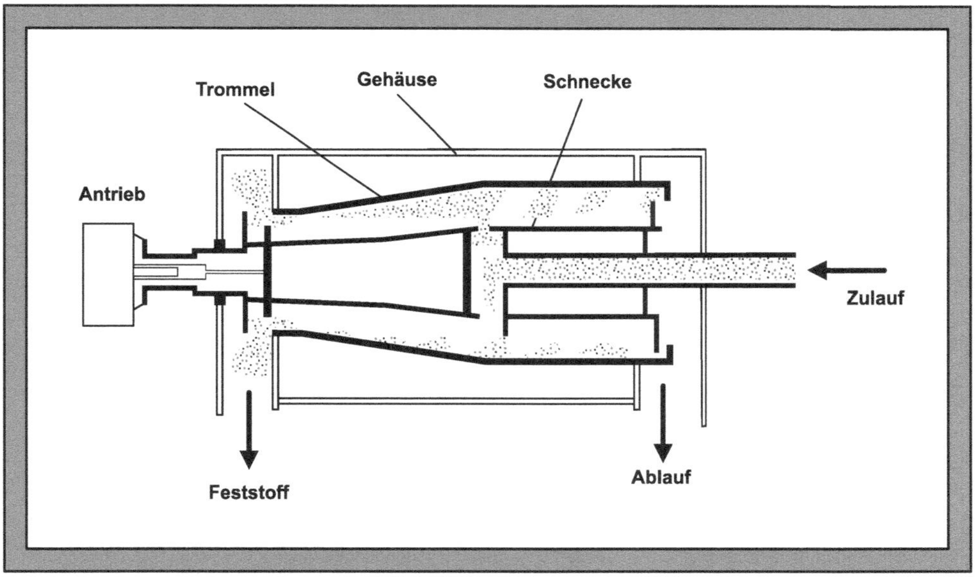

Abb. 8.24: Vollmantel-Schneckenzentrifuge [8.13]

8

Separatoren werden zur Abtrennung sehr feiner Feststoffpartikel mit geringen Dichteunterschieden zur Flüssigkeit eingesetzt. Das zu klärende Abwasser gelangt über eine Hohlwelle in den Separator (Abb. 8.25). Es wird über Ringkanäle nach außen geleitet und dann dem geneigten Tellerpaket zugeführt. Zwischen den Tellern bilden sich enge Separierungsräume, in denen das Abwasser in Richtung Drehachse strömt. Auf dem Weg durch den schmalen Spalt wandert der Feststoff zwischen den Tellern radial nach außen. Nach kurzer Wegstrecke trifft er auf die schräge Tellerwand und wird von den Zentrifugalkräften nach außen geschleudert und als Schlamm abgezogen. Die geklärte Flüssigkeit strömt nach innen Richtung Drehachse und wird dort über einen Ablauf entnommen.

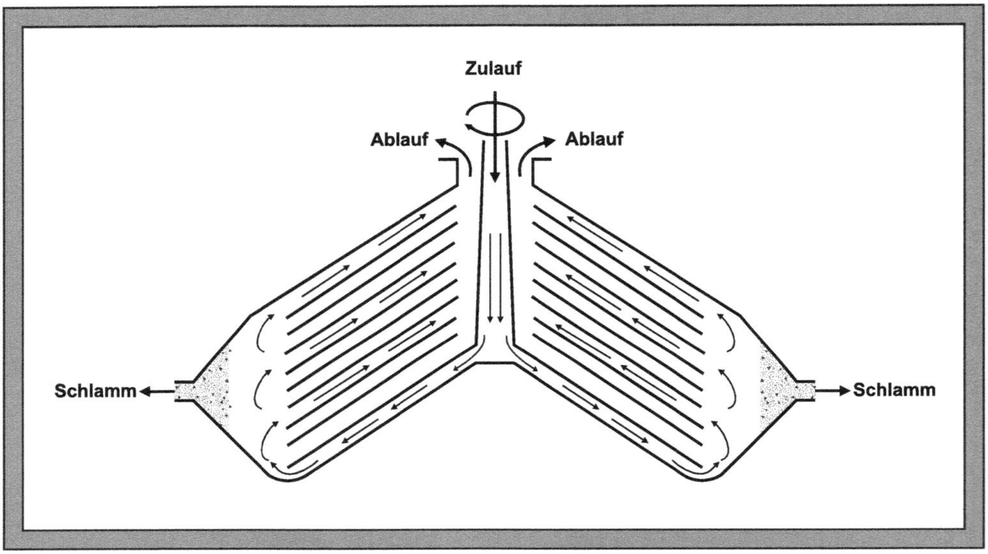

Abb. 8.25: Schema eines Separators [8.14]

8.11 Wissensfragen

- Erläutern Sie die bei der Adsorption ablaufenden Vorgänge.
- Wie funktionieren Strippverfahren?
- Erläutern Sie die Verfahrensschritte der Flüssig-Flüssig-Extraktion.
- Wie funktionieren Verdampfer bzw. Verdunster?
- Erläutern Sie die Grundprinzipien der Flotation.
- Welche Aspekte liegen der Sedimentation und Zentrifugation zugrunde?

8.12 Weiterführende Literatur

8.1 Bahadir, M.; Parlar, H.; Spiteller, M. (Hrsg.); *Springer Umweltlexikon,* Springer, **2000,** 3-540-63561-0

8.2 Baumgart, H.-C.; Fischer, M.; Loy, H.; *Handbuch für umwelttechnische Berufe Band 3: Abwassertechnik,* Hirthammer, **2011,** 978-3-88721-190-5

8.3 Brauer, H. (Hrsg.); *Handbuch des Umweltschutzes und der Umwelttechnik Band 4: Behandlung von Abwässern,* Springer, **1996,** 3-540-58061-1

8.4 Deutsche Vereinigung des Gas- und Wasserfaches e.V. (DVGW); *Wasseraufbereitung - Grundlagen und Verfahren,* Oldenbourg, **2004,** 3-486-26365-X

8.5 DIN EN 858-1; *Abscheideranlagen für Leichtflüssigkeiten (z.B. Öl und Benzin) - Teil 1: Bau-, Funktions- und Prüfgrundsätze, Kennzeichnung und Güteüberwachung,* Beuth, **Februar 2005**

8.6 Fachausschuss für Metallurgische Aus- und Weiterbildung der GDMB (Hrsg.); *Prozesswasser/Abwasser/Kühlwasser,* GDMB, Heft 95, **2002,** 3-935797-06-0

8.7 Fritz, W.; Kern, H.; *Reinigung von Abgasen*, Vogel, **1992,** 3-8023-1454-9

8.8 Gräf, R.; *Taschenbuch der Abwassertechnik,* Hanser, **1998,** 3-446-18041-9

8.9 Hartinger, L.; *Handbuch der Abwasser- und Recyclingtechnik,* Hanser, **2007,** 978-3-446-15615-9

8.10 Hemming, W.; Wagner, W.; *Verfahrenstechnik,* Vogel, **2011,** 978-3-8343-3243-1

8.11 Hinrichsen, J.; *Normgerechte Abscheideranlagen für Leichtflüssigkeiten,* Beuth, **2012**, 978-3-410-21270-6

8.12 Neitzel, V.; Iske, U.; *Abwasser,* Wiley-VCH, **1998,** 3-527-28862-7

8.13 Pöppinhaus, K.; Fresenius, W.; Schneider, W. (Hrsg.); *Abwassertechnologie,* Springer, **1994**, 3-540-58000-X

8.14 Stieß, M.; *Mechanische Verfahrenstechnik 2,* Springer, **1997,** 3-540-55852-7

8.15 Umweltbundesamt (UBA); *Merkblatt über die besten verfügbaren Techniken für Abfallbehandlungsanlagen,* **August 2006**

8.16 VDI 3897; *Emissionsminderung - Anlagen zur Bodenluftabsaugung und zum Grundwasserstrippen,* Beuth, **Februar 2006**

8.17 v. Kienle, H.; Bäder, E.; *Aktivkohle und ihre industrielle Anwendung,* Enke, **1980,** 3-432-90881-4

8.18 Wagner, W.; *Abwassertechnik und Gewässerschutz,* C.F. Müller, **2004,** 3-8114-2897-7

8.19 Zogg, M.; *Einführung in die Mechanische Verfahrenstechnik,* Teubner, **1987,** 3-519-06319-0

9 Biologische Verfahren zur Abwasserbehandlung

9.1 Einleitung

Mikroorganismen in Gewässern setzen abbaubare organische Substanzen als Nährstoffe unter Sauerstoffverbrauch in Kohlendioxid, Wasser und Zellmasse um. Bei dieser Selbstreinigung der Gewässer spielen Mikroorganismen wie Bakterien, Algen, Protozoen und Pilze die entscheidende Rolle. Für den natürlichen Abbau von organischen Substanzen bilden diese Organismen Lebensgemeinschaften (Biozönosen). Diese Lebensgemeinschaften sind für den Abbau der spezifischen Schmutzstoffe optimal geeignet und werden für die technische Reinigung von Abwässern gezielt eingesetzt.

Abwasser aus Haushalten und der Industrie enthält in der Regel große Mengen an organischen Stoffen. Wenn diese Abwässer direkt in Flüsse und Seen geleitet werden, kommt es durch das Nährstoffangebot zu einer explosionsartigen Vermehrung der Mikroorganismen. Diese zehren den gelösten Sauerstoff auf und leiten damit die Vernichtung des tierischen Lebens im Wasser ein. Sauerstoffmangel verursacht durch Fäulnis auch die Bildung giftigen Schwefelwasserstoffs. Abwässer sind aus diesem Grund vor ihrer Einleitung in Gewässer von sauerstoffzehrenden Substanzen zu reinigen, da sonst das natürliche Sauerstoffniveau abgesenkt wird. Diese Reinigung geschieht in der biologischen Behandlungsstufe von Kläranlagen. Hier wird die natürliche, biologische Selbstreinigung beschleunigt und erhöht. Die wichtigsten Aufgaben der biologischen Abwasserreinigung sind:

- möglichst vollständige Entfernung gelöster organischer Schmutzstoffe,
- Beseitigung von Stickstoff durch Nitrifikation und anschließende Denitrifikation,
- eine weitergehende Phosphorelimination, die auch biologisch durch die Biomasse - anstelle oder zusammen mit der chemischen Phosphatfällung - ablaufen kann.

Die biologische Behandlung des Abwassers findet sowohl unter aeroben Bedingungen (mit Sauerstoffverbrauch) als auch unter anaeroben Bedingungen (unter Sauerstoffabschluss) statt. Letzteres gilt vor allem für die Behandlung von Klärschlamm.

9.2 Aerobe Verfahren

9.2.1 Grundlagen

Während der aeroben Behandlung des Abwassers werden die organischen Schmutzstoffe (Kohlenhydrate, Fette, Proteine) von Mikroorganismen zu anorganischen Verbindungen wie Kohlendioxid (CO_2), Wasser (H_2O) oder Ammonium (NH_4^+) abgebaut. Diesen Vorgang nennt man Mineralisation und er dient zum Energiegewinn für den Stoffwechsel. Dabei wird allerdings nur die Hälfte der organischen Substanzen, die von den Mikroorganismen aufgenommen werden, verbraucht. Die andere Hälfte des kohlenstoffhaltigen Substrats wird als Baustoffe in den Zellen (Biomasse) gebunden. Die beteiligten Organismen werden nach ihrer Lebensweise grob in zwei Gruppen eingeteilt. Dabei wird in sogenannte Aufwuchsorganismen, die Oberflächen von Steinen, Wasserpflanzen, usw. besiedeln und in frei suspendierte Organismen, wie Bakterienflocken, Plankton, usw. unterschieden.

Bei der Umsetzung des natürlichen Abbauprozesses in ein technisches Verfahren ist zu berücksichtigen, dass der natürliche Prozess nur sehr langsam abläuft, d.h. dass für die technische Realisierung die Lebensbedingungen für die Mikroorganismen optimiert werden müssen. Eine Möglichkeit, die Abbaugeschwindigkeit zu vergrößern, besteht in der Erhöhung der Biomasse im Reaktor. Da es sich hier um eine aerobe Umsetzung handelt, muss die entsprechende Sauerstoffversorgung sichergestellt werden. Dies kann durch die künstliche Vergrößerung der Grenzfläche zwischen Luft und Wasser bzw. durch das Einblasen von Luft erfolgen. Wichtig ist auch ein guter Stofftransport, durch den eine schnelle und gleichmäßige Verteilung der Substrate (Schmutzstoffe) und des Sauerstoffs, sowie die schnelle Abführung der Stoffwechselprodukte gewährleistet werden. Weiterhin darf das Abwasser keine toxischen Substanzen wie Pestizide, Schwermetalle, usw. enthalten. Der pH-Wert darf keine extremen Werte annehmen und die Temperatur ist ebenfalls entscheidend für die Abbaugeschwindigkeit.

9.2.2 Herkömmliche Verfahren

In Anlehnung an die natürlichen Vorgänge wird in der biologischen Abwasserreinigung grundsätzlich zwischen zwei Verfahren unterschieden:

- das Festbettverfahren und
- das Submersverfahren.

Festbettverfahren

Werden Aufwuchsorganismen zur Abwasserreinigung verwendet, muss im Reaktor eine möglichst große Aufwuchsfläche geschaffen werden. Dies kann z.B. durch das Einbringen von sehr porösem Material (z.B. Lava-Tuff), dem sog. Festbettmaterial, auf dem sich die Mikroorganismen ansiedeln können, geschehen. Auch künstlich geformte Füllelemente aus Kunststoff mit großen spezifischen Oberflächen können eingebaut werden. Durch die Erhöhung der Biomasse muss eine ausreichende Sauerstoffzufuhr und eine entsprechende Sauerstoffzirkulation gewährleistet werden. Deswegen muss das Festbettmaterial auch ein großes Hohlraumvolumen besitzen.

Diese Reaktionsbedingungen werden im sog. Tropfkörperverfahren umgesetzt. Dabei bringen Drehsprenger das gut vorgereinigte Wasser auf das Festbett in einem zylindrischen Behälter auf. Das Abwasser rieselt über den Biomassenaufwuchs, der die Schmutzstoffe umsetzt. Die notwendige Luft wird über den Porenraum zur Verfügung gestellt. Mit dem Abwasserstrom wird kontinuierlich ein Teil des Aufwuchsbelags aus dem Reaktor ausgetragen. Das verhindert, dass die Poren durch den Biomassezuwachs verstopfen. Die ausgespülte Biomasse wird im Nachklärbecken zurückgehalten. Aufwuchsorganismen im Tropfkörper sind Bakterien, Algen und Pilze, die einen schleimigen Überzug auf den Oberflächen bilden. In und auf diesem Belag leben als Sekundärbesiedler Protozoen, Milben, Faden- und Ringelwürmer sowie Insektenlarven.

Das Tropfkörperverfahren bietet wenig Möglichkeiten die Biomassenkonzentration und die Sauerstoffversorgung im Reaktor zu beeinflussen. Die Mikroorganismen im Festbett sterben bei toxischen Zulaufbelastungen schnell ab, da es kaum Rückvermischung mit nachfließendem Wasser gibt. Diese Nachteile haben dazu geführt, dass das Tropfköperverfahren nur noch selten zur biologischen Abwasserreinigung genutzt wird.

Submersverfahren

Will man die frei suspendierten Organismen nutzen, werden die Mikroorganismen in das belüftete Abwasser eines sogenannten Belebungsbeckens eingebracht. Neben Bakterien, die hauptsächlich für den Abbau von Schmutzstoffen verantwortlich sind, findet man auch Pilze, Protozoen und andere Kleinstlebewesen. Die Mikroorganismen bilden Kolonien, die sog. Belebtschlammflocken.

Der Luftsauerstoff wird bei diesem Verfahren entweder durch Belüftungsdüsen am Boden des Beckens zugeführt oder durch mechanische Einbauten an der Flüssigkeitsoberfläche eingerührt. Die ständige Bewegung des Wassers verhindert die Entstehung zu großer Flocken. Dies begünstigt den Kontakt zwischen Biomasse, Schmutzstoffen und Sauerstoff. Über den Ablauf wird die gebildete Biomasse ausgetragen. Im Nachklärbecken sedimentiert der Belebtschlamm durch die Bildung von großen Flocken. So erfolgt eine Abtrennung der Biomasse, die teilweise ins Belebungsbecken zurückgeführt wird. Die Rückführung ist notwendig, um die gewünschte Biomassenkonzentration zu erhalten. Beim Belebungsverfahren kann man im Gegensatz zum Tropfkörperverfahren die Biomassekonzentration und den Sauerstoffeintrag in gewissen Grenzen steuern. Durch die gute Vermischung haben Spitzenbelastungen im Zulauf meist wenig Einfluss auf die Biomasse.

Die am häufigsten verbreitete, jedoch mittlerweile veraltete Bauweise von biologischen Reinigungsstufen, sind riesige offene Flachbecken mit Oberflächenbelüfter. Das Wasser wird dabei von Kreisellüftern, die sich um eine vertikale Achse drehen, oder von Walzenlüftern, deren Schaufeln sich horizontal drehen, in die Luft geworfen. Beim Wiedereinfall des Wassers in das Becken wird Luft mitgerissen und Sauerstoff gelöst. Diese Form von Belebungsbecken hat erhebliche Nachteile. Um eine völlige Durchmischung des Beckeninhalts zu erreichen ist die Wassertiefe auf maximal 4 m begrenzt. Für große Beckenvolumina muss daher mehr Grundfläche bereit stehen. Die offene Bauweise führt zu einer erheblichen Lärm- und Geruchsbelästigung in der Umgebung einer Kläranlage.

Oft findet man deshalb in vielen Kläranlagen Druckbelüftungssysteme. Über Belüftungsdüsen am Boden des Belebungsbeckens kann die Luft in sehr kleinen Blasen eingebracht werden. Je kleiner die Blasen desto langsamer steigen sie auf und die Sauerstoffausnutzung wird erhöht. Dabei ist auch die Lärmbelästigung geringer. Die Einblastiefe unter dem Wasserspiegel liegt bei 3,5 bis 6 m. Verglichen mit Oberflächenbelüftern ist der Sauerstoffeintrag bei Druckbelüftung bezogen auf den Energieaufwand deutlich höher.

9.2.3 Industrie-Bauarten zur biologischen Abwasserbehandlung

Die steigenden Anforderungen an den Umweltschutz haben zu wesentlichen Fortschritten bei der Behandlung industrieller Abwässer geführt. Da diese oft hochbelastet sind, hat die Industrie neue Verfahrensweisen zur biologischen Abwasserreinigung entwickelt. Aus Platzgründen werden biologische Reinigungsstufen vor allem bei großen Chemieunternehmen, die Abwässer auf ihrem Werksgelände behandeln, mittlerweile als Turmreaktoren gebaut. Diese Turmreaktoren besitzen oft eine Höhe von 20 m und mehr. Außerdem ist die Art des herkömmlichen Sauerstoffeintrags über Oberflächenbelüfter nicht effektiv. Die Mikroorganismen können nur etwa 50 % des eingetragenen Sauerstoffs nutzen. Neuere Verfahren haben den Wirkungsgrad des Sauerstoffeintrags auf bis zu 90 % erhöht und durch ihre geschlossene bzw. teilgeschlossene Bauweise die Lärm- und Geruchsemissionen deutlich verringert.

Im Folgenden sollen Beispiele für neue Bauarten beschrieben werden:

- die BAYER- Turmbiologie,
- der BIOHOCH-Reaktor,
- der Wirbelbettreaktor als Festbettreaktor.

Insbesondere die BAYER-Turmbiologie und der BIOHOCH-Reaktor haben sich mittlerweile in der Praxis bewährt und sorgen für eine zuverlässige biologische Abreinigung organisch belasteter Abwässer.

BAYER-Turmbiologie

Die Turmbiologie entspricht in ihrem Aufbau einem typischen Blasensäulenreaktor. Dabei werden das Abwasser und der Sauerstoff (Luft) am Behälterboden eingedüst (Abb. 9.1). Dadurch erreicht man eine gleichmäßige Verteilung des Abwassers über den gesamten Querschnitt und eine gute Vermischung von Abwasser und Luft. Am Überlauf gelangt das gereinigte Abwasser in die Absetzbecken, die um den eigentlichen Reaktor herum angeordnet sind. In den Absetzbecken trennt sich der Schlamm vom Wasser und der Überstand wird als Klarwasser abgezogen. Der Schlamm wird teilweise in den Reaktor zurückgeführt und teilweise als Überschussschlamm abgezogen. Die Abluft aus dem Reaktor wird einer Abluftbehandlung unterzogen.

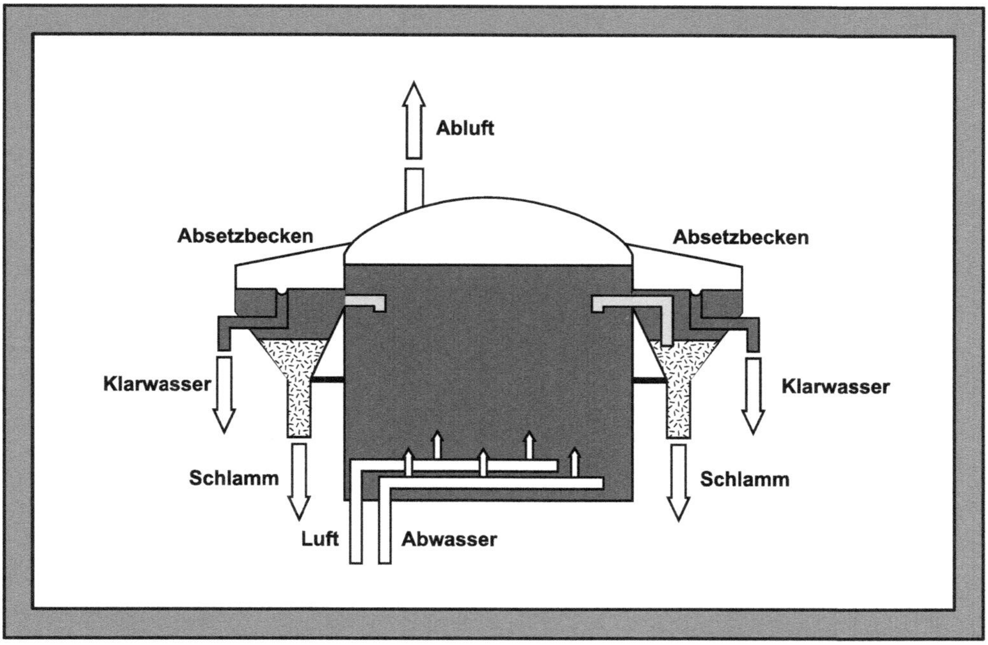

Abb. 9.1: BAYER-Turmbiologie [9.22]

Besonders in der chemischen Industrie werden Blasensäulenreaktoren oft eingesetzt. Dort enthalten die Abwässer in der Regel leichtflüchtige Komponenten, die bei der aeroben Abwasserreinigung durch die zugeführte Luft gestrippt und in die Abluft übertragen werden. Da die Nachbehandlung der Abluft mit erheblichen Kosten verbunden ist, ist man gezwungen die Abluftmenge zu minimieren. Dies lässt sich am einfachsten durch eine Erhöhung der Wassertiefe und der damit einhergehenden verbesserten Ausnutzung des Luftsauerstoffs erreichen.

BIOHOCH-Reaktor

Der BIOHOCH-Reaktor (Abb. 9.2) stellt die Verbindung von Blasensäulen- und Schlaufenreaktor dar. Die Sauerstoffversorgung geschieht über Radialstromdüsen, die sehr feine Blasen erzeugen. Sie sind unter den Leitrohren angebracht. Die Luft wird von unten eingedüst. Das von unten auf die

Luft treffende Abwasser wird intensiv durchmischt und entlang einer Verteilerplatte radial nach außen gedrängt. Am Rand der Verteilerplatte bildet sich ein Wirbel aus einem Blasen-Wasser-Gemisch. Aufgrund von Dichteunterschieden zwischen begastem und unbegastem Abwasser kommt es mit Hilfe von Leitrohren zu einer Umlaufströmung (Schlaufenbewegung). So wird eine optimale Sauerstoffversorgung für die Mikroorganismen gewährleistet. Das behandelte Abwasser fließt in das ringförmig um den Reaktor angeordnete Absetzbecken. Auch hier erfolgen ein Klarwasserüberlauf, ein Schlammabzug mit teilweiser Rückführung und eine Abluftabsaugung mit nachträglicher Abluftreinigung.

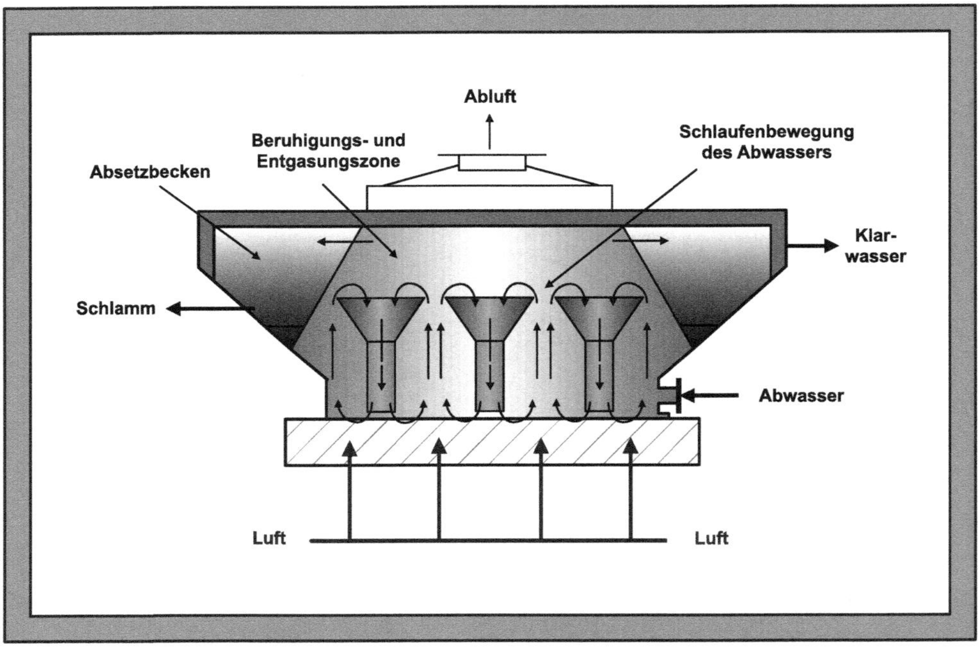

Abb. 9.2: BIOHOCH-Reaktor [9.14]

Wirbelschichtreaktoren als Festbettreaktoren

Bei Festbettreaktoren wie dem Tropfkörper wird die Abbauleistung durch die an Füllkörpern fixierte Biomasse erbracht. Diese wächst in Abhängigkeit von der Nährstoffzufuhr. Die Abbauleistung ist abhängig vom Verhältnis der Schmutzfracht (BSB_5) zur aktiven Biomasse, d.h. des Anteils der lebenden Mikroorganismen. Da nicht genau bestimmt werden kann, welcher Anteil der Biomasse aktiv ist, wird für die Bemessung eines Tropfkörpers der empirisch ermittelte Wert für die Raumbelastung B_R, d.h. die tägliche Schmutzfracht pro m^3 Füllkörpervolumen herangezogen. Für die Bestimmung der Raumbelastung wird die Füllkörperschüttung als ein homogener und in allen Teilen gleich aktiver Körper betrachtet. In der Realität stellt sich jedoch aufgrund des Abbaus ein Gefälle der BSB_5-Konzentration von oben nach unten ein, und es entstehen Zonen unterschiedlicher Abbauleistungen. Um ein Verstopfen der Schüttung durch die Bildung der Biomasse zu verhindern, muss sich ein Gleichgewicht zwischen Wachstum der Biomasse und dem Austragen der Biomasse durch den Wasserstrom einstellen.

Eine neuere Bauform von Festbettreaktoren, die sich in der Praxis bereits bewährt hat, ist der Wirbelschichtreaktor. Er findet immer dort Einsatz, wo schlecht abbaubare Substanzen abgereinigt werden sollen und die dafür notwendige Bakterienkultur eine niedrige Wachstumsrate besitzt. Typische Einsatzgebiete sind die Abreinigung von Abwässern aus der Kohlevergasung, Zellstoffabwässer und nitrathaltige Abwässer.

Der Wirbelschichtreaktor besteht aus einem rohrförmigen Behälter, der mit bewachsenen Füllkörpern (Quarzsand, Kunststoff, poröses Glas, Blähton, etc.) gefüllt ist. Die Füllkörper werden von unten mit Abwasser angespült, so dass sie aufschwimmen, gleichzeitig wird Luft eingeblasen. Dadurch kommt es zu einer guten Durchmischung des Wassers mit Luft und zu einem guten, gleichmäßigen Sauerstoff- und Nährstofftransport zu den Mikroorganismen hin.

Die Füllkörper werden durch Siebe im System zurückgehalten, so dass es nur zur Abschwemmung der überschüssigen Biomasse, die sich von den Füllkörpern gelöst hat, kommt. Aufgrund der Wirbelschicht kann es nicht zu einer Verstopfung des Reaktors kommen. Die Abbauleistung ist wegen der Durchmischung im Wirbelbettreaktor überall gleich. Dadurch ist er besser zu bemessen und zu steuern als ein Festbettreaktor. Wirbelschichtreaktoren werden auch zur anaeroben Behandlung von industriellen Abwässern eingesetzt.

9.3 Anaerobe Verfahren

Die anaerobe Behandlung von Abwasser (d.h. unter Sauerstoffausschluss) hat mehrere Zielsetzungen. Der Primärschlamm aus der Vorklärung und der bei der aeroben Abwasserreinigung anfallende Überschussschlamm aus der Nachklärung werden unter anaeroben Bedingungen stabilisiert, d.h. hygienisch unbedenklich gemacht. Dabei wird die organische Belastung weiter herab gesetzt, das Volumen verringert und die Entwässerung der Schlämme verbessert. Während dieser Vorgänge entstehen Biogas (Methan) und pathogene Bakterien. Dauerstadien parasitischer Würmer werden weitestgehend abgetötet. Danach kann der Schlamm deponiert oder verbrannt werden.

Hoch belastete industrielle Abwässer (z.B. aus der Lebensmittelindustrie) werden oft einer anaeroben Behandlung unterzogen, um die organische Belastung vor dem Einleiten in eine kommunale Kläranlage zu reduzieren. Das gewonnene Methan kann zur Energieerzeugung genutzt werden.

In der Natur kommt der anaerobe Abbau z.B. in Böden mit stauender Nässe oder in Sedimenten von stehenden Gewässern vor. In der gezielten Faulung von Klärschlämmen nach einer biologischen Abwasserreinigung findet dieser natürliche Vorgang eine technische Anwendung.

Leben Organismen unter anaeroben Bedingungen, können sie energiereiche organische Substanzen nicht veratmen (oxidieren), sondern nur vergären (reduzieren). Die organischen Substanzen wie Kohlenhydrate, Eiweiße und Fette werden zu organischen Zwischenprodukte wie Säuren und Alkoholen abgebaut. Um einen vollständigen Abbau zu Kohlendioxid (CO_2) und Methan (CH_4) durchzuführen, sind mehrere Abbauschritte notwendig.

Für jeden Schritt im anaeroben Abbau sind andere Bakteriengruppen verantwortlich, wobei eine Bakteriengruppe die Abbauprodukte einer anderen Bakteriengruppe als Substrat verwendet. Der Biomassezuwachs ist anaerob sehr gering. Wegen des geringen Energiegewinns in den Gärungen werden nur ca. 10 % des umgesetzten Kohlenstoff-Substrats in Zellsubstanz umgewandelt. Der Abbauprozess verläuft in vier einzelnen Stufen (Abb. 9.3).

Stufe 1: **Hydrolyse-Phase**
Wasserunlösliche polymere Substrate (langkettige Moleküle) wie Kohlenhydrate (z.B. Cellulose), Eiweiße und Fette werden in der Hydrolyse-Phase durch Enzyme teilweise gespalten und so in eine wasserlösliche Form überführt.

Stufe 2: **Versäuerungsphase (acidogene Phase)**
Die wasserlöslichen Bruchstücke werden in der Versäuerungsphase zu kurzkettigen organischen Säuren (Buttersäure, Propionsäure, Essigsäure), sowie zu Alkoholen, Wasserstoff und Kohlendioxid umgesetzt, d.h. vergärt.

Stufe 3: **Acetogene Phase**
In der acetogenen Phase werden die organischen Säuren (Buttersäure und Propionsäure) sowie die Alkohole zu Essigsäure umgesetzt.

Stufe 4: **Methanogene Phase**
Methanbakterien können Essigsäure (CH_3COOH), Kohlendioxid (CO_2) und Wasserstoff (H_2) in Methan umwandeln. Die methanogene Phase bildet die Endphase des anaeroben Abbaus.

Das erhaltene Biogas (Faulgas) besteht zu 60 - 80 % aus Methan. Der Rest sind Kohlendioxid und Spuren anderer Gase (Schwefelwasserstoff, Ammoniak).

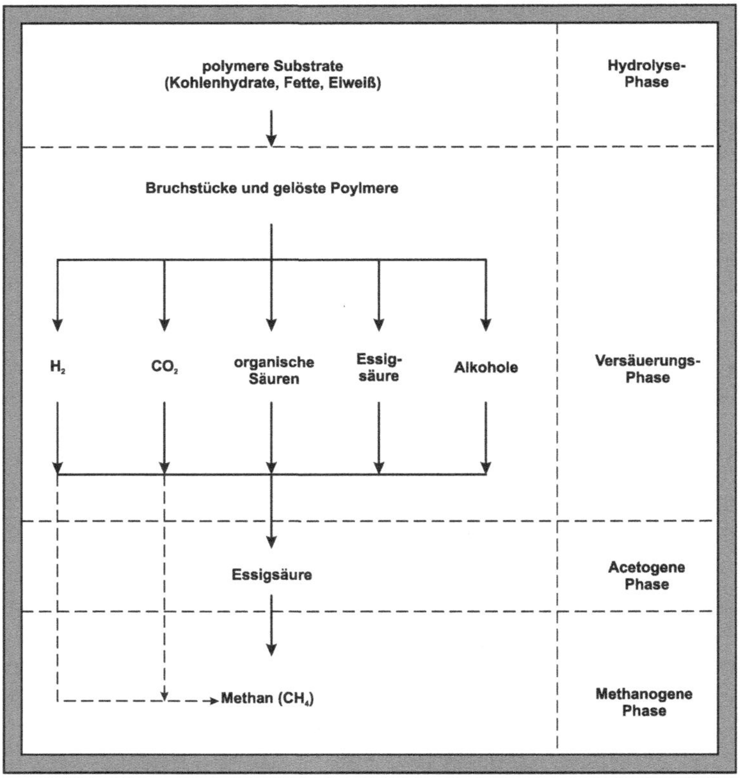

Abb. 9.3: Schema des mehrstufigen anaeroben Abbaus [9.17]

Die einzelnen Bakteriengruppen unterstützen sich beim Abbau oder sind voneinander abhängig. Für den gesamten Abbau ist normalerweise die Hydrolyse der Polymere die limitierende Reaktion, denn die vergärenden Bakterien können polymere Stoffe wie Cellulose nicht verwerten. Die methanbildenden Bakterien sind wiederum auf die Bereitstellung von Wasserstoff und Kohlendioxid bzw. Essigsäure angewiesen, die bei der Vergärung entstehen. Falls wenig dieser Stoffe vorhanden sind, wird auch nicht viel Methan produziert.

Während die für die Hydrolyse und die Versäuerung verantwortlichen Bakterien eine große Toleranz gegenüber Milieuschwankungen aufweisen, reagieren die acetogenen und methanogenen Bakterien sehr empfindlich gegenüber Milieuschwankungen. Methanbildung kann in zwei Temperaturbereichen ablaufen. Ein Optimum liegt bei 35 - 37 °C und das andere im Bereich von 55 - 60 °C. Allgemein werden Temperaturen zwischen 33 °C und 35 °C bevorzugt, weil diese einfacher einzuhalten sind und nicht so viel Energie benötigt wird. Unter diesen Bedingungen beträgt die Faulzeit ca. 27 Tage. Ein stabiler pH-Wert, möglichst neutral bis leicht alkalisch, ist ebenfalls wichtig. Ist das Substrat zu sauer wird das Wachstum der Methanbakterien gehemmt.

Zum optimalen Ablauf der Prozesse sollten die Reaktionsgeschwindigkeiten in allen Phasen möglichst gleich groß sein. Wird ein Stoffwechselweg in dieser anaeroben Nahrungskette durch toxische Stoffe gehemmt, kann das zu Störungen anderer Abbauwege führen. Methanbildner sind besonders empfindlich gegen Giftstoffe wie Schwermetalle und halogenierte organische Verbindungen. Ein zu hoher Gehalt an Nitrat oder Sulfat kann die Methanbildung auch stören, weil durch die Nitrat- bzw. Sulfatatmung den Methanbakterien ihr Substrat entzogen wird. Undissoziierter Schwefelwasserstoff, der bei der Sulfatatmung entsteht, wirkt ebenfalls toxisch auf Methanbildner.

Auch die Kombination von Nährstoffen beeinflusst die Abbaugeschwindigkeit. Das optimale Masseverhältnis von Kohlenstoff zu Stickstoff sollte 10 : 1 bis 16 : 1, das Verhältnis Stickstoff zu Phosphor 7 : 1 betragen. Beim anaeroben Abbau werden geringere Mengen der Nährstoffe Stickstoff und Phosphor gebraucht als beim aeroben Verfahren, weil weniger Biomasse gebildet wird. Im kommunalen Klärschlamm sind die erforderlichen Stoffe ausreichend vorhanden. Bei industriellen Abwässern mit hohem Kohlenstoffgehalt müssen u. U. Nährstoffe zu dosiert werden.

Anaerobe Stabilisierung von Klärschlamm

In kommunalen Kläranlagen findet die Vergärung des Klärschlamms in sog. Faultürmen statt. Diese bestehen in der Regel aus Beton. Als Bauform für Faulbehälter haben sich Zylinder mit Kegelspitzen als Sohle und Behälterdecke oder bei größeren Behältern die Eiform (Spannbetonkonstruktion) durchgesetzt. Die Neigung der Sohle sollte möglichst steil, z.B. 60° sein, damit sich der Schlamm ohne die Bildung von Ablagerungen zur Behälterspitze bewegt. Der Inhalt der Faultürme wird 2 - 3 mal am Tag durchmischt. Stärkere Durchmischung würde die Abbaukette stören. An den Behälterspitzen kann unten der ausgefaulte, stabilisierte Schlamm und oben das Gas entnommen werden. Der Schlamm wird üblicherweise auf 35 °C bis 37 °C erwärmt. Zur Minimierung von Wärmeverlusten werden die Behälter isoliert. Über der Isolierung wird eine Verkleidung als Wetterschutz montiert.

Der in einer Kläranlage anfallende Rohschlamm setzt sich aus den aufschwimmenden und absetzbaren Stoffen des Abwassers aus der Vorklärung und dem Überschlussschlamm aus der aeroben Behandlung zusammen. Dieser Dickschlamm besteht zu 5 % aus Trockensubstanz (TS) und zu 95 % aus Wasser. Dabei bestehen 60 - 80 % der Trockensubstanz aus organischen Substanzen wie Kohlenhydraten, Fetten und Eiweiß. Der Schlamm wird meist zuerst in einem Schlammbunker gelagert und von dort werden die Faultürme regelmäßig beschickt. Durch den Ausfaulprozess werden Faulgase, insbesondere Methan und Kohlendioxid gewonnen. Das anfallende Methan wird zur Energiegewinnung genutzt.

Schwermetalle im Abwasser reichern sich in den Mikroorganismen an, die den Klärschlamm bilden. Aus diesem Grund wird die Ausbringung des Faulschlamms auf landwirtschaftlich genutzte Flächen in der Klärschlammverordnung geregelt. Durch diese Verordnung wird sichergestellt, dass keine unzulässigen Anreicherungen von Schwermetallverbindungen im Boden stattfinden. Enthält der Schlamm zu viele schädliche Stoffe wird er deponiert oder verbrannt.

Anaerobe Behandlung von organisch hochbelasteten Industrieabwässern

Industrielle Abwässer aus der Lebensmittelindustrie sind oft mit hohen Konzentrationen organischer Stoffe belastet. Durch eine anaerobe Vorbehandlung, bei der die organischen Inhaltsstoffe weitestgehend abgebaut werden, können Industriebetriebe Starkverschmutzerzuschläge einsparen, falls sie ihr Abwasser in einer kommunalen Kläranlage reinigen lassen. Unter anaeroben Bedingungen können allerdings nicht alle Stoffe entfernt werden. Insbesondere ist keine Oxidation der Stickstoffverbindungen möglich.

Vorteile der anaeroben Abwasserbehandlung für die Industrie sind der geringe Energieaufwand und die niedrige Produktion neuer Biomasse. Bei der aeroben Abwasserbehandlung wird nämlich ein sehr großer Teil der benötigten Energie bei der Belüftung verbraucht. Auch ist die Entsorgung von Biomasse mit hohen Kosten verbunden. Der geringe Zuwachs an Biomasse bei der anaeroben Abwasserbehandlung ist allerdings auch ein Problem. Nur bei hohen Biomassekonzentrationen können die erforderlichen Verweilzeiten für den anaeroben Abbau drastisch verkürzt werden. Alle Reaktoren sind heutzutage deshalb mit Einrichtungen zum Biomasserückhalt ausgerüstet.

Es gibt vier verschiedene Reaktorformen:

- Rührkesselreaktor,
- Festbettraktor,
- Schlammbettreaktor,
- Fließbettreaktor.

Beim Kontaktprozess, auch „anaerobes Belebungsverfahren" genannt, findet die anaerobe Behandlung in einem durchmischten Rührkesselreaktor statt. Die ausgetragene Biomasse wird in einem Nachklärbecken vom Abwasser getrennt, eingedickt und dann als Rücklaufschlamm wieder dem Reaktor zugeführt. Die Biomassenabtrennung im Nachklärbecken kann durch das sogenannte Nachgasen gestört werden. Dies tritt zum einen beim Übergang vom unter Druck stehenden Anaerobreaktor zum drucklosen Nachklärbecken auf, wenn gelöstes Gas in den gasförmigen Zustand übergeht. Zum anderen kann die Ursache darin liegen, dass sich der anaerobe Abbau im Nachklärbecken fortsetzt. Im ersten Fall muss man eine Entgasungsstufe zwischenschalten. Im zweiten Fall lässt sich die Aktivität der Mikroorganismen durch schnelles Abkühlen um einige Grad vor der Einleitung in das Absetzbecken herabsetzten.

Bei Festbettreaktoren werden den Bakterien inerte Materialien als Aufwuchsträger angeboten. Als Trägermaterial werden wie beim aeroben Tropfkörperverfahren Schüttungen aus Natur- oder Kunststoffen sowie Packungen aus geformten Kunststoffelementen verwendet. Da Schüttungen für Verstopfung anfällig sind, werden sie nur zur Behandlung von weitgehend feststofffreiem Abwasser eingesetzt. In der Regel werden die Festbettreaktoren von unten nach oben durchströmt. Wird durch hohe Beschickung oder kurze Verweilzeit des Wassers im Reaktor zu viel Biomasse ausgetragen, kann ein Festbettreaktor nicht die volle Leistung erbringen.

Schlammbettreaktoren werden von unten nach oben durchströmt. Durch Einbauten im oberen Reaktorteil wird die Biomasse weitgehend zurückgehalten. Durch die Aufwärtsströmung bildet sich ein Schwebebett aus Schlammpartikeln aus. Durch die richtige Aufströmgeschwindigkeit können die Bakterien zur Ausbildung kompakter, absetzbarer Pellets veranlasst werden und so der Biomasseverlust sehr gering gehalten werden. Schlammbettreaktoren bieten den Vorteil einer hohen Biomassenanreicherung bei Pelletbildung und führen zu kurzen Verweilzeiten.

Eine weitere Variante von Anaerobreaktoren sind die Schwebebett- und Wirbelbettreaktoren (Fließbettreaktoren). Bei beiden Reaktortypen wird ein leichtes, kleines Material (z.B. Sand, Aktivkohle, Kunststoffpellets) als Aufwuchsträger für die Biomasse verwendet. Im Gegensatz zum Festbettreaktor wird durch Anwendung einer höheren Aufströmgeschwindigkeit der Filter fluidisiert und ausgedehnt. Von einem Schwebebett spricht man, wenn die Träger schweben, aber an ihrem Standort verharren. Wird die Aufströmgeschwindigkeit weiter erhöht, nimmt die Expansion des Bettes zu und die Träger bewegen sich im Reaktor. Allerdings darf sich dabei die Biomasse nicht vom Trägermaterial ablösen. Zur Verbesserung der Fluidisierung werden die Wirbelbettreaktoren sehr hoch und schlank gebaut.

9.4 Kommunale Kläranlage

In Kläranlagen werden Abwässer durch die Kombination physikalischer, biologischer und chemischer Verfahren abgereinigt. Die Technik der Abwasserreinigung umfasst die in Abbildung 9.4 schematisch dargestellten Einzelschritte.

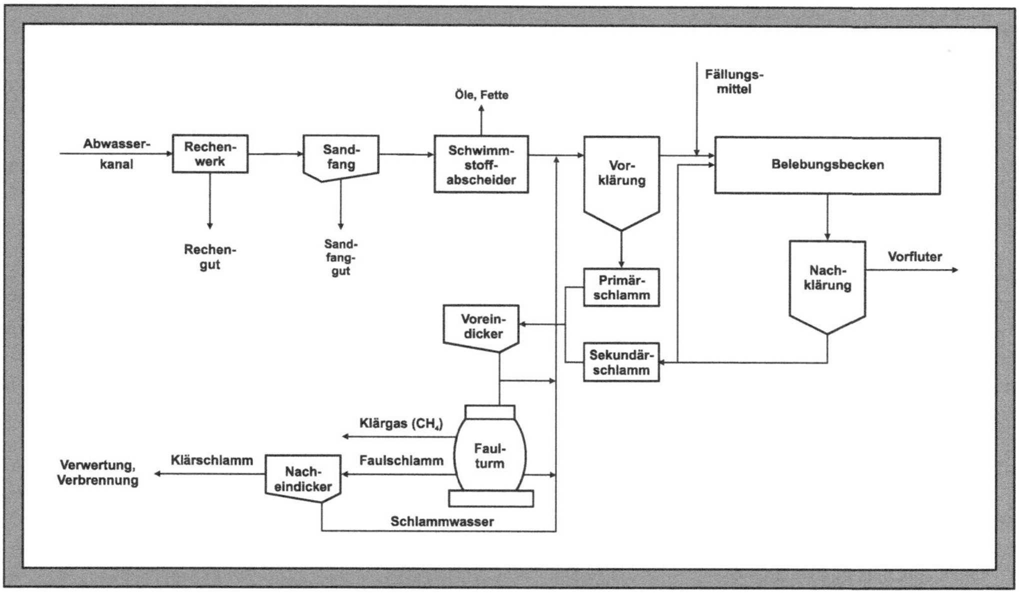

Abb. 9.4: Ablauf einer kommunalen Kläranlage [9.22]

Mechanische Reinigungsstufen

Das Rechenwerk dient der Beseitigung von Grobstoffen, die Pumpen und Belüftungsanlagen beschädigen könnten. Dazu wird quer zum Abwasserstrom ein Gitter über den gesamten Querschnitt des Einlaufs angebracht. Dieses Gitter hält die Grobstoffe zurück und muss regelmäßig gereinigt werden, um einen Wasserstau zu verhindern. Das Rechengut wird über Verbrennung oder Deponierung entsorgt.

Im Sandfang lässt man die Sandkörner mit einer Korngröße von > 0,2 mm sedimentieren. Dazu muss die Fließgeschwindigkeit des Abwassers auf ca. 30 cm/s herabgesetzt werden, was durch eine Erweiterung des Strömungsquerschnittes erreicht wird. Der abgeschiedene Sand wird automatisch über Räumer ausgetragen, gewaschen und entsorgt.

Leichte Substanzen wie Fette und Öle werden mittels Schwimmstoffabscheider abgetrennt. Dazu wird das Abwasser am Boden der Abscheidekammer eingeleitet. Hier steigen die Öle und Fette nach oben und können von der Wasseroberfläche durch Skimmervorrichtungen abgetrennt werden.

Im Vorklärbecken lässt man durch weitere Verringerung der Fließgeschwindigkeit (ca. 1,5 cm/s) die organischen Partikel sedimentieren, die leichter als der Sand sind. Der am Beckenboden angesammelte Schlamm wird z.B. in einem Trichterbecken als Primärschlamm abgezogen.

Mit der Vorklärung endet die mechanische Abwasserreinigung. Im Abwasser befinden sich jetzt noch ca. 60 - 70 % der Verschmutzungen in gelöster Form, die in den anschließenden Reinigungsstufen abgebaut werden.

Biologische Reinigungsstufe

Die biologische Abwasserreinigung stellt die zweite Reinigungsstufe dar. Hier finden die bereits beschriebenen Abbaureaktionen durch Mikroorganismen statt. Beim Belebungsverfahren schweben sie als Flocken im Abwasser, wobei dieser Prozess regelbar ist. Die verwendeten Mikroorganismen können eine sehr große Anzahl an Verbindungen verarbeiten, wenn für sie optimale Grundlagen im Belebungsbecken bestehen. Durch die Stoffwechselprozesse werden die Schmutzstoffe aus dem Abwasser entfernt.

Ein Teil der im Abwasser enthaltenen Schmutzstoffe wird im sogenannten Energiestoffwechsel unter Sauerstoffverbrauch und Energiegewinn zu anorganischen Endprodukten wie H_2O, CO_2, NO_3^-, SO_4^{2-}, etc. umgewandelt. Der andere Teil wird in Biomasse umgewandelt, die im Nachklärbecken vom gereinigten Abwasser abgetrennt wird. Der abgezogene Sekundärschlamm wird zum Teil als Überschussschlamm wieder ins Belebungsbecken zurückgeführt. Der restliche Schlamm wird über die Schlammverwertung entsorgt.

Stickstoff kommt im Abwasser überwiegend in organisch gebundener Form und als Ammoniumion (NH_4^+) vor. Die Elimination des Stickstoffs findet in zwei Schritten statt. Zunächst wird Ammonium (NH_4^+) zu Nitrat (NO_3^-) oxidiert (Nitrifikation) und anschließend zu molekularen Stickstoff (N_2) reduziert (Denitrifikation).

Unter Nitrifikation versteht man die mikrobielle Umsetzung von Ammonium-Ionen (NH_4^+) und Nitrit-Ionen (NO_2^-) zu Nitrat-Ionen (NO_3^-) unter aeroben Bedingungen. Dieser Abbau wird von speziellen Bakterienstämmen, den Nitrifikanten, betrieben. Diese Bakterien nutzen das vorhandene CO_2 als Kohlenstoff-Quelle, d.h. sie benötigen keine organischen Substanzen zum Leben.

Die Oxidation von Ammonium zu Nitrat erfolgt in zwei Schritten und wird von zwei unterschiedlichen Bakteriengruppen (Nitrosomonas und Nitrobacter) durchgeführt. Nitrosomonas baut dabei die Ammonium-Ionen bis zum Nitrit ab; Nitrobacter oxidiert das Nitrit zum Nitrat.

Durch das Zusammenwirken beider Bakteriengruppen kann eine Anreicherung des giftigen Nitrits vermieden werden. Dabei ist in der Regel die Umwandlung von NH_4^+ zu NO_2^- der limitierende Schritt der Nitrifikation, da die Nitrosomonas-Arten langsamer wachsen als die Nitrobacter:

Nitrosomonas: $$2\,NH_4^+ + 3\,O_2 + 2\,H_2O \longrightarrow 2\,NO_2^- + 4\,H_3O^+$$

Nitrobacter: $$2\,NO_2^- + O_2 \longrightarrow 2\,NO_3^-$$

Bruttoreaktion: $$2\,NH_4^+ + 4\,O_2 + 2\,H_2O \longrightarrow 2\,NO_3^- + 4\,H_3O^+$$

Die Nitrifikation ist erforderlich, da es sonst zu einer Ammoniumanreicherung in Gewässern kommen kann. Dies stellt aus folgenden Gründen eine Belastung dar:

- Um Ammonium oxidieren zu können, ist ein großer Sauerstoffbedarf notwendig. Das kann im Gewässer zu einem kritischen Sauerstoffgehalt führen.
- Durch den Anstieg des pH-Wertes kann sich Ammonium (NH_4^+) zu fischtoxischem Ammoniak (NH_3) umwandeln.
- Eine geringe Karbonatpufferung im Wasser kann zur Bildung von Salpetersäure (HNO_3) und damit zur Versauerung führen. Dies hemmt den Abbau von Ammoniumionen.
- Höhere Konzentrationen an Nitritionen (NO_2^-) können ebenfalls eine toxische Wirkung auf die Gewässerfauna haben.

Bei der Denitrifikation findet eine Reduktion oxidierter N-Verbindungen (Nitrat, Nitrit) zum elementaren Stickstoff (N_2) statt. Die Denitrifikation ist ein Prozess, der nur unter Sauerstoffabschluss stattfindet. Anstelle des Sauerstoffs wird bei der Denitrifikation das Nitrat (NO_3^-) zur Atmung verwendet. Man spricht daher bei der Denitrifikation auch von der Nitratatmung:

$$5\,CH_3OH + 6\,NO_3^- \longrightarrow 5\,CO_2 + 7\,H_2O + 3\,N_2 + 6\,OH^-$$

Bei der Denitrifikation im Nachklärbecken kommt es zum Aufschwimmen des Belebtschlamms. Dieses Aufschwimmen kann zum Abtreiben des Belebtschlammes aus der Nachklärung führen. Um diesen unerwünschten Schlammauftrieb zu vermeiden, wird die Denitrifikation gezielt in den Verfahrensablauf eingebaut.

Es ist naheliegend eine Denitrifikationsstufe zwischen Belebungsbecken und Nachklärbecken zu schalten (Abb. 9.5). Wird in diesem Denitrifikationsbecken das Abwasser-Belebtschlamm-Gemisch durch Rührer nur gut durchmischt und nicht belüftet, so stellen sich schnell anoxische (sauerstofffreie) Bedingungen ein.

Hier ist die Umsatzgeschwindigkeit aber durch das geringe Angebot an organischen Substraten begrenzt. Um trotzdem eine hohe Denitrifikationsrate zu erreichen, muss Kohlenstoff entweder in Form von Acetat, Methanol, einem industriellen Abwasser oder einem Teilstrom des Zulaufs in das Denitrifikationsbecken zu dosiert werden.

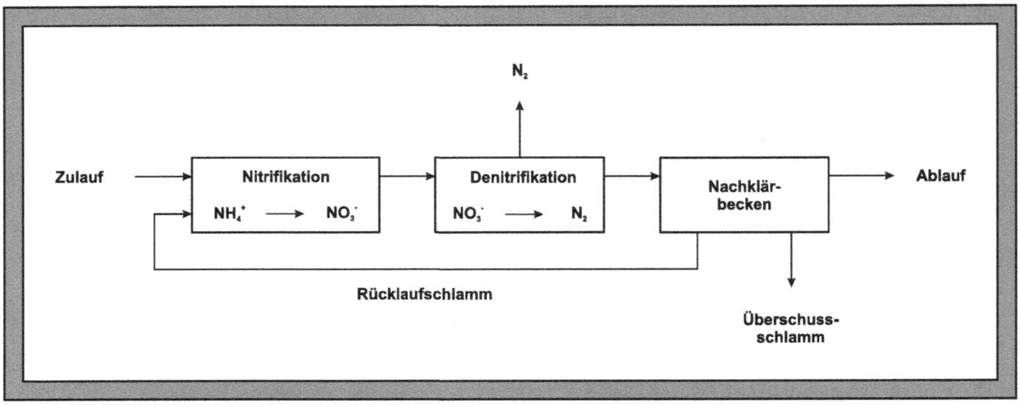

Abb. 9.5: Nachgeschaltete Denitrifikationsstufe

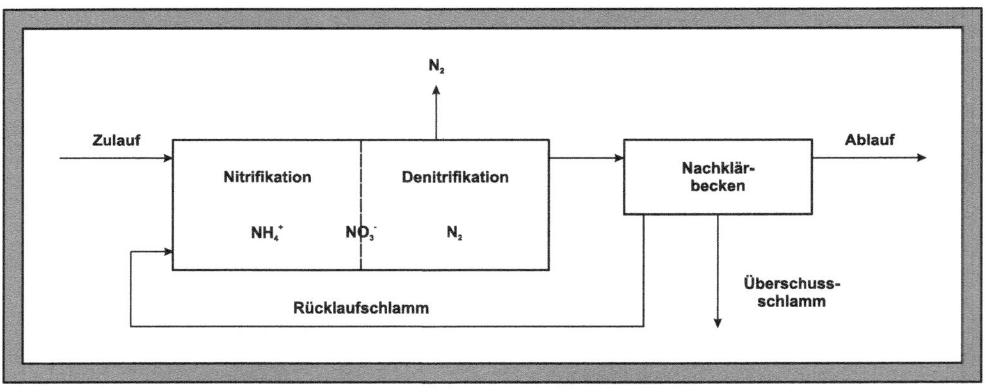

Abb. 9.6: Integrierte Denitrifikation

Ein weiteres, häufig angewendetes Verfahren ist die simultane Denitrifikation (Abb. 9.6). Hier findet Nitrifikation und Denitrifikation in einem Becken statt, indem man sauerstofffreie Zonen schafft. Das Wasser fließt im Kreis abwechselnd durch belüftete (Nitrifikation) und unbelüftete Zonen (Denitrifikation). Durch interne Rückvermischung ist die Kohlenstoffkonzentration in den Nitrifikationszonen geringer als im Zulauf. Deswegen ist die Denitrifikationsgeschwindigkeit niedriger als bei einer vorgeschalteten Denitrifikation und die anoxischen Zonen sind größer. Durch Variation der Belüftung besteht die Möglichkeit einer besseren Anpassung an schwankende Zulaufkonzentrationen.

Phosphorelimination

Abwasser aus Kläranlagen darf nur eine bestimmte Konzentration an Phosphat (PO_4^{3-}) enthalten, da diese eine Eutrophierung im Gewässer bewirken. Die entsprechenden Anforderungen sind im Anhang 1 der Abwasserverordnung (AbwV) festgelegt. Danach darf die Phosphorkonzentration bei

Kläranlagen der Größenklasse 4 höchsten 2 mg P/L (6 mg PO_4^{3-}/L) betragen, bei Kläranlagen der Größenklasse 5 höchstens 1 mg P/L (3 mg PO_4^{3-}/L).

Mit dem Primärschlamm im Vorklärbecken wird hauptsächlich organisch gebundener Phosphor aus dem Abwasser entfernt. Im Belebungsbecken wird der Phosphor von Mikroorganismen benötigt und damit über den Sekundärschlamm ein weiterer Teil eliminiert. Um die vorgegebenen Grenzwerte einhalten zu können, ist jedoch eine weitergehende chemische Phosphatfällung (3. Reinigungsstufe) notwendig. Diese Phosphatfällung kann an drei Stellen erfolgen:

- vor dem Sandfang der Vorklärung (Vorfällung),
- im Belebungsbecken (Simultanfällung),
- in einer nachgeschalteten 3. Stufe (Nachfällung).

Bei der Vorfällung wird das Fällungsmittel (Fe^{3+}-, Fe^{2+}-, Al^{3+}-Salze) entweder vor dem Sandfang oder der Vorklärung zu dosiert. Die Fällungsprodukte (z.B. $FePO_4$) werden gemeinsam mit dem Primärschlamm abgezogen. Die Simultanfällung ist das am weitesten verbreitete Verfahren zur Phosphorelimination. Das Fällungsmittel wird entweder vor dem Nachklärbecken, in den Zulauf zum Nachklärbecken oder in den Rücklauf zu dosiert. Durch die Rezirkulation eines Teilstroms des Abwassers ist eine gute Ausnutzung des Fällungsmittels gegeben. Die Fällungsprodukte werden gemeinsam mit dem Überschussschlamm im Nachklärbecken abgetrennt.

Anforderungen an das kommunale Abwasser für die Einleitungsstelle

An das kommunale Abwasser für die Einleitungsstelle in das Gewässer werden folgende Anforderungen gestellt (Abb. 9.7).

Die Zuordnung eines Einleiters in eine der Größenklassen richtet sich nach den Bemessungswerten der Abwasserbehandlungsanlage, wobei die BSB_5-Fracht des unbehandelten Schmutzwassers - BSB_5 (roh) - zugrunde gelegt wird. In den Fällen, in denen als Bemessungswert für eine Abwasserbehandlungsanlage allein der BSB_5-Wert des sedimentierten Schmutzwassers zugrunde gelegt ist, sind folgende Werte für die Einstufung maßgebend:

- Größenklasse 1: kleiner als 40 kg/d BSB_5 (sed.),
- Größenklasse 2: 40 bis 200 kg/d BSB_5 (sed.),
- Größenklasse 3: größer als 200 bis 400 kg/d BSB_5 (sed.),
- Größenklasse 4: größer 400 bis 4.000 kg/d BSB_5 (sed.),
- Größenklasse 5: größer als 4.000 kg/d BSB_5 (sed.).

Proben nach Größenklassen der Abwasserbehandlungsanlagen	Chemischer Sauerstoffbedarf (CSB) mg/L	Biochemischer Sauerstoffbedarf in 5 Tagen (BSB_5) mg/L	Ammoniumstickstoff (NH_4-N) mg/L	Stickstoff gesamt, als Summe von Ammonium-, Nitrit- und Nitratstickstoff (N_{ges}) mg/L	Phosphor, gesamt (P_{ges}) mg/L
	Qualifizierte Stichprobe oder 2-Stunden-Mischprobe				
Größenklasse 1 kleiner als 60 kg/d BSB_5 (roh)	150	40	-	-	-
Größenklasse 2 60 bis 300 kg/d BSB_5 (roh)	110	25	-	-	-
Größenklasse 3 größer 300 bis 600 kg/d BSB_5 (roh)	90	20	10	-	-
Größenklasse 4 größer 600 bis 6.000 kg/d BSB_5 (roh)	90	20	10	18	2
Größenklasse 5 größer 6.000 kg/d BSB_5 (roh)	75	15	10	13	1

Abb. 9.7: Einleitungsanforderungen für kommunales Abwasser

Klärschlamm

In Deutschland fallen jährlich ca. 2 Millionen Tonnen Klärschlamm an, wovon rund die Hälfte verbrannt wird. Die andere Hälfte findet in der Landwirtschaft oder für landschaftsbauliche Maßnahmen Verwendung.

Klärschlamm enthält eine Reihe kritischer Schwermetalle (z.B. Pb, Cd, Cr, Cu, Ni, Hg, Zn) deren Gehalt teilweise deutlich zurückgegangen ist (Abb. 9.8). Im Klärschlamm sind außerdem ca. 2,5 % Phosphor (P) enthalten.

Neben den anorganischen Schadstoffen (z.B. Schwermetalle) enthält Klärschlamm auch zahlreiche organische Schadstoffe wie:

- Chlorphenole,
- polychlorierte Dibenzodioxine und -furane (Dioxine, Furane),
- polybromierte Diphenylether,
- polybromierte aromatische Kohlenwasserstoffe (PAK's),
- polybromierte Biphenyle (PCB's),
- Phthalate,
- Tenside.

Element \ Jahr	1998	2002	2004	2006
Blei (Pb)	63	50	44,3	37,2
Cadmium (Cd)	1,4	1,1	1,02	0,96
Chrom (Cr)	49	45	40,7	36,7
Kupfer (Cu)	289	306	306,3	300,4
Nickel (Ni)	27	27	25,8	24,9
Quecksilber (Hg)	1	0,7	0,62	0,59
Zink (Zn)	835	750	756,7	713,5
Stickstoff (N)	k.A.	38.846	42.025	43.943
Phosphor (P)	k.A.	22.019	23.581	24.531

Abb. 9.8: Schwermetall-, Stickstoff- und Phosphorgehalt im Klärschlamm in mg/kg Trockensubstanz [9.27]

Die anfallenden Klärschlämme werden im Faulturm einer biologischen Stabilisierung unterzogen. Anaerobe Bakterien bauen vorhandene Stoffe hauptsächlich unter Bildung von Methan (CH_4) zu Klärgas ab (Abb. 9.9).

Verbindung	Konzentration/Vol-%
Methan (CH_4)	60 - 70
Kohlendioxid (CO_2)	30 - 40
Schwefelwasserstoff (H_2S)	0 - 0,7
Stickstoff (N_2)	0 - 0,2
Wasserstoff (H_2)	0 - 0,2

Abb. 9.9: Typische Zusammensetzung von Klärgas [9.5]

Kritisch ist u.a. der Gehalt an sehr giftigem Schwefelwasserstoff (H_2S). Kühlt das Klärgas ab, entsteht ein saures Kondensat, das einen pH-Wert von 1 - 4 aufweisen kann. Von daher muss das Klärgas von schädlichen Stoffen befreit werden. Ein Verfahren zur Entschwefelung ist die Trockenentschwefelung mit FeO(OH) (Raseneisenerz) in einem Turmreaktor unter Bildung von Eisen- 9 sulfid. Eine andere Möglichkeit ist die adsorptive Nassreinigung mit Natronlauge in einem Waschturm, bei dem sich Natriumsulfid bildet. Beim Verfahren der biologischen Entschwefelung wird unter aeroben Bedingungen der Schwefelwasserstoff mit Hilfe von Mikroorganismen zu Sulfat oxidiert.

Der nach der Klärgasbildung verbleibende Faulschlamm wird entwässert und eingedickt. Mit Hilfe von Kammerfilterpressen oder Zentrifugen lassen sich Feststoffgehalte von 30 - 50 % erzielen. Nach der Trocknung lässt sich der Klärschlamm in Monoverbrennungsanlagen bei 850 - 950 °C verbrennen. Eine Mitverbrennung geschieht hauptsächlich in Kohlekraftwerken oder in der Zementindustrie.

9.5 Rückgewinnung von Phosphor

Phosphor (P) ist ein essentieller Stoff, der zum Überleben benötigt wird. Er ist ein wichtiger Bestandteil von biologischen Molekülen und als eines der wichtigsten Mineralien in Knochen vorhanden. Durch die zunehmend wachsende Weltbevölkerung wird der Phosphorbedarf immer höher. Um eine zukünftige Versorgung mit dem nicht erneuerbaren Rohstoff zu gewährleisten, müssen Technologien zur Rückgewinnung entwickelt werden.

In einer Kläranlage eignen sich drei Ansatzstellen zur Phosphorrückgewinnung (Abb. 9.10):

① der Kläranlagenablauf (Klärwasser) nach dem Nachklärbecken,
② die Rückgewinnung aus Klärschlamm,
③ die Rückgewinnung aus der Klärschlammasche.

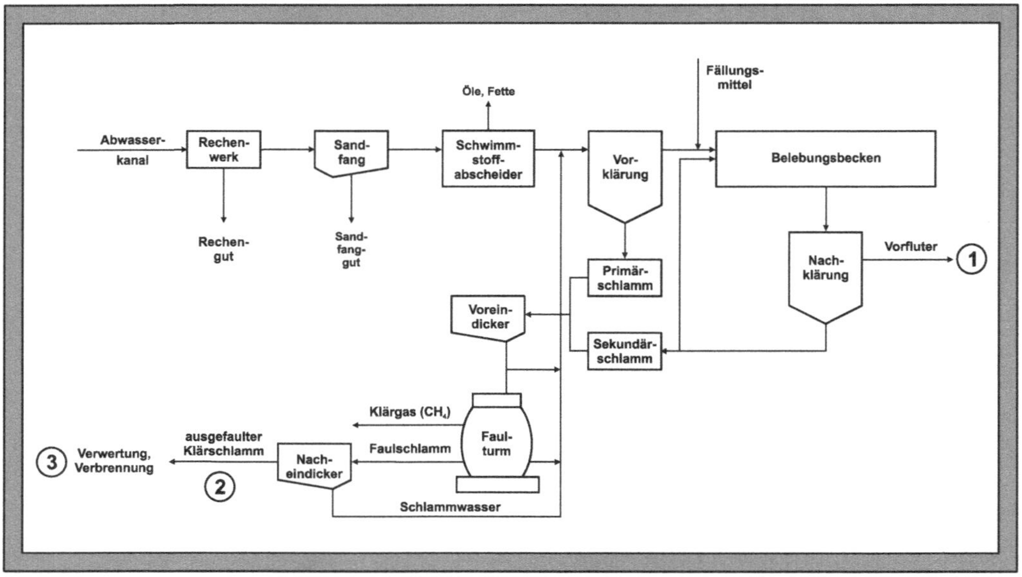

Abb. 9.10: Ansatzstellen zur Rückgewinnung von Phosphor

Rückgewinnung aus Klärwasser

Aus Klärwässern lässt sich Phosphor durch Fällung mit Calciumhydroxid oder einer ammoniakalischen Magnesiumhydroxidlösung ausfällen. Dazu wird der pH-Wert auf pH = 8,2 - 8,8 erhöht, da bei diesem pH-Wert die ausfallenden Produkte ihre geringste Löslichkeit besitzen.

$$3\,Ca(OH)_2 + 2\,H_3PO_4 \longrightarrow Ca_3(PO_4)_2 + 6\,H_2O$$

$$Mg(OH)_2 + NH_3 + H_3PO_4 \longrightarrow MgNH_4PO_4 + 2\,H_2O$$

Die Fällungskristallisation lässt sich sehr gut und ohne großen Aufwand als nachgeschaltete Stufe im Ablauf des Nachklärbeckens installieren (Abb. 9.11). Als Kristallisationsreaktor kommen Wirbelschicht- oder Blasensäulenreaktoren zum Einsatz. Die sich bildenden Kristalle wachsen auf vorhandenem Aufwuchsmaterial auf. Wenn die sich bildenden Kristalle eine Größe von ca. 1 mm erreicht haben, werden sie zu schwer, sinken auf den Boden des Reaktors ab und werden abgezogen. Kleinere Kristalle ($d < 0{,}5$ mm) werden als Impfkristalle zurück in den Kristallisationsreaktor geleitet.

Das entstehende Calciumphosphat $Ca_3(PO_4)_2$ bzw. Magnesiumammoniumphosphat (MAP) $MgNH_4PO_4 \cdot 6\,H_2O$ können direkt als Dünger in der Landwirtschaft eingesetzt werden. Da die Kristallisation im alkalischen Milieu abläuft, muss der pH-Wert des Abwassers durch Zugabe von Säure wieder auf die Einleitbedingungen eingestellt werden. Je nach Verfahren lassen sich aus Klärwasser 40 - 45 % des Phosphors zurück gewinnen.

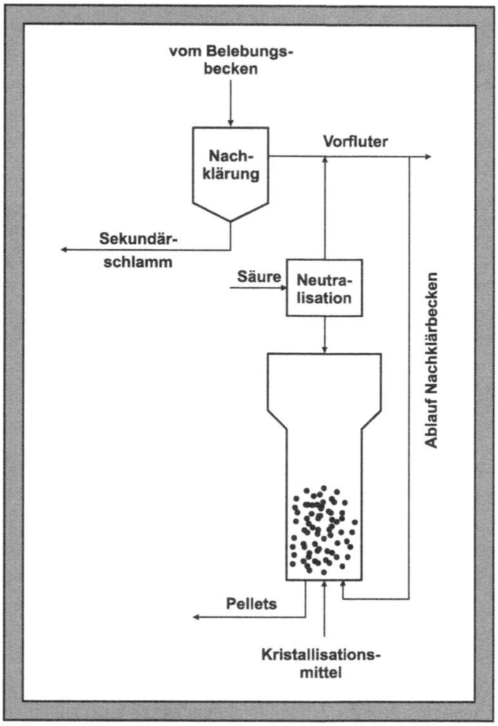

Abb. 9.11: Verfahrensschema zur Phosphatkristallisation aus Klärwasser [9.16]

9

Rückgewinnung aus Klärschlamm

Für die Rückgewinnung von Phosphaten aus Klärschlamm werden zwei Verfahren näher betrachtet, das:

- Stuttgarter-Verfahren,
- Seaborne-Verfahren.

Beim Stuttgarter-Verfahren erfolgt nach einer anaeroben Schlammstabilisierung eine Schwefelsäurebehandlung, wodurch die Phosphorverbindungen in Lösung gehen (Abb. 9.12). Daneben lösen sich auch Eisen-, Calcium- oder Aluminiumverbindungen auf. Nach Abtrennung der Feststoffe wird mit Natronlauge (NaOH) ein pH-Wert von 8,5 eingestellt. Um die Bildung von Magnesiumammoniumphosphat (MAP) nicht zu stören, werden die Schwermetallionen mit Natriumcitrat komplexiert. Die wässrige Phase enthält genug Ammoniumionen, so dass nach Zusatz von Magnesiumchlorid ($MgCl_2$) im Kristallisationsreaktor MAP auskristallisiert und sedimentiert. Der über die Kammerfilterpresse entwässerte Klärschlamm wird verbrannt. Ca. 60 - 70 % des vorhandenen Phosphors werden so zurückgewonnen.

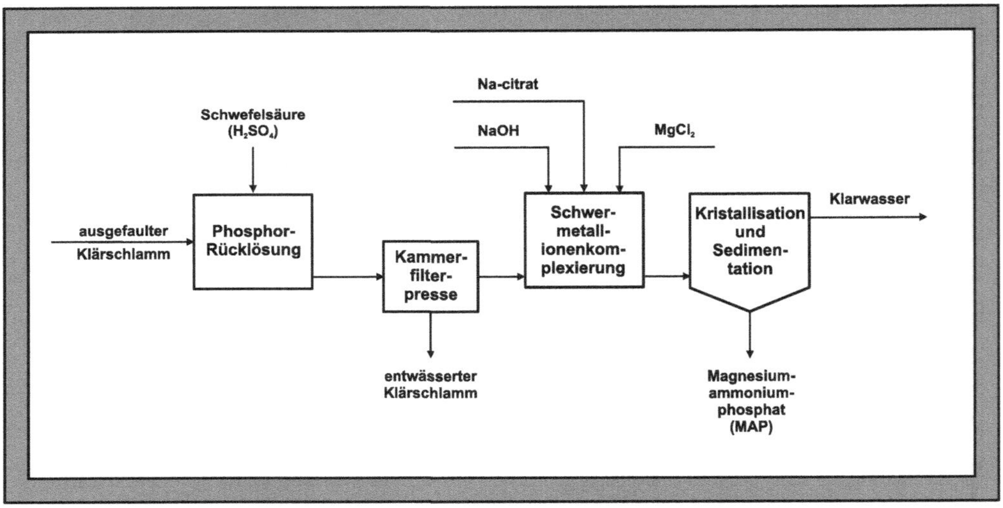

Abb. 9.12: Phosphatrückgewinnung nach dem Stuttgarter-Verfahren [9.28]

Das Seaborne-Verfahren ist verfahrenstechnisch etwas aufwendiger. Durch Zugabe von Schwefelsäure (H_2SO_4) und Wasserstoffperoxid (H_2O_2) werden im Extraktor Phosphat- und Schwermetallverbindungen (u.a. Kupfer, Quecksilber, Blei, Cadmium) bei pH = 2 rückgelöst (Abb. 9.13). Der nach der Fest/Flüssig-Trennung erhaltene Feststoff wird getrocknet und verbrannt. Die wässrige Phase wird mit Natronlauge (NaOH) auf pH = 5 eingestellt und die Schwermetalle durch Zugabe von Natriumsulfid (Na_2S) ausgefällt. Der Schwermetallschlamm ist als gefährlicher Abfall zu entsorgen. Nach einer weiteren Erhöhung des pH-Wertes auf pH = 8,5 - 9 wird durch Zugabe von Magnesiumhydroxid das Phosphat als Magnesiumammoniumphosphat (MAP) gefällt. In einer abschließenden Stufe wird überschüssiges Ammonium (NH_4^+) durch Zugabe von Schwefelsäure in Ammoniumsulfat umgewandelt. Die $(NH_4)_2SO_4$-Lösung lässt sich als Flüssigdünger verwenden.

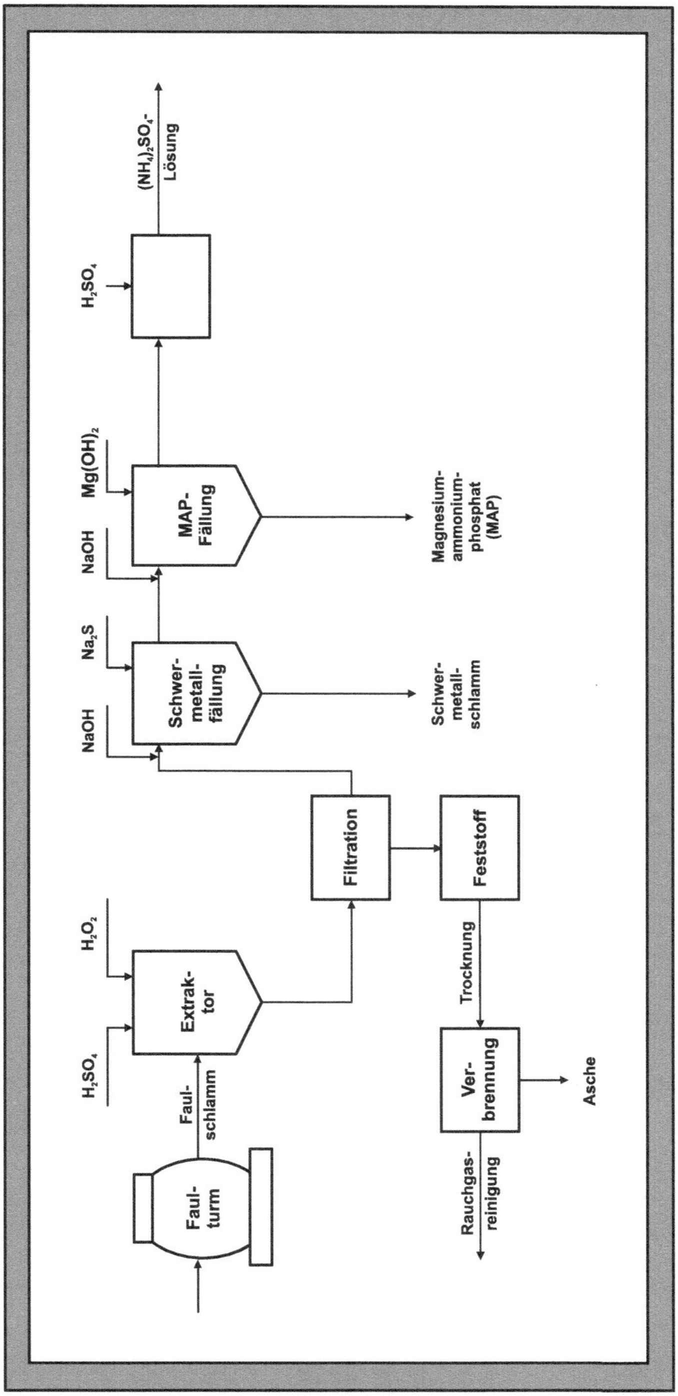

Abb. 9.13: Phosphatrückgewinnung nach dem Seaborne-Verfahren [9.16]

Rückgewinnung aus Klärschlammasche

Eine weitere Möglichkeit für die Rückgewinnung von Phosphaten bietet die Verwertung von Aschen aus der Monoverbrennung von Klärschlämmen. Dazu werden zwei Möglichkeiten, das:

- SUSAN-Verfahren,
- BioCon-Verfahren

betrachtet.

Im SUSAN-Verfahren (Sustainable and Safe Re-Use of Municipal Sewage Sludge for Nutrient Recovery) wird die nach der Klärschlammverbrennung erhaltene Asche mit Kaliumchlorid (KCl) oder Magnesiumchlorid ($MgCl_2$) versetzt, gut durchmischt und zu Pellets gepresst. Im Drehrohofen werden die Pellets auf 850 - 1000 °C erhitzt. Die in der Klärschlammasche vorhandenen Schwermetalle (z.B. Quecksilber, Blei, Kupfer, Zink, Nickel) reagieren zu den entsprechenden Chloriden und verdampfen. Das Abgas wird über ein mehrstufiges Reinigungssystem von den Metallchlorid-Verbindungen befreit. Ca. 95 % der enthaltenen Schwermetalle lassen sich so entfernen. Die Pellets lassen sich direkt zur Düngung verwenden.

Beim BioCon-Verfahren wird die Klärschlammasche einer Schwefelsäurebehandlung unterzogen, wodurch Phosphat- und Schwermetallverbindungen in Lösung gehen. In mehreren hintereinander geschalteten Ionenaustauschern werden Eisen- bzw. Aluminiumchlorid ($FeCl_3$, $AlCl_3$), Kaliumhydrogensulfat ($KHSO_4$) und Phosphorsäure (H_3PO_4) zurückgewonnen. Die Schwermetallverbindungen verbleiben in Lösung und müssen in einer Abwasserbehandlungsanlage abgeschieden werden (Abb. 9.14).

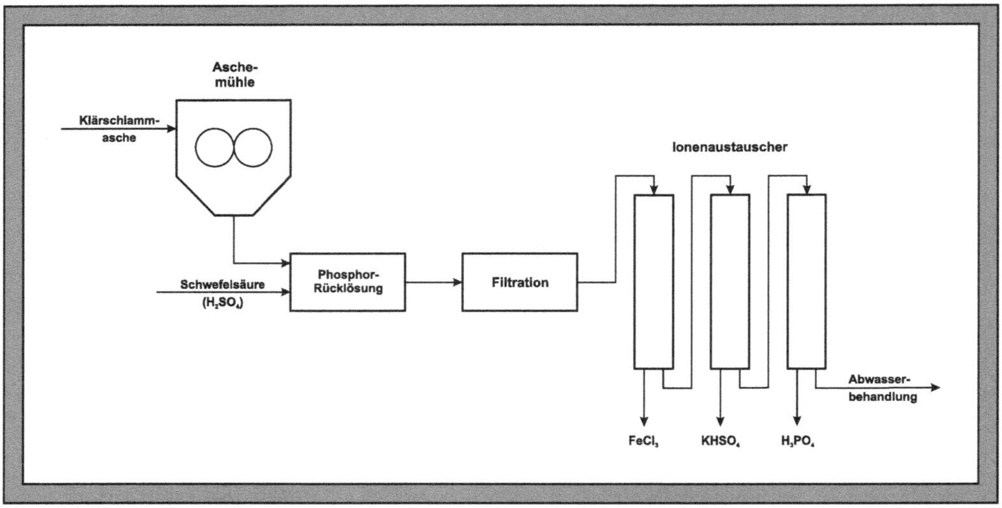

Abb. 9.14: Verfahrensschema des BioCon-Verfahrens [9.28]

9.6 Klärschlammverordnung

Anwendungsbereich (§ 1)

Die Klärschlammverordnung hat zu beachten, wer:

- Abwasserbehandlungsanlagen betreibt und Klärschlamm zum Aufbringen auf landwirtschaftlich oder gärtnerisch genutzte Böden abgibt oder abgeben will,
- Klärschlamm auf landwirtschaftlich oder gärtnerisch genutzte Böden aufbringt oder aufbringen will.

Voraussetzungen für das Aufbringen (§ 3)

Klärschlamm darf auf landwirtschaftlich oder gärtnerisch genutzten Böden nur so aufgebracht werden, dass das Wohl der Allgemeinheit nicht beeinträchtigt wird und die Aufbringung nach Art, Menge und Zeit auf den Nährstoffbedarf der Pflanzen unter Berücksichtigung der im Boden verfügbaren Nährstoffe und organischen Substanz sowie der Standort- und Anbaubedingungen ausgerichtet wird. Im Übrigen gelten für das Aufbringen von Klärschlamm die Bestimmungen des Düngemittelrechts.

Der Betreiber einer Abwasserbehandlungsanlage ist verpflichtet, vor dem erstmaligen Aufbringen von Klärschlamm auf landwirtschaftlich oder gärtnerisch genutzte Böden deren Gehalt an Blei, Cadmium, Chrom, Kupfer, Nickel, Quecksilber und Zink durch Bodenuntersuchungen einer von der zuständigen Behörde bestimmten Stelle untersuchen zu lassen.

Die Bodenuntersuchungen sind im Abstand von 10 Jahren zu wiederholen. Die zuständige Behörde ordnet in Abstimmung mit der zuständigen landwirtschaftlichen Fachbehörde an, dass die Bodenuntersuchungen in kürzeren Zeitabständen zu wiederholen sind, wenn nach dem Ergebnis der durchgeführten Klärschlamm- und Bodenuntersuchungen und unter Berücksichtigung der Aufbringungsmenge sowie anderer Ursachen der Schwermetallbelastung eine Überschreitung der in § 4 genannten Werte zu besorgen ist. Sie kann die zusätzlichen Bodenuntersuchungen auf bestimmte Flächeneinheiten und Schwermetalle beschränken.

Klärschlamm darf nur aufgebracht werden, wenn der Boden auf den pH-Wert, den Gehalt an pflanzenverfügbarem Phosphat, Kalium und Magnesium untersucht worden ist. Die Kosten für die Durchführung dieser Bodenuntersuchung hat der Betreiber der Abwasserbehandlungsanlage zu tragen.

Klärschlamm darf zum Aufbringen auf landwirtschaftlich oder gärtnerisch genutzte Böden nur abgegeben oder dort aufgebracht werden, wenn in Abständen von längstens sechs Monaten Proben des Klärschlammes durch eine von der zuständigen Behörde bestimmte Stelle auf die Gehalte an Blei, Cadmium, Chrom, Kupfer, Nickel, Quecksilber und Zink, auf die Summe der organischen Halogenverbindungen als adsorbierte organisch gebundene Halogene (AOX), Gesamt- und Ammoniumstickstoff, Phosphat, Kalium, Magnesium sowie den Trockenrückstand, die organische Substanz, die basisch wirksamen Stoffe und den pH-Wert untersucht werden. Die zuständige Behörde kann die Untersuchung auf weitere Inhaltsstoffe ausdehnen. Sie kann den Abstand der Untersuchungen des Klärschlammes bis auf zwei Monate verkürzen. Dabei kann sie die Untersuchungen auf einzelne Schwermetalle beschränken.

Klärschlamm darf zum Aufbringen auf landwirtschaftlich oder gärtnerisch genutzte Böden nur abgegeben oder dort aufgebracht werden, wenn vor dem erstmaligen Aufbringen und danach in Abständen von längstens zwei Jahren Proben des Klärschlammes auf die Gehalte an den organisch-persistenten Schadstoffen:

- polychlorierte Biphenyle (PCB´s) und
- polychlorierte Dibenzodioxine und Dibenzofurane (PCDD´s, PCDF´s)

untersucht werden. Die Untersuchung ist von einer der von der zuständigen Behörde bestimmten Stellen durchführen zu lassen.

Aufbringungsverbote und Beschränkungen (§ 4)

Das Aufbringen von Rohschlamm oder Schlamm aus anderen Abwasserbehandlungsanlagen als zur Behandlung von Haushaltsabwässern, kommunalen Abwässern oder Abwässern mit ähnlich geringer Schadstoffbelastung auf landwirtschaftlich oder gärtnerisch genutzte Böden ist verboten.

Das Aufbringen von Klärschlamm auf Gemüse und Obstanbauflächen ist verboten. Auf Ackerflächen, die auch zum Anbau von Feldgemüse genutzt werden, ist im Jahr der Aufbringung des Klärschlammes und dem darauf folgenden Jahr der Anbau von Feldgemüse verboten.

Auf Ackerflächen, die zum Anbau von Feldfutter oder zum Anbau von Zuckerrüben, soweit das Zuckerrübenblatt verfüttert wird, genutzt werden, ist eine Klärschlammaufbringung nur vor der Aussaat mit anschließender tiefwendender Einarbeitung zulässig. Beim Anbau von Silo- und Grünmais ist der Klärschlamm vor der Saat in den Boden einzuarbeiten.

Das Aufbringen von Klärschlamm auf Dauergrünland ist verboten. Das Aufbringen von Klärschlamm auf forstwirtschaftlich genutzte Böden ist verboten.

Das Aufbringen von Klärschlamm auf landwirtschaftlich oder gärtnerisch genutzte Böden in Naturschutzgebieten, Nationalparken, nationalen Naturmonumenten, Naturdenkmälern, geschützten Landschaftsbestandteilen und gesetzlich geschützten Biotopen ist verboten, es sei denn, es liegt eine Ausnahme vor.

Das Aufbringen von Klärschlamm auf Böden in Zonen I und II von Wasserschutzgebieten sowie auf Böden im Bereich der Uferrandstreifen bis zu einer Breite von 10 Metern ist verboten. Weitergehende Regelungen für Wasserschutzgebiete nach wasserrechtlichen Vorschriften bleiben unberührt.

Das Aufbringen von Klärschlamm auf landwirtschaftlich oder gärtnerisch genutzte Böden ist verboten, wenn sich aus den Bodenuntersuchungen ergibt, dass die Gehalte nachstehend genannter Schwermetalle mindestens einen der folgenden Werte übersteigen (Milligramm je Kilogramm Trockenmasse).

Blei	**100**
Cadmium	**1,5**
Chrom	**100**
Kupfer	**60**
Nickel	**50**
Quecksilber	**1**
Zink	**200**

Abb. 9.15: Schwermetallgrenzwerte in mg/kg Trockenmasse für landwirtschaftlich oder gärtnerisch genutzte Böden - Bodengrenzwerte

Bei Böden, die im Rahmen der Bodenschätzung als leichte Böden eingestuft sind und deren Tongehalt unter 5 vom Hundert liegt oder deren Untersuchung einen pH-Wert von mehr als 5 und weniger als 6 ergeben hat, ist eine Aufbringung von Klärschlamm auch dann verboten, sofern bei den Schwermetallen Cadmium und Zink folgende Werte (Milligramm je Kilogramm Trockenmasse) überschritten werden.

Cadmium	**1**
Zink	**150**

Abb. 9.16: Schwermetallgrenzwert in mg/kg Trockenmasse für leichte Böden - Bodengrenzwerte

Das Aufbringen von Klärschlamm auf landwirtschaftlich oder gärtnerisch genutzte Böden ist verboten, sofern für diese Böden ein Zielwert von pH = 5 oder kleiner im Rahmen ordnungsgemäßer Bewirtschaftung angestrebt oder ein pH-Wert von 5 oder kleiner bei der Untersuchung festgestellt wird. Böden, deren Zielwert über pH = 5 im Rahmen ordnungsgemäßer Bewirtschaftung liegt, bedürfen bei Unterschreitung dieses Wertes und vor einer Klärschlammaufbringung der Aufkalkung mit Düngekalken. Bei der Berechnung der Kalkmenge sind die anschließend aufzubringenden basisch-wirksamen Anteile im Klärschlamm zu berücksichtigen.

Das Aufbringen von Klärschlamm auf landwirtschaftlich oder gärtnerisch genutzte Böden ist verboten, wenn sich aus den Klärschlammuntersuchungen ergibt, dass die Gehalte der nachstehend genannten organisch-persistenten Schadstoffe mindestens einen der folgenden Werte übersteigen:

- polychlorierte Biphenyle (PCB) jeweils 0,2 Milligramm je Kilogramm Schlamm-Trockenmasse für die Komponenten-Nummer 28, 52, 101, 138, 153, 180,
- polychlorierte Dibenzodioxine/Dibenzofurane (PCDD/PCDF) 100 Nanogramm TCDD-Toxizitätsäquivalente je Kilogramm Schlamm-Trockenmasse.

Das Aufbringen von Klärschlamm auf landwirtschaftlich oder gärtnerisch genutzte Böden ist verboten, wenn sich aus den Klärschlammuntersuchungen ergibt, dass die Summe der halogenorganischen Verbindungen, ausgedrückt als Summenparameter AOX, 500 Milligramm je Kilogramm Schlamm-Trockenmasse überschreitet.

Das Aufbringen von Klärschlamm auf landwirtschaftlich oder gärtnerisch genutzte Böden ist verboten, wenn sich aus Klärschlammuntersuchungen ergibt, dass die Gehalte nachstehender Schwermetalle mindestens einen der folgenden Werte übersteigen (Milligramm je Kilogramm Schlamm-Trockenmasse).

Blei	**900**
Cadmium	**10**
Chrom	**900**
Kupfer	**800**
Nickel	**200**
Quecksilber	**8**
Zink	**2.500**

Abb. 9.17: Schwermetallgrenzwerte in mg/kg Trockenmasse für landwirtschaftlich oder gärtnerisch genutzte Böden - Klärschlammgrenzwerte

Bei Böden, die im Rahmen der Bodenschätzung als leichte Böden eingestuft sind und deren Tongehalt unter 5 vom Hundert liegt oder deren Untersuchung einen pH-Wert von mehr als 5 und weniger als 6 ergeben hat, sind folgende Werte für Cadmium und Zink einzusetzen.

Cadmium	**5**
Zink	**2.000**

Abb. 9.18: Schwermetallgrenzwert in mg/kg Trockenmasse für leichte Böden - Klärschlammgrenzwerte

Bei der Herstellung von Klärschlammkomposten und Klärschlammgemischen beziehen sich die Schadstoffwerte sowohl auf den eingesetzten Klärschlamm und die Zuschlagstoffe vor der Vermischung als auch auf den hergestellten Kompost oder das hergestellte Gemisch. Bei der Aufbringung eines unter Verwendung von Klärschlamm hergestellten Gemisches darf die sich aus dem Produkt ergebende Schadstofffracht nicht überschritten werden.

Klärschlamm darf auf oder in der Nähe der Aufbringungsfläche nur gelagert werden, soweit dies für die Aufbringung erforderlich ist.

Aufbringungsmenge (§ 6)

Auf die in § 1 genannten Böden dürfen innerhalb von drei Jahren nicht mehr als 5 Tonnen Trockenmasse an Klärschlamm je Hektar aufgebracht werden. Klärschlammkomposte dürfen innerhalb von 3 Jahren bis zu 10 Tonnen Trockenmasse je Hektar aufgebracht werden, wenn die Schadstoffgehalte im Klärschlammkompost die Hälfte der zulässigen Schwermetallgehalte und die Hälfte der zulässigen Gehalte an organischen Schadstoffen nicht überschreiten.

Im Falle der Aufbringung eines Gemisches unter Verwendung von Klärschlamm bezieht sich die zulässige Aufbringungsmenge auf den eingesetzten Klärschlamm und nicht auf das Gemisch. Der Anteil an Klärschlamm muss vom Anlieferer nachgewiesen und dem Anwender bekannt gemacht werden.

Nachweispflichten (§ 7)

Spätestens zwei Wochen vor Abgabe des Klärschlammes zeigt der Betreiber der Abwasserbehandlungsanlage oder ein beauftragter Dritter der für die Aufbringungsfläche zuständigen Behörde und der landwirtschaftlichen Fachbehörde die beabsichtigte Aufbringung durch Übersenden einer Durchschrift des ausgefüllten Lieferscheins an.

Der Betreiber der Abwasserbehandlungsanlage vermerkt den Zeitpunkt der Abgabe des Klärschlammes auf dem Lieferschein und übergibt diesen dem Beförderer. Der Lieferschein ist während des Transports im Fahrzeug mitzuführen. Die Anlieferung und das Aufbringen des Klärschlammes ist vom Abnehmer zu bestätigen.

Der Abnehmer und der Beförderer behalten je eine Durchschrift des Lieferscheins, je eine weitere Durchschrift sendet der Beförderer an die für die Abwasserbehandlungsanlage und die für die Aufbringungsfläche zuständige Behörde, das Original an den Betreiber der Abwasserbehandlungsanlage. Dieser hat das Original 30 Jahre ab dem Zeitpunkt der Abgabe aufzubewahren und den zuständigen Behörden auf Verlangen vorzulegen. Die Verpflichtungen gelten auch dann, wenn Betreiber von Abwasserbehandlungsanlagen den Klärschlamm auf eigenen Flächen aufbringen oder aufbringen lassen.

Betreiber von Abwasserbehandlungsanlagen führen Register, in denen folgende Angaben enthalten sind:

- erzeugte Schlammmengen und die an die Landwirtschaft gelieferten Schlammmengen (in Tonnen Trockenmasse),
- Eigenschaften der Klärschlämme,
- Art der Behandlung der Klärschlämme,
- Name und Anschrift der Empfänger der Schlämme, schlagspezifische Bezeichnung der Aufbringungsfläche, geordnet nach Flurstücksnummer,
- Ergebnisse über die durchgeführten Bodenuntersuchungen, gegliedert nach Schlägen und geordnet nach Flurstücksnummer.

Die Betreiber von Abwasserbehandlungsanlagen leiten diese Angaben bis zum 31. März des Folgejahres für das vorherige Kalenderjahr an die für den Vollzug der Klärschlammverordnung fachlich zuständigen Behörden weiter.

Aufbringungsplan (§ 8)

Die zuständigen landwirtschaftlichen Fachbehörden der Länder oder von diesen beauftragte Dritte haben jährlich einen Aufbringungsplan über die im Verlauf des Kalenderjahres aufgebrachten Klärschlämme zu erstellen.

9.7 Naturnahe Verfahren zur biologischen Reinigung kommunaler Abwässer

In ländlichen Gemeinden, wenn nicht zu hohe Abwassermengen anfallen oder als zusätzliche Reinigungsstufe, kann Abwasser auch in Teichen oder in bepflanzten Bodenfiltern gereinigt werden. Bei diesen Verfahren werden die natürlichen Selbstreinigungsprozesse ausgenutzt. Im Gegensatz zu aeroben Belebungs- und Tropfkörperverfahren laufen gleichzeitig aerobe und anaerobe Stoffwechselvorgänge ab. Die Wassertiefe und damit die Sauerstoffversorgung, die Zusammensetzung des Abwassers, die Konzentration an organischen Schmutzstoffen und die Durchflusszeit bestimmen, welche Abbauprozesse überwiegen. Die Reinigungsleistung wird auch vom Licht für die Sauerstoffbildung in der Fotosynthese und der Temperatur beeinflusst. Die Reinigungskette reicht von Bakterien und Pilzen als Destruenten (Abbau von organischen Stoffen) über Cyanobakterien, Algen und anderen Pflanzen als Produzenten (Bildung von Sauerstoff) bis zu den tierischen Konsumenten, deren Spektrum von Protozoen bis zu Kleinkrebsen und Fischen (in Teichen) reichen kann.

Abwasserteichanlagen

Abwasserteichanlagen als naturnahes Reinigungsverfahren haben sich vielfältig bewährt. Sie sind vor allem in Bayern und Niedersachsen verbreitet. Bei der eigentlichen Form, der unbelüfteten Teichanlage, erfolgt die Sauerstoffzufuhr nur über die Oberfläche ohne irgendwelche technischen Einrichtungen. Es werden aber auch belüftete Teiche mit Oberflächen- oder Druckbelüftung verschiedenster Bauart gebaut und betrieben. Zu kleine, überlastete Teiche wurden so auch nachgerüstet.

Teichanlagen bestehen aus mehreren, hintereinander kaskadenartig durchflossenen einzelnen Erdbecken. Der erste Teich kann als reiner Absetzteich dienen. Er hat eine kurze Verweilzeit, ist meist anaerob und führt dadurch vor allem im Sommer zu Geruchsemissionen. Das kann vermieden werden, wenn dieser Teich vergrößert und im vorderen Bereich eine evtl. befestigte Absetzzone integriert wird. Die größere Oberfläche führt zu einer verbesserten Sauerstoffzufuhr, so dass auch in der Absetzzone anaerobe Bereiche weitgehend vermieden werden.

In Abwasserteichen werden die organischen Schmutzstoffe im sauerstoffhaltigen Wasser durch Atmungsvorgänge und in der Sedimentschicht durch Gärung (Faulung) geklärt. Die Gärungsprodukte (Fettsäuren und Methan) können dann im sauerstoffhaltigen Oberwasser weiter abgebaut werden. Bei natürlich belüfteten Anlagen diffundiert Sauerstoff über die Wasseroberfläche ein und wird tagsüber von fototrophen Organismen (Algen) gebildet. Aufgrund der großen Flächen kommt es auch teilweise zu Nitrifizierung. Bei Rückführung des nitrifizierten Ablaufs in den Zulauf kann im ersten Teich u.U. auch eine Teildenitrifikation erreicht werden. Künstliche Belüftung fördert den Abbau organischer Stoffe und die Nitrifikation. Die Reinigungsleistung ist bei Teichanlagen sehr gleichmäßig und bei richtiger Auslegung und guter Durchströmung auch bei niedrigen Temperaturen sehr hoch.

Teiche lassen sich durch entsprechende Formgebung im Grundriss und durch flache, gegebenenfalls bepflanzte Uferböschungen gut der Umgebung anpassen. Die Wurzeln von höheren Wasserpflanzen wie Schilf und Binsen tragen auch zu einer besseren Sauerstoffversorgung in den Bodenzonen bei und dienen als Aufwuchsfläche für Mikroorganismen. Die Pflanzen binden auch Nährstoffe wie Phosphat. Allerdings muss meistens eine chemische Fällung nachgeschaltet werden, um das Phosphat ausreichend zu eliminieren.

Pflanzenkläranlagen

Man unterscheidet zwischen vertikal und horizontal durchströmten Pflanzenbeeten (Abb. 9.19). Vertikal durchströmte Anlagen gewährleisen in der Regel eine bessere Sauerstoffzufuhr. Zur Bepflanzung dienen typische Sumpfpflanzen wie Schilf, Binsen und Rohrkolben. Die Aufgabe der Pflanzen ist weniger die Reinigung des Abwassers als die Offenhaltung des Bodens. Dadurch wird der Boden teilweise mit Sauerstoff versorgt und die Entwicklung von Bodenbakterien im Wurzelbereich unterstützt. Die Abwasserreinigung von organischen Stoffen erfolgt durch die Bodenbakterien. Insofern besteht Ähnlichkeit mit Rieselfeldern, bei denen Abwasser auf landwirtschaftliche Flächen ausgebracht wird.

Giftige Stoffe wie Schwermetalle werden nicht von den Pflanzen aufgenommen, sondern im Boden gebunden. Phosphat wird hauptsächlich als schwerlösliche Aluminium-, Calcium- oder Eisenverbindungen im Boden festgehalten. Durch den Wechsel von aeroben und anaeroben Zonen mit Nitrifikation bzw. Denitrifikation findet auch eine weitergehende Stickstoffentfernung statt.

Pflanzenkläranlagen lassen sich wie Klärteiche gut in die natürliche Umgebung einbinden. Die Bepflanzung, insbesondere Schilf, führt zu einer hohen Verdunstung, die im Sommer zu längeren Perioden ohne Ablauf aus der Anlage führen kann. Die Reinigungsleistung ist im Winter, ähnlich wie bei den Teichen, kaum verschlechtert. Durch eine gut funktionierende Vorklärung wird eine Verschlammung verhindert.

Technische Anlagen haben zwar den Vorteil, dass steuernd eingegriffen werden kann, aber der Wartungsaufwand ist hoch. Die technischen Anlagen und die Verfahrensweise müssen laufend überwacht werden. Naturnahe Anlagen sind weniger anfällig für Störungen, vor allem wegen der langen Verweilzeiten des Wassers und der geringen technischen Ausrüstung. Die Wartung beschränkt sich auf eine Überprüfung, ob das Abwasser in die Anlage hinein fließt und ohne Stau bis zum Auslauf durchläuft. Der Betriebsaufwand ist also außerordentlich gering.

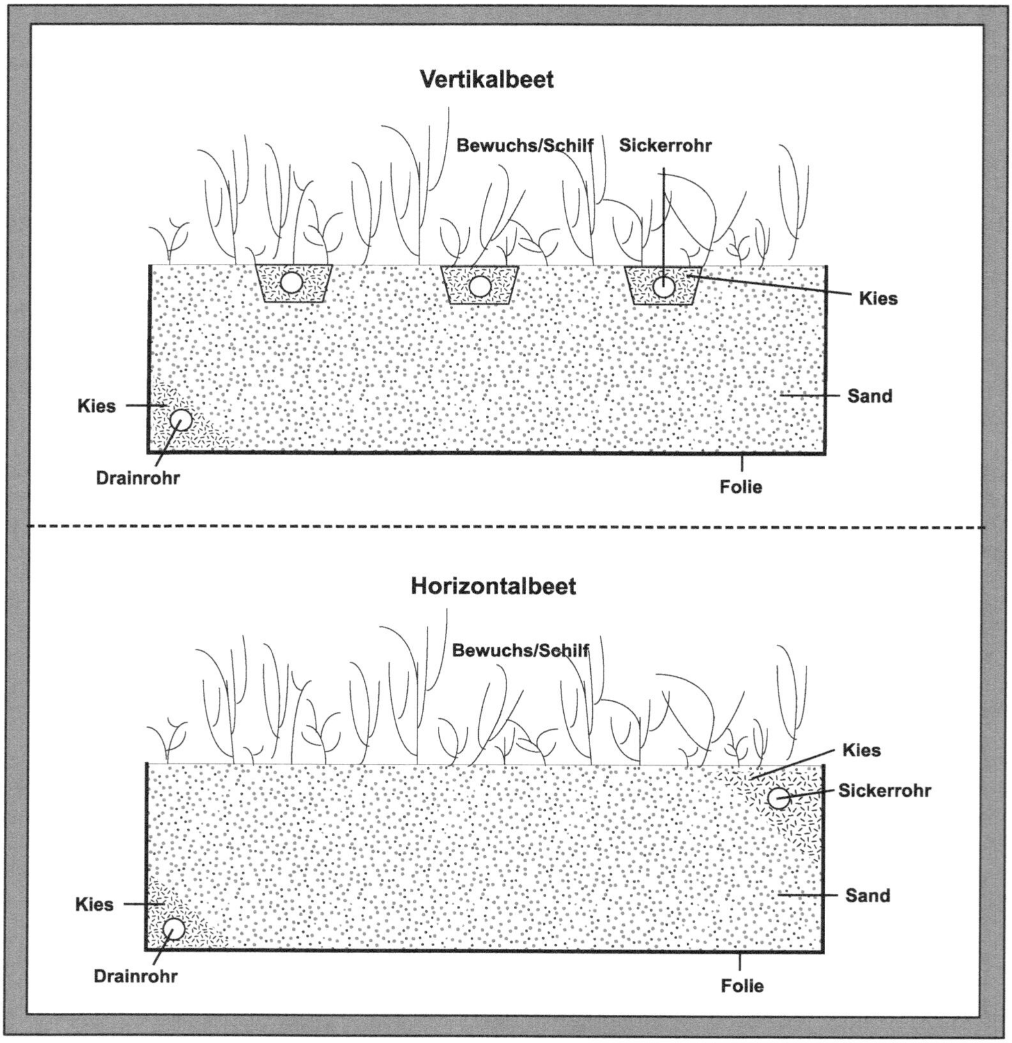

Abb. 9.19: Vertikal und horizontal durchströmtes Pflanzenbeet [9.6]

9.8 Wissensfragen

- Erläutern Sie aerobe Verfahren zur Abwasserbehandlung.
- Erläutern Sie die Grundlagen anaerober Verfahren zur Abwasserbehandlung.
- Erläutern Sie Aufbau und Funktionsweise einer kommunalen Kläranlage.
- Wie lässt sich Phosphor aus Klärwasser bzw. Klärschlamm zurückgewinnen?

- Welche Anforderungen stellt die Klärschlammverordnung an die landwirtschaftliche Verwertung?

- Beschreiben Sie naturnahe Verfahren zur biologischen Abwasserreinigung.

9.9 Weiterführende Literatur

9.1 Abwassertechnische Vereinigung e.V. (Hrsg.); *ATV-Handbuch Klärschlamm,* Ernst & Sohn, **1996,** 3-433-00909-0

9.2 Abwassertechnische Vereinigung e.V. (Hrsg.); *Lehrbuch der Abwassertechnik Band V: Organisch verschmutzte Abwässer der Lebensmittelindustrie,* Ernst & Sohn, **1985,** 3-433-00906-6

9.3 Abwassertechnische Vereinigung e.V. (Hrsg.); *Mechanische Abwasserreinigung,* Ernst & Sohn, **1997,** ISBN 3-433-01461-2

9.4 Bever, J.; Stein, A.; Teichmann, H.; *Weitergehende Abwasserreinigung,* Oldenbourg **2002,** ISBN 3-486-26527-X

9.5 Bischofsberger, W. et al. (Hrsg.); *Anaerobtechnik,* Springer, **2005,** ISBN 3-540-06850-3

9.6 Brauer, H. (Hrsg.); *Handbuch des Umweltschutzes und der Umwelttechnik Band 4: Behandlung von Abwässern,* Springer, **1996,** 3-540-58061-1

9.7 Deutsche Vereinigung für Wasserwirtschaft, Abwasser und Abfall e.V. (DWA); *Arbeitsblatt DWA-A 202 (Entwurf), Chemisch-physikalische Verfahren zur Elimination von Phosphor aus Abwasser,* **Juni 2009**

9.8 DIN-Fachbericht CEN/CR 13097; *Charakterisierung von Schlämmen - Leitfaden für die Verfahrensweise bei der Verwendung von Schlämmen in der Landwirtschaft,* Beuth, **2004,** 3-410-15784-0

9.9 Eidgenössische Anstalt für Wasserversorgung, Abwasserreinigung und Gewässerschutz, (EAWAG); *Möglichkeiten zur Optimierung der chemischen Phosphorfällung an hessischen Kläranlagen,* Hessisches Landesamt für Umwelt und Geologie, **2008**

9.10 Görner, K.; Hübner, K. (Hrsg.); *Hütte Umweltschutztechnik,* Springer, **1999,** 3-540-55897-7

9.11 Gottschalk, Chr.; Libra, J.; Saupe, A.; *Ozonation of Water and Waste Water,* Wiley-VCH, **2010,** 978-3-527-31962-6

9.12 Hellmann, D.-H.; Riegler, G. (Hrsg.); *Maschinentechnik in der Abwasserreinigung,* Wiley-VCH, **2003,** 3-527-30606-4

9.13 Ivashechkin, P.; *Elimination organischer Spurenstoffe aus kommunalem Abwasser,* Dissertation, Aachen, **2006**

9.14 Janke, H. D.; *Umweltbiotechnik,* Ulmer, **2008,** 3-8001-2890-7

9.15 Landesanstalt für Umweltschutz Baden-Württemberg; *Schadstoffe in klärschlamm-gedüngten Ackerböden Baden-Württembergs,* **2003**

9.16 Montag, D; *Phosphorrückgewinnung bei der Abwasserreinigung - Entwicklung eines Verfahrens zur Integration in kommunale Kläranlagen,* Dissertation, RWTH Aachen, **2008**

9.17 Mudrack, K.; Kunst, S.; *Biologie der Abwasserreinigung,* Spectrum, **2010,** 3-8274-2576-8

9.18 Pinnekamp, J.; et al.; *Rückgewinnung eines schadstofffreien, mineralischen Kombinationsdüngers „Magnesiumammoniumphosphat (MAP)" aus Abwasser und Klärschlamm,* Umweltbundesamt, Text 25/07, **2007**

9.19 Röske, I.; Uhlmann, D.; *Biologie der Wasser- und Abwasserbehandlung,* UTB, **2005,** 3-8252-8300-3

9.20 Schmid-Schmieder, V.; *Biologische Reinigungsmethoden in der Abwasser- und Abfallbehandlung,* Erich Schmidt, **2006,** 978-3-503-09088-4

9.21 Schribertschnig, W.; et al.; *Abwasser- und Abwassertechnik,* Manz, **2001,** 3-7068-09662-1

9.22 Schwister, K. et al.; *Taschenbuch der Umwelttechnik,* Fachbuchverlag Leipzig, **2003,** 3-446-22059-3

9.23 Stuhlbacher, A. et al.; *Pflanzenkläranlagen für die Kreislaufschließung und Reinigung industrieller Prozesswässer,* Wien, **2004**

9.24 Stumpf, D.; *Phosphorrecycling durch MAP-Fällung im kommunalen Faulschlamm,* Umweltbundesamt, **2007**

9.25 Wave GmbH; *Studie zum Phosphorrecycling aus kommunalen Abwasser in Baden-Württemberg - Möglichkeiten und Grenzen,* Ministerium für Umwelt und Verkehr Baden-Württemberg, **2003**

9.26 Weiterbildung des Studium Wasser und Umwelt, Bauhaus Universität (Hrsg.); *Abwasserbehandlung,* Universitätsverlag Weimar, **2009,** 3-86068-272-5

9.27 Umweltbundesamt (UBA); *Klärschlammentsorgung in der Bundesrepublik Deutschland,* UBA, **2012**

9.28 Bundesministerium für Bildung und Forschung; *Phosphorrecycling - ökologische und wirtschaftliche Bewertung verschiedener Verfahren und Entwicklung einer strategischen Verwertungskonzeptes für Deutschland,* **November 2011**

Sachverzeichnis

GPSR Compliance

The European Union's (EU) General Product Safety Regulation (GPSR) is a set of rules that requires consumer products to be safe and our obligations to ensure this.

If you have any concerns about our products, you can contact us on ProductSafety@springernature.com

In case Publisher is established outside the EU, the EU authorized representative is:

Springer Nature Customer Service Center GmbH
Europaplatz 3
69115 Heidelberg, Germany

Batch number: 10682445

Printed by Printforce, the Netherlands